情報セキュリティマネジメント

攻略ガイド

情報セキュリティマネジメン

情報セキュリティマネジメント試験は，経済産業省た　独立行政法人情報処理推進機構）が実施している国家資格です。近　内部不正などの脅威に対抗するために，情報セキュリティ人材の育成　目的としている試験で，令和５年４月より通年CBT（Computer Based Testing）で実施されています。CBTは，受験者１人ひとりがパソコンを使って，画面に表示された問題を確認しながら，マウスやキーボードを使って解答を選んでいく形の試験です。

この試験は，一般企業において必要とされる「情報セキュリティリーダ」を対象としています。

◆情報セキュリティマネジメント試験の対象者像

「情報システムの利用部門にあって，情報セキュリティリーダとして，部門の業務遂行に必要な情報セキュリティ対策や組織が定めた情報セキュリティ諸規程（情報セキュリティポリシを含む組織内諸規程）の目的・内容を適切に理解し，情報及び情報システムを安全に活用するために，情報セキュリティが確保された状況を実現し，維持・改善する者」
（IPA（独立行政法人情報処理推進機構）試験要項より抜粋）

◆試験の概要

科目	試験時間	出題数（解答数）	出題形式	基準点
科目A・B	120分	60問（60問）	科目A　多岐選択式（四肢択一） 科目B　多岐選択式	総合評価点：600点/1000点満点※

※IRT（項目応答理論）に基づいて解答結果から評価点を算出することから，配点割合はありません。

科目A試験は短答式で48問，科目B試験はケーススタディ（文章問題）で12問出題されます。

ポイント

- 120分の試験時間中に全問解答するには，科目A試験（48問）と科目B試験（12問）との時間配分に注意する必要があります。１問に平均２分で解答していけばいいということではないので，後述するテクニックを用いて，解答時間を削減する必要があります。
- 全問必須なので，得意分野の問題をあらかじめ特定しておき，試験が開始したらその問題だけを解くといったことができません。情報セキュリティ全般に関する知識と応用力が要求されます。

◆**主な出題範囲**（IPA公表　情報セキュリティマネジメント試験（レベル2）シラバスより抜粋）

大分類	中分類	小分類	項目	用語例
技術要素	セキュリティ	情報セキュリティ	脅威	〔脅威の種類〕 ビジネスメール詐欺（BEC），ソーシャルエンジニアリング 〔マルウェア・不正プログラム〕 ボットネット，ルートキット
			サイバー攻撃手法	パスワードリスト攻撃，キャッシュポイズニング，DDoS攻撃（ランダムサブドメイン攻撃），SEOポイズニング攻撃
			情報セキュリティ技術（暗号技術）	CRYPTREC暗号リスト， 暗号方式（暗号化（暗号鍵），復号（復号鍵）， AES（Advanced Encryption Standard）， ハイブリッド暗号，ハッシュ関数（SHA-256）
			情報セキュリティ技術（認証技術）	デジタル署名， MAC（Message Authentication Code：メッセージ認証符号），リスクベース認証
			情報セキュリティ技術（利用者認証）	CAPTCHA
			情報セキュリティマネジメントシステム（ISMS）	JIS Q 27000：2019， JIS Q 27001（ISO/IEC 27001）， JIS Q 27002（ISO/IEC 27002）
			情報セキュリティ組織・機関	サイバーセキュリティ戦略本部
		情報セキュリティ対策	人的セキュリティ対策	組織における内部不正防止ガイドライン
			技術的セキュリティ対策	マルウェア・不正プログラム対策（マルウェア対策ソフトの導入，マルウェア定義ファイルの更新ほか），デジタルフォレンジックス（証拠保全 ほか）
			物理的セキュリティ対策	入退室管理（アンチパスバック）
		セキュリティ実装技術	セキュアプロトコル	HTTP over TLS（HTTPS），SPF， SMTP-AUTH
			ネットワークセキュリティ	プロキシサーバ
			データベースセキュリティ	ログの取得
			アプリケーションセキュリティ	SQLインジェクション対策
	ネットワーク	ネットワーク応用	インターネット（Web）	cookie
コンピュータシステム	システム構成要素	システムの構成	システム構成	デュプレックスシステム， VDI（Virtual Desktop Infrastructure：デスクトップ仮想化）
			信頼性設計	ヒューマンエラー
プロジェクトマネジメント	プロジェクトマネジメント	プロジェクトのスコープ	プロジェクトのスコープ	WBSの作成

大分類	中分類	小分類	項目	用語例
プロジェクトマネジメント	プロジェクトマネジメント	プロジェクトの時間	プロジェクトの時間	PERT
サービスマネジメント	サービスマネジメント	サービスマネジメントの計画及び運用	インシデント管理，サービス要求管理，問題管理	インシデント
	システム監査	システム監査	システム監査の目的と手順	システム監査人
			情報セキュリティ監査	情報セキュリティ監査基準
		内部統制	内部統制	内部統制
システム戦略	システム戦略	業務プロセス	業務プロセスの改善と問題解決	BPM（Business Process Management）
	システム企画	調達計画・実施	調達と調達計画	外部資源の利用（アウトソーシング），BPO（Busuiness Process Outsourcing）
企業と法務	法務	知的財産権	知的財産権	著作権法
		セキュリティ関連法規	サイバーセキュリティ基本法	サイバーセキュリティ基本法
			個人情報保護法	特定個人情報の適正な取扱いに関するガイドライン
			刑法	
			その他のセキュリティ関連法規	電子署名法，特定電子メール法
	企業活動	経営・組織論	経営管理（経営管理・経営組織）	CSR（Corporate Social Responsibility：企業の社会的責任）
		OR・IE	検査手法・品質管理手法	QC（フィッシュボーン）
		会計・財務	企業活動と会計	在庫評価額
			財務諸表	損益計算書

◆平成28年度春期～令和元年度秋期試験における出題内容（午前）

大分類	中分類	小分類	出題内容
技術要素（セキュリティ）	セキュリティ	情報セキュリティ	情報セキュリティの3要素，**不正のトライアングル**，**2要素認証**，**C&Cサーバ**，**APT**，クロスサイトスクリプティング，ディレクトリトラバーサル，クリックジャッキング，**ハッシュ関数**，デジタル証明書，タイムスタンプ，認証局，CRL，ドライブバイダウンロード，**パスワードリスト攻撃**，バックドア，AES，ポートスキャン，**公開鍵暗号方式**，暗号の危殆化，ルートキット，スクリプトキディ，**ソーシャルエンジニアリング**，ランサムウェア，PKI，ドメイン名ハイジャック，バイオメトリクス認証，**リスクベース認証**，ブルートフォース攻撃，EDoS，ゼロデイ攻撃，**DNSキャッシュポイズニング**，XML署名，**メッセージ認証**，楕円曲線暗号，ハイブリッド暗号，BEC（ビジネスメール詐欺），MITB，リバースブルートフォース攻撃，デジタル署名，ランダムサブドメイン攻撃

大分類	中分類	小分類	出題内容
技術要素（セキュリティ）	セキュリティ	情報セキュリティ管理	CSIRT，クリアデスク，情報セキュリティ監査，**JIS Q 27000**，**JIS Q 27001**，**JIS Q 27002**，リスク特定，リスク受容，**リスク評価**，残留リスク，リスクレベル，情報セキュリティ方針，特権的アクセス権，ICカード，**リスク対応**，**JPCERT/CC**，**JVN**，ベースラインアプローチ，MDM，JIS Q 31000，サポートユーティリティ，J-CRAT，真正性，割れ窓理論，**シャドーIT**，SECURITY ACTION，JIS Q 15001，J-CSIP
		セキュリティ技術評価	**PCI DSS**，CVSS，ペネトレーションテスト
		情報セキュリティ対策	情報漏えい対策，**組織における内部不正防止ガイドライン**，アクセスログの取扱い，BYOD，IDS，**WAF**，マルウェア対策，内部不正の防止，**デジタルフォレンジックス**，磁気ディスクの廃棄，HDDパスワード，**SIEM**，ビヘイビア法，**CAPTCHA**，サイバーセキュリティ戦略，**ポートスキャナ**，中小企業のセキュリティガイドライン，セキュリティバイデザイン，パケットフィルタリング，**マルウェアの動的解析**，ステガノグラフィ，アンチパスバック，IPS，**ハニーポット**
		セキュリティ実装技術	**SPF**，NTP，IPsec，**S/MIME**，SMTP-AUTH
企業と法務（法務）	法務	知的財産権	**不正競争防止法**，**著作権法**，ボリュームライセンス，シュリンクラップ契約
		セキュリティ関連法規	**個人情報保護法**，電子計算機損壊等業務妨害，電子計算機使用詐欺罪，**不正アクセス禁止法**，**特定電子メール送信適正化法**，**電子署名法**，プロバイダ責任制限法，**特定個人情報の適正な取扱いに関するガイドライン**，**サイバーセキュリティ経営ガイドライン**，**CSIRTマテリアル**，**サイバーセキュリティ基本法**，個人情報の保護に関する法律についてのガイドライン，政府機関の情報セキュリティ対策のための統一基準，**刑法**
		労働関連・取引関連法規	請負契約，準委任契約，労働基準法，**労働者派遣法**，公益通報者保護法，労働法
		その他の法律・ガイドライン・技術者倫理	OECDプライバシーガイドライン，中小企業の情報セキュリティ対策ガイドライン
コンピュータシステム	システム構成要素	システムの構成	RAID，**クライアントサーバシステム**
		システムの評価指標	レスポンスタイム（応答時間），フェールセーフ
技術要素（セキュリティ以外）	データベース	データベース設計	E-R図
		データベース応用	データウェアハウス，データマイニング，ビッグデータ
		データベース構造	**排他制御**，トランザクション
	ネットワーク	データ通信と制御	ルータ，**無線LAN**，WPA3
		通信プロトコル	DHCP，NTP，**SSH**，DNS，ポート番号，SMTP，IMAP4，TELNET
		ネットワーク応用	プロキシサーバ，hostsファイル，IPマスカレード
プロジェクトマネジメント	プロジェクトマネジメント	プロジェクトのスコープ	WBS，プロジェクトライフサイクル
		プロジェクトの時間	**アローダイアグラム**
サービスマネジメント	サービスマネジメント	サービスマネジメント	SLA，移行テスト，サービスマネジメントシステム
		サービスマネジメントシステムの計画及び運用	RTO，バックアップ，運用レベル合意書（OLA），**インシデント**，問題管理プロセス
		サービスの運用	アウトソーシング，サービスデスク，データの取扱い
		ファシリティマネジメント	UPS

大分類	中分類	小分類	出題内容
サービスマネジメント	システム監査	システム監査	スプレッドシートの利用に係るコントロール，従業員の守秘義務，**情報セキュリティ監査基準**，**監査報告書**，ISMSの内部監査，**BCP**，監査調書，**コントロールトータルチェック**，監査証拠，被監査部門，**財務報告に係る内部統制の評価及び監査に関する実施基準**，監査ログ，独立性，情報セキュリティ監査基準，ウォークスルー法，システム監査人
システム戦略	システム戦略	業務プロセス	**BPO**，デジタルデバイド，RPA，テキストマイニング
		ソリューションビジネス	**SaaS**，PaaS
	システム企画	システム化計画	**企画プロセス**
		要件定義	要件定義プロセス
		調達計画・実施	**RFP**
企業と法務（法務以外）	企業活動	経営・組織論	事業継続計画，コーポレートガバナンス，マトリックス組織，CIO，**CSR**，リーダシップのスタイル
		OR・IE	積上げ棒グラフ
		会計・財務	売上総利益，投資の回収

（太字は２回以上出題されたテーマ）

試験の位置付け・時間・出題形式

◆位置付け：基本情報技術者試験と同じレベル２の試験
全問マークシート（多肢選択式）科目A・科目Bとも全問必須

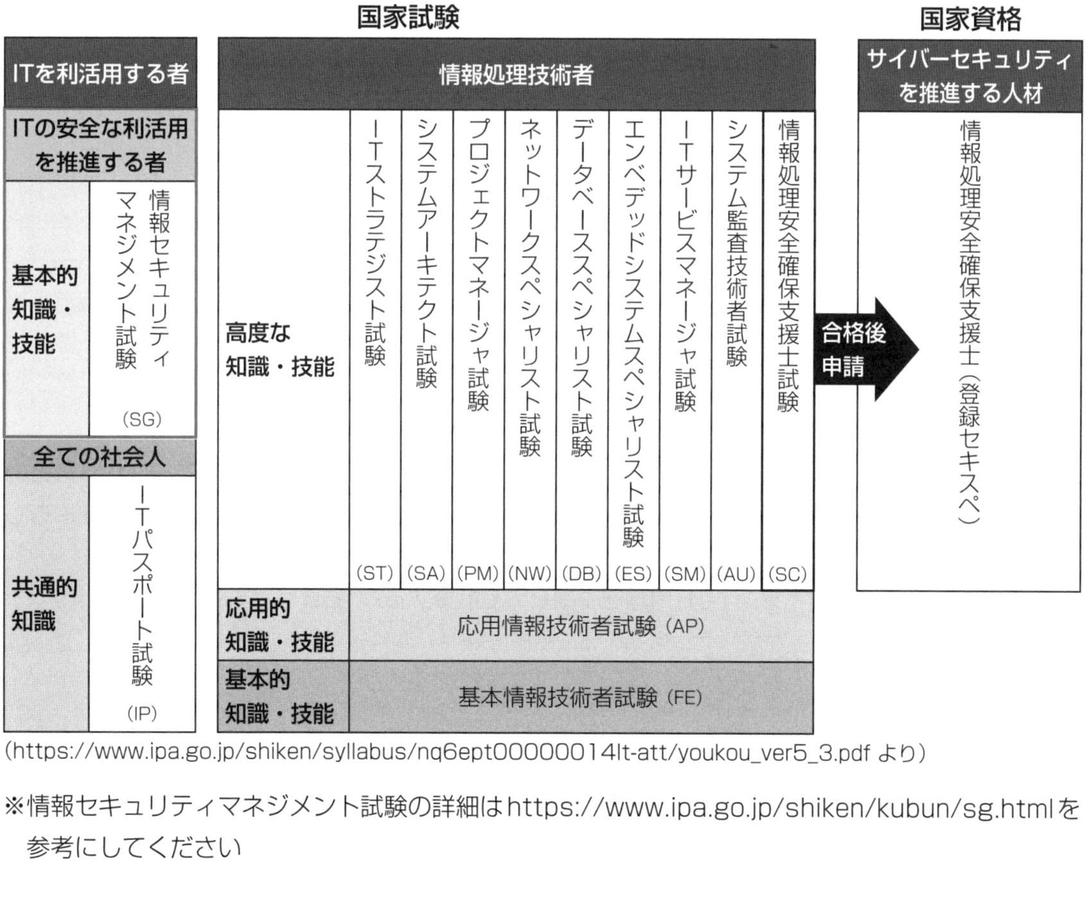

国家試験

ITを利活用する者

ITの安全な利活用を推進する者

基本的知識・技能：情報セキュリティマネジメント試験（SG）

全ての社会人

共通的知識：ITパスポート試験（IP）

情報処理技術者

高度な知識・技能：ITストラテジスト試験（ST）、システムアーキテクト試験（SA）、プロジェクトマネージャ試験（PM）、ネットワークスペシャリスト試験（NW）、データベーススペシャリスト試験（DB）、エンベデッドシステムスペシャリスト試験（ES）、ITサービスマネージャ試験（SM）、システム監査技術者試験（AU）、情報処理安全確保支援士試験（SC）

応用的知識・技能：応用情報技術者試験（AP）

基本的知識・技能：基本情報技術者試験（FE）

合格後申請

国家資格

サイバーセキュリティを推進する人材

情報処理安全確保支援士（登録セキスペ）

（https://www.ipa.go.jp/shiken/syllabus/nq6ept00000014lt-att/youkou_ver5_3.pdf より）

※情報セキュリティマネジメント試験の詳細はhttps://www.ipa.go.jp/shiken/kubun/sg.htmlを参考にしてください

おすすめ学習法・試験のテクニック

◆過去問題の反復練習が合格のカギ

情報報セキュリティマネジメント試験では，他の情報処理技術者試験と同様に過去問題の学習を何度も行う反復練習が効果的です。

◆過去問題が出題される

サンプル問題でも科目Ａ試験では過去の情報セキュリティマネジメント試験（午前）問題から数多く（48問中34問）掲載されていました。また，ほかの試験の情報セキュリティ関連の過去問を解いておくことで，本試験で見覚えのある問題が出題される可能性が高くなります。

◆間違えた問題は必ず復習する

間違えた問題は必ず復習して，次に解答するときは正解できるようにします。本書掲載の問題にはチェックボックスが付いています。チェックボックスに×印などをつけておき，解説をよく読んで間違えた理由を理解します。

- **解答群が全て単語の科目Ａ問題や，解答群から語句を選ぶ形式の科目Ｂの設問を間違えた場合：** 正解の単語を記憶する。また，他の問題で正解以外の単語が出題されることもあるので，正解以外の単語もおろそかにせず，本書解説などで調べておくこと
- **解答群が文章の科目Ａ問題を間違えた場合：** 正解の選択肢で説明されている内容と，出題されたテーマの単語とを結び付けて記憶する

◆繰り返し問題を解く

時間の許す限り，何回も繰り返して問題を解き，重要な語句や内容を覚えましょう。前述したように，科目Ａ試験では過去問題が出題される頻度が高いので，過去問題を何度も読むことで，問題（図表も含む）と正解のイメージをできるだけ多く頭に入れていくことが必要です。

科目Ｂ試験では，問題文を全て熟読する必要はありません。問題文を流し読みして概要をつかんだら，先に設問に目を通し，各設問に対応する問題文の一部だけを参照することで，大部分の設問の正解そのものまたはそのヒントを得ることができます。

◆時間を計る

試験の時間は限られています。本試験で時間が足りなくなり，解ける問題に解答できなかったということがないように，実際の試験を受けていると想定して，時間を正確に計って問題を解く練習をしてみましょう。

なお，科目Ａ問題を１問１分，科目Ｂ問題を１問６分で計算すると，ちょうど120分になります。

直前対策に効く！ 五十嵐先生「秘伝の頻出トレーニング」

情報処理技術者試験では過去に出題された問題が繰り返し出題される傾向にあります。ここでは，五十嵐先生が分析して割り出した，特によく出題される概念や用語について，**これだけは覚えておきたい重要ポイント**としてまとめ，関連する問題を付けました。

【科目A対策】科目A試験では，ここで挙げた重要ポイントそのものが題材となります。重要ポイントを理解し，実際に過去に出題された問題を確認しましょう。
【科目B対策】科目B試験では，“情報セキュリティに関わる状況”，に対し“どのような対応を取るか”などを問う長文問題が出題されます。科目B問題を解く準備として，ここで挙げた概念や用語を確認してから解くようにしてください。

■暗号化①

暗号方式の特徴

⇒平成30年度秋午前問26，問27，平成31年度春午前問27

内容を秘匿にするため。

- **共通鍵暗号方式：暗号化と復号に同じ鍵を使う（3DES／AESなど）**
  <使用例> 無線LAN（WPA2）など
  なお，ブロック単位で暗号化／復号するものを**ブロック暗号**といい，1ビット／バイト単位で暗号化するものを**ストリーム暗号**という。
- **公開鍵暗号方式：公開鍵で暗号化し，秘密鍵で復号する（RSA／楕円曲線暗号など）**
  RSA：素因数分解の困難さを使用
  楕円曲線暗号：離散対数問題の困難さを使用
  <使用例> 暗号資産（ビットコイン）など

問1 □□□ PCとサーバとの間でIPsecによる暗号化通信を行う。ブロック暗号の暗号化アルゴリズムとしてAESを使うとき，用いるべき鍵はどれか。（平成28年度春午前問28）

ア PCだけが所有する秘密鍵
イ PCとサーバで共有された共通鍵
ウ PCの公開鍵
エ サーバの公開鍵

問2 □□□ 公開鍵暗号方式を用いて，図のようにAさんからBさんへ，他人に秘密にしておきたい文章を送るとき，暗号化に用いる鍵Kとして，適切なものはどれか。（平成29年度秋午前問28）

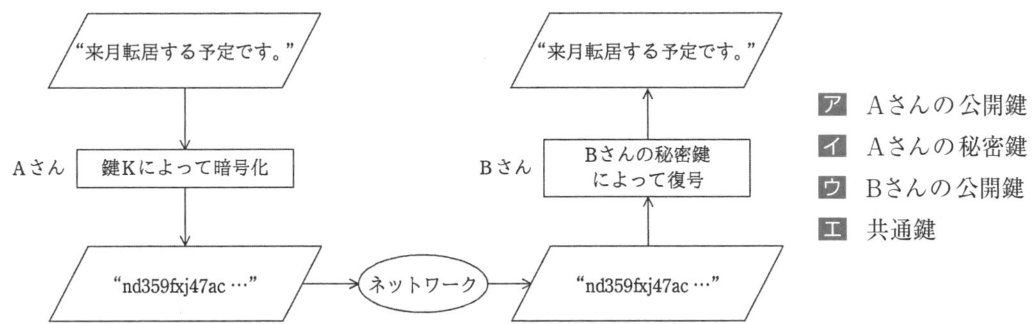

ア Aさんの公開鍵
イ Aさんの秘密鍵
ウ Bさんの公開鍵
エ 共通鍵

問3 暗号方式のうち，共通鍵暗号方式はどれか。（平成28年度春AP午前問37）

□□□

ア AES　イ ElGamal暗号　ウ RSA　エ 楕円曲線暗号

問4 暗号方式に関する記述のうち，適切なものはどれか。（平成29年度秋AP午前問41）

□□□

ア AESは公開鍵暗号方式，RSAは共通鍵暗号方式の一種である。

イ 共通鍵暗号方式では，暗号化及び復号に同一の鍵を使用する。

ウ 公開鍵暗号方式を通信内容の秘匿に使用する場合は，暗号化に使用する鍵を秘密にして，復号に使用する鍵を公開する。

エ デジタル署名に公開鍵暗号方式が使用されることはなく，共通鍵暗号方式が使用される。

問5 楕円曲線暗号に関する記述のうち，適切なものはどれか。（平成30年度秋AP午前問37）

□□□

ア AESに代わる共通鍵暗号方式としてNISTが標準化している。

イ 共通鍵暗号方式であり，デジタル署名にも利用されている。

ウ 公開鍵暗号方式であり，TLSにも利用されている。

エ 素因数分解問題の困難性を利用している。

問6 暗号方式に関する説明のうち，適切なものはどれか。（平成29年度春AP午前問38）

□□□

ア 共通鍵暗号方式で相手ごとに秘密の通信をする場合，通信相手が多くなるに従って，鍵管理の手間が増える。

イ 共通鍵暗号方式を用いて通信を暗号化するときには，送信者と受信者で異なる鍵を用いるが，通信相手にそれぞれの鍵を知らせる必要はない。

ウ 公開鍵暗号方式で通信文を暗号化して内容を秘密にした通信をするときには，復号鍵を公開することによって，鍵管理の手間を減らす。

エ 公開鍵暗号方式では，署名に用いる鍵を公開しておく必要がある。

■暗号化②

ハイブリッド暗号

⇒令和元年度秋午前問26，平成30年度春午前問28

共通鍵暗号方式の長所＝「暗号化・復号が早い」と，公開鍵暗号方式の長所＝「鍵を安全に利用できる」を合わせ持つ方式。

<使用例> S/MIME，openPGPなど

CRYPTREC

電子政府推奨暗号の安全性を評価・監視し，暗号技術の適切な実装法・運用法を調査・検討するプロジェクト。

暗号の危殆化

⇒平成30年度春午前問26

暗号の考案された当時は容易に解読できなかった暗号アルゴリズムが，コンピュータの性能の飛躍的な向上などによって，解読されやすい状態になること。

解答 問1 イ　問2 ウ

問7 CRYPTRECの役割として，適切なものはどれか。(平成29年度秋午前問4)

□
□
□

ア 外国為替及び外国貿易法で規制されている暗号装置の輸出許可申請を審査，承認する。

イ 政府調達においてIT関連製品のセキュリティ機能の適切性を評価，認証する。

ウ 電子政府での利用を推奨する暗号技術の安全性を評価，監視する。

エ 民間企業のサーバに対するセキュリティ攻撃を監視，検知する。

問8 AさんがBさんの公開鍵で暗号化した電子メールを，BさんとCさんに送信した結果のうち，適切なものはどれか。ここで，Aさん，Bさん，Cさんのそれぞれの公開鍵は3人全員がもち，それぞれの秘密鍵は本人だけがもっているものとする。(平成28年度春午前問30)

□
□
□

ア 暗号化された電子メールを，Bさん，Cさんともに，Bさんの公開鍵で復号できる。

イ 暗号化された電子メールを，Bさん，Cさんともに，自身の秘密鍵で復号できる。

ウ 暗号化された電子メールを，Bさんだけが，Aさんの公開鍵で復号できる。

エ 暗号化された電子メールを，Bさんだけが，自身の秘密鍵で復号できる。

問9 暗号の危殆(たい)化に該当するものはどれか。(平成29年度春午前問9)

□
□
□

ア 暗号化通信を行う前に，データの伝送速度や，暗号の設定情報などを交換すること

イ 考案された当時は容易に解読できなかった暗号アルゴリズムが，コンピュータの性能の飛躍的な向上などによって，解読されやすい状態になること

ウ 自身が保有する鍵を使って，暗号化されたデータから元のデータを復元すること

エ 元のデータから一定の計算手順に従って疑似乱数を求め，元のデータをその疑似乱数に置き換えること

■暗号化③

ハッシュ関数

⇒令和元年度秋午前問12，平成30年度春午前問16

改ざん（完全性）を検知する目的で使用。

①データからハッシュ値（メッセージともいう）の変換は容易だが，逆は困難

②入力データがわずかでも異なれば，ハッシュ値も異なる

③入力データの長さが異なっていても，ハッシュ値は同じ長さになる

<代表的なハッシュ関数>

SHA-256：256ビットのハッシュ値を出力する

MD5：128ビットのハッシュ値を出力する

メッセージ認証符号（MAC）

⇒令和元年度秋午前問23，平成30年度春午前問24

改ざんを検知するためにブロック暗号で生成。

問10 デジタル署名などに用いるハッシュ関数の特徴はどれか。(平成29年度春午前問20)

□
□
□

ア 同じメッセージダイジェストを出力する二つの異なるメッセージは容易に求められる。

イ メッセージが異なっていても，メッセージダイジェストは全て同じである。

ウ メッセージダイジェストからメッセージを復元することは困難である。

エ メッセージダイジェストの長さはメッセージの長さによって異なる。

問11 パスワードを用いて利用者を認証する方法のうち，適切なものはどれか。(平成29年度秋午前問18)

□
□
□

ア パスワードに対応する利用者IDのハッシュ値を登録しておき，認証時に入力されたパスワードをハッシュ関数で変換して比較する。

イ パスワードに対応する利用者IDのハッシュ値を登録しておき，認証時に入力された利用者IDをハッシュ関数で変換して比較する。

ウ パスワードをハッシュ値に変換して登録しておき，認証時に入力されたパスワードをハッシュ関数で変換して比較する。

エ パスワードをハッシュ値に変換して登録しておき，認証時に入力された利用者IDをハッシュ関数で変換して比較する。

■暗号化④

デジタル（電子）署名

⇒令和元年度秋午前問20，平成30年度秋午前問25，問33，平成30年度春午前問29

改ざん／なりすまし／否認を防止。

署名はハッシュ値を作成（送信）者の秘密鍵で暗号化する。作成（送信）者しか使えない秘密鍵で暗号化することで本人確認となる。送信されてきた署名を作成（送信）者の公開鍵で復号してハッシュ値に戻し，改ざん検知を行う。

<使用例> S/MIME，XML署名など ⇒平成31年度春午前問24

問12 なりすましメールでなく，EC（電子商取引）サイトから届いたものであることを確認できる電子メールはどれか。(平成28年度秋午前問28)

□
□
□

ア 送信元メールアドレスがECサイトで利用されているアドレスである。

イ 送信元メールアドレスのドメインがECサイトのものである。

ウ デジタル署名の署名者のメールアドレスのドメインがECサイトのものであり，署名者のデジタル証明書の発行元が信頼できる組織のものである。

エ 電子メール本文の末尾にテキスト形式で書かれた送信元の連絡先に関する署名のうち，送信元の組織を表す組織名がECサイトのものである。

問13 デジタル署名における署名鍵の使い方と，デジタル署名を行う目的のうち，適切なものはどれか。(平成29年度秋午前問24)

□
□
□

ア 受信者が署名鍵を使って，暗号文を元のメッセージに戻すことができるようにする。

イ 送信者が固定文字列を付加したメッセージを署名鍵を使って暗号化することによって，受信者がメッセージの改ざん部位を特定できるようにする。

ウ 送信者が署名鍵を使って署名を作成し，その署名をメッセージに付加することによって，受信者が送信者を確認できるようにする。

エ 送信者が署名鍵を使ってメッセージを暗号化することによって，メッセージの内容を関係者以外に分からないようにする。

解答 問3 ア 問4 イ 問5 ウ 問6 ア 問7 ウ 問8 エ 問9 イ

■暗号化⑤

PKI（公開鍵基盤）

公開鍵証明書を作成する仕組み。

ネットワーク上に公開している公開鍵が，本当にその利用者のものか（本人性があるか）を証明するために，公開鍵証明書（デジタル証明書や電子証明書ともいう）が用いられる。

- **CA（認証局）：公開鍵の真正性を証明する公開鍵証明書を発行**
- **公開鍵証明書：公開鍵などの情報（X.509），認証局の秘密鍵で署名されている**
- **CRL：有効期間内に失効したデジタル証明書のリスト（CAが発行）**

<使用例> HTTP over TLS（HTTPS）など

問14 □□□ PKI（公開鍵基盤）における認証局が果たす役割はどれか。（平成28年度秋午前問29／平成30年度春午前問30）

ア 共通鍵を生成する。

イ 公開鍵を利用してデータの暗号化を行う。

ウ 失効したデジタル証明書の一覧を発行する。

エ データが改ざんされていないことを検証する。

問15 □□□ 所有者と公開鍵の対応付けをするのに必要なポリシや技術の集合によって実現される基盤はどれか。（平成24年度春AP午前問36）

ア IPsec　イ PKI　ウ ゼロ知識証明　エ ハイブリッド暗号

問16 □□□ 何らかの理由で有効期間中に失効したデジタル証明書の一覧を示すデータはどれか。（平成29年度春午前問25）

ア CA　イ CP　ウ CPS　エ CRL

■認証①

パスワード認証

⇒平成30年度春午前問15

個人の知識により利用者を認証する。

パスワードの文字の種類と長さを十分に保ち，推測されにくいものにすることが重要。

バイオメトリクス（生体）認証

⇒平成30年度春午前問22

身体的特徴や行動的特徴から利用者を認証する。

- **FRR（本人拒否率）：本人を他人と誤認識・拒否する確率**
- **FAR（他人受入率）：他人を本人と誤認識・許可する確率**

2要素認証

⇒令和元年度秋午後問1

認証方法が異なる2つの認証技術を併用して安全性を高めようとすること。

①知識による認証（パスワードなど，それを知っている人だけ認証する）
②物による認証（鍵，ICカード，トークンなど，それを持つ人だけ認証する）
③バイオメトリクス認証（指紋など，その身体的または行動的特徴を有する人だけ認証する）

リスクベース認証

⇒令和元年度秋午前問24，平成30年度春午前問25

アクセス元など利用者のいつもと異なるアクセスに対して追加の認証を行うこと。

CAPTCHA

⇒平成31年度春午前問21

ロボットではなく人からのアクセスであることを確認するために，ゆがんだ文字などの入力を求め，その結果を分析する仕組み。

問17 2要素認証に該当する組はどれか。（平成28年度春午前問18）

□□□

ア ICカード認証，指紋認証
イ ICカード認証，ワンタイムパスワードを生成するハードウェアトークン
ウ 虹彩認証，静脈認証
エ パスワード認証，秘密の質問の答え

問18 バイオメトリクス認証システムの判定しきい値を変化させるとき，FRR（本人拒否率）とFAR（他人受入率）との関係はどれか。（平成20年度春FE午前問64）

□□□

ア FRRとFARは独立している。
イ FRRを減少させると，FARは減少する。
ウ FRRを減少させると，FARは増大する。
エ FRRを増大させると，FARは増大する。

問19 バイオメトリクス認証には身体的特徴を抽出して認証する方式と行動的特徴を抽出して認証する方式がある。行動的特徴を用いているものはどれか。（平成22年度秋FE午前問40／平成24年度秋FE午前問39／平成27年度春FE午前問41）

□□□

ア 血管の分岐点の分岐角度や分岐点間の長さから特徴を抽出して認証する。
イ 署名するときの速度や筆圧から特徴を抽出して認証する。
ウ どう孔から外側に向かって発生するカオス状のしわの特徴を抽出して認証する。
エ 隆線によって形作られる紋様からマニューシャと呼ばれる特徴点を抽出して認証する。

問20 虹彩（こう）認証に関する記述のうち，最も適切なものはどれか。（令和元年度秋AP午前問45）

□□□

ア 経年変化による認証精度の低下を防止するために，利用者の虹彩情報を定期的に登録し直さなければならない。
イ 赤外線カメラを用いると，照度を高くするほど，目に負担を掛けることなく認証精度を向上させることができる。

解答 問10 ウ　問11 ウ　問12 ウ　問13 ウ　問14 ウ　問15 イ　問16 エ

ウ 他人受入率を顔認証と比べて低くすることが可能である。

エ 本人が装置に接触したあとに残された遺留物を採取し,それを加工することによって認証データを偽造し,本人になりすますことが可能である。

問21 リスクベース認証に該当するものはどれか。(平成28年度秋SC午前Ⅱ問6)

□
□
□

ア インターネットからの全てのアクセスに対し,トークンで生成されたワンタイムパスワードで認証する。

イ インターネットバンキングでの連続する取引において,取引の都度,乱数表の指定したマス目にある英数字を入力させて認証する。

ウ 利用者のIPアドレスなどの環境を分析し,いつもと異なるネットワークからのアクセスに対して追加の認証を行う。

エ 利用者の記憶,持ち物,身体の特徴のうち,必ず二つ以上の方式を組み合わせて認証する。

■認証②

パスワードなどを推測する攻撃

⇒令和元年度秋午後問1

- **辞書攻撃:辞書に掲載されているような文字をパスワードとして試す**
  対策:推測されにくい十分な長さを持つ文字列をパスワードにする
- **総当たり(ブルートフォース)攻撃:IDを固定してパスワードを試す**
  ⇒平成30年度春午前問27
  対策:同一IDからの連続ログイン失敗回数の制限
- **逆総当たり(リバースブルートフォース)攻撃:パスワードを固定してIDを試す**
  ⇒令和元年度秋午前問19
  対策:単位時間内の同一のIPアドレスからの異なるIDへの複数回のアクセスを制限
- **パスワードリスト攻撃:あるサイトから流出したIDとパスワードを他のサイトで試す**
  ⇒平成31年度春午前問16
  対策:各サイトで異なるパスワードを使用する

問22 パスワードリスト攻撃の手口に該当するものはどれか。(平成28年度春午前問26)

□
□
□

ア 辞書にある単語をパスワードに設定している利用者がいる状況に着目して,攻撃対象とする利用者IDを定め,英語の辞書にある単語をパスワードとして,ログインを試行する。

イ 数字4桁のパスワードだけしか設定できないWebサイトに対して,パスワードを定め,文字を組み合わせた利用者IDを総当たりに,ログインを試行する。

ウ パスワードの総文字数の上限が小さいWebサイトに対して,攻撃対象とする利用者IDを一つ定め,文字を組み合わせたパスワードを総当たりに,ログインを試行する。

エ 複数サイトで同一の利用者IDとパスワードを使っている利用者がいる状況に着目して,不正に取得した他サイトの利用者IDとパスワードの一覧表を用いて,ログインを試行する。

問23 AES-256で暗号化されていることが分かっている暗号文が与えられているとき，ブルートフォース攻撃で鍵と解読した平文を得るまでに必要な試行回数の最大値はどれか。(平成30年度秋FE午前問37)

□
□
□

ア 256　　イ 2^{128}　　ウ 2^{255}　　エ 2^{256}

問24 ブルートフォース攻撃に該当するものはどれか。(平成30年度秋AP午前問42)

□
□
□

ア Webブラウザと Webサーバの間の通信で，認証が成功してセッションが開始されているときに，Cookieなどのセッション情報を盗む。

イ コンピュータへのキー入力を全て記録して外部に送信する。

ウ 使用可能な文字のあらゆる組合せをそれぞれパスワードとして，繰り返しログインを試みる。

エ 正当な利用者のログインシーケンスを盗聴者が記録してサーバに送信する。

■各種攻撃手法①

SQLインジェクション

⇒平成30年度秋午前問25

DBへの不正アクセス攻撃。

Webページ上の入力フォームに不正な文字列を入力し，その文字列から生成されたSQL文を不正なものにして，データベースの内容を不正に閲覧または削除しようとする攻撃。

- **対策：WAF（Web Application Firewall）を導入して，入力文字のエスケープ／バインド機構の利用**
- **エスケープの例：「'」（シングルクォーテーション）→「''」**
- **バインド：ひな形（プレースホルダ）をそのまま割り当てる処理**

問25 SQLインジェクションの説明はどれか。(平成24年度秋FE午前問40)

□
□
□

ア Webアプリケーションに問題があるとき，データベースに悪意のある問合せや操作を行う命令文を入力して，データベースのデータを改ざんしたり不正に取得したりする攻撃

イ 悪意のあるスクリプトを埋め込んだWebページを訪問者に閲覧させて，別のWebサイトで，その訪問者が意図しない操作を行わせる攻撃

ウ 市販されているDBMSの脆(ぜい)弱性を利用することによって，宿主となるデータベースサーバを探して自己伝染を繰り返し，インターネットのトラフィックを急増させる攻撃

エ 訪問者の入力データをそのまま画面に表示するWebサイトに対して，悪意のあるスクリプトを埋め込んだ入力データを送ることによって，訪問者のブラウザで実行させる攻撃

問26 SQLインジェクション攻撃を防ぐ方法はどれか。(平成25年度春FE午前問40)

□
□
□

ア 入力中の文字がデータベースへの問合せや操作において，特別な意味をもつ文字として解釈されないようにする。

イ 入力にHTMLタグが含まれていたら，HTMLタグとして解釈されない他の文字列に置き換える。

ウ 入力に，上位ディレクトリを指定する文字列（../）を含むときは受け付けない。

エ 入力の全体の長さが制限を超えているときは受け付けない。

解答 問17 ア　問18 ウ　問19 イ　問20 ウ　問21 ウ　問22 エ

問27 クライアントとWebサーバの間において，クライアントがWebサーバに送信されたデータを検査して，SQLインジェクションなどの攻撃を遮断するためのものはどれか。(平成28年度春午前問13)
□□□

ア SSL-VPN機能　　イ WAF
ウ クラスタ構成　　エ ロードバランシング機能

各種攻撃手法②

クロスサイトスクリプティング

不正なスクリプトの実行による情報漏えい。

悪意のあるWebサーバにアクセスすると，スクリプトを埋め込んだ入力データを脆弱な別のWebサーバ経由で，アクセスしたブラウザ上で実行させ，Cookieなどの情報を盗もうとする攻撃。

- **対策：WAFを導入して，Webページに出力するデータのサニタイジング（無害化）**
- **Cookie：Webサーバとブラウザとの間のセッションを管理したり，Webサーバにアクセスしてきたクライアントを識別したりするために用いられるもの。**

クリックジャッキング攻撃

正しいサイトの上に透明化した悪意のあるサイトを作成し，クリックさせる攻撃。

- **対策：「X-Frame-Options」で制限する**

問28 クロスサイトスクリプティングに該当するものはどれか。(平成28年度春午前問21)
□□□

ア Webアプリケーションのデータ操作言語の呼出し方に不備がある場合に，攻撃者が悪意をもって構成した文字列を入力することによって，データベースのデータの不正な取得，改ざん及び削除を可能とする。

イ Webサイトに対して，他のサイトを介して大量のパケットを送り付け，そのネットワークトラフィックを異常に高めてサービスを提供不能にする。

ウ 確保されているメモリ空間の下限又は上限を超えてデータの書込みと読出しを行うことによって，プログラムを異常終了させたりデータエリアに挿入された不正なコードを実行させたりする。

エ 攻撃者が罠(わな)を仕掛けたWebページを利用者が閲覧し，当該ページ内のリンクをクリックしたときに，不正スクリプトを含む文字列が脆弱(ぜい)なWebサーバに送り込まれ，レスポンスに埋め込まれた不正スクリプトの実行によって，情報漏えいをもたらす。

問29 クリックジャッキング攻撃に該当するものはどれか。(平成28年度春午前問22)
□□□

ア Webアプリケーションの脆弱(ぜい)性を悪用し，Webサーバに不正なリクエストを送ってWebサーバからのレスポンスを二つに分割させることによって，利用者のWebブラウザのキャッシュを偽造する。

イ WebサイトAのコンテンツ上に透明化した標的サイトBのコンテンツを配置し，WebサイトA上の操作に見せかけて標的サイトB上で操作させる。

ウ Webブラウザのタブ表示機能を利用し，Webブラウザの非活性なタブの中身を，利用者が気づかないうちに偽ログインページに書き換えて，それを操作させる。

エ 利用者のWebブラウザの設定を変更することによって，利用者のWebページの閲覧履歴やパスワードなどの機密情報を盗み出す。

問30 クロスサイトスクリプティングの手口はどれか。（平成30年度春AP午前問37）

□
□
□

ア Webアプリケーションのフォームの入力フィールドに，悪意のあるJavaScriptコードを含んだデータを入力する。

イ インターネットなどのネットワークを通じてサーバに不正にアクセスしたり，データの改ざんや破壊を行ったりする。

ウ 大量のデータをWebアプリケーションに送ることによって，用意されたバッファ領域をあふれさせる。

エ パス名を推定することによって，本来は認証された後にしかアクセスが許可されないページに直接ジャンプする。

問31 クロスサイトスクリプティング対策に該当するものはどれか。（平成30年度秋AP午前問41）

□
□
□

ア WebサーバでSNMPエージェントを常時稼働させることによって，攻撃を検知する。

イ WebサーバのOSにセキュリティパッチを適用する。

ウ Webページに入力されたデータの出力データが，HTMLタグとして解釈されないように処理する。

エ 許容量を超えた大きさのデータをWebページに入力することを禁止する。

■各種攻撃手法③

ディレクトリトラバーサル

許可されていないデータへの不正な閲覧。

Webページのファイル名を入力する欄に，"../passwd" などの不正な文字列を入力して，利用者がアクセスできないフォルダやファイルを不正に閲覧する攻撃。

- **対策：WAFを導入して，ファイル名や ".." などの文字列をサニタイジング**
- **Webサーバ上にあり閲覧などされると困るファイル：設定（config）ファイルなど**

問32 ディレクトリトラバーサル攻撃に該当するものはどれか。（平成29年度春午前問23）

□
□
□

ア 攻撃者が，Webアプリケーションの入力データとしてデータベースへの命令文を構成するデータを入力し，管理者の意図していないSQL文を実行させる。

イ 攻撃者が，パス名を使ってファイルを指定し，管理者の意図していないファイルを不正に閲覧する。

ウ 攻撃者が，利用者をWebサイトに誘導した上で，WebアプリケーションによるHTML出力のエスケープ処理の欠陥を悪用し，利用者のWebブラウザで悪意のあるスクリプトを実行させる。

エ セッションIDによってセッションが管理されるとき，攻撃者がログイン中の利用者のセッションIDを不正に取得し，その利用者になりすましてサーバにアクセスする。

解答 問23 エ　問24 ウ　問25 ア　問26 ア　問27 イ　問28 エ

問33 ディレクトリトラバーサル攻撃はどれか。(平成25年度秋SC午前Ⅱ問16)

□
□
□

ア 攻撃者が，OSの操作コマンドを利用するアプリケーションに対して，OSのディレクトリ作成コマンドを渡して実行する。

イ 攻撃者が，SQL文のリテラル部分の生成処理に問題があるアプリケーションに対して，任意のSQL文を渡して実行する。

ウ 攻撃者が，シングルサインオンを提供するディレクトリサービスに対して，不正に入手した認証情報を用いてログインし，複数のアプリケーションを不正使用する。

エ 攻撃者が，ファイル名の入力を伴うアプリケーションに対して，上位のディレクトリを意味する文字列を使って，非公開のファイルにアクセスする。

■各種攻撃手法④

DNSキャッシュポイズニング

⇒平成31年度春午前問10

不正なWebサイトなどへの誘導。

DNSサーバに，ドメイン名などを改ざんした不正な情報を送り込み，そのDNSサーバを参照してきた利用者を，本来のサーバとは異なるサーバに誘導する攻撃。

- **対策**：DNSSECを導入する／ポート番号のランダム化
- **DNSSEC**：DNSサーバにデジタル証明書を導入して認証を行う仕組み

ポートスキャン

アクセス時にポート番号を順に変えて，空いているサービスを確認する。

- **ポート番号**：プロトコル（サービス）ごとに付けられている番号
  （例：HTTP＝80，DNS=53など）

ドメイン名ハイジャック攻撃

⇒平成30年度春午前問20

権威DNSサーバに書かれている情報を書き換え攻撃者のサーバに誘導する攻撃。

- **権威DNSサーバ**：企業が保有するWebサーバやメールサーバなどのホスト名およびIPアドレスなどを管理しているDNSサーバ。

DNS水責め（ランダムサブドメイン）攻撃

⇒令和元年度秋午前問25

ボットに感染した多数のPCから，攻撃対象のDNSサーバに対して，短時間に大量の問合せを集中させ，当該DNSサーバは過負荷状態として，問合せに対応できなくする攻撃。

問34 DNSキャッシュポイズニングに分類される攻撃内容はどれか。（平成29年度秋午前問22）

□□□

ア DNSサーバのソフトウェアのバージョン情報を入手して，DNSサーバのセキュリティホールを特定する。

イ PCが参照するDNSサーバに偽のドメイン情報を注入して，利用者を偽装されたサーバに誘導する。

ウ 攻撃対象のサービスを妨害するために，攻撃者がDNSサーバを踏み台に利用して再帰的な問合せを大量に行う。

エ 内部情報を入手するために，DNSサーバが保存するゾーン情報をまとめて転送させる。

問35 攻撃者がシステムに侵入するときにポートスキャンを行う目的はどれか。（平成28年度春午前問29）

□□□

ア 事前調査の段階で，攻撃できそうなサービスがあるかどうかを調査する。

イ 権限取得の段階で，権限を奪取できそうなアカウントがあるかどうかを調査する。

ウ 不正実行の段階で，攻撃者にとって有益な利用者情報があるかどうかを調査する。

エ 後処理の段階で，システムログに攻撃の痕跡が残っていないかどうかを調査する。

問36 企業のDMZ上で1台のDNSサーバを，インターネット公開用と，社内のPC及びサーバからの名前解決の問合せに対応する社内用とで共用している。このDNSサーバが，DNSキャッシュポイズニング攻撃を受けた結果，直接引き起こされ得る現象はどれか。（平成30年度春AP午前問36）

□□□

ア DNSサーバのハードディスク上に定義されているDNSサーバ名が書き換わり，インターネットからのDNS参照者が，DNSサーバに接続できなくなる。

イ DNSサーバのメモリ上にワームが常駐し，DNS参照元に対して不正プログラムを送り込む。

ウ 社内の利用者間の電子メールについて，宛先メールアドレスが書き換えられ，送信ができなくなる。

エ 社内の利用者が，インターネット上の特定のWebサーバにアクセスしようとすると，本来とは異なるWebサーバに誘導される。

問37 DNSキャッシュサーバに対して外部から行われるキャッシュポイズニング攻撃への対策のうち，適切なものはどれか。（平成30年度秋AP午前問39）

□□□

ア 外部ネットワークからの再帰的な問合せにも応答できるように，コンテンツサーバにキャッシュサーバを兼ねさせる。

イ 再帰的な問合せに対しては，内部ネットワークからのものだけを許可するように設定する。

ウ 再帰的な問合せを行う際の送信元のポート番号を固定する。

エ 再帰的な問合せを行う際のトランザクションIDを固定する。

問38 DNSSECについての記述のうち，適切なものはどれか。（平成31年度春AP午前問40）

□□□

ア DNSサーバへの問合せ時の送信元ポート番号をランダムに選択することによって，DNS問合せへの不正な応答を防止する。

イ DNSの再帰的な問合せの送信元として許可するクライアントを制限することによって，DNSを悪用したDoS攻撃を防止する。

ウ 共通鍵暗号方式によるメッセージ認証を用いることによって，正当なDNSサーバからの応

解答 問29 イ　問30 ア　問31 ウ　問32 イ　問33 エ

答であることをクライアントが検証できる。

エ 公開鍵暗号方式によるデジタル署名を用いることによって，正当なDNSサーバからの応答であることをクライアントが検証できる。

問39 DNS水責め攻撃（ランダムサブドメイン攻撃）の手口と目的に関する記述のうち，適切なものはどれか。（平成29年度春SC午前Ⅱ問6）
□
□
□

ア ISPが管理するDNSキャッシュサーバに対して，送信元を攻撃対象のサーバのIPアドレスに詐称してランダムかつ大量に生成したサブドメイン名の問合せを送り，その応答が攻撃対象のサーバに送信されるようにする。

イ オープンリゾルバとなっているDNSキャッシュサーバに対して，攻撃対象のドメインのサブドメイン名をランダムかつ大量に生成して問い合わせ，攻撃対象の権威DNSサーバを過負荷にさせる。

ウ 攻撃対象のDNSサーバに対して，攻撃者が管理するドメインのサブドメイン名をランダムかつ大量に生成してキャッシュさせ，正規のDNSリソースレコードを強制的に上書きする。

エ 攻撃対象のWebサイトに対して，当該ドメインのサブドメイン名をランダムかつ大量に生成してアクセスし，非公開のWebページの参照を試みる。

■各種攻撃手法⑤

フィッシング

⇒令和元年度秋午後問2

サイトの偽装や偽造電子メールの使用などの手法で，ユーザを騙して個人情報やパスワードなどを偽のWebサイトに入力させて，不正に入手する行為のこと。

- **対策：送られてきたメールにあるURLにむやみにアクセスしない／パスワードなど不用意に教えない**

ビジネスメール詐欺（BEC）

⇒令和元年度秋午前問1

取引先などと偽った巧妙な手口を使い，偽サイトに誘導させて，パスワードなどを不正に入手する行為のこと。

問40 フィッシング（phishing）による被害はどれか。（平成23年度秋AP午前問39）
□
□
□

ア インターネットからソフトウェアをダウンロードしてインストールしたところ，設定したはずのない広告がデスクトップ上に表示されるようになった。

イ インターネット上の多数のコンピュータから，公開しているサーバに一斉にパケットが送りこまれたので，当該サーバが一時使用不能になった。

ウ 知人から送信されてきた電子メールに添付されていたファイルを実行したところ，ハードディスク上にあった全てのファイルを消失してしまった。

エ “本人情報の再確認が必要なので入力してください”という電子メールで示されたURLにアクセスし，個人情報を入力したところ，詐取された。

■各種攻撃手法⑥

ソーシャルエンジニアリング
⇒平成31年度春午後問2

人間の不注意や誤解・勘違いなどの心理的な盲点を突く攻撃方法。

他人のパソコンをのぞき見（ショルダーハッキング）したり，パスワードの書かれた紙をごみ箱から漁ったり（トラッシング／スキャベンジング）する方法で，セキュリティに関する情報を不正に得る行為のこと。

- **対策：本人認証の徹底／パスワードなど不用意に教えない**

シャドーIT
⇒令和元年度秋午前問10，平成30年度秋午前問16

社内のネットワークに無断で個人のPCなどを接続すること。

問41 □□□ 緊急事態を装って組織内部の人間からパスワードや機密情報を入手する不正な行為は，どれに分類されるか。（平成28年度秋午前問25）

ア ソーシャルエンジニアリング　　イ トロイの木馬

ウ 踏み台攻撃　　エ ブルートフォース攻撃

問42 □□□ ソーシャルエンジニアリングに該当するものはどれか。（平成29年度春午前問21）

ア オフィスから廃棄された紙ごみを，清掃員を装って収集して，企業や組織に関する重要情報を盗み出す。

イ キー入力を記録するソフトウェアを，不特定多数が利用するPCで動作させて，利用者IDやパスワードを窃取する。

ウ 日本人の名前や日本語の単語が登録された辞書を用意して，プログラムによってパスワードを解読する。

エ 利用者IDとパスワードの対応リストを用いて，プログラムによってWebサイトへのログインを自動的かつ連続的に試みる。

問43 □□□ シャドーITに該当するものはどれか。（令和元年度秋午前問10／平成29年度秋午前問16）

ア IT製品やITを活用して地球環境への負荷を低減する取組み

イ IT部門の公式な許可を得ずに，従業員又は部門が業務に利用しているデバイスやクラウドサービス

ウ 攻撃対象者のディスプレイやキータイプを物陰から盗み見て，情報を盗み出すこと

エ ネットワーク上のコンピュータに侵入する準備として，攻撃対象の弱点を探るために個人や組織などの情報を収集すること

解答 問34 イ　問35 ア　問36 エ　問37 イ　問38 エ　問39 イ　問40 エ

■ネットワークセキュリティ①

ファイアウォール

⇒平成30年度秋午前問25，平成30年度春午前問13

IPアドレスとポート番号でパケットフィルタリングをする機器。
パケットのIPアドレスなどを参照して安全なものだけ通過させる。

インターネットなどの外部ネットワークと内部ネットワークおよびDMZの間に位置し，パケットのヘッダにある送信側と受信側のIPアドレスとポート番号（サービス）を確認して，遮断と許可をする装置。

- **DMZ：DNSサーバなど，外部からアクセスされる（公開している）サーバを置く**
- **内部セグメント：データベースなど重要なサーバを置く**

問44 □□□ 1台のファイアウォールによって，外部セグメント，DMZ，内部セグメントの三つのセグメントに分割されたネットワークがある。このネットワークにおいて，Webサーバと，重要なデータをもつデータベースサーバから成るシステムを使って，利用者向けのサービスをインターネットに公開する場合，インターネットからの不正アクセスから重要なデータを保護するためのサーバの設置方法のうち，最も適切なものはどれか。ここで，ファイアウォールでは，外部セグメントとDMZとの間及びDMZと内部セグメントとの間の通信は特定のプロトコルだけを許可し，外部セグメントと内部セグメントとの間の直接の通信は許可しないものとする。（平成29年度春午前問17）

ア　WebサーバとデータベースサーバをDMZに設置する。
イ　Webサーバとデータベースサーバを内部セグメントに設置する。
ウ　WebサーバをDMZに，データベースサーバを内部セグメントに設置する。
エ　Webサーバを外部セグメントに，データベースサーバをDMZに設置する。

問45 □□□ パケットフィルタリング型ファイアウォールがルール一覧に基づいてパケットを制御する場合，パケットAに適用されるルールとそのときの動作はどれか。ここで，ファイアウォールでは，ルール一覧に示す番号の1から順にルールを適用し，一つのルールが適合したときには残りのルールは適用しない。（平成27年度秋FE午前問44）

〔ルール一覧〕

番号	送信元アドレス	宛先アドレス	プロトコル	送信元ポート番号	宛先ポート番号	動作
1	10.1.2.3	*	*	*	*	通過禁止
2	*	10.2.3.*	TCP	*	25	通過許可
3	*	10.1.*	TCP	*	25	通過許可
4	*	*	*	*	*	通過禁止

注記　＊は任意のものに適合するパターンを表す。

〔パケットA〕

送信元アドレス	宛先アドレス	プロトコル	送信元ポート番号	宛先ポート番号
10.1.2.3	10.2.3.4	TCP	2100	25

ア　番号1によって，通過を禁止する。
イ　番号2によって，通過を許可する。
ウ　番号3によって，通過を許可する。
エ　番号4によって，通過を禁止する。

問46 インターネットに接続された利用者のPCから，DMZ上の公開Webサイトにアクセスし，利用者の個人情報を入力すると，その個人情報が内部ネットワークのデータベース（DB）サーバに蓄積されるシステムがある。このシステムにおいて，利用者個人のデジタル証明書を用いたTLS通信を行うことによって期待できるセキュリティ上の効果はどれか。（平成30年度秋AP午前問40）

□□□

ア PCとDBサーバ間の通信データを暗号化するとともに，正当なDBサーバであるかを検証することができるようになる。

イ PCとDBサーバ間の通信データを暗号化するとともに，利用者を認証することができるようになる。

ウ PCとWebサーバ間の通信データを暗号化するとともに，正当なDBサーバであるかを検証することができるようになる。

エ PCとWebサーバ間の通信データを暗号化するとともに，利用者を認証することができるようになる。

問47 パケットフィルタリング型ファイアウォールが，通信パケットの通過を許可するかどうかを判断するときに用いるものはどれか。（平成31年度春AP午前問44）

□□□

ア Webアプリケーションに渡されるPOSTデータ

イ 送信元と宛先のIPアドレスとポート番号

ウ 送信元のMACアドレス

エ 利用者のPCから送信されたURL

問48 パケットフィルタリング型ファイアウォールのフィルタリングルールを用いて，本来必要なサービスに影響を及ぼすことなく防げるものはどれか。（平成30年度春AP午前問44）

□□□

ア 外部に公開しないサーバへのアクセス

イ サーバで動作するソフトウェアの脆（ぜい）弱性を突く攻撃

ウ 電子メールに添付されたファイルに含まれるマクロウイルスの侵入

エ 不特定多数のIoT機器から大量のHTTPリクエストを送り付けるDDoS攻撃

■ネットワークセキュリティ②

プロキシサーバ

⇒平成31年度春午後問1

内部のIPアドレスの隠蔽／認証／URLフィルタリング。

外部のサーバに内部のコンピュータから直接アクセスさせないように，プロキシサーバ経由でアクセスを行う。そのため，プロキシサーバのIPアドレスだけが外部に判明するため，安全性が高まる。また，プロキシサーバには，認証機能や過去にアクセスしたWebコンテンツをキャッシュする機能もあり，URLフィルタリングやコンテンツフィルタリングも可能である。

解答 問41 ア　問42 ア　問43 イ　問44 ウ　問45 ア

NAT/NAPT（IPマスカレード）

⇒平成31年度春午前問17

内部でしか使えないプライベートIPアドレスと外部で使うグローバルIPアドレスの変換／複数のプライベートIPアドレスに対して１つのグローバルIPアドレスで対応できる。

問49 社内ネットワークからインターネットへのアクセスを中継し，Webコンテンツをキャッシュすることによってアクセスを高速にする仕組みで，セキュリティの確保にも利用されるものはどれか。（平成28年度春午前問46）

□□□

ア DMZ　　イ IPマスカレード（NAPT）

ウ ファイアウォール　　エ プロキシ

問50 IPv4において，インターネット接続用ルータのNAT機能の説明として，適切なものはどれか。（平成29年度秋午前問47）

□□□

ア インターネットへのアクセスをキャッシュしておくことによって，その後に同じIPアドレスのWebサイトへアクセスする場合，表示を高速化できる機能である。

イ 通信中のIPパケットを検査して，インターネットからの攻撃や侵入を検知する機能である。

ウ 特定の端末宛てのIPパケットだけを通過させる機能である。

エ プライベートIPアドレスとグローバルIPアドレスを相互に変換する機能である。

■ネットワークセキュリティ③

IDS／IPS

⇒平成31年度春午前問15

侵入検知システム／侵入防止システム

- **IDS：外部から社内ネットワークに対して行われる不正侵入などの攻撃を検知し，管理者に警告を発する。**
- **IPS：IDSの機能をもつとともに，攻撃を検知するとファイアウォールに指示を送信して攻撃元からのアクセスを遮断したり，サーバを停止させたりすることで，被害を出さないように防御する。**
- **ネットワーク型（NIDS）：社内LANなどのネットワークに設置され，ネットワーク全体に対する攻撃を検知できる。例：DoS攻撃**
- **ホスト型（HIDS）：サーバなどの機器にインストールされ，その機器だけに対する攻撃を検知できる。例：サーバ上のデータの改ざん**

DLP

秘密情報を判別し，秘密情報の漏えいにつながる操作に対して警告を発令したり，その操作を自動的に無効化させたりするシステムのこと。

問51 IDSの機能はどれか。(平成28年度春午前問12)
□□□

ア PCにインストールされているソフトウェア製品が最新のバージョンであるかどうかを確認する。

イ 検査対象の製品にテストデータを送り，製品の応答や挙動から脆弱性を検出する。

ウ サーバやネットワークを監視し，セキュリティポリシを侵害するような挙動を検知した場合に管理者へ通知する。

エ 情報システムの運用管理状況などの情報セキュリティ対策状況と企業情報を入力し，組織の情報セキュリティへの取組状況を自己診断する。

問52 NIDS（ネットワーク型IDS）を導入する目的はどれか。(平成29年度春午前問13)
□□□

ア 管理下のネットワークへの侵入の試みを検知し，管理者に通知する。

イ 実際にネットワークを介してWebサイトを攻撃し，侵入できるかどうかを検査する。

ウ ネットワークからの攻撃が防御できないときの損害の大きさを判定する。

エ ネットワークに接続されたサーバに格納されているファイルが改ざんされたかどうかを判定する。

問53 情報システムにおいて，秘密情報を判別し，秘密情報の漏えいにつながる操作に対して警告を発令したり，その操作を自動的に無効化させたりするものはどれか。(平成29年度秋午前問13)
□□□

ア DLP　イ DMZ　ウ IDS　エ IPS

■ネットワークセキュリティ④

WAF ⇒平成30年度春午前問12，令和元年度秋午前問14

SQLインジェクション／クロスサイトスクリプティング／ディレクトリトラバーサルなどに有効。Webアプリケーションへの攻撃を検査して，その通信を遮断もしくは無害化（サニタイジング）するファイアウォール。

- **ホワイトリスト：安全と確認されているアクセスのパターンだけのアクセスを許可して，それ以外のアクセスを遮断する**
- **ブラックリスト：攻撃用のパターンをリストに登録されているパターンのものを遮断／無害化する**

問54 WAFの説明として，適切なものはどれか。(平成29年度秋午前問20)
□□□

ア DMZに設置されているWebサーバへの侵入を外部から実際に試みる。

イ TLSによる暗号化と復号の処理をWebサーバではなく専用のハードウェアで行うことによって，WebサーバのCPU負荷を軽減するために導入する。

ウ システム管理者が質問に答える形式で，自組織の情報セキュリティ対策のレベルを診断する。

エ 特徴的なパターンが含まれるかなどWebアプリケーションへの通信内容を検査して，不正な通信を遮断する。

解答 問46 エ　問47 イ　問48 ア　問49 エ　問50 エ

問55 WAF（Web Application Firewall）におけるブラックリスト又はホワイトリストの説明のうち，適切なものはどれか。（平成29年度春午前問29）

□□□

ア ブラックリストは，脆弱性のあるWebサイトのIPアドレスを登録するものであり，該当する通信を遮断する。

イ ブラックリストは，問題のある通信データパターンを定義したものであり，該当する通信を遮断又は無害化する。

ウ ホワイトリストは，暗号化された受信データをどのように復号するかを定義したものであり，復号鍵が登録されていないデータを遮断する。

エ ホワイトリストは，脆弱性がないWebサイトのFQDNを登録したものであり，登録がないWebサイトへの通信を遮断する。

問56 WAFの説明はどれか。（平成31年度春AP午前問45）

□□□

ア Webアプリケーションへの攻撃を検知し，阻止する。

イ Webブラウザの通信内容を改ざんする攻撃をPC内で監視し，検出する。

ウ サーバのOSへの不正なログインを監視する。

エ ファイルへのマルウェア感染を監視し，検出する。

■ネットワークセキュリティ⑤

送信ドメイン認証

電子メールでの認証により，なりすましや改ざん検出ができる。
メールの送信者がメールアドレスを偽装していないこと，すなわち，正当なメールサーバからメールを送信したことを証明できる。

- **SPF：メールの送信元ドメインと送信元メールサーバのIPアドレスを認証する。**
  ⇒平成30年度春午前問30，平成31年度春午前問11，令和元年度秋午前問7
- **DKIM：電子メールにデジタル署名を付けることで，送信元のドメイン認証や改ざんの検出を可能とする。**

SMTP-AUTH

⇒令和元年度秋午前問28

自メールサーバに対するSMTPに認証技術を付けたプロトコル。

問57 SPF（Sender Policy Framework）を利用する目的はどれか。（平成28年度秋午前問16）

□□□

ア HTTP通信の経路上での中間者攻撃を検知する。

イ LANへのPCの不正接続を検知する。

ウ 内部ネットワークへの侵入を検知する。

エ メール送信元のなりすましを検知する。

問58 SMTP-AUTH認証はどれか。（平成21年度秋SC午前Ⅱ問3）

□□□

ア SMTPサーバに電子メールを送信する前に，電子メールを受信し，その際にパスワード認証が行われたクライアントのIPアドレスに対して，一定時間だけ電子メールの送信を許可する。

イ クライアントがSMTPサーバにアクセスしたときに利用者認証を行い，許可された利用者だけから電子メールを受け付ける。

ウ サーバはCAの公開鍵証明書をもち，クライアントから送信されたCAの署名付きクライアント証明書の妥当性を確認する。

エ 電子メールを受信する際の認証情報を秘匿できるように，パスワードからハッシュ値を計算して，その値で利用者認証を行う。

■ネットワークセキュリティ⑥

SSH（ポート番号22）

⇒平成31年度春午前問29，平成30年度秋午前問29

遠隔地のコンピュータに外部から安全に接続するためのプロトコルで，公開鍵暗号方式とハッシュ関数を利用する。

- **パスワード認証方式**：接続時にパスワードを入力する。
- **公開鍵認証方式**：SSHサーバは自分の秘密鍵を用いて作成したデジタル署名をクライアントに送信し，クライアントはSSHサーバの公開鍵を用いて，送信されてきたデジタル署名の正当性を検証する。

TELNET（ポート番号23）

⇒令和元年度秋午前問6

遠隔地のコンピュータにログインする際に，IDやパスワードを暗号化しないで通信するプロトコルなので危険である。

問59 暗号化や認証機能を持ち，遠隔にあるコンピュータに安全にログインするためのプロトコルはどれか。（平成28年度春AP午前問43）

□
□
□

ア IPsec　イ L2TP　ウ RADIUS　エ SSH

■ネットワークセキュリティ⑦

VPN（Virtual Private Network）

⇒令和元年度秋午後問3

インターネットなどの開かれたネットワーク上で，専用線と同等にセキュリティが確保された通信を行い，あたかもプライベートなネットワークを利用しているかのようにするための技術。

■マルウェア①

トロイの木馬

ある条件（特定のサイトに接続した場合など）になるまで活動しないで待機する，感染機能がないマルウェアのこと。

解答 問51 ウ　問52 ア　問53 ア　問54 エ　問55 イ　問56 ア　問57 エ

ドライブバイダウンロード

⇒平成30年度春午前問21

Webサイト閲覧時に密かにマルウェアをダウンロードする攻撃。

問60 マルウェアについて，トロイの木馬とワームを比較したとき，ワームの特徴はどれか。(平成29年度秋午前問27)

□□□

ア 勝手にファイルを暗号化して正常に読めなくする。

イ 単独のプログラムとして不正な動作を行う。

ウ 特定の条件になるまで活動をせずに待機する。

エ ネットワークやリムーバブルメディアを媒介として自ら感染を広げる。

問61 ドライブバイダウンロード攻撃の説明はどれか。(平成28年度春午前問25)

□□□

ア PCにUSBメモリが接続されたとき，USBメモリに保存されているプログラムを自動的に実行する機能を用いてウイルスを実行し，PCをウイルスに感染させる。

イ PCに格納されているファイルを勝手に暗号化して，戻すためのパスワードを教えることと引換えに金銭を要求する。

ウ Webサイトを閲覧したとき，利用者が気付かないうちに，利用者の意図にかかわらず，利用者のPCに不正プログラムが転送される。

エ 不正にアクセスする目的で，建物の外部に漏れた無線LANの電波を傍受して，セキュリティの設定が脆弱(ぜい)な無線LANのアクセスポイントを見つけ出す。

■マルウェア②

ランサムウェア

⇒平成30年度秋午前問15，平成31年度春午後問3

コンピュータ内のデータを暗号化する身代金マルウェアのこと。

<例> Wanna Cryptor (Wanna Cry)

バックドア

⇒令和元年度秋午前問21

サーバなどに不正侵入した攻撃者が，再度当該サーバに容易に侵入できるようにするために，密かに組み込んでおくプログラムのこと。

ルートキット

バックドアなどの不正なプログラムを，隠蔽するための機能をまとめたパッケージツールのこと。

C&Cサーバ

⇒令和元年度秋午前問15，平成30年度秋午前問14

コンピュータをマルウェア (ボットネット) に感染後，別のコンピュータに不正アクセスや情報収集させるサーバのこと。

ボットネット
⇒令和元年秋午後問1

攻撃者に乗っ取られてその命令に従うコンピュータで構成されるネットワークで，特定のサイトに一斉に攻撃を仕掛けることができる。

問62 バックドアに該当するものはどれか。(平成28年度春午前問27)
□□□

- ア 攻撃を受けた結果，ロックアウトされた利用者アカウント
- イ システム内に攻撃者が秘密裏に作成した利用者アカウント
- ウ 退職などの理由で，システム管理者が無効にした利用者アカウント
- エ パスワードの有効期限が切れた利用者アカウント

問63 ランサムウェアに分類されるものはどれか。(平成28年度秋午前問27)
□□□

- ア 感染したPCが外部と通信できるようプログラムを起動し，遠隔操作を可能にするマルウェア
- イ 感染したPCに保存されているパスワード情報を盗み出すマルウェア
- ウ 感染したPCのキー操作を記録し，ネットバンキングの暗証番号を盗むマルウェア
- エ 感染したPCのファイルを暗号化し，ファイルの復号と引換えに金銭を要求するマルウェア

問64 サーバにバックドアを作り，サーバ内での侵入の痕跡を隠蔽するなどの機能をもつ不正なプログラムやツールのパッケージはどれか。(平成28年度秋午前問14)
□□□

ア RFID　イ rootkit　ウ TKIP　エ web beacon

■マルウェア③

ウイルス対策ソフト

ウイルスを検知，駆除するソフトウェア。

- **コンペア法：ウイルス感染が疑わしい検査対象と，安全な場所に確保してあるその対象の原本を比較する方法。**
- **チェックサム法／インテグリティチェック法：検査対象に対して「ウイルスではないこと」を保証する情報（チェックサムやデジタル署名）を事前に付加しておき，その情報の内容が変更されているなどの理由で，検査時にウイルスでないことの保証が得られない場合，ウイルスとして検出する方法。**
- **パターンマッチング法：パターンファイル（ウイルスの特徴的なコードをあらかじめ登録しておいたウイルス定義ファイル）を用いて，検査対象のファイルを検索し，ファイル中に同じパターンがあれば感染を検出する方法。**
- **ビヘイビア法：ウイルスの実際の感染や発病の際に発生する動作を監視し，検出する方法。**

ゼロデイ攻撃
⇒平成30年度秋午前問13

未知のウイルスによる攻撃で，対策ソフトがまだ準備されていないもの。

解答　問58 イ　問59 エ　問60 エ　問61 ウ

セキュリティパッチ

⇒平成30年度春午前問17

ソフトウェア製品で新たな脆弱性を修正するプログラム。

対策漏れをなくすには，製品バージョン／前回の適用日時／IPアドレスなどの情報が必要。

標的型攻撃

特定の個人を狙ってマルウェアに感染させる。フィッシングメールや水飲み場型攻撃がある。

MITB

⇒平成30年度秋午後問1

インターネットバンキングサイト上で利用者が振込操作を行うとき，マルウェアが操作内容を改ざんすることで，振込金額を詐取しようとする攻撃。

- 対策：トランザクション署名を使用する。 ⇒令和元年度秋午前問13
- **トランザクション署名：インターネットバンキングなどで，振込み操作（これをトランザクションという）をデジタル署名を使って暗号化し，トランザクションの内容が改ざんされていないかをサーバで確認する。**

APT

⇒平成30年度秋午前問21

複数の高度な攻撃を仕掛け，情報を盗み出そうとする攻撃。

問65 ウイルス検出におけるビヘイビア法に分類されるものはどれか。（平成28年度秋午前問18）

□□□

ア あらかじめ検査対象に付加された，ウイルスに感染していないことを保証する情報と，検査対象から算出した情報とを比較する。

イ 検査対象と安全な場所に保管してあるその原本とを比較する。

ウ 検査対象のハッシュ値と既知のウイルスファイルのハッシュ値とを比較する。

エ 検査対象をメモリ上の仮想環境下で実行して，その挙動を監視する。

問66 PCで行うマルウェア対策のうち，適切なものはどれか。（平成28年度春午前問14）

□□□

ア PCにおけるウイルスの定期的な手動検査では，ウイルス対策ソフトの定義ファイルを最新化した日時以降に作成したファイルだけを対象にしてスキャンする。

イ PCの脆弱性を突いたウイルス感染が起きないように，OS及びアプリケーションの修正パッチを適切に適用する。

ウ 電子メールに添付されたウイルスに感染しないように，使用しないTCPポート宛ての通信を禁止する。

エ ワームが侵入しないように，PCに動的グローバルIPアドレスを付与する。

■マルウェア④

クリプトジャッキング

所有者の知らない間に，コンピュータを勝手に利用して暗号資産（仮想通貨）のマイニング（採掘）を不正に行うこと。

■情報セキュリティマネジメントシステム①

JIS Q 27001：2014

⇒平成31年度春午後問2

情報セキュリティマネジメントシステム（ISMS）を確立し，実施し，維持し，継続的に改善するための要求事項を提供する規格。

- 組織のトップマネジメントは以下の事項で，ISMSに関するリーダーシップ及びコミットメントを実証しなければならないとしている。
  ①情報セキュリティ方針及び情報セキュリティ目的を確立し，それらが組織の戦略的な方向性と両立することを確実にする。
  ②組織のプロセスへのISMS要求事項の統合を確実にする。
  ③ISMSに必要な資源が利用可能であることを確実にする。
  ④有効な情報セキュリティマネジメント及びISMS要求事項への適合の重要性を伝達する。
  ⑤ISMSがその意図した成果を達成することを確実にする。
  ⑥ISMSの有効性に寄与するよう人々を指揮し，支援する。
  ⑦継続的改善を促進する。
  ⑧その他の関連する管理層がその責任の領域においてリーダーシップを実証するよう，管理層の役割を支援する。
- 情報セキュリティ方針は以下の要件を満たす必要がある。
  ①文書化した情報として利用可能である。
  ②組織内に伝達する。
  ③必要に応じて，利害関係者が入手可能である。
- 組織はこの規格に従って確立，実施，維持，継続的に改善しなければならない。ただし，附属書Aの管理策を除外できる。

問67 □□□ JIS Q 27001に基づく情報セキュリティ方針の取扱いとして，適切なものはどれか。（平成28年度春午前問6）

ア　機密情報として厳格な管理を行う。

イ　従業員及び関連する外部関係者に通知する。

ウ　情報セキュリティ担当者各人が作成する。

エ　制定後はレビューできないので，見直しの必要がない内容で作成する。

問68 □□□ JIS Q 27001:2014（情報セキュリティマネジメントシステム－要求事項）において，ISMSに関するリーダーシップ及びコミットメントをトップマネジメントが実証する上で行う事項として挙げられているものはどれか。（平成29年度春午前問1）

ア　ISMSの有効性に寄与するよう人々を指揮し，支援する。

イ　ISMSを組織の他のプロセスと分けて運営する。

解答　問62 イ　問63 エ　問64 イ　問65 エ　問66 イ

ウ 情報セキュリティ方針に従う。

エ 情報セキュリティリスク対応計画を策定する。

問69 組織がJIS Q 27001:2014（情報セキュリティマネジメントシステム— 要求事項）への適合を宣言するとき，要求事項及び管理策の適用要否の考え方として，適切なものはどれか。（平成29年度秋午前問2）

□□□

	規格本文の箇条 4〜10 に規定された要求事項	附属書 A “管理目的及び管理策” に規定された管理策
ア	全て適用が必要である。	全て適用が必要である。
イ	全て適用が必要である。	妥当な理由があれば適用除外できる。
ウ	妥当な理由があれば適用除外できる。	全て適用が必要である。
エ	妥当な理由があれば適用除外できる。	妥当な理由があれば適用除外できる。

■情報セキュリティマネジメントシステム②

JIS Q 27002

⇒令和元年度秋午前問9，平成31年度春午前問4，平成30年度春午前問7

JIS Q 27001に基づいて，情報セキュリティ管理策を実施するための手引を提供している規格。

この規格では，「電気，通信サービス，給水，ガス，下水，換気，空調」など，装置を稼働させるために必要なインフラや設備などのことを，サポートユーティリティとしている。

- JIS Q 27017：JIS Q 27002を補うもので「クラウドサービスのセキュリティ管理策」が記述されている

問70 JIS Q 27002:2014（情報セキュリティ管理策の実践のための規範）の“サポートユーティリティ”に関する例示に基づいて，サポートユーティリティと判断されるものはどれか。（平成29年度秋午前問12）

□□□

ア サーバ室の空調　　イ サーバの保守契約

ウ 特権管理プログラム　　エ ネットワーク管理者

問71 情報システムに対するアクセスのうち，JIS Q 27002でいう特権的アクセス権を利用した行為はどれか。（平成28年度春午前問8）

□□□

ア 許可を受けた営業担当者が，社外から社内の営業システムにアクセスし，業務を行う。

イ 経営者が，機密性の高い経営情報にアクセスし，経営の意思決定に生かす。

ウ システム管理者が業務システムのプログラムのバージョンアップを行う。

エ 来訪者が，デモシステムにアクセスし，システム機能の確認を行う。

■情報セキュリティマネジメントシステム③

情報セキュリティの３要素

機密性（不正アクセス防止），完全性（データ正確性保持），可用性（いつでもアクセス可能にする）。

- 公開鍵暗号方式とハッシュ関数を利用
- データの改ざんやなりすましの検知，送信者の否認防止をする

問72 ファイルサーバについて，情報セキュリティにおける“可用性”を高めるための管理策として，適切なものはどれか。（平成28年度秋午前問5）

□
□
□

ア ストレージを二重化し，耐障害性を向上させる。

イ デジタル証明書を利用し，利用者の本人確認を可能にする。

ウ ファイルを暗号化し，情報漏えいを防ぐ。

エ フォルダにアクセス権を設定し，部外者の不正アクセスを防止する。

■情報セキュリティマネジメントシステム④

JIS Q 31000：2010

⇒平成31年度春午後問3

リスクマネジメントの原則及び指針を定義した規格。

- リスク特定：リスク源，影響を受ける領域，事象，原因，結果を特定する
- リスク分析：リスクの影響度や発生確率を分析する
- リスク評価：リスク分析の結果に基づき，対応するリスクと対応しないリスクの仕分けや，対応の優先順位を決定する
- リスク対応：リスクに対応するための各種の方法を選択する

■情報セキュリティマネジメントシステム⑤

CSIRT

⇒平成31年度春午後問1

企業などでセキュリティの問題（不正アクセス，マルウェア，情報漏えいなど）を監視し，その報告を受け取って原因を調査したり，対策を検討したりする組織のこと。

- CSIRTマテリアル：JPCERT/CCが公表している指針　⇒平成30年度秋午前問3

問73 CSIRTの説明として，適切なものはどれか。（平成28年度春午前問1）

□
□
□

ア IPアドレスの割当て方針の決定，DNSルートサーバの運用監視，DNS管理に関する調整などを世界規模で行う組織である。

イ インターネットに関する技術文書を作成し，標準化のための検討を行う組織である。

ウ 企業内・組織内や政府機関に設置され，情報セキュリティインシデントに関する報告を受け取り，調査し，対応活動を行う組織の総称である。

エ 情報技術を利用し，宗教的又は政治的な目標を達成するという目的をもった人や組織の総

解答　問67 イ　問68 ア　問69 イ　問70 ア　問71 ウ

称である。

問74 JPCERT/CC“CSIRTガイド(2015年11月26日)” では，CSIRTを活動とサービス対象によって六つに分類しており，その一つにコーディネーションセンターがある。コーディネーションセンターの活動とサービス対象の組合せとして，適切なものはどれか。(平成29年度秋午前問3)

	活動	サービス対象
ア	インシデント対応の中で，CSIRT 間の情報連携，調整を行う。	他の CSIRT
イ	インシデントの傾向分析やマルウェアの解析，攻撃の痕跡の分析を行い，必要に応じて注意を喚起する。	関係組織，国又は地域
ウ	自社製品の脆(ぜい)弱性に対応し，パッチ作成や注意喚起を行う。	自社製品の利用者
エ	組織内 CSIRT の機能の一部又は全部をサービスプロバイダとして，有償で請け負う。	顧客

■セキュリティ関連法規①

著作権法 ⇒平成31年度春午前問35，平成30年度秋午前問34，平成30年度春午前問34

思想又は感情を創作的に表現したもので，アルゴリズム，言語，規約は保護されない。

Webページのurlは，書籍の題名などと同様に，著作権法における著作物とはみなされない。しかし，URLに独自の解釈を付けたリンク集は，その人の思想などが解釈に反映されているので，「思想または感情を創作的に表現したもの」としての著作物に該当する。

ステガノグラフィ ⇒平成30年度秋午前問24

画像データなどの著作物に秘密のデータを入れておく技術のこと。

問75 著作権法による保護の対象となるものはどれか。(平成29年度春午前問34)

ア ソースプログラムそのもの
イ データ通信のプロトコル
ウ プログラムに組み込まれたアイディア
エ プログラムのアルゴリズム

問76 著作権法において，保護の対象と**なり得ない**ものはどれか。(平成29年度秋午前問33)

ア インターネットで公開されたフリーソフトウェア
イ ソフトウェアの操作マニュアル
ウ データベース
エ プログラム言語や規約

問77 ステガノグラフィはどれか。(令和元年度秋午前問11／平成29年度秋午前問17)
□
□
□

ア 画像などのデータの中に,秘密にしたい情報を他者に気付かれることなく埋め込む。

イ 検索エンジンの巡回ロボットにWebページの閲覧者とは異なる内容を送信し,該当Webページの検索順位が上位に来るように検索エンジンを最適化する。

ウ 検査対象の製品に,JPEG画像などの問題を引き起こしそうなテストデータを送信し読み込ませて,製品の応答や挙動から脆(ぜい)弱性を検出する。

エ コンピュータに認識できないほどゆがんだ文字が埋め込まれた画像を送信して表示し,利用者に文字を認識させて入力させることによって,人が介在したことを確認する。

セキュリティ関連法規②

特定電子メール送信適正化法

⇒平成31年度春午前問33,平成29年度秋午前問32

迷惑メールの送信の規制などを目的として制定された法律。

- **特定電子メール:「電子メールの送信(国内にある電気通信設備(電気通信事業法第二条第二号に規定する電気通信設備をいう。以下同じ。)からの送信又は国内にある電気通信設備への送信に限る。以下同じ。)をする者(営利を目的とする団体及び営業を営む場合における個人に限る。以下「送信者」という。)が自己又は他人の営業につき広告又は宣伝を行うための手段として送信をする電子メールをいう」**

「第三条　送信者は、次に掲げる者以外の者に対し、特定電子メールの送信をしてはならない。

一　あらかじめ、特定電子メールの送信をするように求める旨又は送信をすることに同意する旨を送信者又は送信委託者(電子メールの送信を委託した者(営利を目的とする団体及び営業を営む場合における個人に限る。)をいう。以下同じ。)に対し通知した者」

- **オプトイン方式**:あらかじめ送信に同意した者だけに対して,メールを送信できる方式。
- **オプトアウト方式**:送信に同意しない者は事業者にその旨を伝えなければならない。その旨を伝えていない者には,原則として許可を得ないままメールを送信してよい方式。

問78 特定電子メール送信適正化法で規制される,いわゆる迷惑メール(スパムメール)はどれか。(平成28年度春午前問34)
□
□
□

ア ウイルスに感染していることを知らずに,職場全員に送信した業務連絡メール

イ 書籍に掲載された著者のメールアドレスへ,匿名で送信した批判メール

ウ 接客マナーへの不満から,その企業のお客様窓口に繰り返し送信したクレームメール

エ 送信することの承諾を得ていない不特定多数の人に送った広告メール

問79 広告宣伝の電子メールを送信する場合,特定電子メール法に照らして適切なものはどれか。(平成28年度秋午前問34)
□
□
□

ア 送信の許諾を通知する手段を電子メールに表示していれば,同意を得ていない不特定多数の人に電子メールを送信することができる。

イ 送信の同意を得ていない不特定多数の人に電子メールを送信する場合は,電子メールの

解答 問72 ア　問73 ウ　問74 ア　問75 ア　問76 エ

表題部分に未承諾広告であることを明示する。

ウ　取引関係にあるなどの一定の場合を除き，あらかじめ送信に同意した者だけに対して送信するオプトイン方式をとる。

エ　メールアドレスを自動的に生成するプログラムを利用して電子メールを送信する場合は，送信者の氏名・連絡先を電子メールに明示する。

■セキュリティ関連法規③

不正競争防止法

⇒平成30年度春午前問35

秘密として管理されているものを保護する法律。

- 不正競争行為には，次のようなものがある。
  - ①周知の他者の商品表示（商号，商標，容器，包装など）と極めて類似しているものを使用して，本物の商品と混同させる行為
  - ②著名なブランドのもつ信用を利用する行為（業種，業務内容は関係ない）
  - ③他社の営業秘密を不正な手段で入手して使用する行為
  - ④商品の原産地や品質，内容，製造方法，用途，数量などを虚偽に表示する行為
  - ⑤競争関係にある他人の信用を害する虚偽の事実やうわさを流す行為
- 営業秘密：事業活動上重要な情報のこと。「秘密として管理されている生産方法，販売方法その他の事業活動に有用な技術上又は営業上の情報であって，公然と知られていないもの」と定義されている。

問80　不正競争防止法によって保護される対象として規定されているものはどれか。（平成28年度春午前問35）

□
□
□

ア　自然法則を利用した技術的思想の創作のうち高度なものであって，プログラム等を含む物と物を生産する方法

イ　著作物を翻訳し，編曲し，若しくは変形し，又は脚色し，映画化し，その他翻案することによって創作した著作物

ウ　秘密として管理されている事業活動に有用な技術上又は営業上の情報であって，公然と知られていないもの

エ　法人等の発意に基づきその法人等の業務に従事する者が職務上作成するプログラム著作物

問81　不正競争防止法で保護されるものはどれか。（平成29年度春午前問33）

□
□
□

ア　特許権を取得した発明

イ　頒布されている自社独自のシステム開発手順書

ウ　秘密として管理していない，自社システムを開発するための重要な設計書

エ　秘密として管理している，事業活動用の非公開の顧客名簿

問82　不正の利益を得る目的で，他社の商標名と類似したドメイン名を登録するなどの行為を規制する法律はどれか。（平成29年度秋午前問34）

□
□
□

ア　独占禁止法　　イ　特定商取引法

ウ 不正アクセス禁止法　　エ 不正競争防止法

■セキュリティ関連法規④

不正アクセス禁止法

⇒平成30年度秋午前問32

不正アクセス行為や，不正アクセス行為を助長する行為を禁止する法律。

- **不正アクセス行為：機器の利用権限をもたない第三者が，他人のIDやパスワードなどを悪用して，アクセス制御機能による利用制限を免れて特定電子計算機の利用をできる状態にする行為やそれを助長する行為。**

問83 不正アクセス禁止法による処罰の対象となる行為はどれか。（平成28年度秋午前問35）

□□□

ア 推測が容易であるために，悪意のある攻撃者に侵入される原因となった，パスワードの実例を，情報セキュリティに関するセミナの資料に掲載した。

イ ネットサーフィンを行ったところ，意図せずに他人の利用者IDとパスワードをダウンロードしてしまい，PC上に保管してしまった。

ウ 標的とする人物の親族になりすまし，不正に現金を振り込ませる目的で，振込先の口座番号を指定した電子メールを送付した。

エ 不正アクセスを行う目的で他人の利用者ID，パスワードを取得したが，これまでに不正アクセスは行っていない。

■セキュリティ関連法規⑤

サイバーセキュリティ基本法

⇒平成30年度春午前問19，問31，平成30年度秋午前問31

サイバーセキュリティ対策本部を内閣に設置（NISC）し，国民にサイバーセキュリティに関する施策を総合的かつ効果的に推進する法律。
サイバーセキュリティ戦略は以下の５つ。

①情報の自由な流通の確保
②法の支配
③開放性
④自律性
⑤多様な主体の連携

問84 サイバーセキュリティ基本法において，サイバーセキュリティの対象として規定されている情報の説明はどれか。（平成27年度秋AP午前問79）

□□□

ア 外交，国家安全に関する機密情報に限られる。

イ 公共機関で処理される対象の手書きの書類に限られる。

ウ 個人の属性を含むプライバシー情報に限られる。

エ 電磁的方式によって，記録，発信，伝送，受信される情報に限られる。

解答 問77 ア　問78 エ　問79 ウ　問80 ウ　問81 エ

問85 サイバーセキュリティ基本法に基づき，内閣官房に設置された機関はどれか。(平成30年度秋AP午前問36)
□
□
□

ア IPA　　イ JIPDEC　　ウ JPCERT/CC　　エ NISC

■セキュリティ関連法規⑥

電子署名法

⇒平成30年度秋午前問33

電子署名に関連した電磁的記録の真正性の証明や本人が行ったことを証明する業務などについて定めた法律。

問86 電子署名法に関する記述のうち，適切なものはどれか。(平成29年度春午前問31)
□
□
□

ア 電子署名には，電磁的記録以外で，コンピュータ処理の対象とならないものも含まれる。

イ 電子署名には，民事訴訟法における押印と同様の効力が認められる。

ウ 電子署名の認証業務を行うことができるのは，政府が運営する認証局に限られる。

エ 電子署名は共通鍵暗号技術によるものに限られる。

■セキュリティ関連法規⑦

個人情報保護法

⇒平成31年度春午後問2

個人の権利と利益を保護するために，個人情報を取扱っている事業者に対して様々な義務と対応を定めた法律。個人情報保護法では，個人情報を収集する際には利用目的を明確にすること，目的以外で利用する場合には本人の同意を得ること，情報漏えい対策を講じる義務，情報の第三者への提供の禁止，本人の情報開示要求に応ずること，などが定められている。

- 氏名，生年月日など「生存している個人」を特定できる情報
- 人種，犯罪の経歴，信条，病歴、障害等を「要配慮個人情報」という
- 個人情報取扱事業者＝個人情報データベースなどを事業に用いている者

問87 個人情報に関する記述のうち，個人情報保護法に照らして適切なものはどれか。(平成28年度春午前問32)
□
□
□

ア 構成する文字列やドメイン名によって特定の個人を識別できるメールアドレスは，個人情報である。

イ 個人に対する業績評価は，特定の個人を識別できる情報が含まれていても，個人情報ではない。

ウ 新聞やインターネットなどで既に公表されている個人の氏名，性別及び生年月日は，個人情報ではない。

エ 法人の本店所在地，支店名，支店所在地，従業員数及び代表電話番号は，個人情報である。

問88 個人情報保護法が保護の対象としている個人情報に関する記述のうち，適切なものはどれか。(平成29年度秋午前問31)
□
□
□

ア 企業が管理している顧客に関する情報に限られる。

イ 個人が秘密にしているプライバシに関する情報に限られる。

ウ 生存している個人に関する情報に限られる。

エ 日本国籍を有する個人に関する情報に限られる。

■セキュリティ関連法規⑧

PCI-DSS ⇒令和元年度秋午前問27，平成31年度春午前問14，平成31年度春午後問2

クレジットカードなどのカード会員データのセキュリティ強化を目的として制定された基準で，技術面や運用面に関する各種のセキュリティ要件が提示されている。

■調査／テスト

ペネトレーションテスト ⇒平成31年度春午前問18

DMZに設置されている公開Webサーバなどへ侵入し，脆弱（ぜい）性を診断するなどのテストのこと。

ファジング

多様なファズ（システムの仕様に反した予測不能な入力データ）を入力して，その挙動を観察することでソフトウェアに内在する脆弱性を発見するテストのこと。

デジタルフォレンジックス ⇒平成31年度春午後問1

コンピュータ犯罪（不正アクセスなど）に対する科学的調査のことで，犯罪を立証するために必要な情報を，各種の手段を用いて調査すること。

問89 ファジングの説明はどれか。（平成29年度秋午前問30）

□□□

ア 社内ネットワークへの接続を要求するPCに対して，マルウェア感染の有無を検査し，セキュリティ要件を満たすPCだけに接続を許可する。

イ ソースコードの構文を機械的にチェックし，特定のパターンとマッチングさせることによって，ソフトウェアの脆（ぜい）弱性を自動的に検出する。

ウ ソースコードを閲読しながら，チェックリストに従いソフトウェアの脆弱性を検出する。

エ 問題を引き起こしそうな多様なデータを自動生成し，ソフトウェアに入力したときのソフトウェアの応答や挙動から脆弱性を検出する。

問90 デジタルフォレンジックスの説明として，適切なものはどれか。（平成29年度春午前問15）

□□□

ア あらかじめ設定した運用基準に従って，メールサーバを通過する送受信メールをフィルタリングすること

イ 外部からの攻撃や不正なアクセスからサーバを防御すること

ウ 磁気ディスクなどの書き換え可能な記憶媒体を廃棄する前に，単に初期化するだけではデータを復元できる可能性があるので，任意のデータ列で上書きすること

解答 問82 エ　問83 エ　問84 エ　問85 エ　問86 イ　問87 ア

エ 不正アクセスなどコンピュータに関する犯罪に対してデータの法的な証拠性を確保できるように，原因究明に必要なデータの保全，収集，分析をすること

問91 インシデントの調査やシステム監査にも利用できる，証拠を収集し保全する技法はどれか。(平成28年度秋午前問38)

□□□

ア コンテインジェンシープラン　イ サンプリング
ウ デジタルフォレンジックス　エ ベンチマーキング

問92 脆(ぜい)弱性検査手法の一つであるファジングはどれか。(平成30年度秋AP午前問43)

□□□

ア 既知の脆弱性に対するシステムの対応状況に注目し，システムに導入されているソフトウェアのバージョン及びパッチの適用状況の検査を行う。

イ ソフトウェアのデータの入出力に注目し，問題を引き起こしそうなデータを大量に多様なパターンで入力して挙動を観察し，脆弱性を見つける。

ウ ベンダや情報セキュリティ関連機関が提供するセキュリティアドバイザリなどの最新のセキュリティ情報に注目し，ソフトウェアの脆弱性の検査を行う。

エ ホワイトボックス検査の一つであり，ソフトウェアの内部構造に注目し，ソースコードの構文をチェックすることによって脆弱性を見つける。

問93 ファジングに該当するものはどれか。(令和元年度秋AP午前問44)

□□□

ア サーバにFINパケットを送信し，サーバからの応答を観測して，稼働しているサービスを見つけ出す。

イ サーバのOSやアプリケーションソフトウェアが生成したログやコマンド履歴などを解析して，ファイルサーバに保存されているファイルの改ざんを検知する。

ウ ソフトウェアに，問題を引き起こしそうな多様なデータを入力し，挙動を監視して，脆(ぜい)弱性を見つけ出す。

エ ネットワーク上を流れるパケットを収集し，そのプロトコルヘッダやペイロードを解析して，あらかじめ登録された攻撃パターンと一致した場合は不正アクセスと判断する。

■システム監査①

組織における内部不正防止ガイドライン

⇒令和元年度秋午前問4，平成30年度春午前問4

組織における内部不正を防止するために実施する事項などをまとめたもの。次の五つを基本原則としている。

- **犯行を難しくする（やりにくくする）：対策を強化することで犯罪行為を難しくする**
- **捕まるリスクを高める（やると見つかる）：管理や監視を強化することで捕まるリスクを高める**
- **犯行の見返りを減らす（割に合わない）：標的を隠したり，排除したり，利益を得にくくすることで犯行を防ぐ**
- **犯行の誘因を減らす（その気にさせない）：犯罪を行う気持ちにさせないことで犯行を抑止する**
- **犯罪の弁明をさせない（言い訳させない）：犯行者による自らの行為の正当化理由を排除する**

問94 IPA“組織における内部不正防止ガイドライン”にも記載されている，組織の適切な情報セキュリティ対策はどれか。（平成28年度春午前問7）

□
□
□

ア インターネット上のWebサイトへのアクセスに関しては，コンテンツフィルタ（URLフィルタ）を導入して，SNS，オンラインストレージ，掲示板などへのアクセスを制限する。

イ 業務の電子メールを，システム障害に備えて，私用のメールアドレスに転送するよう設定させる。

ウ 従業員がファイル共有ソフトを利用する際は，ウイルス対策ソフトの誤検知によってファイル共有ソフトの利用が妨げられないよう，ウイルス対策ソフトの機能を一時的に無効にする。

エ 組織が使用を許可していないソフトウェアに関しては，業務効率が向上するものに限定して，従業員の判断でインストールさせる。

問95 システム管理者に対する施策のうち，IPA“組織における内部不正防止ガイドライン”に照らして，内部不正防止の観点から適切なものはどれか。（平成28年度秋午前問11）

□
□
□

ア システム管理者間の会話・情報交換を制限する。

イ システム管理者の操作履歴を本人以外が閲覧することを制限する。

ウ システム管理者の長期休暇取得を制限する。

エ 夜間・休日のシステム管理者の単独作業を制限する。

■システム監査②

事業継続計画（BCP）

⇒平成30年度春午前問41

緊急時対応計画

- **災害などの発生時に業務の継続を可能とするための計画。**
- **従業員を招集できるように緊急連絡先リストを作成・定期的に更新。**

解答 問88 ウ　問89 エ　問90 エ　問91 ウ　問92 イ　問93 ウ

問96 事業継続計画（BCP）について監査を実施した結果，適切な状況と判断されるものはどれか。（平成28年度秋午前問39）

□
□
□

ア 従業員の緊急連絡先リストを作成し，最新版に更新している。

イ 重要書類は複製せずに1か所で集中保管している。

ウ 全ての業務について，優先順位なしに同一水準のBCPを策定している。

エ 平時にはBCPを従業員に非公開としている。

問97 企業活動におけるBCPを説明したものはどれか。（平成29年度春午前問50）

□
□
□

ア 企業が事業活動を営む上で，社会に与える影響に責任をもち，あらゆるステークホルダからの要求に対し，適切な説明責任を果たすための取組のこと

イ 形式知だけでなく，暗黙知を含めた幅広い知識を共有して活用することによって，新たな知識を創造しながら経営を実践する経営手法のこと

ウ 災害やシステム障害など予期せぬ事態が発生した場合でも，重要な業務の継続を可能とするために事前に策定する行動計画のこと

エ 組織体の活動に伴い発生するあらゆるリスクを，統合的，包括的，戦略的に把握，評価，最適化し，価値の最大化を図る手法のこと

■システム監査③

情報セキュリティ監査制度

⇒平成31年度春午前問40

企業や政府などの情報セキュリティ対策が適切に実行され，情報セキュリティに係るリスクマネジメントが効果的に実施されているかどうかを，情報セキュリティ監査によって確認するための制度のこと。

情報セキュリティ監査基準

経済産業省公表の，情報セキュリティ監査業務の品質を確保し，有効かつ効率的に監査を実施することを目的とした監査人の行為規範。一般基準，実施基準，報告基準からなる。また，監査人の独立性も明記してある。

問98 "情報セキュリティ監査基準" に基づいて情報セキュリティ監査を実施する場合，監査の対象，及びコンピュータを導入していない部署における監査実施の要否の組合せのうち，最も適切なものはどれか。（平成28年度春午前問39）

□
□
□

	監査の対象	コンピュータを導入していない部署における監査実施の要否
ア	情報資産	必要
イ	情報資産	不要
ウ	情報システム	必要
エ	情報システム	不要

問99 “情報セキュリティ監査基準”に関する記述のうち，最も適切なものはどれか。（平成28年度秋午前問40）

□□□

ア “情報セキュリティ監査基準”は情報セキュリティマネジメントシステムの国際規格と同一の内容で策定され，更新されている。

イ 情報セキュリティ監査人は，他の専門家の支援を受けてはならないとしている。

ウ 情報セキュリティ監査の判断の尺度には，原則として，“情報セキュリティ管理基準”を用いることとしている。

エ 情報セキュリティ監査は高度な技術的専門性が求められるので，監査人に独立性は不要としている。

■システム監査④

財務報告に係る内部統制の評価及び監査に関する実施基準

金融庁が作成した内部統制に関する基準の基本的要素には以下のものがある。

①統制環境
②リスクの評価と対応
③統制活動
④情報と伝達
⑤モニタリング
⑥ITへの対応

IT統制

⇒令和元年度秋午前問38，平成30年度秋午前問36

情報システムを利用する業務における内部統制のことで，その中の信頼性は，「情報が，組織の意思・意図に沿って承認され，漏れなく正確に記録・処理されること」をいう。

問100 金融庁の“財務報告に係る内部統制の評価及び監査に関する実施基準”における“ITへの対応”に関する記述のうち，適切なものはどれか。（平成28年度秋AP午前問60）

□□□

ア IT環境とは，企業内部に限られた範囲でのITの利用状況である。

イ ITの統制は，ITに係る全般統制及びITに係る業務処理統制から成る。

ウ ITの利用によって統制活動を自動化している場合，当該統制活動は有効であると評価される。

エ ITを利用せず手作業だけで内部統制を運用している場合，直ちに内部統制の不備となる。

解答 問94 ア　問95 エ　問96 ア　問97 ウ　問98 ア　問99 ウ　問100 イ

令和５年度
科目Ａ・Ｂ公開問題

情報セキュリティマネジメント

※297ページに答案用紙がありますので，ご利用ください。

※「問題文中で共通に使用される表記ルール」については，294ページを参照してください。

令和5年度公開問題 科目A

□□□ **問1** 情報セキュリティ管理基準（平成28年）に関する記述のうち，適切なものはどれか。

ア “ガバナンス基準”，“管理策基準”及び“マネジメント基準”の三つの基準で構成されている。

イ JIS Q 27001:2014（情報セキュリティマネジメントシステム－要求事項）及びJIS Q 27002:2014（情報セキュリティ管理策の実践のための規範）との整合性をとっている。

ウ 情報セキュリティ対策は，“管理策基準”に挙げられた管理策の中から選択することとしている。

エ トップマネジメントは，“マネジメント基準”に挙げられている事項の中から，自組織に合致する事項を選択して実施することとしている。

□□□ **問2** 入室時と退室時にIDカードを用いて認証を行い，入退室を管理する。このとき，入室時の認証に用いられなかったIDカードでの退室を許可しない，又は退室時の認証に用いられなかったIDカードでの再入室を許可しないコントロールを行う仕組みはどれか。

ア TPMOR（Two Person Minimum Occupancy Rule）

イ アンチパスバック

ウ インターロックゲート

エ パニックオープン

解説

問1 情報セキュリティ管理基準

「情報セキュリティ管理基準」最新版は平成28年に改訂されています。この冒頭の「主旨」の部分には，「JIS Q 27001：2014及びJIS Q 27002：2014と整合を取り」との記述があります。イが正解です。

×ア 情報セキュリティ管理基準には，“管理策基準”と“マネジメント基準”がありますが，“ガバナンス基準”はありません。

○イ 正解です。

×ウ 情報セキュリティ管理基準には，「“管理策基準”は，組織における情報セキュリティマネジメントの確立段階において、リスク対応方針に従って管理策を選択する際の選択肢を与えるものである。」となっているので，その中から選択する必要はありません。

×エ 情報セキュリティ管理基準には，「トップマネジメントは，以下によって，情報セキュリティマネジメントに関するリーダーシップ及びコミットメントを発揮する」となっているので，“マネジメント基準”に挙げられている事項を選択して実施するのではなく全てを満たす必要があります。

攻略のカギ

情報セキュリティ管理基準 問1
組織体が効果的な情報セキュリティマネジメント体制を構築し，情報セキュリティに関するコントロールを適切に整備・運用するための実践規範。

JIS Q 27001 問1
情報セキュリティマネジメントシステムの確立，実施，維持及び継続的改善の要求事項を提供しているJIS規格。

JIS Q 27002 問1
情報セキュリティマネジメントシステムの導入，実施，維持及び改善のための指針や，一般的原則について規定している規格。この規格

問2 共連れ防止

IDカードを用いた入退室管理システムでは，利用者がIDカードを読み込ませて入室するとき，その人の後ろにつくことで，自分のIDカードを読み込ませせなくても室内に侵入できてしまいます。このような不正行為のことを**共連れ**といいます。

共連れを防止するための仕組みとして，アンチパスバック（イ）が用いられます。この仕組みでは各IDの状態を記録して，入室済のIDで再入室したり，退室済のIDで再退室したりできないようにします。

アンチパスバックでは，全員のIDの状態を"退室済"に初期化します。利用者がIDカードを読み込ませて入室すると，そのIDの状態だけ"入室済"にします。

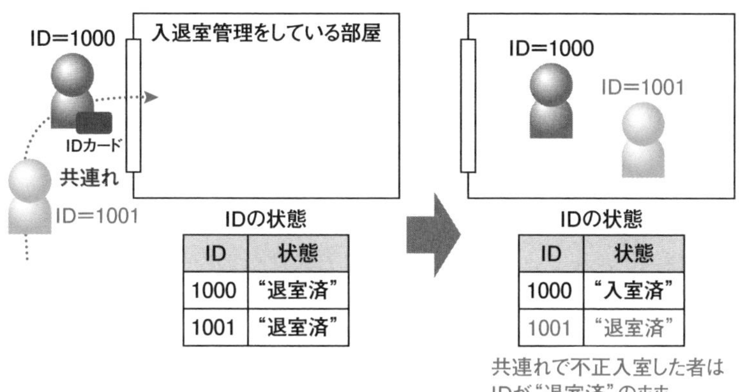

状態が"入室済"のIDの利用者がIDカードを使用したときはドアを開け，状態が"退室済"のIDの利用者がIDカードを利用したときは開けないようにします。

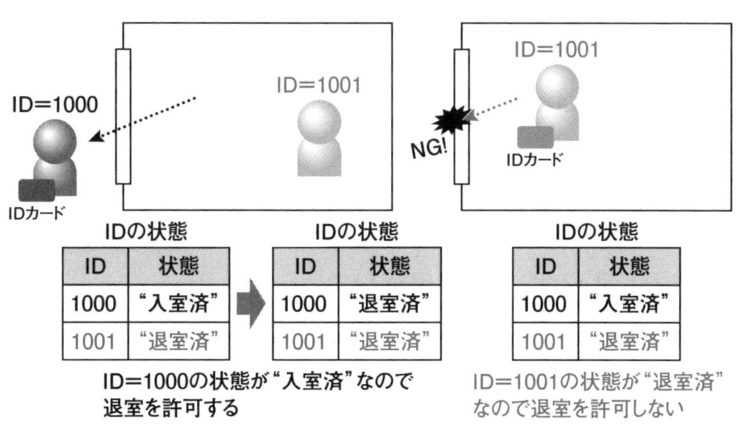

× ア TPMOR（Two Person Minimum Occupancy Rule）とは，室内に最初に入室する者と最後に退室する者は，2人以上でなければならないという規則です。1人だけが室内に居ると，不正行為を実施しやすくなるため，不正を防止するための規則です。

○ イ 正解です。

× ウ インターロックゲートとは，二重扉によって一人ずつしか入れないようにすることで，共連れを防止するシステムです。

× エ パニックオープンとは，火災などの災害が発生したとき，自動ドアや電気錠を開放して自由に通過できるようにする仕組みのことです。

攻略のカギ

では，情報セキュリティマネジメントシステムに関する各種事項や，情報セキュリティを維持するための各種管理策を示している。

覚えよう！ 問2

アンチパスバックといえば
- 共連れを防止するための仕組み
- 入室済のIDで再入室したり，退室済のIDで再退室したりできないようにする
- 状態が"入室済"のIDの利用者がIDカードを使用したときはドアを開ける
- 状態が"退室済"のIDの利用者がIDカードを利用したときは開けない

解答

問1 イ　問2 イ

□□□ **問3** デジタルフォレンジックスの説明はどれか。

ア サイバー攻撃に関連する脅威情報を標準化された方法で記述し，その脅威情報をセキュリティ対策機器に提供すること

イ 受信メールに添付された実行ファイルを動作させたときに，不正な振る舞いがないかどうかをメールボックスへの保存前に確認すること

ウ 情報セキュリティインシデント発生時に，法的な証拠となるデータを収集し，保管し，調査分析すること

エ 内部ネットワークにおいて，通信データを盗聴されないように暗号化すること

□□□ **問4** 暗号方式に関する記述のうち，適切なものはどれか。

ア 公開鍵暗号方式，共通鍵暗号方式ともに，大きな合成数の素因数分解が困難であることが安全性の根拠である。

イ 公開鍵暗号方式では原則としてセッションごとに異なる鍵を利用するが，共通鍵暗号方式では一度生成した鍵を複数のセッションに繰り返し利用する。

ウ 公開鍵暗号方式は仕様が標準化されているが，共通鍵暗号方式はベンダーによる独自の仕様で実装されることが一般的である。

エ 大量のデータを短い時間で暗号化する場合には，公開鍵暗号方式よりも共通鍵暗号方式が適している。

□□□ **問5** セキュアハッシュ関数SHA-256を用いてファイルA及びファイルBのハッシュ値を算出すると，どちらも全く同じ次に示すハッシュ値n（16進数で示すと64桁）となった。この結果から考えられることとして，適切なものはどれか。

ハッシュ値n：86620f2f 152524d7 dbed4bcb b8119bb6 d493f734 0b4e7661 88565353 9e6d2074

ア ファイルAとファイルBの各内容を変更せずに再度ハッシュ値を算出すると，ファイルAとファイルBのハッシュ値が異なる。

イ ファイルAとファイルBのハッシュ値nのデータ量は64バイトである。

ウ ファイルAとファイルBを連結させたファイルCのハッシュ値の桁数は16進数で示すと128桁である。

エ ファイルAの内容とファイルBの内容は同じである。

解説

攻略のカギ

問3 デジタルフォレンジックス

デジタルフォレンジックスとは，コンピュータ犯罪（不正アクセスなど）に対する科学的調査のことで，犯罪を立証するために必要な情報を，各種の手段を用いて収集・分析することです。ウが正解です。

×ア　サイバー脅威インテリジェンス（脅威情報）をセキュリティ機器に提供する説明です。
×イ　受信メールのセキュリティスキャンの説明です。
○ウ　正解です。
×エ　外部ネットワーク対策に関してのセキュリティ対策だけでなく，内部ネットワークも信用できないと考えるゼロトラストの１つになります。

問4　共通鍵暗号方式と公開鍵暗号方式

×ア　公開鍵暗号方式のRSA（Rivest Shamir Adleman）は，非常に大きな数を素因数分解することが困難であるという性質を利用して，秘密鍵から公開鍵を生成しています。共通鍵では素因数分解は利用されません。
×イ　公開鍵暗号方式，共通鍵暗号方式ともに複数のセッションで原則同じ鍵を使用します。
×ウ　公開鍵暗号方式，共通鍵暗号方式ともにISO18033で標準化されています。
○エ　正解です。

問5　SHA-256

セキュアハッシュ関数SHA-256は，$2^{64}-1$以内の任意の長さをもつデータから，256ビットの固定長のハッシュ値を算出します。入力ビット列の長さが256ビット未満であっても，ハッシュ値の長さは必ず256ビットになります。

なお，ハッシュ関数の特徴は以下のとおりです。

- 出力されたハッシュ値から入力データの内容を推定（復元）することは困難
- 入力データがわずかでも異なれば，ハッシュ値は著しく異なるものになる
- 入力データの長さが異なっていても，ハッシュ値は同じ長さになる

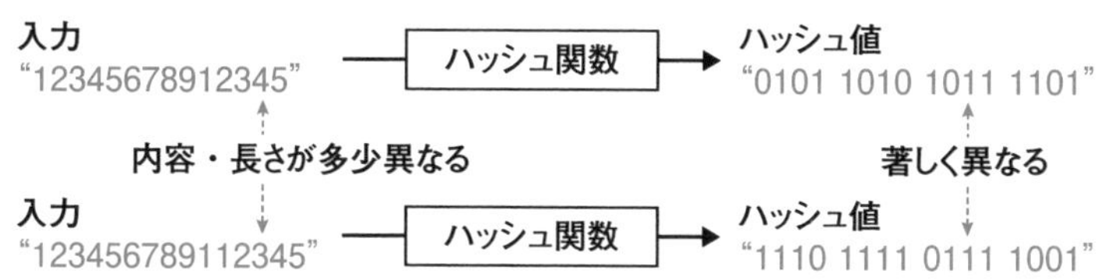

ハッシュ値をチェックすることで，データの改ざんがないかどうかを検査することができます。すなわち，同じハッシュ値が求められる場合は，元のデータが同じであることがわかります。したがって，エが正解です。

×ア　ファイルAとファイルBの内容を変更しなければ同じハッシュ値が算出されます。
×イ　ハッシュ値の長さは256ビット＝32バイトです。
×ウ　ハッシュ値は入力データの長さに関係なく同じになるので，ファイルCのハッシュ値の桁数も256ビット（16進数で64桁）になります。
○エ　正解です。

攻略のカギ

共通鍵暗号方式　問4

暗号化と復号に同じ鍵（共通鍵）を用いる方式。

長所： 暗号化・復号にかかる時間が，同じデータ量の場合に公開鍵より高速になる。

短所： 異なる相手のごとの暗号鍵を管理する必要がある。

公開鍵暗号方式　問4

ペアで生成される「公開鍵」と「秘密鍵」の2つを用いる方式。「公開鍵」は誰でも利用可能とし，「秘密鍵」は鍵の所有者が秘密に管理する。

長所： 鍵（公開鍵）を安全に送付でき，自分の秘密鍵だけ管理すればよいので，不特定多数の相手と通信するのに適している。

短所： 暗号化・復号の計算が複雑になり，時間が長くなる。

解答

問3 ウ	問4 エ
問5 エ	

□□□ 問6 迷惑メール対策のSPF(Sender Policy Framework)の仕組みはどれか。

ア 送信側ドメインの管理者が，正規の送信側メールサーバのIPアドレスをDNSに登録し，受信側メールサーバでそれを参照して，IPアドレスの判定を行う。

イ 送信側メールサーバでメッセージにデジタル署名を施し，受信側メールサーバでそのデジタル署名を検証する。

ウ 第三者によって提供されている，スパムメールの送信元IPアドレスのデータベースを参照して，スパムメールの判定を行う。

エ ファイアウォールを通過した要求パケットに対する応答パケットかどうかを判断して，動的に迷惑メールの通信を制御する。

□□□ 問7 Webアプリケーションにおけるセキュリティ上の脅威とその対策に関する記述のうち，適切なものはどれか。

ア OSコマンドインジェクションを防ぐために，Webアプリケーションが発行するセッションIDに推測困難な乱数を使用する。

イ SQLインジェクションを防ぐために，Webアプリケーション内でデータベースへの問合せを作成する際にプレースホルダを使用する。

ウ クロスサイトスクリプティングを防ぐために，Webサーバ内のファイルを外部から直接参照できないようにする。

エ セッションハイジャックを防ぐために，Webアプリケーションからシェルを起動できないようにする。

解説

問6 SPF

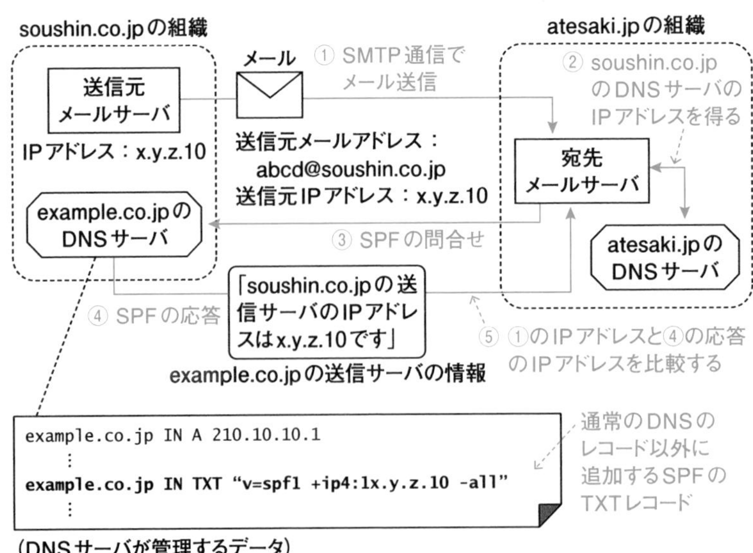

攻略のカギ

覚えよう！ 問7

OSコマンドインジェクションといえば

- Webの入力欄に，OSの有効なコマンドを入力し，Webサーバ上で不正な命令を実行させる攻撃方法
- 防止するためには，Webサーバからはシェルを実行させないようにする

SQLインジェクションといえば

- Webの入力フォームに不正な文字列を入力し，その文字列から生成されたSQL文を不正なものにする攻撃方法

SPF (Sender Policy Framework) とは，電子メールで用いられる送信ドメイン認証の方法の1つです。この方法では，送信側のDNSサーバに，メールサーバのIPアドレスの情報を登録しておくことで，受信側メールサーバが送信側メールサーバの正しいIPアドレスを確認できるようにしています。

○ ア　正解です。
× イ　DKIM (DomainKeys Identified Mail) の説明です。
× ウ　DNSブラックリストによって対応が可能です。
× エ　動的パケットフィルタリングの説明です。

問7　Webアプリケーションの脅威と対策

解答群の順に脅威とその対策について確認します。

● OSコマンドインジェクション（ア）

Webページ上の入力欄に，OSのコマンドライン上で有効なコマンドを入力させ，Webサーバ上で不正な命令を実行させる攻撃です。

この攻撃を防止するためには，Webサーバ上からシェルを実行させないようにするなどの措置が適切です。

● SQLインジェクション（イ）

Webページ上の入力フォームに不正な文字列を入力し，その文字列から生成されたSQL文を不正なものにして，Webアプリケーションを誤動作させたり，データベースの内容を不正に閲覧または削除したりする攻撃のことです。

SQL文の入力値から「'」，「"」などの特別な文字を取り除く（エスケープ処理をする）ことやバインド機構の使用によって，SQLインジェクションを防止できます。バインド機構とは，変数部分に仮の文字列（プレースホルダ）をあてはめて作成された「SQL文の雛形」をあらかじめ用意しておき，Webページから変数（データ）が入力された際には，その変数にエスケープ処理を施して得られた変数（バインド変数）を，SQL文の雛形にあてはめて実行する方式です。

● クロスサイトスクリプティング（ウ）

悪意を持ったスクリプト（JavaScriptなど）をユーザのブラウザに送り込み，標的サイトにアクセスしたユーザの個人情報を盗み取るなどの手法を用いる攻撃です。

この攻撃を防ぐには，入力データのサニタイジングなどの措置が適切です。

● セッションハイジャック（エ）

Webサーバはセッションをブラウザと交換し合い，その値が適切である限り，正当な利用者（ブラウザ）と判断します。

このセッションIDが固定値である場合など，正当な利用者になりすましてWebサーバに推測したセッションIDを送り込み，ブラウザとWebサーバ間のセッションを乗っ取ってしまうことを，セッションハイジャックと呼びます。

セッションハイジャックを防止するには，セッションIDの値を推測困難なものとすることや，暗号化してデータの送受信を行うなどの措置が適切です。

以上より，イのみが適切です。

× ア　この措置は，セッションハイジャック防止のためのものです。
○ イ　正解です。
× ウ　この措置は，ディレクトリトラバーサルの防止のためのものです。
× エ　この措置は，OSコマンドインジェクションの防止のためのものです。

攻略のカギ

- Webアプリケーションを誤動作させたり，データベースの内容を不正に閲覧または削除したりする
- エスケープ処理やバインド機構によって防止できる

バインド機構といえば

- 変数部分に仮の文字列（プレースホルダ）をあてはめたSQL文の雛形をあらかじめ用意しておく
- 変数（データ）が入力された際には，その変数にエスケープ処理を施して得られた変数（バインド変数）を，SQL文の雛形にあてはめて実行する

クロスサイトスクリプティングといえば

- 悪意を持ったスクリプト（JavaScriptなど）をユーザのブラウザに送り込む
- それにより標的サイトにアクセスしたユーザの個人情報をクッキーから盗み取るなどの手法を用いる
- 防ぐには，入力データのサニタイジングなどが適切

セッションハイジャックといえば

- Webサーバとブラウザは継続的なやり取りを維持するためのセッションIDを交換している
- 推測したセッションIDをWebサーバに送り込み，セッションを乗っ取ってしまうこと
- 防止するには，セッションIDの値を推測困難なものにしたり，暗号化してデータの送受信を行ったりする

解答

問6 ア　　問7 イ

問8　電子署名法に関する記述のうち，適切なものはどれか。

ア　電子署名には，電磁的記録ではなく，かつ，コンピュータで処理できないものも含まれる。
イ　電子署名には，民事訴訟法における押印と同様の効力が認められる。
ウ　電子署名の認証業務を行うことができるのは，政府が運営する認証局に限られる。
エ　電子署名は共通鍵暗号技術によるものに限られる。

問9　情報システムのインシデント管理に対する監査で判明した状況のうち，監査人が，指摘事項として監査報告書に記載すべきものはどれか。

ア　インシデント対応手順が作成され，関係者への周知が図られている。
イ　インシデントによってデータベースが被害を受けた場合の影響を最小にするために，規程に従ってデータのバックアップをとっている。
ウ　インシデントの種類や発生箇所，影響度合いに関係なく，連絡・報告ルートが共通になっている。
エ　全てのインシデントについて，インシデント記録を残し，責任者の承認を得ることが定められている。

問10　HTTPのcookie に関する記述のうち，適切なものはどれか。

ア　cookieに含まれる情報はHTTPヘッダの一部として送信される。
イ　cookieに含まれる情報はWebサーバだけに保存される。
ウ　cookieに含まれる情報はWebブラウザが全て暗号化して送信する。
エ　クライアントがcookieに含まれる情報の有効期限を設定する。

解説

問8　電子署名法

電子署名法の第三条では，「電磁的記録であって情報を表すために作成されたもの（中略）は，当該電磁的記録に記録された情報について本人による電子署名が行われているときは，真正に成立したものと推定する」（同法第三条より）と規定しています。これにより，電子署名は「真正に成立したもの」とみなされ，民事訴訟法による押印や手書きの署名などと同様の効力が認められます。

×ア　電子署名法では，電磁的記録に対して行われるもののみを，電子署名と定義しています。
○イ　正解です。
×ウ　電子署名法では，政府が運営する認証局などではない一般企業も，主務大臣の認定を受ければ特定認証業務を実行することができます。
×エ　電子署名法では，共通鍵暗号技術に限っていません。

攻略のカギ

電子署名法　問8

電子署名及び認証業務に関する法律。電子署名に関連した電磁的記録の真正性の証明や，電子署名の特定認証業務（電子署名を，確かに本人が行ったことを証明する業務）などについて定めることで，電子署名の流通や発展を図る。

問9 システム監査基準

経済産業省が公表している「システム監査基準（令和5年改訂）」 の【基準10】の<解釈指針>では,「監査の結果, ITシステムのガバナンス, マネジメント, 又はコントロールに不備・不足があることが明らかになった場合には, それによる発現可能性のあるリスクの具体的な内容と影響から, 残存リスクの大きさを評価し, 指摘事項として改善を求めるべきか否かを判断する必要がある」（上記基準引用）となっています。

解答群のア～エのうち不備・不足があるものが指摘事項に該当します。

× ア　これにより, 障害発生時にはマニュアルに従って適切な対応ができます。特に問題はないので, 指摘事項にはなりません。

× イ　データのバックアップをとっているので, データベースが被害を受けたときの復旧が可能です。特に問題はなく, 指摘事項にはなりません。

○ ウ　大規模な災害と端末の故障などの小規模なトラブルでは, 連絡報告ルートが異なります。システム障害の種類や影響度合いに対応した複数の連絡・報告ルートを決めておき, 重大な障害の発生時は経営層に迅速に連絡できるようにすることが適切です。

× エ　これにより, 類似の障害が発生したときに迅速に対応できます。指摘事項にはなりません。

問10 cookie

cookie（クッキー）は, Webサーバがブラウザに送信するデータ（HTTPレスポンス）の一部である**HTTP Header（ヘッダ）に格納されています**。Webサーバがcookieをブラウザに送信し, 保存されます。再度ブラウザからアクセスする際に, cookieを送信して認証などを行います。アが正解です。

<cookieの例>

Webサーバからの HTTPレスポンス中の HTTPヘッダ

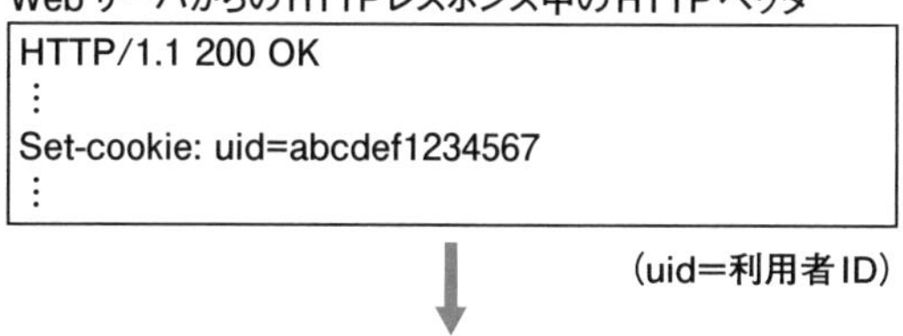

利用者のブラウザが動作しているPCに保存されたcookie

uid=abcdef1234567

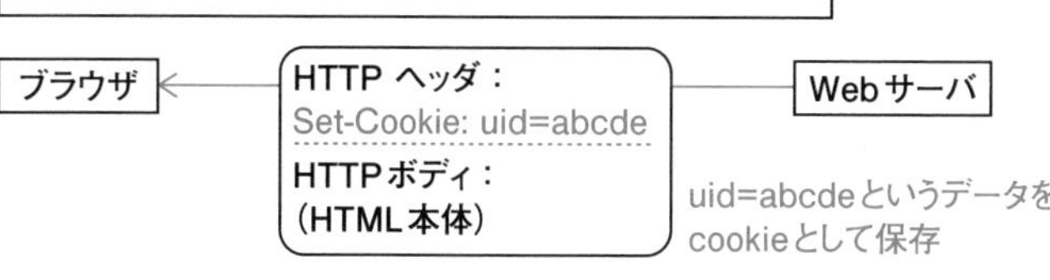

○ ア　正解です。

× イ　cookieに含まれる情報は, Webサーバとブラウザ間で保存されます。

× ウ　cookieに含まれる情報は, HTTPS通信を使用してる際は暗号化されますが, HTTP通信の際は暗号化されません。

× エ　cookieの有効期限は, Webサーバが, Expires属性やMax-Age属性で設定できます。

攻略のカギ

cookie 問10

Webサーバとブラウザとの間のセッション（データ送受信の順序及びその状態）の管理や, Webサーバに対するアクセスがどのPCからのものであるかを識別するために用いられるもの。

解答

問8	イ	問9	ウ
問10	ア		

□□□ 問 11 BPMの説明はどれか。

ア 企業活動の主となる生産，物流，販売，財務，人事などの業務の情報を一元管理することによって，経営資源の全体最適を実現する。

イ 業務プロセスに分析，設計，実行，改善のマネジメントサイクルを取り入れ，業務プロセスの改善見直しや最適なプロセスへの統合を継続的に実施する。

ウ 顧客データベースを基に，商品の販売から保守サービス，問合せやクレームへの対応など顧客に関する業務プロセスを一貫して管理する。

エ 部品の供給から製品の販売までの一連の業務プロセスの情報をリアルタイムで交換することによって，在庫の削減とリードタイムの短縮を実現する。

□□□ 問 12 品質管理において，結果と原因との関連を整理して，魚の骨のような図にまとめたものはどれか。

ア 管理図　　イ 特性要因図　　ウ パレート図　　エ ヒストグラム

解説

問11 BPM

BPM（Business Process Management：ビジネスプロセス管理）とは，業務の流れを単位ごとに分析・整理して問題点を明確化し，効果的かつ効率的に仕事ができるように，問題点を継続的に改善する管理手法のことです。BPMでは，業務プロセスに分析，設計，実行，改善のマネジメントサイクルを取り入れ，業務プロセスの改善や見直しを行うとともに，必要に応じて現状のプロセスを他のプロセスに統合して，業務費用を削減するなどの措置をとります。イが正解です。

×ア ERP（Enterprise Resource Planning）の特徴の説明です。
○イ 正解です。
×ウ CRM（Customer Relationship Management）の特徴の説明です。
×エ SCM（Supply Chain Management）の特徴の説明です。

問12 特性要因図

品質管理において，結果（問題点など）に対して原因と考えられる要因を，類似しているものが近接するようにして分類・整理し，系統立てた図法を特性要因図といいます。形が魚の骨に似ていることから，フィッシュボーンとも呼ばれています。イが正解です。

攻略のカギ

覚えよう！ 問11

BPMといえば

- 業務の流れを単位ごとに分析・整理して問題点を明確化し，効果的かつ効率的に仕事ができるように，問題点を継続的に改善する管理手法
- 分析，設計，実行，改善のマネジメントサイクルを取り入れ，業務プロセスの改善や見直しを行う
- 必要に応じて現状のプロセスを他のプロセスに統合して，業務費用を削減するなどの措置をとる

<特性要因図の例>

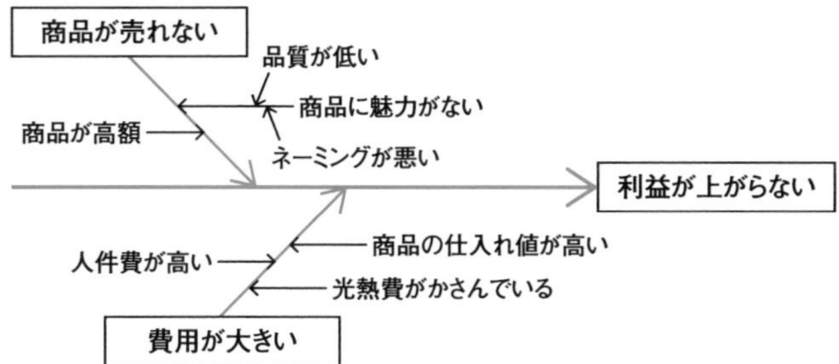

×ア 管理図は，継続して収集する特性値などを，基準値・上方管理限界（上方限界線）・下方管理限界（下方限界線）の横線を設けた折れ線グラフで表現したものです。特性値が限界線を超える事象が多発した場合，生産工程に何らかの問題があるために異常が多く発生していると判断し，対処することになります。

<管理図の例>

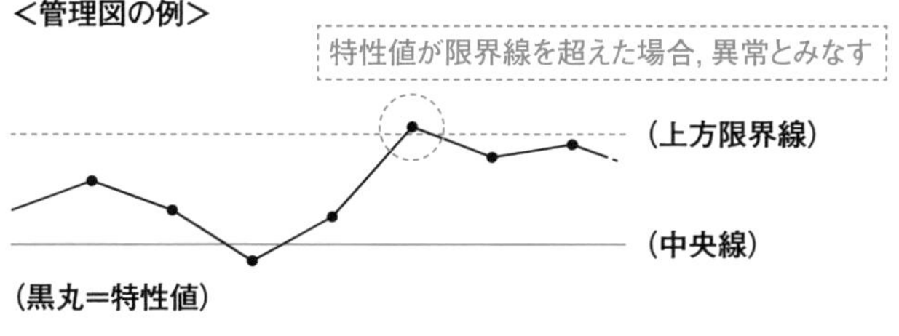

○イ 正解です。

×ウ パレート図は，各項目の値を表現する棒グラフと，項目の累計値を表現する折れ線グラフを組み合わせた図法です。項目全体のうち，重要な項目がどれであるかを明確にするために用いられます。

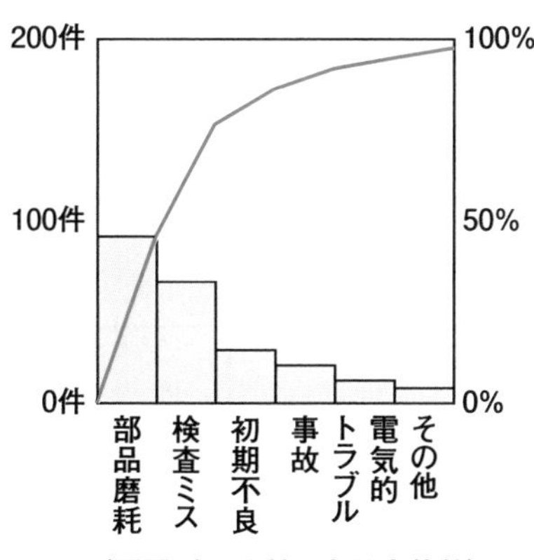

（原因別の品質不良発生件数）

×エ ヒストグラムは，収集したデータを複数の区間に分類し，各区間に属するデータの個数を棒グラフとして，各区間のデータの件数を明示するグラフです。ヒストグラムは，品質のばらつきなどをとらえるために，よく用いられます。

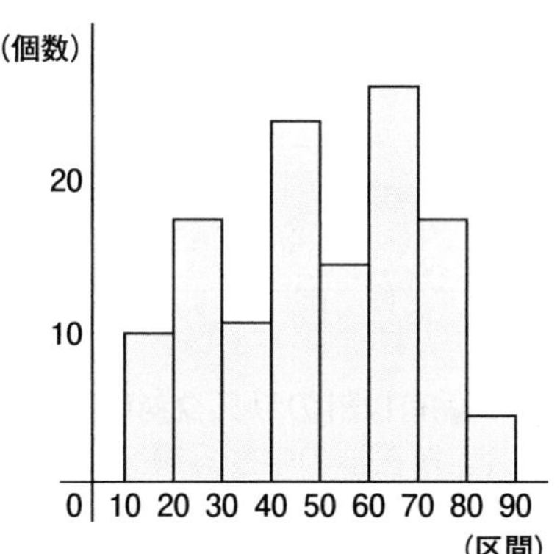

攻略のカギ

覚えよう！ 問12

特性要因図といえば
- 結果（問題点など）に対して原因と考えられる要因を，類似しているものが近接するようにして分類・整理し，系統立てた図法
- フィッシュボーンとも呼ばれる

管理図といえば
- 継続して収集する特性値などを，基準値・上方管理限界（上方限界線）・下方管理限界（下方限界線）の横線を設けた折れ線グラフで表現したもの

パレート図といえば
- 各項目の値を表現する棒グラフと，項目の累計値を表現する折れ線グラフを組み合わせた図法
- 項目全体のうち，重要な項目がどれであるかを明確にするために用いられる

ヒストグラムといえば
- 収集したデータを複数の区間に分類し，各区間に属するデータの個数を棒グラフとして，各区間のデータの件数を明示するグラフ
- 品質のばらつきなどをとらえるために用いられる

解答

問11 イ　　問12 イ

令和５年度公開問題 科目B

問13

A社は，分析・計測機器などの販売及び機器を利用した試料の分析受託業務を行う分析機器メーカーである。A社では，**図１**の“情報セキュリティリスクアセスメント手順”に従い，年一度，情報セキュリティリスクアセスメントを行っている。

- 情報資産の機密性，完全性，可用性の評価値は，それぞれ０～２の３段階とする。
- 情報資産の機密性，完全性，可用性の評価値の最大値を，その情報資産の重要度とする。
- 脅威及び脆弱性の評価値は，それぞれ０～２の３段階とする。
- 情報資産ごとに，様々な脅威に対するリスク値を算出し，その最大値を当該情報資産のリスク値として情報資産管理台帳に記載する。ここで，情報資産の脅威ごとのリスク値は，次の式によって算出する。
  リスク値＝情報資産の重要度×脅威の評価値×脆弱性の評価値
- 情報資産のリスク値のしきい値を５とする。
- 情報資産ごとのリスク値がしきい値以下であれば受容可能なリスクとする。
- 情報資産ごとのリスク値がしきい値を超えた場合は，保有以外のリスク対応を行う

図１　情報セキュリティリスクアセスメント手順

A社の情報セキュリティリーダーであるBさんは，年次の情報セキュリティリスクアセスメントを行い，結果を情報資産管理台帳に**表１**のとおり記載した。

表１　A 社の情報資産管理台帳（抜粋）

情報資産	機密性の評価値	完全性の評価値	可用性の評価値	情報資産の重要度	脅威の評価値	脆弱性の評価値	リスク値
(一) 従業員の健康診断の情報	2	2	2	(省略)	2	2	(省略)
(二) 行動規範などの社内ルール	1	2	1	(省略)	1	1	(省略)
(三) 自社Webサイトに掲載している会社情報	0	2	2	(省略)	2	2	(省略)
(四) 分析結果の精度を向上させるために開発した技術	2	2	1	(省略)	2	1	(省略)

設問　表１中の各情報資産のうち，保有以外のリスク対応を行うべきものはどれか。該当するものだけを全て挙げた組合せを，解答群の中から選べ。

解答群

ア	(一), (二)	イ	(一), (二), (三)	ウ	(一), (二), (四)
エ	(一), (三)	オ	(一), (三), (四)	カ	(一), (四)
キ	(二), (三)	ク	(二), (三), (四)	ケ	(二), (四)
コ	(三), (四)				

解説

問13 情報セキュリティリスクアセスメント

解答 エ

情報セキュリティリスクアセスメントとは，組織内の情報資産に対する脅威や脆弱性からリスクを分析して，そのリスクを許容できるかどうかを決めることをいいます。

A社のリスクアセスメントから，リスク対応を行う条件は以下のようになっています。

・情報資産の機密性，完全性，可用性の評価値の最大値を，その情報資産の重要度とする。

⇒表1の楕円の中の最大値が『情報資産の重要度』になります。

表1　A社の情報資産管理台帳（抜粋）

情報資産	機密性の評価値	完全性の評価値	可用性の評価値	情報資産の重要度	脅威の評価値	脆弱性の評価値	リスク値
(一) 従業員の健康診断の情報	2	2	2	2	2	2	8
(二) 行動規範などの社内ルール	1	2	1	2	1	1	2
(三) 自社Webサイトに掲載している会社情報	0	2	2	2	2	2	8
(四) 分析結果の精度を向上させるために開発した技術	2	2	1	2	2	1	4

(一) 2　(二) 2　(三) 2　(四) 2

リスク値＝情報資産の重要度×脅威の評価値×脆弱性の評価値

より，それぞれのリスク値を計算します。

(一) 2×2×2＝**8**
(二) 2×1×1＝2
(三) 2×2×2＝**8**
(四) 2×2×1＝4

・情報資産のリスク値のしきい値を5とする。
・情報資産ごとのリスク値がしきい値以下であれば受容可能なリスクとする。
・情報資産ごとのリスク値がしきい値を超えた場合は，保有以外のリスク対応を行う

よって，6より大きい(一)，(三)（エ）が正解です。

問14

A社は旅行商品を販売しており，業務の中で顧客情報を取り扱っている。A社が保有する顧客情報は，A社のファイルサーバ1台に保存されている。ファイルサーバは，顧客情報を含むフォルダにある全てのデータを磁気テープに毎週土曜日にバックアップするよう設定されている。バックアップは2世代分が保存され，ファイルサーバの隣にあるキャビネットに保管されている。

A社では年に一度，情報セキュリティに関するリスクの見直しを実施している。情報セキュリティリーダーであるE主任は，A社のデータ保管に関するリスクを見直して**図1**にまとめた。

1.（省略）
2.（省略）
3.（省略）
4. バックアップ対象とするフォルダの設定ミスによって，データが復旧できなくなる。

図1　A社のデータ保管に関するリスク（抜粋）

E主任は，**図1**の4のリスクを低減するための対策を検討し，効果が期待できるものを選んだ。

設問 次の対策のうち，効果が期待できるものを二つ挙げた組合せを，解答群の中から選べ。

(一)　週1回バックアップを取得する代わりに，毎日1回バックアップを取得して7世代分保存する。
(二)　バックアップ後に，磁気テープ中のファイルのリストと，ファイルサーバのバックアップ対象ファイルのリストとを比較し，合致しているかを確認する。
(三)　バックアップ対象とするフォルダの設定を，必ず2名で行うようにする。
(四)　バックアップ用の媒体を磁気テープから外付けハードディスクに変更する。
(五)　バックアップを二組み取得し，うち一組みを遠隔地に保管する。

解答群

ア　(一)，(二)	イ　(一)，(三)	ウ　(一)，(四)
エ　(一)，(五)	オ　(二)，(三)	カ　(二)，(四)
キ　(二)，(五)	ク　(三)，(四)	ケ　(三)，(五)
コ　(四)，(五)		

解説

問14 バックアップのリスク低減

解答 オ

問題文中,「図1　A社のデータ保管に関するリスク(抜粋)」の「4. バックアップ対象とするフォルダの設定ミスによって,データが復旧できなくなる。」に関して,"設定ミス"は人的な側面が大きいため,それを減らす対策を解答群から検討します。

× (一) バックアップを毎日実施することで,障害時に復旧できるデータが最新のものになっていないリスクは低減できますが,設定ミスによるデータ復旧ができなくなるリスクの対策にはなりません。

○ (二) ファイルサーバのバックアップ対象のファイルのリスト(ファイル名/データ量/内容/更新日など)を比較し,合致しているかを確認することで,同じデータが磁気テープにバックアップされているかを確認できます。設定ミスによるデータの復旧ができなくなるリスクを低減できます。

【ファイルリストの例】

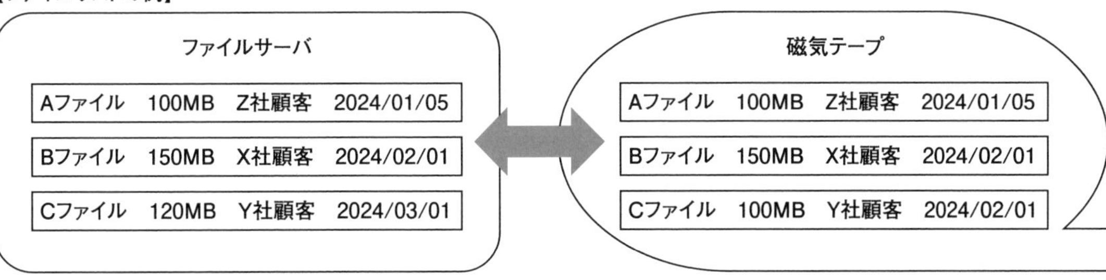

○ (三) バックアップ対象とするフォルダ設定のミスは人的であるため,複数人でその設定内容を確認することでリスクを低減できます。

× (四) バックアップ用の媒体を磁気テープから外付けハードディスクに変更することで,障害発生から少しでも早くデータの復元が可能になり,業務を早期に再開させることができますが,設定ミスによるデータ復旧ができなくなるリスクの対策にはなりません。

× (五) バックアップを二組取得し,うち一組を遠隔地に保管することで,大規模災害の対策にはなりますが,設定ミスによるデータ復旧ができなくなるリスクの対策にはなりません。

よって,正解は オ ((二),(三))になります。

問15

消費者向けの化粧品販売を行うA社では,電子メール(以下,メールという)の送受信にクラウドサービスプロバイダB社が提供するメールサービス(以下,Bサービスという)を利用している。A社が利用するBサービスのアカウントは,A社の情報システム部が管理している。

〔Bサービスでの認証〕

Bサービスでの認証は,利用者IDとパスワードに加え,あらかじめ登録しておいたスマートフォンの認証アプリを利用した2要素認証である。入力された利用者IDとパスワードが正しかったときは,スマートフォンに承認のリクエストが来る。リクエストを1分以内に承認した場合は,Bサービスにログインできる。

〔社外のネットワークからの利用〕

社外のネットワークから社内システム又はファイルサーバを利用する場合,従業員は貸与されたPCから社内ネットワークにVPN接続する。

〔PCでのマルウェア対策〕

従業員に貸与されたPCには，マルウェア対策ソフトが導入されており，マルウェア定義ファイルを毎日16時に更新するように設定されている。マルウェア対策ソフトは，毎日17時に，各PCのマルウェア定義ファイルが更新されたかどうかをチェックし，更新されていない場合は情報システム部のセキュリティ担当者に更新されていないことをメールで知らせる。

〔メールに関する報告〕

ある日の15時頃，販売促進部の情報セキュリティリーダーであるC課長は，在宅で勤務していた部下のDさんから，メールに関する報告を受けた。報告を**図1**に示す。

- 販売促進キャンペーンを委託しているE社のFさんから9時30分にメールが届いた。
- Fさんとは直接会ったことがある。この数か月頻繁にやり取りもしていた。
- そのメールは，これまでのメールに返信する形で作成されており，メールの本文には販売キャンペーンの内容やFさんがよく利用する挨拶文が記載されていた。
- 急ぎの対応を求める旨が記載されていたので，メールに添付されていたファイルを開いた。
- メールの添付ファイルを開いた際，特に見慣れないエラーなどは発生せず，ファイルの内容も閲覧できた。
- ファイルの内容を確認した後，返信した。
- 11時頃，Dさんのスマートフォンに，承認のリクエストが来たが，Bサービスにログインしようとしたタイミングではなかったので，リクエストを承認しなかった。
- 12時までと急いでいた割にその後の返信がなく不審に思ったので，14時50分にFさんに電話で確認したところ，今日はメールを送っていないと言われた。
- 現在までのところ，PCの処理速度が遅くなったり，見慣れないウィンドウが表示されたりするなどの不具合や不審な事象は発生していない。
- 現在，PCは，インターネットには接続しているが，社内ネットワークへのVPN接続は切断している。
- Dさんはすぐに会社に向かうことは可能で，Dさんの自宅から会社までは1時間掛かる。

図1　Dさんからの報告

C課長は，すぐにPCを会社に持参し，オフラインでマルウェア対策ソフトの定義ファイルを最新版に更新した後，フルスキャンを実施するよう，Dさんに指示をした。スキャンを実行した結果，DさんのPCからマルウェアが検出された。このマルウェアは，マルウェア対策ソフトのベンダーが9時に公開した最新の定義ファイルで検出可能であることが判明した。

A社では，今回のマルウェア感染による情報セキュリティインシデントの問題点を整理し，再発を防止するための対策を講じることにした。

設問　A社が講じることにした対策はどれか。解答群のうち，最も適切なものを選べ。

解答群

ア　PCが起動したらすぐに自動的にVPN接続するように，PCを構成する。

イ　これまでメールをやり取りしたことがない差出人からメールを受信した場合は，添付されているファイルを開かず，すぐに削除するよう社内ルールに定める。

ウ　マルウェア定義ファイルは，10分ごとに更新されるように，マルウェア対策ソフトの設定を変更する。

エ　マルウェア定義ファイルは，8時にも更新されるように，マルウェア対策ソフトの設定を変更する。

オ　メールに添付されたファイルを開く場合は，一旦PCに保存し，マルウェア対策ソフトでスキャンを実行してから開くよう社内ルールに定める。

解説

問15 メールのマルウェア対策 解答 ウ

本文の〔PCでのマルウェア対策〕では，「…… マルウェア定義ファイルを毎日16時に更新するように設定されている。マルウェア対策ソフトは，毎日17時に，各PCのマルウェア定義ファイルが更新されたかどうかをチェックし，更新されていない場合は情報システム部のセキュリティ担当者に更新されていないことをメールで知らせる。」とあります。

また，〔メールに関する報告〕では，「ある日の15時頃，販売促進部の情報セキュリティリーダーであるC課長は，在宅で勤務していた部下のDさんから，メールに関する報告を受けた。」とあります。

図1では，

- 販売促進キャンペーンを委託しているE社のFさんから9時30分にメールが届いた。
- 11時頃，D さんのスマートフォンに，承認のリクエストが来たが，Bサービスにログインしようとしたタイミングではなかったので，リクエストを承認しなかった。
- 12時までと急いでいた割にその後の返信がなく不審に思ったので，14時50分にFさんに電話で確認したところ，今日はメールを送っていないと言われた。

とあります。

さらに「…… スキャンを実行した結果，DさんのPCからマルウェアが検出された。このマルウェアは，マルウェア対策ソフトのベンダーが9時に公開した最新の定義ファイルで検出可能であることが判明した。」とあります。

以上の流れを時系列で確認します。

【時系列での確認】

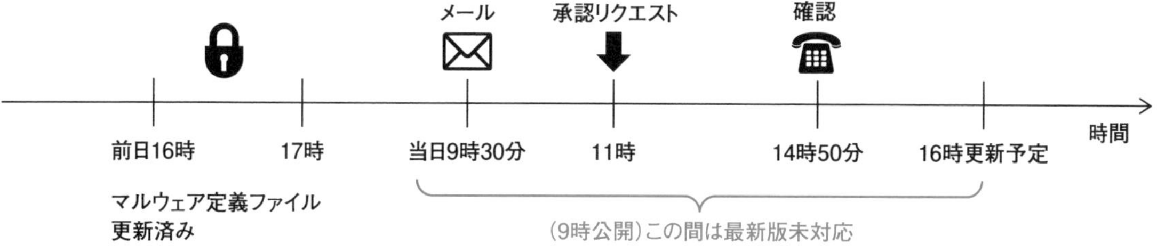

9時に公開されたマルウェア対策ソフトでは対応が可能ですが，前日の16時のファイルでは対応ができていないためにこのような事象が起きたと想定できます。また，マルウェア定義ファイルは緊急性が高いため，いつ公開されるかが明確ではありません。そのため，マルウェア対策ソフトの更新タイミングをできるだけ多くして対応する必要があります。ウ(マルウェア定義ファイルは，10分ごとに更新されるように，マルウェア対策ソフトの設定を変更する)が正解です。

× ア　PCが起動したらすぐに自動的にVPN接続することで，ログインの手間はかからなくなりますが，PCが盗難に遭った場合などでは認証なしで社内システムやファイルサーバにアクセスできてしまいます。

× イ　メールをやり取りしたことがない差出人からメールを受信した場合は，添付されているファイルを開かず，すぐに削除するよう社内ルールに定めることは重要ですが，今回のような日ごろから付き合いのある方々に関しての対応には該当しません。

○ ウ　正解です。

× エ　マルウェア定義ファイルは，どのタイミングに更新されるかがわからないために，リアルタイムで更新を可能にする必要があります。

×オ　メールに添付されたファイルを開く場合は，マルウェア対策ソフトでスキャンを実行してから開くように社内ルールに定めることは重要ですが，マルウェア対策ソフトが更新されていない場合はマルウェアが検出できない可能性があります。

科目A・Bサンプル問題

情報セキュリティマネジメント

※出典：情報セキュリティマネジメント試験　サンプル問題セット

※297ページに答案用紙がありますので，ご利用ください。
※「問題文中で共通に使用される表記ルール」については，294ページを参照してください。

サンプル問題 科目A

問1 JIS Q 27001:2014(情報セキュリティマネジメントシステム－要求事項)において,リスクを受容するプロセスに求められるものはどれか。

ア 受容するリスクについては,リスク所有者が承認すること
イ 受容するリスクを監視やレビューの対象外とすること
ウ リスクの受容は,リスク分析前に行うこと
エ リスクを受容するかどうかは,リスク対応後に決定すること

問2 退職する従業員による不正を防ぐための対策のうち,IPA"組織における内部不正防止ガイドライン(第5版)"に照らして,適切なものはどれか。

ア 在職中に知り得た重要情報を退職後に公開しないように,退職予定者に提出させる秘密保持誓約書には,秘密保持の対象を明示せず,重要情報を客観的に特定できないようにしておく。
イ 退職後,同業他社に転職して重要情報を漏らすということがないように,職業選択の自由を行使しないことを明記した上で,具体的な範囲を設定しない包括的な競業避止義務契約を入社時に締結する。
ウ 退職者による重要情報の持出しなどの不正行為を調査できるように,従業員に付与した利用者IDや権限は退職後も有効にしておく。
エ 退職間際に重要情報の不正な持出しが行われやすいので,退職予定者に対する重要情報へのアクセスや媒体の持出しの監視を強化する。

問3 JIS Q 27000:2019(情報セキュリティマネジメントシステム－用語)において,不適合が発生した場合にその原因を除去し,再発を防止するためのものとして定義されているものはどれか。

ア 継続的改善　　イ 修正
ウ 是正処置　　エ リスクアセスメント

解説

問1 JIS Q 27001 (令和元年度秋問3)

JIS Q 27001:2014は,情報セキュリティマネジメントシステムの確立,実施,維持及び継続的改善の要求事項を提供している規格です。

情報セキュリティに関するリスクの中には,発生確率が非常に低かったり,被害額が少なかったりするものがあります。このような場合にリスク対策を取ると費用が高額になる場合があるため,対策をとらないままにすることもあります。このようなリスクを,残留リスクといいます。残留リスクを決めること

攻略のカギ

JIS Q 27001 問1
情報セキュリティマネジメントシステムの確立,実施,維持及び継続的改善の要求事項を提供しているJIS規格。

を，リスクを受容するプロセスといいます。

JIS Q 27001の6.1.3情報セキュリティリスク対応の項では，次のように定めています。

> f）情報セキュリティリスク対応計画及び残留している情報セキュリティリスクの受容について，リスク所有者の承認を得る

以上から，ア が正解です。

○ア 正解です。

×イ 情報セキュリティマネジメントシステムを運用するとき，受容するリスクも含めて，全てのリスクをモニタリング（監視）やレビューの対象とします。

×ウ リスク分析を行ってからリスクの影響度を特定し，その後，リスクを受容するプロセスを実行します。

×エ リスクを受容するかどうかを決めてから，リスク対応を行います。

問2 組織における内部不正防止ガイドライン（令和元年度秋問4）

IPA "組織における内部不正防止ガイドライン" とは，組織における内部不正を防止するために実施する事項などをまとめたものです。

本ガイドラインの中に，雇用終了間際に情報の持出し等の内部不正が発生しやすいことの記述があります。「雇用終了前の一定期間から，PC等をシステム管理部門等の管理下に置くことが望まれます（例：アクセス範囲の限定，USBメモリの利用制限等）。」したがって，解答は エ です。

×ア 退職予定者と秘密保持誓約書を締結する際には，どの情報が重要情報であるかの明示しておかないとその情報を公開してしまう可能性があります。

×イ 職業選択の自由を侵害しないように，必要に応じて競業避止義務契約を締結します。

×ウ 退職者の利用者IDや権限は退職後に直ちに削除しなければいけません。

○エ 正解です。

問3 JIS Q 27000（令和元年度秋問5）

JIS Q 27000：2019は，情報セキュリティマネジメントシステムに関する用語や定義について規定している規格です。

この規格において，「不適合の原因を除去し，再発を防止するための処置」として定義されているのは，是正処置（corrective action，ウ）です。

×ア 継続的改善（continual improvement）とは，パフォーマンスを向上するために繰返し行われる活動のことです。

×イ 修正（correction）とは，検出された不適合を除去するための処置のことです。

○ウ 正解です。

×エ リスクアセスメント（risk assessment）とは，リスク特定，リスク分析及びリスク評価のプロセス全体のことです。

攻略のカギ

「組織における内部不正防止ガイドライン」の五つの基本原則 問2

犯行を難しくする（やりにくくする）： 対策を強化することで犯罪行為を難しくする

捕まるリスクを高める（やると見つかる）： 管理や監視を強化することで捕まるリスクを高める

犯行の見返りを減らす（割に合わない）： 標的を隠したり，排除したり，利益を得にくくすることで犯行を防ぐ

犯行の誘因を減らす（その気にさせない）： 犯罪を行う気持ちにさせないことで犯行を抑止する

犯罪の弁明をさせない（言い訳させない）： 犯行者による自らの行為の正当化理由を排除する

解答

問1 ア	問2 エ
問3 ウ	

サンプル問題

科目 A

問4　JIS Q 27002:2014（情報セキュリティ管理策の実践のための規範）の“サポートユーティリティ”に関する例示に基づいて，サポートユーティリティと判断されるものはどれか。

ア　サーバ室の空調
イ　サーバの保守契約
ウ　特権管理プログラム
エ　ネットワーク管理者

問5　JIS Q 27000:2019（情報セキュリティマネジメントシステム－用語）における“リスクレベル”の定義はどれか。

ア　脅威によって付け込まれる可能性のある，資産又は管理策の弱点
イ　結果とその起こりやすさの組合せとして表現される，リスクの大きさ
ウ　対応すべきリスクに付与する優先順位
エ　リスクの重大性を評価するために目安とする条件

問6　サイバーセキュリティ基本法に基づき，内閣にサイバーセキュリティ戦略本部が設置されたのと同時に，内閣官房に設置された組織はどれか。

ア　IPA
イ　JIPDEC
ウ　JPCERT/CC
エ　NISC

問7　CRYPTRECの役割として，適切なものはどれか。

ア　外国為替及び外国貿易法で規制されている暗号装置の輸出許可申請を審査，承認する。
イ　政府調達においてIT関連製品のセキュリティ機能の適切性を評価，認証する。
ウ　電子政府での利用を推奨する暗号技術の安全性を評価，監視する。
エ　民間企業のサーバに対するセキュリティ攻撃を監視，検知する。

解説

問4　サポートユーティリティ（平成29年度秋問12）

JIS Q 27002：2014は，JIS Q 27001に基づいて，情報セキュリティ管理策を実施するための手引を提供している規格です。この規格では，「電気，通信サービス，給水，ガス，下水，換気，空調」など，装置を稼働させるために必要なインフラや設備のことを，サポートユーティリティとしています。

サポートユーティリティと判断されるものは，サーバ室の空調です。アが正解です。

問5　リスクレベル（平成29年度春問7）

JIS Q 27000：2019は，情報セキュリティマネジメントシステムに関す

攻略のカギ

JIS Q 27002「11.2.2 サポートユーティリティ」より　問4

管理策
装置は，サポートユーティリティの不具合による，停電，その他の故障から保護することが望ましい。
実施の手引
サポートユーティリティ（例えば，電気，通信サービス，給水，ガス，下水，換気，空調）は，次の条件を満たすことが望ましい。

る語や定義について規定している規格です。この規格で定義されているリスクレベル(level of risk)とは，“結果とその起こりやすさ(発生確率)の組合せとして表現される，リスクの大きさ”(3.39)のことです。イが正解です。

×ア　脆弱性の定義です。
○イ　正解です。
×ウ　リスクの優先度の説明です。
×エ　リスク基準の定義です。

問6 NISC(新問題)

ITの社会的普及に伴って，その技術を悪用した犯罪やITに関連する障害が起こった場合には，生活や経済への大きな打撃を与える可能性があります。そこで，サイバーセキュリティに関する施策を総合的かつ効率的に推進するため，基本理念を定め，国の責務等を明らかにし，サイバーセキュリティ戦略の策定その他当該施策の基本となる事項等を規定しているサイバーセキュリティ基本法が2014年11月に成立しました。この法律に基づき2015年1月に内閣に「サイバーセキュリティ戦略本部」が設置され，同時に，内閣官房に「内閣サイバーセキュリティセンター(NISC：National center of Incident readiness and Strategy for Cybersecurity)」が設置されました。正解はエです。

×ア　IPA(Information-technology Promotion Agency, Japan：独立行政法人情報処理推進機構)は，経済産業省所管のITに関する技術サポートや人材開発を行うために設立された組織で，「SECURITY ACTION」認定制度や情報処理技術者試験を行っています。
×イ　JIPDEC(日本情報経済社会推進協会)は，総務省と経済産業省共管の組織で，ISMS(情報セキュリティマネジメントシステム)の評価やプライバシーマークの認定などを行っています。
×ウ　JPCERT/CC(JPCERTコーディネーションセンター：Japan Computer Emergency Response Team Coordination Center)は，情報セキュリティに関する情報を独立した立場(一般社団法人)で，各種のインシデントの発生状況を把握し，攻撃手法を分析したり，再発防止策の検討や助言などを行ったりしている組織です。
○エ　正解です。

問7 CRYPTREC(平成29年度秋問4)

CRYPTREC(Cryptography Research and Evaluation Committees)は，「電子政府推奨暗号の安全性を評価・監視し，暗号技術の適切な実装法・運用法を調査・検討するプロジェクト」のことです。正解はウです。

×ア　外為法の役割です。
×イ　国内外の政府調達のためのセキュリティ要件の確認制度(JISEC：Japan Information Technology Security Evaluation and Certification Scheme)の役割です。
○ウ　正解です。
×エ　IDSやIPSなどの装置によって行います。

攻略のカギ

リスク 問5
脅威が情報資産の脆弱性を利用して，情報資産への損失又は損害を与える可能性。

サイバーセキュリティ基本法 問6
「インターネットその他の高度情報通信ネットワークの整備及び情報通信技術の活用の進展に伴って世界的規模で生じているサイバーセキュリティに対する脅威の深刻化その他の内外の諸情勢の変化に伴い(中略)……サイバーセキュリティに関する施策を総合的かつ効果的に推進し，もって経済社会の活力の向上及び持続的発展並びに国民が安全で安心して暮らせる社会の実現を図るとともに，国際社会の平和及び安全の確保並びに我が国の安全保障に寄与すること」を目的とした法律。

解答

問4	ア	問5	イ
問6	エ	問7	ウ

□□□ 問8 緊急事態を装って組織内部の人間からパスワードや機密情報を入手する不正な行為は，どれに分類されるか。

ア ソーシャルエンジニアリング
イ トロイの木馬
ウ 踏み台攻撃
エ ブルートフォース攻撃

□□□ 問9 A社では現在，インターネット上のWebサイトを内部ネットワークのPC上のWebブラウザから参照している。新たなシステムを導入し，DMZ上に用意したVDI（Virtual Desktop Infrastructure）サーバにPCからログインし，インターネット上のWebサイトをVDIサーバ上の仮想デスクトップのWebブラウザから参照するように変更する。この変更によって期待できるセキュリティ上の効果はどれか。

ア インターネット上のWebサイトから，内部ネットワークのPCへのマルウェアのダウンロードを防ぐ。
イ インターネット上のWebサイト利用時に，MITB攻撃による送信データの改ざんを防ぐ。
ウ 内部ネットワークのPC及び仮想デスクトップのOSがボットに感染しなくなり，C&Cサーバにコントロールされることを防ぐ。
エ 内部ネットワークのPCにマルウェアが侵入したとしても，他のPCに感染するのを防ぐ。

□□□ 問10 デジタルフォレンジックスでハッシュ値を利用する目的として，適切なものはどれか。

ア 一方向性関数によってパスワードを復元できないように変換して保存する。
イ 改変されたデータを，証拠となり得るように復元する。
ウ 証拠となり得るデータについて，原本と複製の同一性を証明する。
エ パスワードの盗聴の有無を検証する。

解説

問8 ソーシャルエンジニアリング（平成28年度秋問25）

攻撃者が本人になりすまして，パスワードなどの情報を組織の内部の人間から聞き出そうとする行為を，ソーシャルエンジニアリングといいます。正解はアです。ソーシャルエンジニアリングは，不注意や誤解・勘違いなどの，人間の心理的な盲点を突くため，システムの物理的・機械的な対策だけでは防止が困難な攻撃方法です。

○ア 正解です。
×イ トロイの木馬とは，正当なプログラムを装ってインストールされ，秘密裏に不正行為を働くマルウェアのことです。
×ウ 踏み台攻撃とは，脆弱性のあるコンピュータを乗っ取り，そのコンピュータ経由で別のシステムなどに攻撃を仕掛ける方法です。
×エ ブルートフォース攻撃とは，全ての文字列を試すことで，パスワードを

攻略のカギ

不正に入手したり，他人になりすましてログインしたりする方法のことです。

問9 VDI（令和元年度秋問8）

VDI（Virtual Desktop Infrastructure）は，自らのコンピュータにハードディスクなどのストレージを持たないシンクライアントシステムの一方式です。VDIの利用者は，サーバ上に複数の仮想デスクトップを作成し，ネットワーク経由でその仮想デスクトップに接続することでシステムを利用できます。この方式を利用すると，利用者が使用するPCにはデータを記録させないようにできるため，PCの情報が漏えいしたり，Web経由でのダウンロードができないことになり，セキュリティが向上します。よって，正解はアです。

○ア　正解です。

×イ，ウ，エ　ウイルス対策ソフトで対応が可能です。

問10 デジタルフォレンジックスとハッシュ値（平成28年度春問16）

デジタルフォレンジックスとは，コンピュータ犯罪（不正アクセスなど）に対する科学的調査のことで，犯罪を立証するために必要な情報を，各種の手段を用いて収集・分析することです。

また，ハッシュ値はデータをハッシュ関数に与えることで出力される固定長のビット列です。以下の特徴をもちます。

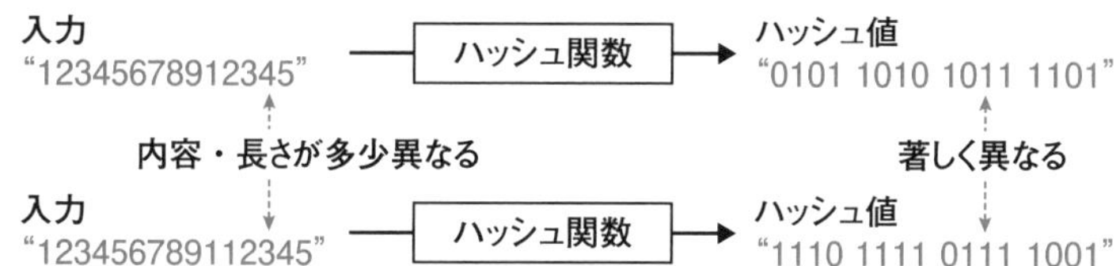

- 出力されたハッシュ値から入力データの内容を推定（復元）することは困難
- 入力データがわずかでも異なれば，ハッシュ値は著しく異なるものになる
- 入力データの長さが異なっていても，ハッシュ値は同じ長さになる

デジタルフォレンジックスでは，原本のファイルの複製を犯罪の証拠とするとき，原本のハッシュ値を求めて，複製とともに保存します。その後に原本または複製がわずかでも改ざんされると，複製から出力したハッシュ値と原本のハッシュ値が異なるので，改ざんを検知できます。また，あるデータから出力したハッシュ値と，別のデータから出力したハッシュ値が一致していれば，両者の内容の一致が証明されます（同一性の証明）。証拠として保存した複製と原本の同一性を証明するときに，ハッシュ値を利用します。正解はウです。

×ア　一方向性関数（ハッシュ関数）でパスワードを変換して保存するのは，変換したパスワードを保存したファイルを盗み読まれても，パスワードの内容を知られないようにするためです。

×イ　デジタルフォレンジックスでは，改変される前のデータを証拠として使用します。

○ウ　正解です。

×エ　パスワードの盗聴の有無を検証するには，パスワードを保存したファイルのアクセスログを確認します。

攻略のカギ

覚えよう！ 問9

VDIといえば
- シンクライアントシステムの一方式
- サーバ上に複数の仮想デスクトップを作成する
- 利用者はネットワーク経由で接続する
- PCなどにデータを一切保存させないようにできる

ハッシュ関数 問10

任意の長さのデータを入力すると，固定長のハッシュ値（メッセージダイジェストともいう）を出力する関数。出力されたハッシュ値から入力データの内容を推定（復元）することは困難。入力データがわずかでも異なれば，ハッシュ値は著しく異なるものになる。入力データの長さが異なっていても，ハッシュ値は同じ長さになる。

解答

問8 ア	問9 ア
問10 ウ	

問11 利用者PCの内蔵ストレージが暗号化されていないとき，攻撃者が利用者PCから内蔵ストレージを抜き取り，攻撃者が用意したPCに接続して内蔵ストレージ内の情報を盗む攻撃の対策に該当するものはどれか。

ア 内蔵ストレージにインストールしたOSの利用者アカウントに対して，ログインパスワードを設定する。

イ 内蔵ストレージに保存したファイルの読取り権限を，ファイルの所有者だけに付与する。

ウ 利用者PC上でHDDパスワードを設定する。

エ 利用者PCにBIOSパスワードを設定する。

問12 ルートキットの特徴はどれか。

ア OSなどに不正に組み込んだツールの存在を隠す。

イ OSの中核であるカーネル部分の脆弱性を分析する。

ウ コンピュータがマルウェアに感染していないことをチェックする。

エ コンピュータやルータのアクセス可能な通信ポートを外部から調査する。

問13 BEC（Business E-mail Compromise）に該当するものはどれか。

ア 巧妙なだましの手口を駆使し，取引先になりすまして偽の電子メールを送り，金銭をだまし取る。

イ 送信元を攻撃対象の組織のメールアドレスに詐称し，多数の実在しないメールアドレスに一度に大量の電子メールを送り，攻撃対象の組織のメールアドレスを故意にブラックリストに登録させて，利用を阻害する。

ウ 第三者からの電子メールが中継できるように設定されたメールサーバを，スパムメールの中継に悪用する。

エ 誹謗中傷メールの送信元を攻撃対象の組織のメールアドレスに詐称し，組織の社会的な信用を大きく損なわせる。

解説

攻略のカギ

問11 内蔵ストレージの抜き取りからの保護

（平成31年度春問22）

利用者PCから抜き取ったストレージ（HDDなど）を，攻撃者が用意したPCに接続して情報を盗む攻撃に対しては，そのストレージ内の情報にアクセスできないようにします。そのために次のような方法が有効です。

①BIOSパスワードを設定し，PCを起動できないようにする

②OSのログインパスワードを設定し，OSを使用できないようにする

③HDDを暗号化したり，パスワードを設定したりしてデータを読み取れないようにする

上記のうち，①と②によって利用者PCを起動させないようにすることができます。しかし，利用者PCから抜き取ったHDDを，攻撃者が用意したPCに

接続して，攻撃者のPC上でOSを起動する場合，OSのログインパスワードやBIOSパスワードは使用されないので，情報を盗まれます。このような場合は，③の対策が有効です。なお，利用者のHDDの暗号化はされていないことから，HDDにパスワードを設定することが有効になります。正解は ウ です。

× ア 内蔵ストレージにインストールしたOSの利用者アカウントに対して，ログインパスワードを設定すると，それを知らない限りファイルを盗むことはできません。しかし，攻撃者が用意した別のPCに，そのストレージを外付けで接続すれば，OSを起動しなくてもストレージ内のファイルにアクセスできるので情報が盗まれます。

× イ 攻撃者が用意したPCのOSを起動し，管理者権限でログインすることで，ファイルの読取り権限をファイルの所有者以外にも付与できます。このように，攻撃者のアカウントにファイルの読取り権限を付与すれば，情報が盗まれます。

○ ウ 正解です。

× エ 利用者PCにBIOSパスワードを設定すると，利用者以外は利用者PCのOSを起動できなくなります。しかし，攻撃者が用意した別のPCにストレージを接続すれば，OSを起動しなくてもHDD内のファイルにアクセスできるので，情報が盗まれます。

問12 ルートキット

（平成28年度秋情報セキュリティスペシャリスト試験午前II問12）

ルートキット（rootkit）とは，OSなどに秘密に組み込まれたバックドアなどの不正なプログラムを，隠蔽するための機能をまとめたツール（アプリケーション）のことです。正解は ア です。

ボットなどの不正プログラムは，コンピュータの利用者やウイルス対策ソフトなどによって，当該プログラムが不正な挙動を行っているところを発見され，駆除される可能性があります。そこで，当該プログラムが稼動している様子やそのファイルを隠し，バックドアが稼動していることを気づかれないようにするためにルートキットが利用されます。

○ ア 正解です。

× イ カーネル部分の脆弱性は，脆弱性検査ツールで分析可能です。

× ウ コンピュータがマルウェアに感染していないかをチェックするのは，ウイルス対策ソフトウェアの説明です。

× エ コンピュータやルータのアクセス可能な通信ポートを調査するツールは，ポートスキャンツールです。

問13 BEC（令和元年度秋問1）

BEC（Business Email Compromise：ビジネスメール詐欺）は，フィッシング詐欺の一つで，取引先になりすまし，偽の電子メールを使用してユーザを信用させ，パスワードなどを不正に入手したり金銭をだまし取ったりする行為のことです。よって正解は ア です。

○ ア 正解です。

× イ スパムメールを使った嫌がらせ行為の説明です。

× ウ メールサーバを使った踏み台攻撃の説明です。

× エ デマ（誹謗中傷）メールの説明です。

攻略のカギ

HDDパスワード 問11

ANSIが策定したATA規格に従ったHDDでは，HDDそのものにパスワードを設定して，パスワードを入力しない限りHDD内の情報を読み取れないようにできる。攻撃者が利用者PCから抜き取ったHDDを，用意したPCに接続して，そのPC上でOSを起動しても，利用者PCのHDDパスワードを知らなければ情報を読み取れないので，リスクを低減できる。

BECの適切な対策例 問13

- 電子メールに記載されたURLに不用意にアクセスしない
- 公式サイトの情報を参照し，電子メールが正式に送信されたものかどうかを確認する

解答

問11 ウ　問12 ア
問13 ア

問 14 ボットネットにおけるC&Cサーバの役割として，適切なものはどれか。

ア Webサイトのコンテンツをキャッシュし，本来のサーバに代わってコンテンツを利用者に配信することによって，ネットワークやサーバの負荷を軽減する。

イ 外部からインターネットを経由して社内ネットワークにアクセスする際に，CHAPなどのプロトコルを中継することによって，利用者認証時のパスワードの盗聴を防止する。

ウ 外部からインターネットを経由して社内ネットワークにアクセスする際に，時刻同期方式を採用したワンタイムパスワードを発行することによって，利用者認証時のパスワードの盗聴を防止する。

エ 侵入して乗っ取ったコンピュータに対して，他のコンピュータへの攻撃などの不正な操作をするよう，外部から命令を出したり応答を受け取ったりする。

問 15 PCへの侵入に成功したマルウェアがインターネット上の指令サーバと通信を行う場合に，宛先ポートとして使用されるTCPポート番号80に関する記述のうち，適切なものはどれか。

ア DNSのゾーン転送に使用されることから，通信がファイアウォールで許可されている可能性が高い。

イ WebサイトのHTTPS通信での閲覧に使用されることから，マルウェアと指令サーバとの間の通信が侵入検知システムで検知される可能性が低い。

ウ Webサイトの閲覧に使用されることから，通信がファイアウォールで許可されている可能性が高い。

エ ドメイン名の名前解決に使用されることから，マルウェアと指令サーバとの間の通信が侵入検知システムで検知される可能性が低い。

問 16 特定のサービスやシステムから流出した認証情報を攻撃者が用いて，認証情報を複数のサービスやシステムで使い回している利用者のアカウントへのログインを試みる攻撃はどれか。

ア パスワードリスト攻撃　　イ ブルートフォース攻撃

ウ リバースブルートフォース攻撃　　エ レインボーテーブル攻撃

解説

攻略のカギ

問14 C&Cサーバ（平成30年度秋問14）

C&C（Command & Control）サーバとは，ボット（マルウェア）に感染させて乗っ取ったコンピュータに対して，外部から各種命令を送って挙動を制御することで，不正な処理を実行させるサーバのことです。エが正解です。

×ア プロキシサーバの説明です。

×イ，ウ リモートアクセスサーバの説明です。

○エ 正解です。

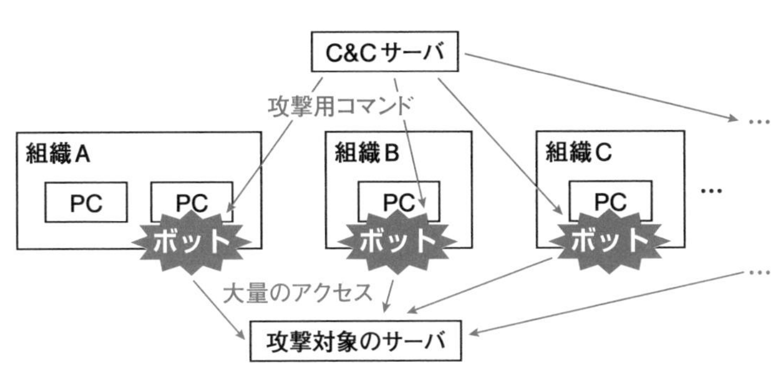

問15 TCPポート番号80（平成31年度春問19）

マルウェアがインターネット上の指令サーバと通信をするとき，宛先ポート番号（各種サービスを決める）などを指定したIPパケットを送る必要があります。

各組織は，LANとインターネットとの間にファイアウォール（FW）を設置して，インターネット上の不正なサーバと内部のPCが接続できないようにするために，パケットフィルタリングによって特定の宛先ポート番号のパケットを遮断しています。しかし，インターネットの利用時に内部のPCが頻繁に使用するプロトコルについては，その宛先ポート番号のパケットを通過させる設定にしている可能性が高いと考えられます。

TCPポート番号80は，Webサイトの閲覧に使用されているHTTPに割り当てられた番号で，このポート番号をFWで遮断すると，PCがWebサイトを閲覧できなくなります。そのため，FWが許可している宛先ポート番号80を使ってマルウェアが通信をすれば，インターネット上の指令サーバに届くようになります。正解は ウ です。

× ア　DNSのゾーン転送に用いるポート番号は53です。
× イ　HTTPSに用いるポート番号は443です。
○ ウ　正解です。
× エ　ドメイン名の名前解決に用いるポート番号は53です。

問16 パスワードリスト攻撃（平成31年度春問16）

パスワードやIDなどの認証情報を複数のサービスやシステムで使い回している場合，あるサービスやシステムから流出した認証情報を攻撃者に利用され，別のサービスでその認証情報を使ってログインを試す攻撃のことを，パスワードリスト攻撃といいます。正解は ア です。

○ ア　正解です。
× イ　ブルートフォース攻撃（総当たり攻撃）は，IDを固定して考えられる全ての種類のパスワードを総当たりで試しながら，不正ログインを行う攻撃のことです。
× ウ　リバースブルートフォース攻撃は，よくありそうなパスワードを固定して，IDとして使用される可能性のある全ての種類を総当たりで試しながら，不正にログインを行う攻撃のことです。
× エ　レインボーテーブル攻撃とは，パスワードとそのハッシュ値の組を記録した特殊な表（レインボーテーブル）を用いて，外部から入手したパスワードのハッシュ値から元のパスワードを推測しようとする攻撃のことです。

攻略のカギ

ポート番号 問15

パケットのTCPヘッダに含まれる番号で，サーバやPC上で稼働するサービス（プログラム）を識別するためのもの。0〜65,535の値をとる。

覚えよう！ 問16

パスワードリスト攻撃といえば

- 流出したパスワードなどのリストを用いて，アカウント認証情報を使い回している利用者のアカウントを乗っ取る攻撃

解答

問14 エ　問15 ウ
問16 ア

□□□ **問 17** 攻撃者が用意したサーバXのIPアドレスが，A社WebサーバのFQDNに対応するIPアドレスとして，B社DNSキャッシュサーバに記憶された。これによって，意図せずサーバXに誘導されてしまう利用者はどれか。ここで，A社，B社の各従業員は自社のDNSキャッシュサーバを利用して名前解決を行う。

ア　A社Webサーバにアクセスしようとする A社従業員
イ　A社Webサーバにアクセスしようとする B社従業員
ウ　B社Webサーバにアクセスしようとする A社従業員
エ　B社Webサーバにアクセスしようとする B社従業員

□□□ **問 18** 攻撃者が，多数のオープンリゾルバに対して，“あるドメイン”の実在しないランダムなサブドメインを多数問い合わせる攻撃（ランダムサブドメイン攻撃）を仕掛け，多数のオープンリゾルバが応答した。このときに発生する事象はどれか。

ア　“あるドメイン”を管理する権威DNSサーバに対して負荷が掛かる。
イ　“あるドメイン”を管理する権威DNSサーバに登録されているDNS情報が改ざんされる。
ウ　オープンリゾルバが保持するDNSキャッシュに不正な値を注入される。
エ　オープンリゾルバが保持するゾーン情報を不正に入手される。

解説

問17 DNSキャッシュサーバ（令和元年度秋問16）

問題文の状況を図で表します。

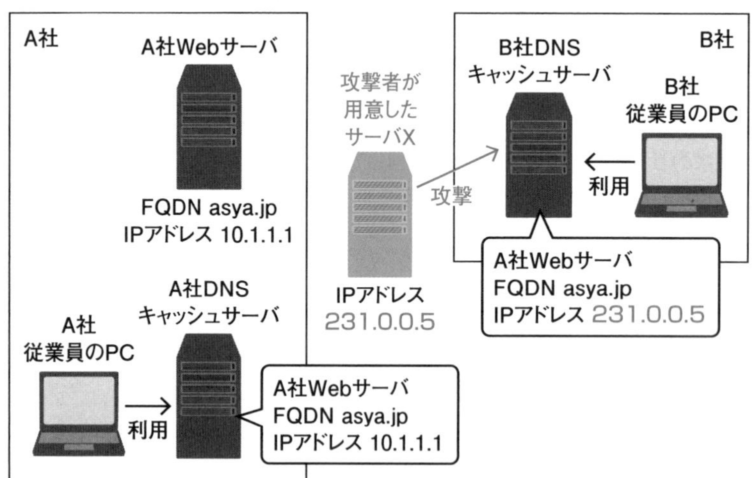

攻撃者が用意したサーバXのIPアドレスが記憶されているのはB社DNSキャッシュサーバだけです。「A社，B社の各従業員は自社のDNSキャッシュサーバを利用して名前解決を行う」ので，A社の従業員はA社DNSキャッシュサーバを利用します。このサーバは，A社WebサーバのFQDNに対応するIPアドレスとして正しいアドレスを記憶しているので，A社従業員がA社Webサー

攻略のカギ

FQDN 

Fully Qualified Domain Name，完全修飾ドメイン。“www.example.com”のような特定のホスト（サーバ）を一意に識別するために付けられたホスト名のこと。

バにアクセスするときは，サーバXには誘導されません。

B社の従業員はB社DNSキャッシュサーバを利用します。このサーバは，A社WebサーバのFQDNに対応するIPアドレスとして，攻撃者が用意したサーバXのIPアドレスを記憶しています。B社従業員がA社Webサーバにアクセスするとき，名前解決でサーバXのIPアドレスが得られるので，意図せずサーバXに誘導されます。よって，イが正解です。

なお，B社WebサーバのFQDNに関する攻撃は行われていないので，B社のWebサーバにアクセスしようとするA社従業員や，B社のWebサーバにアクセスしようとするB社従業員がサーバXに誘導されることはありません。

問18 ランダムサブドメイン攻撃（令和元年度秋問25）

ランダムサブドメイン攻撃（DNS水責め攻撃）は，次のようなものです。

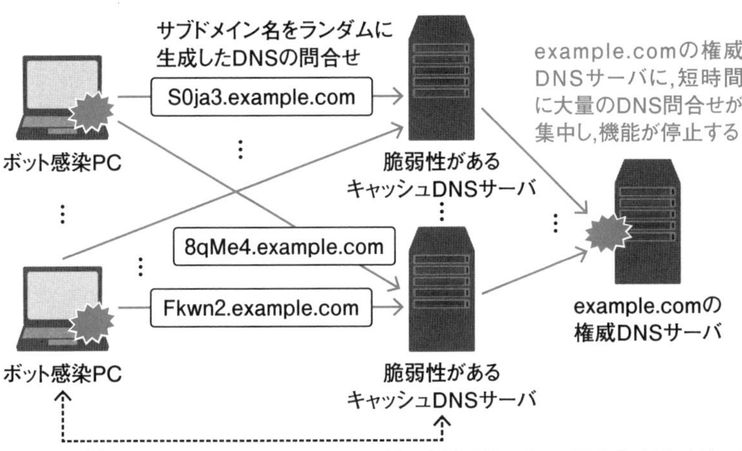

ボットに感染したPCは,キャッシュDNSサーバとは異なるドメインに属する。異なるドメイン（外部）のPCからの問合せには答える必要はないが,設定が不適切なDNSサーバは,当該の問合せに回答してしまうことがある。このような脆弱性があるDNSサーバを,オープンリゾルバという。

攻撃者は，ボットに感染させた多数のPCから，攻撃対象のドメインの権威DNSサーバに対して，上の図のようにして短時間に大量のDNS問合せを集中させます。対象の権威DNSサーバは過負荷状態になり，メモリなどのリソースが枯渇してDNS問合せに対応できなくなります。よって，ランダムサブドメイン攻撃で発生する事象はアになります。

サブドメイン名をランダムに生成した問合せを送るのは，脆弱性があるキャッシュDNSサーバからの問合せを送り続けるためです。例えば，ボットに感染した多数のPCから，"www.example.com"という同じドメイン名の問合せを送り続けた場合，最初の問合せを解決したキャッシュDNSサーバは，そのIPアドレスを自分の中にキャッシュ（保存）します。PCから同じドメイン名の問合せを再び受け取った場合，キャッシュDNSサーバはキャッシュしているIPアドレスを答えるだけで，example.comの権威DNSサーバに問合せを送ることはありません。

○ア　正解です。
×イ　ドメイン名ハイジャック攻撃で発生する事象です。
×ウ　DNSキャッシュポイズニング攻撃で発生する事象です。
×エ　オープンリゾルバに対する不正アクセスで発生する事象です。

攻略のカギ

覚えよう！ 問18

ランダムサブドメイン攻撃（DNS水責め攻撃） といえば

- ボット感染PCからオープンリゾルバに，標的ドメインのサブドメイン名をランダムに生成したDNSの問合せを行う
- 標的ドメインの権威DNSサーバに，短時間に大量のDNS問合せが集中し，機能が停止する

オープンリゾルバ 問18

不特定のクライアントからのDNS問い合わせについて，答えが得られるまで再帰的に問い合わせを行い，その結果を回答するキャッシュDNSサーバのこと。

解答

問17 イ　　問18 ア

□□□ 問 19 SEOポイズニングの説明はどれか。

ア Web検索サイトの順位付けアルゴリズムを悪用して，検索結果の上位に，悪意のあるWebサイトを意図的に表示させる。

イ 車などで移動しながら，無線LANのアクセスポイントを探し出して，ネットワークに侵入する。

ウ ネットワークを流れるパケットから，侵入のパターンに合致するものを検出して，管理者への通知や，検出した内容の記録を行う。

エ マルウェア対策ソフトのセキュリティ上の脆弱性を悪用して，システム権限で不正な処理を実行させる。

□□□ 問 20 データベースで管理されるデータの暗号化に用いることができ，かつ，暗号化と復号とで同じ鍵を使用する暗号方式はどれか。

ア AES　イ PKI　ウ RSA　エ SHA-256

□□□ 問 21 OpenPGPやS/MIMEにおいて用いられるハイブリッド暗号方式の特徴はどれか。

ア 暗号通信方式としてIPsecとTLSを選択可能にすることによって利用者の利便性を高める。

イ 公開鍵暗号方式と共通鍵暗号方式を組み合わせることによって鍵管理コストと処理性能の両立を図る。

ウ 複数の異なる共通鍵暗号方式を組み合わせることによって処理性能を高める。

エ 複数の異なる公開鍵暗号方式を組み合わせることによって安全性を高める。

解説

問19 SEOポイズニング
（平成29年度秋応用情報技術者試験問37）

SEOポイズニングとは，検索サイトの順位付けアルゴリズムを悪用して，悪意のあるサイトにアクセスさせる手法のことです。あるキーワードで検索した結果の上位に悪意のあるサイトのURLを表示させるために，当該サイトに多数のキーワードを埋め込んだり，ダミーのWebサイトからリンクさせたりします。正解は ア です。

○ ア 正解です。
× イ ウォードライビングの説明です。
× ウ IDSやIPSの説明です。
× エ セキュリティホールの脆弱性を突く攻撃に関する説明です。

問20 共通鍵暗号方式（平成28年度秋応用情報技術者試験問39）

暗号化と復号とで同じ鍵を使用する暗号化方式（共通鍵暗号方式）に該当す

攻略のカギ

SEO 問19
Search Engine Optimization（検索エンジン最適化）。自社のWebページが検索サイトの上位に表示されるように，その内容やページ構成などを工夫すること。

るのは，ア のAES（Advanced Encryption Standard）です。

○ア　正解です。

×イ　PKI（Public Key Infrastructure：公開鍵基盤）とは，暗号化プロトコルなどを用いて実現される，ユーザの身元証明及び公開鍵の対応付けを行うシステムのことです。

×ウ　RSAは公開鍵暗号方式です。

×エ　SHA-256はハッシュ関数の一つです。

問21 ハイブリッド暗号（平成31年度春問28）

OpenPGPは，電子メールの暗号化や鍵の配送を行うための規格です。

メッセージ本文は，メール送信の都度ランダムに生成した共通鍵で暗号化します。そして共通鍵を，受信者の公開鍵証明書（第三者でなくてもよい）の中の公開鍵を用いて暗号化し，メール本文と共に受信者に送信します。受信者は，自身の秘密鍵を用いて共通鍵を復号し，それを用いて本文を復号します。

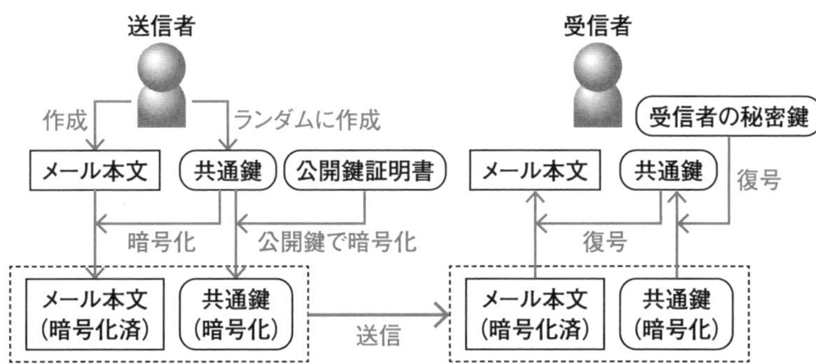

S/MIMEでは，次の方法で電子メールの暗号化や鍵の配送を安全に行っています。

S/MIMEでもOpenPGPと同様に，共通鍵を用いてメッセージを暗号化したあと，共通鍵を受信者の公開鍵で暗号化して送信します。異なる点は，S/MIMEでは公開鍵の証明書（S/MIME証明書）を，第三者の認証局に依頼して発行してもらう必要があります。

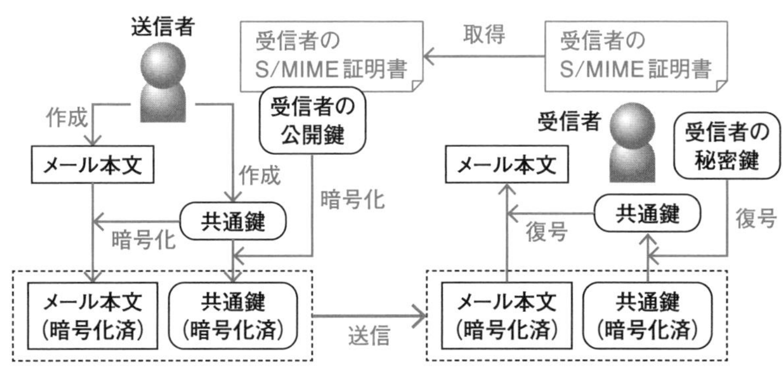

OpenPGPやS/MIMEのように，公開鍵暗号方式と共通鍵暗号方式を組み合わせた暗号方式のことをハイブリッド暗号といいます。正解は イ です。

なお，ア，ウ，エ はハイブリッド暗号方式の説明とは関係ありません。

攻略のカギ

OpenPGPの仕組み 問21

- メッセージ本文を暗号化するために，メール送信の都度ランダムに生成した共通鍵暗号方式の共通鍵を用いる。
- 共通鍵を送信者と受信者との間で安全に受け渡すことを検出することを目的として，公開鍵暗号方式によるデジタル署名の仕組みを用いている。
- 送信者は共通鍵を用いてメール本文を暗号化した後，受信者の公開鍵証明書（第三者でなくてもよい）の中の公開鍵を用いて，メール本文の暗号化に用いた共通鍵を暗号化し，メール本文と共に受信者に送信する。
- 受信者は，受信者の秘密鍵を用いて，暗号化されていた共通鍵を復号し，復号した共通鍵を用いてメール本文を復号する。

S/MIMEの仕組み 問21

- メッセージ本文を暗号化するために，共通鍵暗号方式の共通鍵を用いる。この共通鍵を送信者と受信者との間で安全に受け渡すことと，電子メールの改ざんを検出することを目的として，公開鍵暗号方式によるデジタル署名の仕組みを用いる。
- S/MIMEを利用する場合は，共通鍵を暗号化するために用いる公開鍵の証明書（S/MIME証明書）を，第三者の認証局に依頼して発行してもらう。
- メールを送信する者（送信者）は，S/MIMEを利用している受信者のS/MIME証明書を得て，その中に記録されている受信者の公開鍵を入手する。

解答

問19 ア　問20 ア
問21 イ

サンプル問題
科目A

問22 デジタル署名に用いる鍵の組みのうち，適切なものはどれか。

	デジタル署名の作成に用いる鍵	デジタル署名の検証に用いる鍵
ア	共通鍵	秘密鍵
イ	公開鍵	秘密鍵
ウ	秘密鍵	共通鍵
エ	秘密鍵	公開鍵

問23 メッセージが改ざんされていないかどうかを確認するために，そのメッセージから，ブロック暗号を用いて生成することができるものはどれか。

ア PKI　　イ パリティビット
ウ メッセージ認証符号　　エ ルート証明書

解説

問22 デジタル署名に用いる鍵（平成29年度春問22）

通信相手に本人の真正性（なりすましがされていない）と送付するデータの正当性（改ざんされていない）を証明するために，デジタル署名が用いられます。

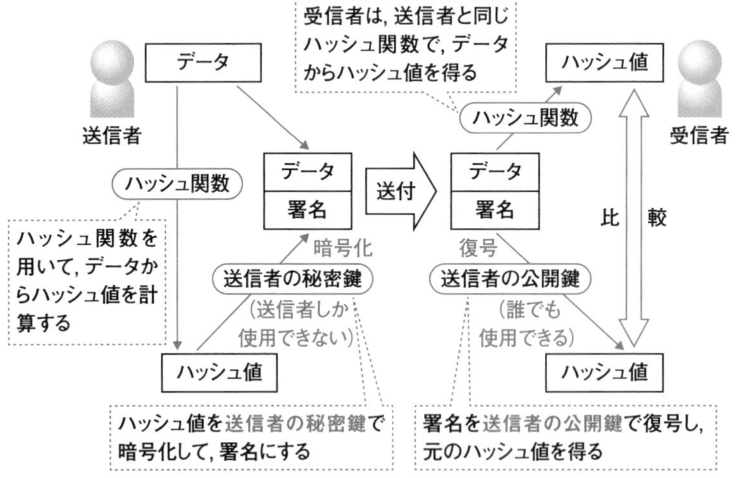

送信者は，送付データ全体に対してハッシュ関数を用いて，ハッシュ値を求めます。ハッシュ値を送信者の秘密鍵で暗号化し，送信者の署名としてデータに添付して送信します。

受信者は，送信者と同じハッシュ関数を用いてデータ本体からハッシュ値を

攻略のカギ

デジタル署名 問22
公開鍵暗号方式とハッシュ関数を利用して，データの改ざん，なりすましの検知，及び送信者の否認防止をするための技術。

生成します。さらに，送信者の署名を送信者の公開鍵で復号して，元のハッシュ値を入手します。二つのハッシュ値が一致すれば，そのデータは送信者からのものと確認できます。送信者以外は知らない（使用できない）送信者の秘密鍵で送信者の署名の暗号化が行われていることは，そのデータが確かに送信者本人の管理下にあったことを証明します。

以上から，デジタル署名の作成に用いる鍵は秘密鍵であり，デジタル署名の検証に用いる鍵は公開鍵のため，エが正解です。

問23 メッセージ認証符号（平成30年度春問24）

データの完全性（改ざんされていないこと） を証明するための技術のひとつにブロック暗号を用いた共通鍵を使ったメッセージ認証符号（MAC：Message Authentication Code）があります。正解はウです。また，ハッシュ関数を使った方式もあります。

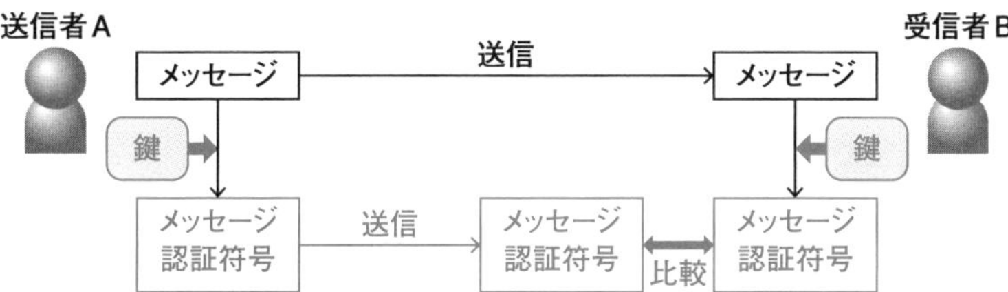

送信者Aと受信者Bは同じ鍵を共有します。送信者Aはメッセージを鍵で暗号化してメッセージ認証符号を生成し，メッセージと一緒に受信者Bに送ります。

メッセージを受け取った受信者Bは，送信者Aと同じ鍵でメッセージを暗号化し，メッセージ認証符号を生成します。送信者Aから受信したメッセージ認証符号と受信者Bが生成したメッセージ認証符号が一致すれば，そのデータは改ざんされていないことがわかります。

暗号化に用いる鍵が同じでも，異なる内容のデータを暗号化すると，生成された暗号文の内容は異なります。データが送信の途中で改ざんされた場合，送信者Aがメッセージ認証符号を生成したときのデータの内容と，受信者Bがメッセージ認証符号を生成したときのデータの内容が異なるので，それぞれが作ったメッセージ認証符号は異なります（改ざんを検知できる）。

× ア　PKIとは，公開鍵暗号方式及びデジタル署名（電子署名）の仕組みを応用した，公開鍵とその利用者を結び付けるための仕組みのことです。

× イ　パリティビットは文字などにつける数ビットのチェック用データのことです。

○ ウ　正解です。

× エ　ルート証明書は，ルート認証局が発行する証明書のことです。

攻略のカギ

覚えよう！ 問23

メッセージ認証符号といえば

- 送信者と受信者は同じ鍵を共有する
- 送信者はメッセージを鍵で暗号化してメッセージ認証符号を生成し，メッセージと一緒に受信者に送る
- 受信者Bは，送信者と同じ鍵でメッセージを暗号化し，メッセージ認証符号を生成する
- 受信したメッセージ認証符号と，メッセージ認証符号が一致すれば，改ざんされていないことがわかる

サンプル問題　科目A

解答

問22 エ　　問23 ウ

問24 リスクベース認証に該当するものはどれか。

ア インターネットバンキングでの取引において，取引の都度，乱数表の指定したマス目にある英数字を入力させて認証する。

イ 全てのアクセスに対し，トークンで生成されたワンタイムパスワードを入力させて認証する。

ウ 利用者のIPアドレスなどの環境を分析し，いつもと異なるネットワークからのアクセスに対して追加の認証を行う。

エ 利用者の記憶，持ち物，身体の特徴のうち，必ず二つ以上の方式を組み合わせて認証する。

問25 Webサイトで利用されるCAPTCHAに該当するものはどれか。

ア 人からのアクセスであることを確認できるよう，アクセスした者に応答を求め，その応答を分析する仕組み

イ 不正なSQL文をデータベースに送信しないよう，Webサーバに入力された文字列をプレースホルダに割り当ててSQL文を組み立てる仕組み

ウ 利用者が本人であることを確認できるよう，Webサイトから一定時間ごとに異なるパスワードを要求する仕組み

エ 利用者が本人であることを確認できるよう，乱数をWebサイト側で生成して利用者に送り，利用者側でその乱数を鍵としてパスワードを暗号化し，Webサイトに送り返す仕組み

問26 HTTP over TLS（HTTPS）を用いて実現できるものはどれか。

ア Webサーバ上のファイルの改ざん検知

イ Webブラウザが動作するPC上のマルウェア検査

ウ Webブラウザが動作するPCに対する侵入検知

エ デジタル証明書によるサーバ認証

解説

問24 リスクベース認証（平成30年度春問25）

インターネット上のサービスを利用するとき，普段と異なる場所からアクセスしている場合など，その利用者になりすましている可能性があります。そこで，なりすましの可能性があるアクセスの発生時に，追加の認証を求めることを，リスクベース認証といいます。正解は ウ です。

リスクベース認証では，サービス利用時に登録したパスワードとは別の秘密の質問を設定しておき，普段と異なる環境からのアクセスに対しては，パスワードだけでなく秘密の質問の入力も求めることで，利便性を保ちながら不正アクセスも対応できるようにしています。

× ア 乱数表を用いた認証の説明です。

× イ ワンタイムパスワードによる認証の説明です。

○ ウ 正解です。

攻略のカギ

リスクベース認証 問24

なりすましの可能性があるアクセスの発生時に，追加の認証を求めること。普段と異なる環境からのアクセスに対しては，パスワードだけでなく秘密の質問の入力も求めることなど。利便性を保ちながら不正アクセスに対抗できる。

×エ　多要素認証の説明です。

問25 CAPTCHA（平成31年度春問21）

Webサイト上の各種サービスのログイン時に，以下のようなゆがめられた文字（ほかにも，写真や形など）が表示され，それを読み取って入力するよう求められることがあります。これは，ロボット（コンピュータ）ではなく，人間がアクセスしていることを確認するためのもので，このような仕組みやゆがめられた文字の画像などのことをCAPTCHA（キャプチャ）といいます。正解はアです。

＜CAPTCHAの例＞

○ア　正解です。
×イ　SQLインジェクション攻撃の対策です。
×ウ　ワンタイムパスワードの説明です。
×エ　CHAP（Challenge Handshake Authentication Protocol）の説明です。

問26 HTTPS（平成29年度秋問29）

HTTP over TLS（HTTPS）による通信では，PC（Webブラウザ）とWebサーバ間の情報の暗号化を行い，個人情報などの機密性の求められる情報をインターネット上に安全に送受信しています。また，TLS（Transport Layer Security）ではサーバのデジタル証明書を参照することによって，クライアントがサーバの正当性を認証することが可能です。正解はエです。

〔HTTPSの手順の概要〕

①Webサーバは，PC（Webブラウザ）からの要請に応じて自身のTLSサーバ証明書をPCに送付する。クライアントは，サーバ証明書の正当性を確認し，正当なWebサーバに接続していることを確認する。

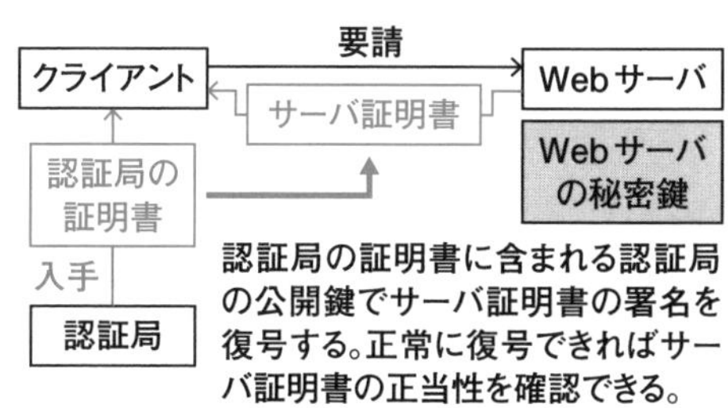

②データの暗号化・復号に使用するための共通鍵を生成し，クライアントはその共通鍵を，サーバ証明書に含まれているWebサーバの公開鍵で暗号化してからWebサーバに送付する。

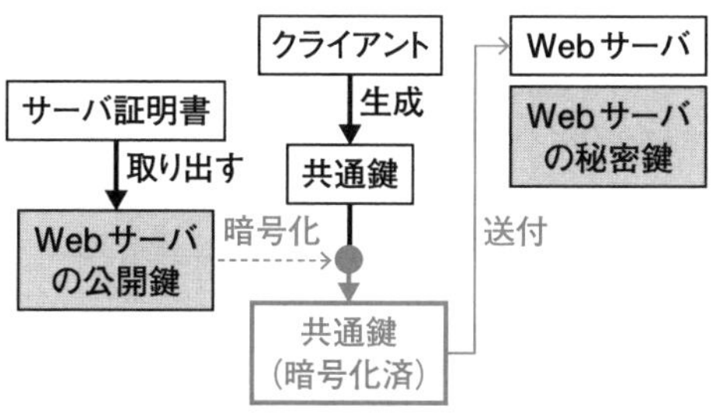

攻略のカギ

HTTPS 問26
HTTP over TLS。HTTPに暗号化・認証の機能をもたせたもので，パスワードやクレジットカード番号などの情報をブラウザとWebサーバ間で送受信するために用いられる。

解答

問24 ウ　問25 ア
問26 エ

□□□ 問 27 SPF (Sender Policy Framework) を利用する目的はどれか。

ア HTTP通信の経路上での中間者攻撃を検知する。
イ LANへのPCの不正接続を検知する。
ウ 内部ネットワークへの侵入を検知する。
エ メール送信者のドメインのなりすましを検知する。

□□□ 問 28 電子メールをドメインAの送信者がドメインBの宛先に送信するとき，送信者をドメインAのメールサーバで認証するためのものはどれか。

ア APOP　イ POP3S　ウ S/MIME　エ SMTP-AUTH

□□□ 問 29 マルウェアの動的解析に該当するものはどれか。

ア 検体のハッシュ値を計算し，オンラインデータベースに登録された既知のマルウェアのハッシュ値のリストと照合してマルウェアを特定する。
イ 検体をサンドボックス上で実行し，その動作や外部との通信を観測する。
ウ 検体をネットワーク上の通信データから抽出し，さらに，逆コンパイルして取得したコードから検体の機能を調べる。
エ ハードディスク内のファイルの拡張子とファイルヘッダの内容を基に，拡張子が偽装された不正なプログラムファイルを検出する。

解説

問27 SPF (平成28年度秋問16)

SPF (Sender Policy Framework) とは，送信ドメイン認証の方法の一つです。SPFでは，メールサーバを管理しているDNSサーバに，「自組織のメールサーバに対応するIPアドレスはこの値です」という情報を追記することで，自組織のメールサーバの正しいIPアドレスを他の組織のメールサーバから確認できるようにしています。

例えば，"abcd@example.co.jp" という送信元メールアドレスのメールを受信した (①) 宛先メールサーバは，example.co.jpのDNSサーバのIPアドレスを，自組織のDNSサーバに問合せます (②)。そこから，example.co.jpのDNSサーバに問合せを行って (③)，当該ドメインの送信サーバの情報を入手します (④)。その情報の中に記載された送信サーバのIPアドレスと，送信元メールサーバのIPアドレスとを比較して (⑤)，両者が一致していれば正しいメールサーバからのメールとして受信します。一致していなければ，他のIPアドレスのメールサーバから送信されてきたメールであるため，拒否します。SPFを利用することで，メール送信者のドメインのなりすましを検知することができます。正解は エ です。

攻略のカギ

覚えよう！ 問27

SPFといえば
- 送信ドメイン認証の方法の一つ
- メールを送信する組織のDNSサーバに，メールサーバのIPアドレスを記載した情報を追記
- 受信するメールサーバから参照して，送信したメールサーバの正しいIPアドレスを確認する

example.co.jpの組織
送信元メールサーバ
IPアドレス：x.y.z.1
example.co.jpのDNSサーバ
メール
① SMTP通信でメール送信
送信元メールアドレス：abcd@example.co.jp
送信元IPアドレス：x.y.z.1
③ SPFの問合せ
④ SPFの応答
「example.co.jpの送信サーバのIPアドレスはx.y.z.1です」
example.co.jpの送信サーバの情報
atesaki.jpの組織
② example.co.jpのDNSサーバのIPアドレスを得る
宛先メールサーバ
atesaki.jpのDNSサーバ
⑤ ①のIPアドレスと④の応答のIPアドレスを比較する

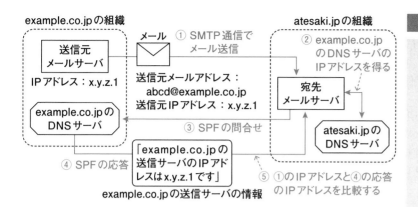

×ア　中間者攻撃を防ぐためには，認証局が発行したサーバ証明書を用いて，送信相手を認証する必要があります。このような仕組みを用いているプロトコルには，TLS（Transport Layer Security）などがあります。

×イ　検疫ネットワークの説明です。

×ウ　IDSやIPSの説明です。

○エ　正解です。

問28 メール送信の認証（令和元年度秋問28）

メール送信時にメール（SMTP）サーバとPCとの間で，アカウントやパスワードを用いた利用者認証を行い，認証が成功した場合だけメールの送信を許可するためのプロトコルをSMTP-AUTHといいます（エ）。

×ア　APOP（Authenticated Post Office Protocol）とは，メール受信時の使用するPOPパスワードを暗号化して通信を行うプロトコルです。

×イ　POP3SはPOPパスワードも含めメール本文もSSL/TLS方式の暗号化をして通信を行うプロトコルです。

×ウ　S/MIMEは電子メールの認証とその内容を暗号化して送受信するプロトコルです。

○エ　正解です。

問29 マルウェアの動的解析（令和元年度秋問22）

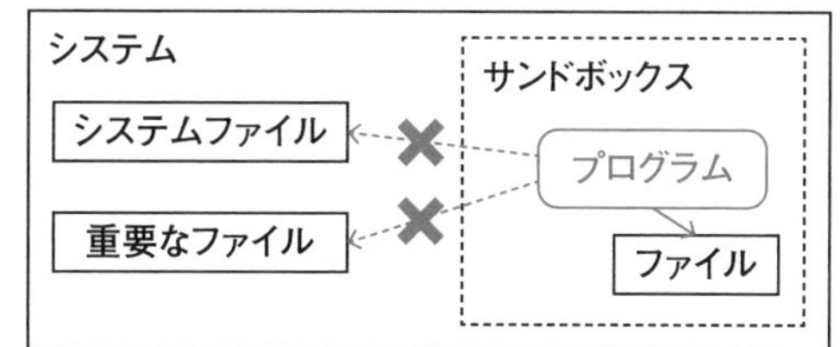

プログラムはサンドボックスの中のもの以外アクセスできない

マルウェアなど不正な命令を組み込んだプログラムの実行（動的解析といいます）によって，システムファイルが破壊されるなどの被害を防ぐために，プログラムが実行できる機能やアクセスできるリソース（ファイルなど）を制限してプログラムを動作させる環境のことをサンドボックスといいます。正解はイです。

×ア　マルウェアのコード特定の説明です。

○イ　正解です。

×ウ　逆コンパイルからマルウェアを特定する方法の説明です。

×エ　拡張子を偽装したマルウェアの説明です。

攻略のカギ

SMTP-AUTH　問28

SMTPにてユーザ認証を行うための方式。メール送信時にSMTPサーバとユーザクライアントの間で，アカウントやパスワードを用いた利用者認証を行い，正式なパスワードによる認証が成功した場合だけメールの送信を許可する。

サンドボックス　問29

情報セキュリティ対策技術の一つで，プログラムが実行できる機能やアクセスできるリソース（ファイルやハードウェアなど）を制限して，プログラムを動作させること。プログラムのバグや不正な命令を組み込んだプログラムの実行などによって，システムファイルが破壊されるなどの被害を防ぐために有効。

解答

問27 エ　問28 エ
問29 イ

問30 Webサーバの検査におけるポートスキャナの利用目的はどれか。

ア Webサーバで稼働しているサービスを列挙して，不要なサービスが稼働していないことを確認する。

イ Webサーバの利用者IDの管理状況を運用者に確認して，情報セキュリティポリシからの逸脱がないことを調べる。

ウ Webサーバへのアクセスの履歴を解析して，不正利用を検出する。

エ 正規の利用者IDでログインし，Webサーバのコンテンツを直接確認して，コンテンツの脆弱性を検出する。

問31 個人情報保護委員会“特定個人情報の適正な取扱いに関するガイドライン（事業者編）令和4年3月一部改正”及びその“Q&A”によれば，事業者によるファイル作成が禁止されている場合はどれか。

なお，“Q&A”とは“「特定個人情報の適正な取扱いに関するガイドライン（事業者編）」及び「（別冊）金融業務における特定個人情報の適正な取扱いに関するガイドライン」に関するQ&A 令和4年4月1日更新”のことである。

ア システム障害に備えた特定個人情報ファイルのバックアップファイルを作成する場合

イ 従業員の個人番号を利用して業務成績を管理するファイルを作成する場合

ウ 税務署に提出する資料間の整合性を確認するために個人番号を記載した明細表などチェック用ファイルを作成する場合

エ 保険契約者の死亡保険金支払に伴う支払調書ファイルを作成する場合

解説

問30 ポートスキャナ（平成29年度春問30）

Webサーバ上で稼動しているサービスの種類を確認するため，宛先ポート番号の値を順に変化させた多数のパケットを送信する手法のことを，ポートスキャンといい，ポートスキャンを行うツールをポートスキャナといいます。正解はアです。

ある宛先ポート番号のパケットに対して応答が返ってきた場合は，そのポート番号のサービスがサーバ上で稼動していると判断できます。

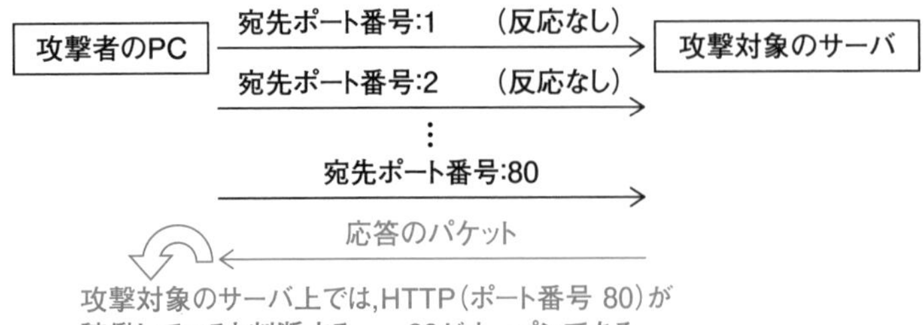

○ア 正解です。

×イ 情報セキュリティ監査において行われます。

攻略のカギ

ポートスキャン 問30

サーバ上で稼働しているサービスの種類を確認するため，宛先ポート番号の値を1つずつ変化させた多数のIPパケットを送信する手法。

×ウ　Webサーバの不正アクセスを検知する行動です。
×エ　コンテンツの脆弱性を検出する行動です。

問31 特定個人情報の適正な取扱い（新問題）

個人情報保護委員会“特定個人情報の適正な取扱いに関するガイドライン（事業者編）令和４年３月一部改正”の「第4-1-(2) 特定個人情報ファイルの作成の制限」には以下のような記述があります。

> **●特定個人情報ファイルの作成の制限（番号法第29条）**
> **事業者が，特定個人情報ファイルを作成することができるのは，個人番号関係事務又は個人番号利用事務を処理するために必要な範囲に限られている。法令に基づき行う従業員等の源泉徴収票作成事務，健康保険・厚生年金保険被保険者資格取得届作成事務等に限って，特定個人情報ファイルを作成することができるものであり，これらの場合を除き特定個人情報ファイルを作成してはならない。**
> **※事業者は，従業員等の個人番号を利用して営業成績等を管理する特定個人情報ファイルを作成してはならない。**

よって，禁止されているのはイです。
×ア　システム障害に備えた特定個人情報ファイルのバックアップファイルを作成することは認められていますが，バックアップファイルに対する安全管理措置を講ずる必要があります。
○イ　正解です。
×ウ　税務署に提出するような書類間で整合性を確認するために，事務の範囲内で個人番号を記載した照合表や明細書を作成することは認められます。
×エ　保険契約者の死亡に伴う保険金支払の調書に保険契約者の個人番号を記載して税務署長に提出することは，税法上の義務となっています。

攻略のカギ

特定個人情報の適切な取扱いに関するガイドライン（事業者編） 問31
個人番号を取り扱う事業者が特定個人情報の適正な取扱いを確保するための具体的な指針を定めたもの。

解答

問30 ア　問31 イ

□
□
□
問32 企業が業務で使用しているコンピュータに，記憶媒体を介してマルウェアを侵入させ，そのコンピュータのデータを消去した者を処罰の対象とする法律はどれか。

ア 刑法
イ 製造物責任法
ウ 不正アクセス禁止法
エ プロバイダ責任制限法

□
□
□
問33 企業が，“特定電子メールの送信の適正化等に関する法律”に定められた特定電子メールに該当する広告宣伝メールを送信する場合に関する記述のうち，適切なものはどれか。

ア SMSで送信する場合はオプトアウト方式を利用する。
イ オプトイン方式，オプトアウト方式のいずれかを企業が自ら選択する。
ウ 原則としてオプトアウト方式を利用する。
エ 原則としてオプトイン方式を利用する。

解説

攻略のカギ

問32 コンピュータ・ウイルスに関する罪
（平成30年度春問32）

平成23年に刑法の一部が改正され，新たに「不正指令電磁的記録に関する罪（いわゆるコンピュータ・ウイルスに関する罪）」が設けられました。

【刑法第百六十八条の二】
正当な理由がないのに，人の電子計算機における実行の用に供する目的で，次に掲げる電磁的記録その他の記録を作成し，又は提供した者は，三年以下の懲役又は五十万円以下の罰金に処する。
一　人が電子計算機を使用するに際してその意図に沿うべき動作をさせず，又はその意図に反する動作をさせるべき不正な指令を与える電磁的記録
二　前号に掲げるもののほか，同号の不正な指令を記述した電磁的記録その他の記録
2　正当な理由がないのに，前項第一号に掲げる電磁的記録を人の電子計算機における実行の用に供した者も，同項と同様とする

【刑法第百六十八条の三】
正当な理由がないのに，前条第一項の目的で，同項各号に掲げる電磁的記録その他の記録を取得し，又は保管した者は，二年以下の懲役又は三十万円以下の罰金に処する

「企業で使用されているコンピュータの記憶内容を消去する行為」は，上の「人が電子計算機を使用するに際してその意図に沿うべき動作をさせず，又はその意図に反する動作」に該当します。ア（刑法）が適切です。

○ア　正解です。
×イ　製造物責任法（PL法）は，「製造物の欠陥により人の生命，身体又は財産に係る被害が生じた場合における製造業者等の損害賠償の責任につ

いて定めることにより，被害者の保護を図り，もって国民生活の安定向上と国民経済の健全な発展に寄与すること」（同法第一条より）を目的とした法律です。

×ウ　不正アクセス禁止法（正式名称：不正アクセス行為の禁止等に関する法律）における，「不正アクセス行為」とは，特定電子計算機（コンピュータなど）の利用権限をもたない第三者が，他人のIDやパスワードを悪用して，アクセス制御機能による利用制限を免れて特定電子計算機の利用をできる状態にする行為のことを指します。不正アクセス禁止法では，このような行為及びその助長行為を処罰の対象にしています。

×エ　プロバイダ責任制限法（正式名称：特定電気通信役務提供者の損害賠償責任の制限及び発信者情報の開示に関する法律）は，インターネット上で著作権などの権利侵害があった場合に，権利侵害を行った者が契約しているプロバイダが負う責任（損害賠償の義務や，当該人物の住所氏名の公表の義務など）を規定している法律です。

問33 特定電子メール法（平成29年度秋問32）

特定電子メールの送信の適正化等に関する法律（特定電子メール法）は，迷惑メールの送信の規制などを目的として制定された法律です。

特定電子メール法では，特定電子メールを次のように定義しています。

> **電子メールの送信（国内にある電気通信設備（電気通信事業法第二条第二号に規定する電気通信設備をいう。以下同じ。）からの送信又は国内にある電気通信設備への送信に限る。以下同じ。）をする者（営利を目的とする団体及び営業を営む場合における個人に限る。以下「送信者」という。）が自己又は他人の営業につき広告又は宣伝を行うための手段として送信をする電子メールをいう**

特定電子メール法では，特定電子メールの送信を次のように制限しています。

> **第三条　送信者は，次に掲げる者以外の者に対し，特定電子メールの送信をしてはならない。**
> **一　あらかじめ，特定電子メールの送信をするように求める旨又は送信をすることに同意する旨を送信者又は送信委託者（電子メールの送信を委託した者（営利を目的とする団体及び営業を営む場合における個人に限る。）をいう。以下同じ。）に対し通知した者**
> **〔注：このように，あらかじめ送信の同意を得られた者だけにメールを送信でき，そうでない者には送信できない方式のことをオプトイン方式という〕**
> **二　前号に掲げるもののほか，総務省令・内閣府令で定めるところにより自己の電子メールアドレスを送信者又は送信委託者に対し通知した者**
> **三　前二号に掲げるもののほか，当該特定電子メールを手段とする広告又は宣伝に係る営業を営む者と取引関係にある者**

以上から，原則としてオプトイン方式を利用しなければならないので，エが適切です。

×ア　SMSで送信する場合でも原則としてオプトイン方式を利用します。

×イ，ウ　オプトアウト方式を選択できません。

○エ　正解です。

攻略のカギ

不正アクセス禁止法で禁止されている行為 問32

- 他人のIDやパスワードを入力して不正にログインする（不正アクセス行為）。
- 不正アクセス行為をする目的で，他人のIDやパスワードを取得する。
- 利用者本人のIDやパスワードを，他人に提供する（業務その他正当な理由による場合を除く）。
- 不正に取得された他人のIDやパスワードを，不正アクセス行為をする目的で保管する。

特定電子メールの送信方式 問33

- **オプトイン方式**：あらかじめ送信に同意した者だけに対して，メールを送信できる方式。
- **オプトアウト方式**：送信者が受信者の許可を得ず，自由にメールを送信できる方式。送信に同意しない者は，あらかじめその旨を事業者に伝えなければならない。

解答

問32 ア　　問33 エ

問 34 A社は，B社と著作物の権利に関する特段の取決めをせず，A社の要求仕様に基づいて，販売管理システムのプログラム作成をB社に委託した。この場合のプログラム著作権の原始的帰属に関する記述のうち，適切なものはどれか。

ア A社とB社が話し合って帰属先を決定する。
イ A社とB社の共有帰属となる。
ウ A社に帰属する。
エ B社に帰属する。

問 35 システムテストの監査におけるチェックポイントのうち，最も適切なものはどれか。

ア テストケースが網羅的に想定されていること
イ テスト計画は利用者側の責任者だけで承認されていること
ウ テストは実際に業務が行われている環境で実施されていること
エ テストは利用者側の担当者だけで行われていること

問 36 アクセス制御を監査するシステム監査人の行為のうち，適切なものはどれか。

ア ソフトウェアに関するアクセス制御の管理台帳を作成し，保管した。
イ データに関するアクセス制御の管理規程を閲覧した。
ウ ネットワークに関するアクセス制御の管理方針を制定した。
エ ハードウェアに関するアクセス制御の運用手続を実施した。

問 37 我が国の証券取引所に上場している企業において，内部統制の整備及び運用に最終的な責任を負っている者は誰か。

ア 株主　イ 監査役　ウ 業務担当者　エ 経営者

解説

問34 著作物の権利

（平成24年度春応用情報技術者試験問79）

著作権法では，著作物は「創作者」に帰属すると規定されています。よって，A社がB社に依頼してプログラムの著作物が作成された場合，発注側ではなく受注側（プログラムを実際に作成した側）に著作権が帰属します。

本問では，A社からB社に販売管理システムのプログラム作成が委託されています。A社においてシステムの要件定義までは行われていますが，この段階では著作物として認められる主体であるプログラム（ソースコードなども含む）は完成しておらず，設計からテストまでを行ってプログラムを実際に完成させ

攻略のカギ

著作権法 問34

「思想又は感情を創作的に表現したもの」である著作物を，その作成者（著作者）が独占的に扱うことができる権利（著作権）や著作権の保護期間などを規定している法律。日本の著作権法では，著作物の作成と同時に作者にその著作権が与えられるとしている（無方式主義）。著作権は，著作財産権（複製権，上映権，公衆送信権，口

たのはB社です。よって，著作物の権利に関する特段の取り決めがない場合は，著作権はB社に帰属します。

以上から，エが正解です。A社とB社は著作権に関して，特段の取り決めもしていないので，話し合って帰属する側がどちらかを決定したり，A社とB社で著作権を共有したり，創作者でないA社が著作権を有することはありません。

問35 システムテスト（平成29年度春問37）

システム管理基準では，システムテストについて「(3) システムテストに当たっては，システム要求事項を網羅してテストケースを設定して行うこと。」と規定しています。よって，アが正解です。

○ア　正解です。
×イ　テスト計画は，利用者側の責任者だけでなく，開発部門の責任者などの利害関係者も含めて協議した上で承認します。
×ウ　システムテストは，実際業務が行われている環境と隔離した環境に影響を与えないテスト用の環境で実施します。
×エ　システムテストは，開発担当者，テスト担当者，運用担当者など複数の部署のメンバで行います。

問36 システム監査人（令和元年度秋問40）

システム監査人は，システムに関する各種の業務が適切に行われているかどうかを検証するために，管理状況を確認する行為（監査）を実施します。アクセス制御を監査するシステム監査人は，アクセス制御が適切に行われているか検証するために，部署ごとにある管理規程（管理状況）を確認することが適切な行動なので，イが適切です。

ア，ウ，エの行為（管理台帳の作成や保管，管理方針の制定，運用手続の実施）は，システム監査人ではなく，アクセス制御の業務の責任者など，被監査部門に所属する者が実行します。

問37 内部統制（平成30年度秋基本情報技術者試験問60）

金融庁「財務報告に係る内部統制の評価及び監査の基準並びに財務報告に係る内部統制の評価及び監査に関する実施基準の改訂について」によれば，

> **4. 内部統制に関係を有する者の役割と責任**
> **(1) 経営者**
> **『経営者は、組織の全ての活動について最終的な責任を有しており、その一環として，取締役会が決定した基本方針に基づき内部統制を整備及び運用する役割と責任がある。**

となっています。正解はエです。

×ア　株主は，株主総会などで内部統制の報告を確認する必要があります。
×イ　監査役は，独立した立場から，内部統制の整備及び運用状況を監視，検証する役割と責任を有しています。
×ウ　業務担当者は，それぞれの業務範囲内での内部統制に従って適切に業務を行います。
○エ　正解です。

攻略のカギ

述権，展示権，頒布権，翻訳権などの，著作物に認められる財産的権利）と，著作者人格権（著作者の人格にかかわる権利である，公表権，氏名表示権，同一性保持権）に細分化される。著作財産権は他人に譲渡可能だが，著作者人格権は他人には譲渡できない。

システムテスト 問35
新システムが要求された全ての機能を満たしていることを確認するテスト。

解答

問34 エ	問35 ア
問36 イ	問37 エ

問38

ヒューマンエラーに起因する障害を発生しにくくする方法に，エラープルーフ化がある。運用作業におけるエラープルーフ化の例として，最も適切なものはどれか。

ア　画面上の複数のウィンドウを同時に使用する作業では，ウィンドウを間違えないようにウィンドウの背景色をそれぞれ異なる色にする。

イ　長時間に及ぶシステム監視作業では，疲労が蓄積しないように，2時間おきに交代で休憩を取得する体制にする。

ウ　ミスが発生しやすい作業について，過去に発生したヒヤリハット情報を共有して同じミスを起こさないようにする。

エ　臨時の作業を行う際にも落ち着いて作業ができるように，臨時の作業の教育や訓練を定期的に行う。

問39

あるデータセンタでは，受発注管理システムの運用サービスを提供している。次の受発注管理システムの運用中の事象において，インシデントに該当するものはどれか。

〔受発注管理システムの運用中の事象〕

夜間バッチ処理において，注文トランザクションデータから注文書を出力するプログラムが異常終了した。異常終了を検知した運用担当者から連絡を受けた保守担当者は，緊急出社してサービスを回復し，後日，異常終了の原因となったプログラムの誤りを修正した。

ア　異常終了の検知

イ　プログラムの誤り

ウ　プログラムの異常終了

エ　保守担当者の緊急出社

問40

ソフトウェア開発プロジェクトにおいてWBSを作成する目的として，適切なものはどれか。

ア　開発の期間と費用とがトレードオフの関係にある場合に，総費用の最適化を図る。

イ　作業の順序関係を明確にして，重点管理すべきクリティカルパスを把握する。

ウ　作業の日程を横棒（バー）で表して，作業の開始時点や終了時点，現時点の進捗を明確にする。

エ　作業を，階層的に詳細化して，管理可能な大きさに細分化する。

解説

攻略のカギ

問38 エラープルーフ化（令和元年度秋問42）

エラープルーフ化とは，運用作業においてシステムを構成する機器，その手順などによりエラーが起きないように，エラーに導く作業方法を人間に合うように改善することです。例えば，時刻や手順を間違えないように，大きく表示したり色を変えたりすることがあります。アが正解です。

○ア　正解です。

×イ，ウ，エ　ヒューマンエラーの改善に関する記述ですが，エラープルーフ化の説明ではありません。

問39 インシデント（平成31年度春問41）

インシデントとは，情報システムを利用したサービスを停止させる**出来事（事象）**のことです。出来事の原因があっても，その出来事が実際に発生しない限りはインシデントになりません。

例えば，ウイルスが添付された電子メールが送信されてきた場合に，社内の人間がそれを開いたりして，システムのサーバが感染して業務ができなくなると，インシデントになります。しかし，社内の人間が気づいて開かないままにすれば，業務は停止しません。「ウイルスが添付された電子メール」や，それが送られてきたことは，インシデントの発生原因にはなりますが，インシデントそのものにはなりません。「電子メールを開いてウイルスがサーバに感染する」ことが発生した時点で，インシデントになります。

〔受発注管理システムの運用中の事象〕では「プログラムが異常終了」したことによって，注文書の出力ができなくなり，夜間バッチ処理のサービスが停止しています。したがって，ウ の「プログラムの異常終了」がインシデントに該当します。「プログラムの誤り」が存在していても，それがプログラムを異常終了させない限りはインシデントにはなりません。

×ア　インシデントの検知に該当します。
×イ　インシデントを発生させた原因です。
○ウ　正解です。
×エ　インシデントに対応するための従業員の行動です。

問40 WBS（平成28年度春基本情報技術者試験問51）

WBS（Work Breakdown Structure）とは，システム開発のプロジェクト全体を細かい作業に分割し整理するために作成される図のことです。WBSでは，まずプロジェクトを「基本計画」，「外部設計」，…… といった大きな範囲の作業に分割し，それらの各作業をさらに細かい作業に分割することを繰返し，管理可能な大きさにまで作業を細分化します。正解は エ です。

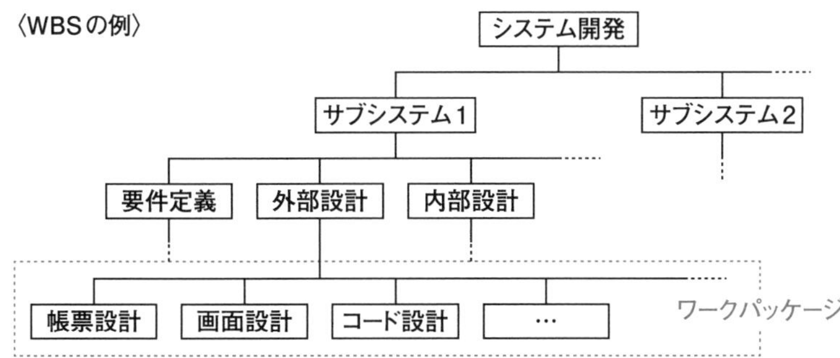

×ア　EVMなどの費用の管理手法の説明です。
×イ　アローダイアグラムの説明です。
×ウ　ガントチャートの説明です。
○エ　正解です。

攻略のカギ

覚えよう！ 問38

エラープルーフ化といえば
- 運用作業において機器や手順などによりエラーが起きないように，作業方法を人に合うように改善することです。
- 例えば，時刻や手順を間違えないように大きく表示したり色を変えたりすること

覚えよう！ 問39

インシデントといえば
- 情報システムを利用したサービスを停止させる出来事（事象）のこと
- 出来事の原因があっても，その出来事が実際に発生しない限りはインシデントにならない

解答

問38 ア　問39 ウ
問40 エ

問41 プロジェクトの日程計画を作成するのに適した技法はどれか。

ア PERT　イ 回帰分析　ウ 時系列分析　エ 線形計画法

問42 一方のコンピュータが正常に機能しているときには，他方のコンピュータが待機状態にあるシステムはどれか。

ア デュアルシステム　イ デュプレックスシステム
ウ マルチプロセッシングシステム　エ ロードシェアシステム

問43 データベースの監査ログを取得する目的として，適切なものはどれか。

ア 権限のない利用者のアクセスを拒否する。
イ チェックポイントからのデータ復旧に使用する。
ウ データの不正な書換えや削除を事前に検知する。
エ 問題のあるデータベース操作を事後に調査する。

解説

問41 PERT（平成25年度春基本情報技術者試験問52）

プロジェクトの日程計画を作成するのに適した図法は，PERT（アローダイアグラム）です。PERTでは，作業を矢印，作業の開始点や終了点を丸印で表現し，作業の順序関係や開始時間・終了時間を明示することができます。

〈PERTの例〉

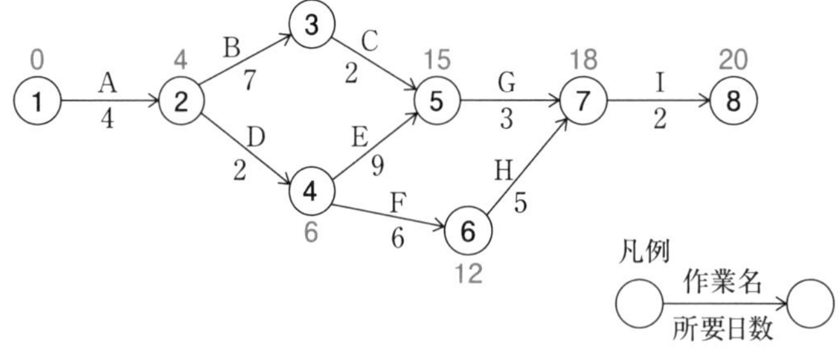

○ア 正解です。

×イ 回帰分析は，複数のデータからその傾向を発見する場合に使用される分析手法です。

×ウ 時系列分析は，時間の経過とともに並んだデータに関する分析手法です。

×エ 線形計画法は，最適な販売数量などを特定するために用いられる経営手法です。

攻略のカギ

アローダイアグラム 問41

作業の前後関係を整理して矢印で結んだ図。作業の前後関係や段取りを確認したり，進行上の障害となるポイントを見付けたりできる。

問42 デュプレックスシステム
(平成17年度春基本情報技術者試験問32)

正常に稼働している「運用系」ともう一方の「待機系」の2つのシステムを持つ形態をデュプレックスシステムといいます。正解は イ です。

このようなシステム形態においては「運用系」を常時稼働させ，「待機系」は停止させておきます。そして「運用系」の障害時に，「待機系」に切り替えて業務を続行させます。

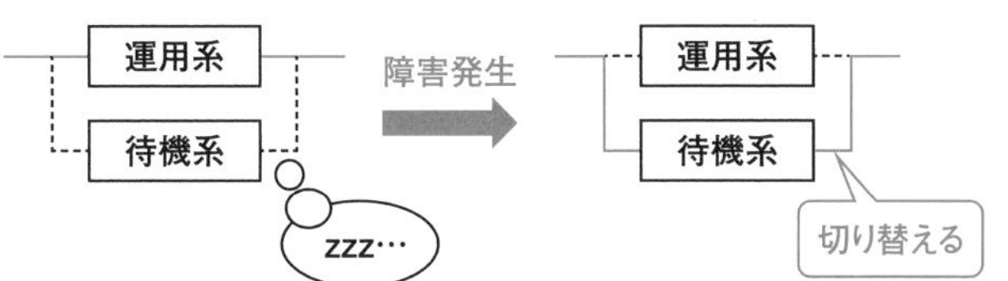

× ア デュアルシステムは，2つのシステムを同時並行に稼働させながらその結果をお互いに確認するシステムのことです。

○ イ 正解です。

× ウ マルチプロセッサシステムは，一つのプログラムを複数のプロセッサ(コンピュータ)を使って処理するシステムのことです。

× エ ロードシェアシステムは，同じ機器を複数台用意して，負荷分散を目的に処理を振り分けて実行するシステムのことです。

問43 データベースの監査ログ (平成30年度秋問45)

データベースの監査ログとは，利用者がデータベースサーバに対して実行した操作やその操作によって実行されたプログラムの動作の履歴が出力されるファイルのことです。監査人が監査ログを追跡調査することで，「いつ」「だれが」「何をしたか」を知ることができ，その操作が正当であったか否かが証明できます。よって，正解は エ です。

× ア データベースのアクセス権限を使用して権限のない利用者のアクセスを拒否します。

× イ チェックポイントからのデータ復旧には，データベースの更新ログを使用します。

× ウ データの不正な書き換えや削除を検知するには，オペレーション(操作)ログを使用します。

○ エ 正解です。

攻略のカギ

覚えよう！ 問42

デュプレックスシステムといえば
- 正常に稼働している「運用系」ともう一方の「待機系」の2つのシステムを持つ形態
- 「運用系」を常時稼働させ，「待機系」は停止させておく。そして「運用系」の障害時に，「待機系」に切り替えて業務を続行させる

覚えよう！ 問43

データベースの監査ログといえば
- データベースサーバに対して実行した操作やその操作によって実行されたプログラムの動作の履歴が出力されるファイル
- 監査人が監査ログを追跡調査することで，「いつ」「だれが」「何をしたか」を知ることができ，その操作が正当であったか否かが証明できる

解答

問41 ア　問42 イ
問43 エ

問44 社内ネットワークのPCから，中継装置を経由してインターネット上のWebサーバにアクセスする。中継装置は宛先のWebサーバのドメイン名からDNSを利用してグローバルIPアドレスを求め，そのグローバルIPアドレス宛てにアクセス要求の転送を行う機能を有する。この中継装置として，適切なものはどれか。

ア プロキシサーバ　　イ リピータ
ウ ルータ　　エ レイヤ2スイッチ

問45 BPOの説明はどれか。

ア 災害や事故で被害を受けても，重要事業を中断させない，又は可能な限り中断期間を短くする仕組みを構築すること
イ 社内業務のうちコアビジネスでない事業に関わる業務の一部又は全部を，外部の専門的な企業に委託すること
ウ 製品の基準生産計画，部品表及び在庫情報を基に，資材の所要量と必要な時期を求め，これを基準に資材の手配，納入の管理を支援する生産管理手法のこと
エ プロジェクトを，戦略との適合性や費用対効果，リスクといった観点から評価を行い，情報化投資のバランスを管理し，最適化を図ること

問46 製造業の企業が社会的責任を果たす活動の一環として，雇用創出や生産設備の環境対策に投資することによって，便益を享受するステークホルダは，株主，役員，従業員に加えて，どれか。

ア 近隣地域社会の住民　　イ 原材料の輸入元企業
ウ 製品を購入している消費者　　エ 取引をしている下請企業

解説

攻略のカギ

問44 プロキシサーバ（新問題）

インターネット上のサーバに社内のPCが直接アクセスすると，そのPCのIPアドレスなどが外部に露呈し，不正アクセスなどの危険性が増加します。そこで，社内に外部とのアクセスを中継する装置（サーバ）を設置し，そのサーバが外部のサーバに代理でアクセスし，返ってきた結果をPCに返す方法をとります。このために設置する中継機器を**プロキシサーバ**といいます。正解は ア です。

この装置によって，PCではなくプロキシサーバのIPアドレスだけが外部に判明するため，安全性が高まります。

○ア 正解です。
×イ **リピータ**は，電気信号を増幅し，より遠くまで信号を伝送できるようする中継機器です。
×ウ **ルータ**は，IPアドレスを識別するネットワーク間を中継する機器です。
×エ **レイヤ2スイッチ**は，MACアドレスを識別して目的のポートに中継す

る機器です。

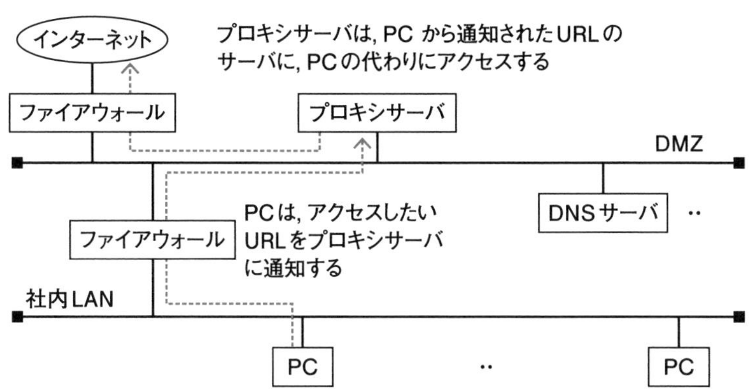

問45 BPO（平成31年度春問47）

BPO（Business Process Outsourcing：ビジネスプロセスアウトソーシング）とは，自社の主要な事業に関する業務（コアビジネス）以外の一部または全部を外部に委託して，人材・労力・資金などの経営資源をコアビジネスに集中させることで，効率的に運営する手法のことです。正解は イ です。

BPOの例としては，総務や人事などの業務をアウトソーシングしたり，コールセンタ業務を外部委託したりすることなどが挙げられます。

× ア　BCP（Business Continuity Plan：事業継続計画）の説明です。
○ イ　正解です。
× ウ　MRP（Materials Requirements Planning）の説明です。
× エ　IT投資の最適化に関する記述です。

問46 企業の社会的責任
（平成29年度春応用情報技術者試験問73）

企業の社会的責任（CSR：Corporate Social Responsibility）とは，企業が社会に与える影響などを適切に把握し，利害関係者などからの要求や要望に対して適切にこたえることで，社会をより良くするために貢献することを指します。製造業の企業がCSRを果たす活動として，雇用創出や生産設備の環境対策に投資すると，次のような便益があります。

- **雇用創出**：その企業の周辺地域の失業率が低下し，住民の生活がより豊かになります。
- **生産設備の環境対策に投資**：その企業の周辺地域の環境がよくなり，住民にとってより住みやすい街になります。

以上から，株主などの他に，近隣地域社会の住民が利害関係者（ステークホルダ）になります。正解は ア です。

攻略のカギ

覚えよう！ 問45

BPO（Business Process Outsourcing）といえば
- コアビジネス以外を外部に委託すること
- 経営資源をコアビジネスに集中させることで，効率的に運営する

覚えよう！ 問46

CSRといえば
- Corporate Social Responsibility，企業の社会的責任
- 企業が社会に与える影響などを適切に把握し，利害関係者などからの要求や要望に対して適切にこたえることで，社会に対して果たすべき責任のこと

解答

問44 ア　問45 イ
問46 ア

□□□ **問 47** 表から，期末在庫品を先入先出法で評価した場合の期末の在庫評価額は何千円か。

摘要		数量（個）	単価（千円）
期首在庫		10	10
仕入	4月	1	11
	6月	2	12
	7月	3	13
	9月	4	14
期末在庫		12	

ア 132　　イ 138　　ウ 150　　エ 168

□□□ **問 48** 製造原価明細書から損益計算書を作成したとき，売上総利益は何千円か。

単位　千円

製造原価明細書	
材料費	400
労務費	300
経　費	200
当期総製造費用	□
期首仕掛品棚卸高	150
期末仕掛品棚卸高	250
当期製品製造原価	□

単位　千円

損益計算書	
売上高	1,000
売上原価	
期首製品棚卸高	120
当期製品製造原価	□
期末製品棚卸高	70
売上原価	□
売上総利益	□

ア 150　　イ 200　　ウ 310　　エ 450

解説

問47 先入先出法（平成29年度秋基本情報技術者試験問78）

先入先出法では，先に仕入れた在庫ほど先に出荷されるという規則で在庫管理を行います。

期首在庫が10個，当期中の仕入の合計個数が10（1＋2＋3＋4）個，期末在庫が12個なので，（10＋10）－12＝8個の商品が期中に出荷されたことになります。当期中に仕入れた商品よりも期首在庫の方を先に仕入れていたので，期首在庫のうちの8個だけが出荷され，残りの2個及び当期中に仕入れた10個が在庫として残っています。

攻略のカギ

覚えよう！ 問47

先入先出法といえば

- 先に仕入れた在庫ほど先に出荷されるという規則で在庫管理を行う方法。

期首在庫（残り）：（10 - 8）× 10千円＝20千円
4月の仕入：1×11千円＝11千円
6月の仕入：2×12千円＝24千円
7月の仕入：3×13千円＝39千円
9月の仕入：4×14千円＝56千円　　計　150千円（ウ）

問48 売上総利益（平成30年度春問50）

売上総利益は，粗利益ともいい，売上高－売上原価で算出できます。
まず，製造原価明細表の計算をしてから，損益計算書を確認します。

● 当期総製造費用＝材料費＋労務費＋経費＝400＋300＋200＝900千円

単位　千円

製造原価明細書		
材料費	400	
労務費	300	
経　費	200	
当期総製造費用	900	
期首仕掛品棚卸高	150	加算
期末仕掛品棚卸高	250	減産
当期製品製造原価	800	

ここで，期首仕掛品棚卸高は前期に入れていないので今期に加算することになります。
また，期末仕掛品棚卸高は，次期の分になるので減算することになります。

● 当期製品製造原価＝当期総製造費用＋期首仕掛品棚卸高ー期末仕掛品棚卸高＝900＋150－250＝800千円

単位　千円

損益計算書		
売上高	1,000	
売上原価		
期首製品棚卸高	120	加算
当期製品製造原価	800	
期末製品棚卸高	70	減産
売上原価	850	
売上総利益		

先ほどと同様に，期首製品棚卸高は前期に入れていないので今期に加算することになります。
また，期末製品棚卸高は，次期の分になるので減算することになります。

● 売上原価＝期首製品棚卸高＋当期製品製造原価－期末製品棚卸高
＝120＋800－70＝850千円
● 売上総利益＝売上高ー売上原価＝1000－850＝150千円（ア）

攻略のカギ

覚えよう！ 問48

売上総利益といえば
● 売上総利益＝売上高−売上原価

解答

問47 ウ　　問48 ア

サンプル問題 科目B

□□□ **問49** A社は，放送会社や運輸会社向けに広告制作ビジネスを展開している。A社は，人事業務の効率化を図るべく，人事業務の委託を検討することにした。A社が委託する業務（以下，B業務という）を**図1**に示す。

・採用予定者から郵送されてくる入社時の誓約書，前職の源泉徴収票などの書類を PDF ファイルに変換し，ファイルサーバに格納する。
（省略）

図1　B業務

委託先候補のC社は，B業務について，次のようにA社に提案した。

・B業務だけに従事する専任の従業員を割り当てる。
・B業務では，**図2**の複合機のスキャン機能を使用する。

・スキャン機能を使用する際は，従業員ごとに付与した利用者 ID とパスワードをパネルに入力する。
・スキャンしたデータを PDF ファイルに変換する。
・PDF ファイルを従業員ごとに異なる鍵で暗号化して，電子メールに添付する。
・スキャンを実行した本人宛てに電子メールを送信する。
・PDF ファイルが大きい場合は，PDF ファイルを添付する代わりに，自社の社内ネットワーク上に設置したサーバ（以下，B サーバという）に自動的に保存し，保存先の URL を電子メールの本文に記載して送信する。

図2　複合機のスキャン機能（抜粋）

A社は，C社と業務委託契約を締結する前に，秘密保持契約を締結して，C社を訪問し，業務委託での情報セキュリティリスクの評価を実施した。その結果，**図3**の発見があった。

・複合機のスキャン機能では，電子メールの差出人アドレス，件名，本文及び添付ファイル名を初期設定[1)]の状態で使用しており，誰がスキャンを実行しても同じである。
・複合機のスキャン機能の初期設定情報はベンダーの Web サイトで公開されており，誰でも閲覧できる。

注[1)] C社の情報システム部だけが複合機の初期設定を変更可能である。

図3　発見事項

そこで，A社では，初期設定の状態のままではA社にとって情報セキュリティリスクがあり，対策が必要であると評価した。

設問 **対策が必要であるとA社が評価した情報セキュリティリスクはどれか。解答群のうち，最も適切なものを選べ。**

解答群

ア　B業務に従事する従業員が，B業務に従事する他の従業員になりすまして複合機のスキャン機能を使用し，PDFファイルを取得して不正に持ち出す。その結果，A社の採用予定者の個人情報が漏えいする。

イ　B業務に従事する従業員が，攻撃者からの電子メールを複合機からのものと信じて本文中にあるURLをクリックし，攻撃者が用意したWebサイトにアクセスしてマルウェア感染する。その結果，A社の採用予定者の個人情報が漏えいする。

ウ　攻撃者が，複合機から送信される電子メールを盗聴し，添付ファイルを暗号化して身代金を要求する。その結果，A社が復号鍵を受け取るために多額の身代金を支払うことになる。

エ　攻撃者が，複合機から送信される電子メールを盗聴し，本文に記載されているURLをSNSに公開する。その結果，A社の採用予定者の個人情報が漏えいする。

解説

問49 複合機のセキュリティリスク

解答 

設問文には「A社が評価した情報セキュリティリスクはどれか」となっているため，本業務を問題文の冒頭に記載してある**図1**で確認します。

> ・採用予定者から郵送されてくる入社時の誓約書，前職の源泉徴収票などの書類を PDF ファイルに変換し，ファイルサーバに格納する。
> （省略）

図1　B業務

ここで，問題があると想定されるのは，前職の源泉徴収票などの個人情報が漏えいするリスクです。
また，C社のリスクは，**図3**にあるとおり複合機のスキャン機能に問題あると考えられます。

> ・複合機のスキャン機能では，電子メールの差出人アドレス，件名，本文及び添付ファイル名を初期設定[1]の状態で使用しており，誰がスキャンを実行しても同じである。
> ・複合機のスキャン機能の初期設定情報はベンダーの Web サイトで公開されており，誰でも閲覧できる。

注[1]　C 社の情報システム部だけが複合機の初期設定を変更可能である。

複合機のスキャン機能は，**図2**にあるとおり以下のようになっています。

・従業員ごとのID，パスワード，暗号化鍵でPDF作成しメールを送信する。

従業員X　ID：XXXXXX
パスワード：12345678
暗号化鍵：α
個人情報　PDFに変換してαで暗号化　個人情報①　⇒Xメール送信

従業員Y　ID：YYYYYY
パスワード：87654321
暗号化鍵：β
個人情報　PDFに変換してβで暗号化　個人情報②　⇒Yメール送信

×ア，ウ　上図のように，従業員ごとに異なるID，パスワード，暗号化鍵を使用しているので，なりすましのリスクは低いです。また，暗号化されているので情報漏えいの可能性もありません。

○イ　右図のように，大きな個人情報は暗号化されてサーバ格納されていますが，複合機のスキャン機能の初期設定情報は公開されているので，複合機になりすまして電子メールを送信することはだれでも可

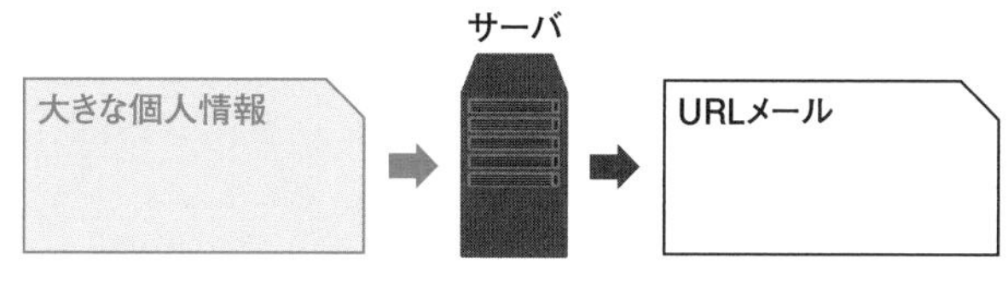

能です。また，このURLを使って攻撃者のサーバに誘導することでマルウェアに感染するなど様々な脅威が発生します。その対策として，初期設定情報を変更する必要があります。

×エ　攻撃者からの電子メールを盗聴しても暗号化されているので，データ漏えいのリスクは低いです。

□□□ **問50** A社は，分析・計測機器などの販売及び機器を利用した試料の分析受託業務を行う分析機器メーカーである。A社では，**図1**の“情報セキュリティリスクアセスメント手順”に従い，年一度，情報セキュリティリスクアセスメントの結果をまとめている。

- 情報資産の機密性，完全性，可用性の評価値は，それぞれ0～2の3段階とし，表1のとおりとする。
- 情報資産の機密性，完全性，可用性の評価値の最大値を，その情報資産の重要度とする。
- 脅威及び脆弱性の評価値は，それぞれ0～2の3段階とする。
- 情報資産ごとに，様々な脅威に対するリスク値を算出し，その最大値を当該情報資産のリスク値として情報資産管理台帳に記載する。ここで，情報資産の脅威ごとのリスク値は，次の式によって算出する。
  リスク値＝情報資産の重要度×脅威の評価値×脆弱性の評価値
- 情報資産のリスク値のしきい値を5とする。
- 情報資産ごとのリスク値がしきい値以下であれば受容可能なリスクとする。
- 情報資産ごとのリスク値がしきい値を超えた場合は，保有以外のリスク対応を行うことを基本とする。

図1　情報セキュリティリスクアセスメント手順

表1　情報資産の機密性，完全性，可用性の評価基準

評価値		評価基準	該当する情報の例
機密性	2	法律で安全管理措置が義務付けられている。	・健康診断の結果，保健指導の記録 ・給与所得の源泉徴収票
	2	取引先から守秘義務の対象として指定されている。	・取引先から秘密と指定されて受領した資料 ・取引先の公開前の新製品情報
	2	自社の営業秘密であり，漏えいすると自社に深刻な影響がある。	・自社の独自技術，ノウハウ ・取引先リスト ・特許出願前の発明情報
	1	関係者外秘情報又は社外秘情報である。	・見積書，仕入価格など取引先や顧客との商取引に関する情報 ・社内規程，事務処理要領
	0	公開情報である。	・自社製品カタログ，自社Webサイト掲載情報
完全性	2	法律で安全管理措置が義務付けられている。	・健康診断の結果，保健指導の記録 ・給与所得の源泉徴収票
	2	改ざんされると自社に深刻な影響，又は取引先や顧客に大きな影響がある。	・社内規程，事務処理要領 ・自社の独自技術，ノウハウ ・設計データ（原本）
	1	改ざんされると事業に影響がある。	・受発注情報，決済情報，契約情報 ・設計データ（印刷物）
	0	改ざんされても事業に影響はない。	・廃版製品カタログデータ
可用性	（省略）		

A社は，自社のWebサイトをインターネット上に公開している。A社のWebサイトは，自社が取り扱う分析機器の情報を画像付きで一覧表示する機能を有しており，主にA社で販売する分析機器に関する

機能の説明や操作マニュアルを掲載している。A社で分析機器を購入した顧客は，A社のWebサイトからマニュアルをダウンロードして利用することが多い。A社のWebサイトは，製品を販売する機能を有していない。

A社は，年次の情報セキュリティリスクアセスメントの結果を，**表2**にまとめた。

表2　A社の情報セキュリティリスクアセスメント結果（抜粋）

情報資産名称	説明	機密性の評価値	完全性の評価値	可用性の評価値	情報資産の重要度	脅威の評価値	脆弱性の評価値	リスク値
社内規程	行動規範や判断基準を含めた社内ルール	1	2	1	2	1	1	2
設計データ（印刷物）	A社における主力製品の設計図	（省略）						
自社Webサイトにあるコンテンツ	分析機器の情報	a1	a2	2	a3	2	2	a4

設問　表2中の[a1]～[a4]に入れる数値の適切な組合せを，aに関する解答群から選べ。

aに関する解答群

	a1	a2	a3	a4
ア	0	0	2	8
イ	0	1	2	8
ウ	0	2	1	4
エ	0	2	2	8
オ	1	0	2	4
カ	1	1	2	8
キ	1	2	1	4
ク	1	2	2	8

解説

問50 情報セキュリティアセスメント

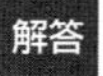

この問題では，A社の自社サイトにあるコンテンツ（分析機器の情報）の情報資産の機密性，完全性，可用性の評価値を問題文から読み解き，それぞれ0～2の3段階から判別します。

A社の自社Webサイトにあるコンテンツの特徴は，問題文より「自社が取り扱う分析機器の情報を画像付きで一覧表示する機能を有しており，主にA社で販売する分析機器に関する機能の説明や操作マニュアルを掲載している。A社で分析機器を購入した顧客は，A社のWebサイトからマニュアルをダウンロードして利用することが多い。A社のWebサイトは，製品を販売する機能を有していない。」とあります。機密性は自社の製品情報すなわち公開情報であるため，[a1]は0になります。

また，顧客の多くはA社Webサイトからその製品情報マニュアルをダウンロードするため，マニュアルに誤りがあると分析機器の利用者は誤った使用法をする可能性があります。そのため，完全性は顧客に大きな影響があるため[a2]は2になります。

情報資産の重要度[a3]は，**図1**より「情報資産の機密性，完全性，可用性の評価値の最大値を，その情報資産の重要度とする」とあります。機密性（0），完全性（2），可用性（2）の最大値は2です。

リスク値[a4]については**図1**の

> 情報資産の脅威ごとのリスク値は，次の式によって算出する。
> リスク値＝情報資産の重要度×脅威の評価値×脆弱性の評価値

より，リスク値＝2×2×2＝8となります。

したがって，**エ**の組合せが正解です。

問51 A社は，金属加工を行っている従業員50名の企業である。同業他社がサイバー攻撃を受けたというニュースが増え，A社の社長は情報セキュリティに対する取組が必要であると考え，新たに情報セキュリティリーダーをおくことにした。

社長は，どのような取組が良いかを検討するよう，情報セキュリティリーダーに任命されたB主任に指示した。B主任は，調査の結果，IPAが実施しているSECURITY ACTIONへの取組を社長に提案した。

SECURITY ACTIONとは，中小企業自らが，情報セキュリティ対策に取り組むことを自己宣言する制度であるとの説明を受けた社長は，SECURITY ACTIONの一つ星を宣言するために情報セキュリティ5か条に取り組むことを決め，B主任に，情報セキュリティ5か条への自社での取組状況を評価するように指示した。

B主任の評価結果は**表1**のとおりであった。

表1　B主任の評価結果

情報セキュリティ 5か条		評価結果
1	OSやソフトウェアは常に最新の状態にしよう！	一部のPCについて実施している
2	（省略）	（省略）
3	パスワードを強化しよう！	（省略）
4	共有設定を見直そう！	（省略）
5	脅威や攻撃の手口を知ろう！	（省略）

表1中の1の評価結果についてB主任は，次のとおり説明した。

・A社が従業員にPCを貸与する時に導入したOSとA社の業務で利用しているソフトウェア（以下，標準ソフトという）は，自動更新機能を使用して最新の状態に更新している。

・それ以外のソフトウェア（以下，非標準ソフトという）はどの程度利用されているか分からないので，試しに数台のPCを確認したところ，大半のPCで利用されていた。最新の状態に更新されていないPCも存在した。

A社では**表1**中の1について評価結果を“実施している”にするために新たに追加すべき対策として2案を考え，どちらかを採用することにした。

設問 表1中の1の評価結果を“実施している”にするためにA社で新たに追加すべき対策として考えられるものは次のうちどれか。考えられる対策だけを全て挙げた組合せを，解答群の中から選べ。

（一） PC上のプロセスの起動・終了を記録するEndpoint Detection and Response（EDR）の導入
（二） PCのOS及び標準ソフトを最新の状態に更新するという設定ルールの導入
（三） 全てのPCへの脆弱性修正プログラムの自動適用を行うIT資産管理ツールの導入
（四） 非標準ソフトのインストール禁止及び強制アンインストール
（五） ログデータを一括管理，分析して，セキュリティ上の脅威を発見するためのSecurity Information and Event Management（SIEM）の導入

解答群

ア	（一），（二）	イ	（一），（三）	ウ	（一），（四）
エ	（一），（五）	オ	（二），（三）	カ	（二），（四）
キ	（二），（五）	ク	（三），（四）	ケ	（三），（五）
コ	（四），（五）				

解説

問51 情報セキュリティ5か条

解答 ク

B主任の評価結果を確認します。

表1　B主任の評価結果

情報セキュリティ 5か条		評価結果
1	OSやソフトウェアは常に最新の状態にしよう！	一部のPCについて実施している
2	（省略）	（省略）
3	パスワードを強化しよう！	（省略）
4	共有設定を見直そう！	（省略）
5	脅威や攻撃の手口を知ろう！	（省略）

表1の1の評価結果について問題文では，

・A社が従業員にPCを貸与する時に導入したOSとA社の業務で利用しているソフトウェア（以下，標準ソフトという）は，自動更新機能を使用して最新の状態に更新している。
・それ以外のソフトウェア（以下，非標準ソフトという）はどの程度利用されているか分からないので，試しに数台のPCを確認したところ，大半のPCで利用されていた。最新の状態に更新されていないPCも存在した。

となっています。これにより，OSと標準ソフトは最新であるが，PCによっては異なる最新でない非標準ソフトが複数存在していると考えられます。そのため，全てのPCに同じソフトを常に最新の状態で導入する必要が出てきます。したがって，業務で利用しない非標準ソフトウェアをインストールさせない（もしもインストールした場合には強制的にアンインストール）ことが重要です（四）。

また，IT資産管理ソフトウェアによって，脆弱性修正プログラムだけでなくPCの構成情報（OSのバージョンやインストールされているソフトウェアの名称等）の自動収集と管理を行うことで，許可されていないソフトウェアを利用者がインストールした場合，それを検知できます（三）。

よって，（三），（四）の組合せのクが正解です。

× **（一）** 非標準ソフトウェアが動作しているかを検知するために，Endpoint Detection and Response（EDR）が用いられます。EDRは，PC（エンドポイント）の状況や通信内容などを監視してあるいは不審動作があれば管理者に通知を行いますが，最新かどうかの判断はできません。

×（二）PCのOS及び標準ソフトウェアだけでなく，非標準ソフトウェアにも対象範囲を広げないといけません。
×（五）SIEM（Security Information and Event Management）とは，ファイアウォールやサーバなどの各種機器から収集したログを分析して，セキュリティインシデントの発生を監視し，発生時は管理者に通知して迅速に対応するための仕組みのことです。そのため，ソフトウェアが最新の状態であるかの判断はできません。

□□□ 問52 A社は，複数の子会社を持つ食品メーカーであり，在宅勤務に適用するPCセキュリティ規程（以下，A社PC規程という）を定めている。

A社は，20XX年4月1日に同業のB社を買収して子会社にした。B社は，在宅勤務できる日数の上限を週2日とした在宅勤務制度を導入しており，全ての従業員が利用している。

B社は，A社PC規程と同様の規程を作成して順守することにした。B社は，自社の規程の作成に当たり，表1のとおりA社PC規程への対応状況の評価結果を取りまとめた。

表1 A社PC規程へのB社の対応状況の評価結果（抜粋）

項番	A社PC規程	評価結果
1	（省略）	OK
2	（省略）	OK
3	会社が許可したアプリケーションソフトウェアだけを導入できるように技術的に制限すること	NG
4	外部記憶媒体へのアクセスを技術的に禁止すること	NG[1)
5	Bluetoothの利用を技術的に禁止すること	NG

注記 評価結果が“OK”とはA社PC規程を満たす場合，“NG”とは満たさない場合をいう。
注[1)] B社は，外部記憶媒体へのアクセスのうち，外部記憶媒体に保存してあるアプリケーションソフトウェア及びファイルのNPCへのコピーだけは許可している。

評価結果のうち，A社PC規程を満たさない項番については，必要な追加対策を実施することによって，情報セキュリティリスクを低減することにした。

設問 **表1中の項番4について，B社が必要な追加対策を実施することによって低減できる情報セキュリティリスクは次のうちどれか。低減できるものだけを全て挙げた組合せを，解答群の中から選べ。ここで，項番3，5への追加対策は実施しないものとする。**

（一） B社で許可していないアプリケーションソフトウェアが保存されている外部記憶媒体がNPCに接続された場合に，当該NPCがマルウェア感染する。
（二） 外部記憶媒体がNPCに接続された場合に，当該外部記憶媒体に当該NPC内のデータを保存して持ち出される。
（三） マルウェア付きのファイルが保存されている外部記憶媒体がNPCに接続された場合に，当該NPCがマルウェア感染する。
（四） マルウェアに感染しているNPCに外部記憶媒体が接続された場合に，当該外部記憶媒体がマルウェア感染する。

解答群

ア	（一），（二）	イ	（一），（二），（三）
ウ	（一），（二），（四）	エ	（一），（三）
オ	（一），（四）	カ	（二），（三）
キ	（二），（四）	ク	（三），（四）

解説

問52 PCセキュリティ規定

解答 エ

表1中の項番4では「外部記憶媒体へのアクセスを技術的に禁止すること」はNGとなっているので，これを完全に禁止することによって低減できるリスクを検討します。

表1の外に記載されてある注[1]には「B社は，外部記憶媒体へのアクセスのうち，外部記憶媒体に保存してあるアプリケーションソフトウェア及びファイルのNPCへのコピーだけは許可している」と記載があります。

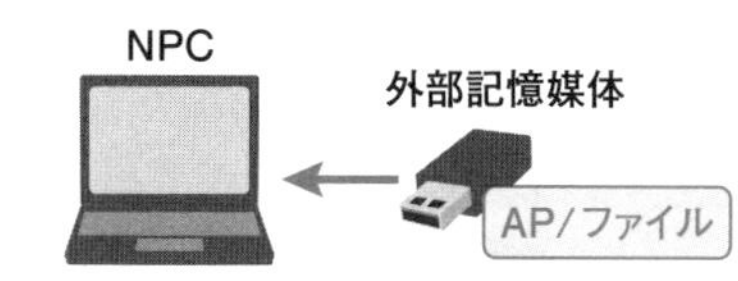

ここで，アプリケーションソフトウェアは，動作可能なプログラムのことを指します（一般的にはexeファイル）。このようなプログラムやそのファイルにマルウェアが存在していた場合には，NPCが感染してしまう可能性があります（(一)，(三)）。

よって，正解は エ です。

また，NPCから外部記憶媒体には書き込みができないため，NPCからの感染やデータの漏えいはありません。

問53

A社は，高級家具を販売する企業である。A社は2年前に消費者に直接通信販売する新規事業を開始した。それまでA社は，個人情報はほとんど取り扱っていなかったが，通信販売事業を開始したことによって，複合機で印刷した送り状など，顧客の個人情報を大量に扱うようになってきた。そのため，オフィス内に通販事業部エリアを設け，個人情報が漏えいしないよう対策した。具体的には，通販事業部エリアの出入口に，ICカード認証でドアを解錠するシステムを設置し，通販事業部の従業員だけが通販事業部エリアに入退室できるようにした。他のエリアはA社の全従業員が自由に利用できるようにしている。図1は，A社のオフィスのレイアウトである。

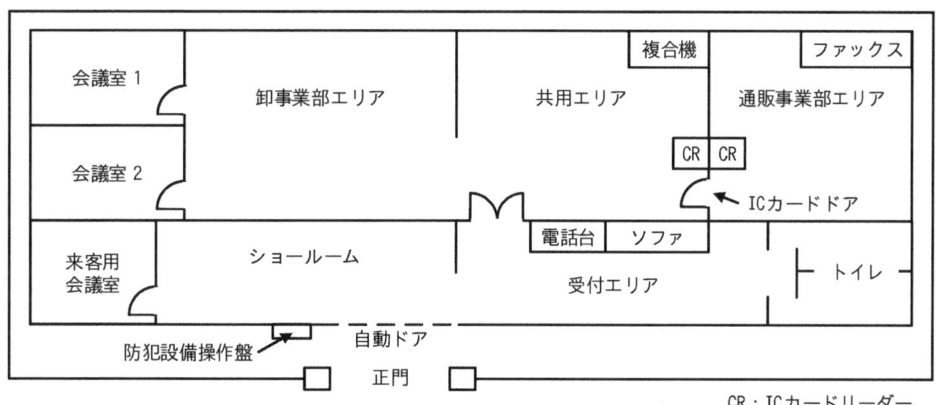

図1　A社のオフィスのレイアウト

このレイアウトでの業務を観察したところ，通販事業部エリアへの入室時に，A社の従業員同士による共連れが行われているという問題点が発見され，改善案を考えることになった。

設問 改善案として適切なものだけを全て挙げた組合せを，解答群の中から選べ。

(一)　ICカードドアに監視カメラを設置し，1年に1回監視カメラの映像をチェックする。
(二)　ICカードドアの脇に，共連れのもたらすリスクを知らせる標語を掲示する。
(三)　ICカードドアを，AESの暗号方式を用いたものに変更する。

サンプル問題 科目B

（四） ICカードの認証に加えて指静脈認証も行うようにする。
（五） 正門内側の自動ドアに共連れ防止用のアンチパスバックを導入する。
（六） 通販事業部エリア内では，従業員証を常に見えるところに携帯する。
（七） 共連れを発見した場合は従業員同士で個別に注意する。

解答群

ア	(一),(二)	イ	(一),(四)	ウ	(一),(五)
エ	(二),(三)	オ	(二),(七)	カ	(三),(六)
キ	(三),(七)	ク	(四),(六)	ケ	(五),(六)
コ	(五),(七)				

解説

問53 共連れ

解答 

共連れとは，ある従業員がICカードなどを使ってドアを解錠してエリアに出入りするとき，後ろについた別の人が一緒に出入りすることです。共連れが可能な場合従業員がドアを解錠するのを狙って，部外者がひそかに後ろについて，従業員しか入れないエリアに不正に侵入するリスクがあります。その対策の一つとして，入退出を管理する扉にアンチパスバックを導入します。

解答群を順に検討します。

× **(一)** ICカードドアに監視カメラを設置することは共連れの抑止になりますが，1年に1回だけの映像チェックではその効果は低いと思われます。

○ **(二)** ICカードドアの脇に，共連れのもたらすリスクを知らせる標語を掲示することで，共連れの抑止になります。

× **(三)** ICカードドアを，AES（共通鍵）暗号方式のアルゴリズムに変更しても共連れは可能です。

× **(四)** ICカードの認証に加えて指静脈認証も行うようにすることで，なりすまして入室することはできなくなりますが，共連れは可能です。

× **(五)** 正門内側の自動ドアではなく，ICカードドアに共連れ防止用のアンチパスバックを導入する必要があります。

× **(六)** 通販事業部エリア内では，従業員証を常に見えるところに携帯しても共連れで入ったかどうかの区別がつきません。

○ **(七)** 共連れを発見した場合は従業員同士で個別に注意することで，共連れが減ってくる可能性が高くなります。

よって，(二)，(七)の組合せの オ が正解です。

□□□ **問54** A社は旅行商品を販売しており，業務の中で顧客情報を取り扱っている。A社が保有する顧客情報は，A社のファイルサーバ1台に保存されている。ファイルサーバは，顧客情報を含むフォルダにある全てのファイルを磁気テープに毎週土曜日にバックアップするよう設定されている。バックアップは2世代分が保存され，ファイルサーバの隣にあるキャビネットに保管されている。

A社では年に一度，情報セキュリティに関するリスクの見直しを実施している。情報セキュリティリーダーであるE主任は，A社のデータ保管に関するリスクを見直して**図1**にまとめた。

1. ランサムウェアによってデータが暗号化され，最新のデータが利用できなくなることによって，最大１週間分の更新情報が失われる。
2. （省略）
3. （省略）
4. （省略）

図１ A 社のデータ保管に関するリスク（抜粋）

E主任は，**図１**の1に関するリスクを現在の対策よりも，より低減するための対策を検討した。

設問 E主任が検討した対策はどれか。解答群のうち，最も適切なものを選べ。

解答群

ア 週1回バックアップを取得する代わりに，毎日1回バックアップを取得して7世代分保存する。
イ バックアップ後に磁気テープの中のファイルのリストと，ファイルサーバのバックアップ対象フォルダ中のファイルのリストを比較し，差分がないことを確認する。
ウ バックアップに利用する磁気テープ装置を，より高速な製品に交換する。
エ バックアップ用の媒体を磁気テープからハードディスクに変更する。
オ バックアップを二組み取得し，うち一組みを遠隔地に保管する。
カ ファイルサーバにマルウェア対策ソフトを導入する。

解説

問54 バックアップの世代保管

解答 ア

問題文には次のようにあります。

ファイルサーバは，顧客情報を含むフォルダにある全てのファイルを磁気テープに毎週土曜日にバックアップするよう設定されている。バックアップは２世代分が保存され，ファイルサーバの隣にあるキャビネットに保管されている。

２世代管理のため，以下のようになっていると考えられます。

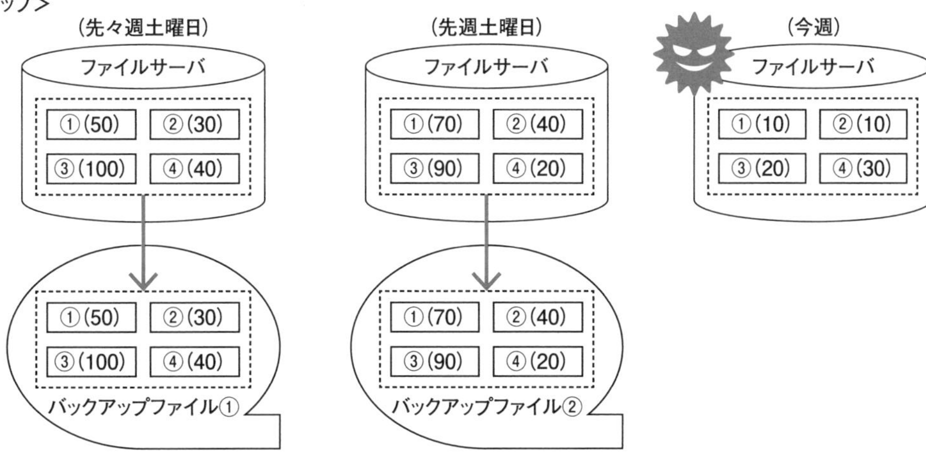

ランサムウェアによって暗号化されてしまうと今週のデータが読めずに，最大１週間前のデータから復元する必

要があります。そこで，データを復元可能にするためにバックアップを取得するタイミングを短くすることで，データの消失を最小限にできるようになります。正解はアです。

×イ　バックアップ後の磁気テープの中のファイルのリストと，ファイルサーバのバックアップ対象のフォルダのリストを比較することで，改ざんの検知が可能になります。

×ウ　バックアップに利用する装置を高速なものにすることで，バックアップ時間の短縮が図れます。

×エ　バックアップ用の媒体を磁気テープからハードディスクに変更することで，バックアップ時間の高速化が図れます。

×オ　バックアップを二組用意し，うち一組を遠隔地に保管することで災害などに対応できます。

×カ　ファイルにマルウェア対策ソフトを導入することで，マルウェアからの被害を防ぐことが可能になりますが，完全ではありません。

□□□

問 55

A社は，SaaS形式の給与計算サービス（以下，Aサービスという）を法人向けに提供する，従業員100名のIT会社である。A社は，自社でもAサービスを利用している。A社の従業員は，WebブラウザでAサービスのログイン画面にアクセスし，Aサービスのアカウント（以下，Aアカウントという）の利用者ID及びパスワードを入力する。ログインに成功すると，自分の給与及び賞与の確認，パスワードの変更などができる。利用者IDは，個人ごとに付与した不規則な8桁の番号である。ログイン時にパスワードを連続して5回間違えるとAアカウントはロックされる。ロックを解除するためには，Aサービスの解除画面で申請する。

A社は，半年に1回，標的型攻撃メールへの対応訓練（以下，H訓練という）を実施しており，表1に示す20XX年下期のH訓練計画案が経営会議に提出された。

表1　20XX年下期のH訓練計画案（抜粋）

項目	内容
電子メールの送信日時	次の日時に，H訓練の電子メールを全従業員宛に送信する。 ・20XX年10月1日　10時00分
送信者メールアドレス	Aサービスを装ったドメインのメールアドレス
電子メールの本文	次を含める。 ・Aアカウントはロックされていること ・ロックを解除するには，次のURLにアクセスすること 　・偽解除サイトのURL
偽解除サイト	・氏名，所属部門名並びにAアカウントの利用者ID及びパスワードを入力させる。 ・全ての項目の入力が完了すると，H訓練であることを表示する。
結果の報告	経営会議への報告予定日：20XX年10月31日

注記　偽解除サイトで入力された情報は，保存しない。A社は，従業員の氏名，所属部門名及びAアカウントの情報を個人情報としている。

経営会議では，**表1**の計画案はどのような標的型攻撃メールを想定しているのかという質問があった。

設問　表1の計画案が想定している標的型攻撃メールはどれか。解答群のうち，最も適切なものを選べ。

解答群

ア　従業員をAサービスに誘導し，Aアカウントのロックが解除されるかを試行する標的型攻撃メール

イ　従業員を攻撃者が用意したWebサイトに誘導し，Aアカウントがロックされない連続失敗回数の上限を発見する標的型攻撃メール

ウ　従業員を攻撃者が用意したWebサイトに誘導し，従業員の個人情報を不正に取得する標的型攻撃メール

エ　複数の従業員をAサービスに同時に誘導し，アクセスを集中させることによって，一定期間，Aサービスを利用不可にする標的型攻撃メール

解説

問55 標的型攻撃メール

解答 

表1にあるH訓練計画案からの標的型メール攻撃を想定します。

攻撃者は，Aアカウントがロックされたことを装い，至急以下のURLにアクセスするような文面を送ります。利用者は，偽サイトに誘導されてそこから，氏名，所属部門，ID，パスワードの個人情報が漏えいします。したがって，正解は ウ です。

攻撃者　訓練メール

日時：20XX年10月1日10：00
送信者：Aサービスドメイン
本文：Aアカウントがロックされているので，以下のURLにアクセスしてほしい。
https://*******.co.jp

偽解除サイト
(https://*******.co.jp)
氏名
所属部門
ID
パスワード

× ア　従業員をAサービスに誘導するならば，メール本文にAサービスのサイトのURLを掲載する必要があります。

× イ　Aアカウントがロックされない連続失敗回数の上限を発見するなら，偽サイトに誘導して，従業員ごとにAアカウントの失敗回数をカウントする必要があります。

× エ　Aサービスにアクセスを集中させるなら，期間を限定してアクセスさせるような標的メールを作成します。

問56

A社は学習塾を経営している会社であり，全国に50の校舎を展開している。A社には，教務部，情報システム部，監査部などがある。学習塾に通う又は通っていた生徒（以下，塾生という）の個人データは，学習塾向けの管理システム（以下，塾生管理システムという）に格納している。塾生管理システムのシステム管理は情報システム部が行っている。塾生の個人データ管理業務と塾生管理システムの概要を**図1**に示す。

- 教務部員は，入塾した塾生及び退塾する塾生の登録，塾生プロフィールの編集，模試結果の登録，進学先の登録など，塾生の個人データの入力，参照及び更新を行う。
- 教務部員が使用する端末は教務部の共用端末である。
- 塾生管理システムへのログインには利用者IDとパスワードを利用する。
- 利用者IDは個人別に発行されており，利用者IDの共用はしていない。
- 塾生管理システムの利用者のアクセス権限には参照権限及び更新権限の2種類がある。参照権限があると塾生の個人データを参照できる。更新権限があると塾生の個人データの参照，入力及び更新ができる。アクセス権限は塾生の個人データごとに設定できる。
- 教務部員は，担当する塾生の個人データの更新権限をもっている。担当しない塾生の個人データの参照権限及び更新権限はもっていない。
- 共用端末のOSへのログインには，共用端末の識別子（以下，端末IDという）とパスワードを利用する。
- 共用端末のパスワード及び塾生管理システムの利用者のアクセス権限は情報システム部が設定，変更できる。

図1　塾生の個人データ管理業務と塾生管理システムの概要

教務部は，今年実施の監査部による内部監査の結果，Webブラウザに塾生管理システムの利用者IDとパスワードを保存しており，情報セキュリティリスクが存在するとの指摘を受けた。

設問 監査部から指摘された情報セキュリティリスクはどれか。解答群のうち，最も適切なものを選べ。

解答群

ア 共用端末と塾生管理システム間の通信が盗聴される。
イ 共用端末が不正に持ち出される。
ウ 情報システム部員によって塾生管理システムの利用者のアクセス権限が不正に変更される。
エ 教務部員によって共用端末のパスワードが不正に変更される。
オ 塾生の個人データがアクセス権限をもたない教務部員によって不正にアクセスされる。

解説

問56 IDとパスワードの保存

本文には，「教務部は，今年実施の監査部による内部監査の結果，Webブラウザに塾生管理システムの利用者IDとパスワードを保存しており，情報セキュリティリスクが存在するとの指摘を受けた」とあります。

Webブラウザには，オートコンプリート機能（IDやパスワードを保存しておく）があり，共用のパソコンを利用している場合は，別の教務部員のデータを使って不正ログインできてしまう可能性があります。したがって，正解は オ になります。

× ア ～ エ 今回のIDとパスワードをWebブラウザに保存する機能には関係がありません。

問57

A社は従業員600名の投資コンサルティング会社である。東京の本社には，情報システム部，監査部などの管理部門があり，関西にB支店がある。B支店の従業員は10名である。

B支店では，情報システム部が運用管理しているファイルサーバを使用しており，顧客情報を含むファイルを一時的に保存する場合がある。その場合，ファイルのアクセス権は，当該ファイルを保存した従業員が最小権限の原則に基づいて設定する。今年，B支店では，従業員にヒアリングを行い，ファイルのアクセス権がそのとおりに設定されていることを確認した。

〔自己評価の実施〕

A社では，1年に1回，監査部が各部門に，評価項目を記載したシート（以下，自己評価シートという）を配布し，自己評価の実施と結果の提出を依頼している。

B支店で情報セキュリティリーダーを務めるC氏は，監査部から送付されてきた自己評価シートに従って，職場の状況を観察したり，従業員にヒアリングしたりして評価した。自己評価シートの評価結果は**図1**の判定ルールに従って記入する。C氏が作成したB支店の評価結果を**表1**に示す。

・評価項目どおりに実施している場合：“OK”
・評価項目どおりには実施していないが，代替コントロールによって，“OK”の場合と同程度にリスクが低減されていると考えられる場合：“(OK)”（代替コントロールを具体的に評価根拠欄に記入する。）
・評価項目どおりには実施しておらず，かつ，代替コントロールによって評価項目に関するリスクが抑えられていないと考えられる場合：“NG”
・評価項目に関するリスクがそもそも存在しない場合：“NA”

図１　評価結果の判定ルール

表１　B支店の評価結果（抜粋）

No.	評価項目	評価結果	評価根拠
10	（省略）	OK	（省略）
19	ファイルサーバ上の顧客情報のアクセス権は最小権限の原則に基づいて設定されている。	a	
25	（省略）	OK	（省略）

設問　表１中の[a]に入れる字句はどれか。解答群のうち，最も適切なものを選べ。

aに関する解答群

	評価結果	評価根拠
ア	OK	アクセス権の設定状況が適切であることを確認した。
イ	OK	アクセス権を適切に設定するルールが存在することを確認した。
ウ	OK	ファイルサーバは情報システム部が運用管理している。
エ	NA	顧客情報をファイルサーバに保存することは禁止されている。

解説

問57　ファイルサーバのアクセス権

表1の評価項目の「ファイルサーバ上の顧客情報のアクセス権は最小権限の原則に基づいて設定されている」ことについての評価結果と評価根拠が問われています。ファイルサーバでの利用状況は，問題文では以下のように記載されています。

B支店では，情報システム部が運用管理しているファイルサーバを使用しており，顧客情報を含むファイルを一時的に保存する場合がある。その場合，ファイルのアクセス権は，当該ファイルを保存した従業員が最小権限の原則に基づいて設定する。今年，B支店では，従業員にヒアリングを行い，ファイルのアクセス権がそのとおりに設定されていることを確認した。

ファイルのアクセス権は適切に管理されていることがわかります。よって，正解はアです。

問 58 国内外に複数の子会社をもつA社では，インターネットに公開するWebサイトについて，A社グループの脆弱性診断基準（以下，A社グループ基準という）を設けている。A社の子会社であるB社は，会員向けに製品を販売するWebサイト（以下，B社サイトという）を運営している。B社サイトは，会員だけがB社の製品やサービスを検索できる。会員の氏名，メールアドレスなどの会員情報も管理している。

B社では，11月に情報セキュリティ活動の一環として，A社グループ基準を基に自己点検を実施し，その結果を**表1**のとおりまとめた。

表1　B社自己点検結果（抜粋）

項番	点検項目	A社グループ基準	点検結果
(一)	Webアプリケーションプログラム（以下，Webアプリという）に対する脆弱性診断の実施	・インターネットに公開しているWebサイトについて，Webアプリの新規開発時，及び機能追加時に行う。 ・機能追加などの変更がない場合でも，年1回以上行う。	・3年前にB社サイトをリリースする1か月前に，Webアプリに対する脆弱性診断を行った。リリース以降は実施していない。 ・3年前の脆弱性診断では，軽微な脆弱性が2件検出された。
(二)	OS及びミドルウェアに対する脆弱性診断の実施	・インターネットに公開しているWebサイトについて，年1回以上行う。	・毎年4月及び10月に，B社サイトに対して行っている。 ・今年4月の脆弱性診断では，脆弱性が3件検出された。
(三)	脆弱性診断結果の報告	・Webアプリ，OS及びミドルウェアに対する脆弱性診断を行った場合，その結果を，診断後2か月以内に各社の情報セキュリティ委員会に報告する。	・3年前にWebアプリに対する脆弱性診断を行った2週間後に，結果を情報セキュリティ委員会に報告した。 ・OS及びミドルウェアに対する脆弱性診断の結果は，4月と10月それぞれの月末の情報セキュリティ委員会に報告した。
(四)	脆弱性診断結果の対応	・Webアプリ，OS及びミドルウェアに対する脆弱性診断で，脆弱性が発見された場合，緊急を要する脆弱性については，速やかに対応し，その他の脆弱性については，診断後，1か月以内に対応する。指定された期限までの対応が困難な場合，対応の時期を明確にし，最高情報セキュリティ責任者（CISO）の承認を得る。	・3年前に検出したWebアプリの脆弱性2件について，B社サイトのリリースの1週間前に対応した。 ・今年4月に検出したOS及びミドルウェアに対する脆弱性のうち，2件は翌日に対応した。残り1件は，恒久的な対策は来年1月のB社サイトの更改時に対応するものとし，それまでは，設定変更による暫定対策をとるという対応計画について，脆弱性診断の10日後にCISOの承認を得た。

設問 表1中の自己点検の結果のうち，A社グループ基準を満たす項番だけを全て挙げた組合せを，解答群の中から選べ。

解答群

ア (一)，(二)　　イ (一)，(二)，(三)　　ウ (一)，(二)，(三)，(四)
エ (一)，(二)，(四)　　オ (一)，(三)，(四)　　カ (一)，(四)
キ (二)，(三)　　ク (二)，(三)，(四)　　ケ (三)，(四)

問58 脆弱性診断基準

解答 ク

A社グループ基準をもとに**表1**の項番を順に確認していきます。

× **(一)** A社グループ基準では「追加機能などの変更がない場合でも，年1回以上行う」となっているが，点検結果では，「3年前に脆弱性診断を行った以降は実施していない」ため，Aグループ基準を満たしません。

○ **(二)** A社グループ基準では，「インターネットに公開しているWebサイトについて，年1回以上行う」となっています。点検結果では，「毎年4月と10月に実施している」のでこの項目はAグループ基準を満たしています。

○ **(三)** Aグループ基準では「脆弱性診断後，その結果を2ヶ月以内に情報セキュリティ委員会に報告する」ことになっています。点検結果では，「Webアプリに対する脆弱性診断を行った2週間後に」「OS及びミドルウェアに対する脆弱性診断の結果は4月と10月のそれぞれ月末に」行っているので，この項目もAグループ基準を満たしています。

○ **(四)** Aグループ基準では，「脆弱性診断で脆弱性が発見された場合，緊急を要する脆弱性については，速やかに対応し，その他の脆弱性については，診断後，1か月以内に対応する。指定された期限までの対応が困難な場合は，最高情報セキュリティ責任者（CISO）の承認を得る」となっています。点検結果では，「Webアプリの脆弱性2件について，B社サイトのリリースの1週間前に対応した」「今年4月に検出したOS及びミドルウェアに対する脆弱性のうち，2件は翌日に対応し，残り1件は，恒久的な対策は来年1月のB社サイトの更改時に対応するものとし，それまでは，設定変更による暫定対策をとるという対応計画について，脆弱性診断の10日後にCISOの承認を得た」とあります。よって，Aグループ基準を満たしています。

正解は，(二)，(三)，(四)の ク になります。

問 59

A社は従業員200名の通信販売業者である。一般消費者向けに生活雑貨，ギフト商品などの販売を手掛けている。取扱商品の一つである商品Zは，Z販売課が担当している。

〔Z販売課の業務〕

現在，Z販売課の要員は，商品Zについての受注管理業務及び問合せ対応業務を行っている。商品Zについての受注管理業務の手順を図1に示す。

> 商品Zの顧客からの注文は電子メールで届く。
> (1) 入力
> 販売担当者は，届いた注文（変更，キャンセルを含む）の内容を受注管理システム[1]（以下，Jシステムという）に入力し，販売責任者[2]に承認を依頼する。
> (2) 承認
> 販売責任者は，注文の内容とJシステムへの入力結果を突き合わせて確認し，問題がなければ承認する。問題があれば差し戻す。

注[1] A社情報システム部が運用している。利用者は，販売責任者，販売担当者などである。
注[2] Z販売課の課長1名だけである。

図1 受注管理業務の手順

〔Jシステムの操作権限〕

Z販売課では，Jシステムについて，次の利用方針を定めている。

［方針1］ ある利用者が入力した情報は，別の利用者が承認する。

［方針2］ 販売責任者は，Z販売課の全業務の情報を閲覧できる。

Ｊシステムでは，業務上必要な操作権限を利用者に与える機能が実装されている。

この度，商品Ｚの受注管理業務が受注増によって増えていることから，Ｂ社に一部を委託することにした（以下，商品Ｚの受注管理業務の入力作業を行うＢ社従業員を商品ＺのＢ社販売担当者といい，商品ＺのＢ社販売担当者の入力結果をチェックするＢ社従業員を商品ＺのＢ社販売責任者という）。

委託に当たって，Ｚ販売課は情報システム部にＪシステムに関する次の要求事項を伝えた。

［要求1］　Ｂ社が入力した場合は，Ａ社が承認する。

［要求2］　Ａ社の販売担当者が入力した場合は，現状どおりにＡ社の販売責任者が承認する。

上記を踏まえ，情報システム部は今後の各利用者に付与される操作権限を**表１**にまとめた。

表１　操作権限案

付与される操作権限 ＼ 利用者	Ｊシステム		
	閲覧	入力	承認
a	○		○
（省略）	○	○	
（省略）	○		
（省略）	○	○	

注記　○は，操作権限が付与されることを示す。

設問　表１中の a に入れる適切な字句を解答群の中から選べ。

解答群

ア　Ｚ販売課の販売責任者
イ　Ｚ販売課の販売担当者
ウ　Ｚ販売課の要員
エ　商品ＺのＢ社販売責任者
オ　商品ＺのＢ社販売担当者

解説

問59 外部委託の操作権限

解答 ア

現状のＺ販売課の業務は右図のようになっています。

この状況で，新たな委託を行う場合でも，［要求１］によると，Ｂ社が入力した場合はＡ社が承認するとなっているので，Ａ社の販売責任者が唯一の承認権限をもっています。正解は ア です。

□□□ **問60** A社は輸入食材を扱う商社である。ある日，経理課のB課長は，A社の海外子会社であるC社のDさんから不審な点がある電子メール（以下，メールという）を受信した。B課長は，A社の情報システム部に調査を依頼した。A社の情報システム部がC社の情報システム部と協力して調査した結果を**図1**に示す。

1 B 課長へのヒアリング並びに受信したメール及び添付されていた請求書からは，次が確認された。
[項番 1] D さんが早急な対応を求めたことは今まで 1 回もなかったが，メール本文では送金先の口座を早急に変更するよう求めていた。
[項番 2] 添付されていた請求書は，A 社が C 社に支払う予定で進めている請求書であり，C 社が 3 か月前から利用を開始したテンプレートを利用したものだった。
[項番 3] 添付されていた請求書は，振込先が，C 社が所在する国ではない国にある銀行の口座だった。
[項番 4] 添付されていた請求書が作成された PC のタイムゾーンは，C 社のタイムゾーンとは異なっていた。
[項番 5] メールの送信者（From）のメールアドレスには，C 社のドメイン名とは別の類似するドメイン名が利用されていた。
[項番 6] メールの返信先（Reply-To）は D さんのメールアドレスではなく，フリーメールのものであった。
[項番 7] メール本文では，B 課長と D さんとの間で 6 か月前から何度かやり取りしたメールの内容を引用していた。
2 不正ログインした者が，以降のメール不正閲覧の発覚を避けるために実施したと推察される設定変更が D さんのメールアカウントに確認された。

図1 調査の結果（抜粋）

設問 B課長に疑いをもたれないようにするためにメールの送信者が使った手口として考えられるものはどれか。図1に示す各項番のうち，該当するものだけを全て挙げた組合せを，解答群の中から選べ。

解答群

ア	[項番1]，[項番2]，[項番3]	イ	[項番1]，[項番2]，[項番6]
ウ	[項番1]，[項番4]，[項番6]	エ	[項番1]，[項番4]，[項番7]
オ	[項番2]，[項番3]，[項番6]	カ	[項番2]，[項番5]，[項番7]
キ	[項番3]，[項番4]，[項番5]	ク	[項番3]，[項番5]，[項番7]
ケ	[項番4]，[項番5]，[項番6]	コ	[項番5]，[項番6]，[項番7]

解説

問60 BEC

B課長が受け取ったと思われるメールは，**BEC**（Business Email Compromise：ビジネスメール詐欺）と考えられます。これは，フィッシング詐欺の一つで，取引先になりすまし，偽の電子メールを使用してユーザを信用させ，金銭をだまし取ったりする目的があります。

B課長から疑いをもたれないようにするために送信者（攻撃者）が行った行為かを順に確認します。

×**[項番 1]**「Dさんが早急な対応を求めたことは今まで 1 回もなかった…」と日ごろと異なる要求があったために，B課長は不審に気づくことになります。

○**[項番2]** 最新（3か月前）のテンプレートを使うことで，送信者がDさんと思わせることができる可能性が高いのでB課長から疑いをもたれないようにする手口の一つです。

×**[項番3]**「… 振込先が，C社が所在する国ではない国にある銀行の口座だった」点は，B課長は疑ってC社に確認する可能性があります。

×**[項番4]** 請求書が作成されたアプリケーションソフトウェアのプロパティを確認するとPCのタイムゾーンが確認できます。作成しているPCが位置する場所でのタイムゾーンの可能性が高いので，不審な請求書と気づきます。

○**[項番5]** メールの送信者（From）のドメイン名が類似する（一文字だけ異なっているなど）ものは，B課長がそこまで確認しないと考えて意図的にだまそうとしてメールアドレスを偽装しています。

×**[項番6]** メールの返信先（Reply-To）がDさんのメールアドレスではないならば，Dさんに返信しようとすると不審に気づきます。

○**[項番7]** メール本文は，B課長とDさんしか知らない何度かやり取りしたメールの内容を引用しているのは，B課長から不審に思われないようにしている行為です。

以上から，[項番2]，[項番5]，[項番7] が該当します。カ が正解です。

模擬試験問題 第1回

情報セキュリティマネジメント

※なお試験時間は科目A・科目B合わせて120分です。

※297ページに答案用紙がありますので，ご利用ください。
※「問題文中で共通に使用される表記ルール」については，294ページを参照してください。

模擬試験問題 第1回 科目A

□□□ **問1** X.509におけるCRL(Certificate Revocation List)についての説明のうち，適切なものはどれか。(H27春SC午前Ⅱ問6)

ア PKIの利用者は，認証局の公開鍵がブラウザに組み込まれていれば，CRLを参照しなくてもよい。

イ 認証局は，発行した全てのデジタル証明書の有効期限をCRLに登録する。

ウ 認証局は，発行したデジタル証明書のうち，失効したものは，失効後1年間CRLに登録するよう義務付けられている。

エ 認証局は，有効期限内のデジタル証明書をCRLに登録することがある。

□□□ **問2** JPCERTコーディネーションセンターの説明はどれか。(R3春AP午前問42)

ア 産業標準化法に基づいて経済産業省に設置されている審議会であり，産業標準化全般に関する調査・審議を行っている。

イ 電子政府推奨暗号の安全性を評価・監視し，暗号技術の適切な実装法・運用法を調査・検討するプロジェクトであり，総務省及び経済産業省が共同で運営する暗号技術検討会などで構成される。

ウ 特定の政府機関や企業から独立した組織であり，国内のコンピュータセキュリティインシデントに関する報告の受付，対応の支援，発生状況の把握，手口の分析，再発防止策の検討や助言を行っている。

エ 内閣官房に設置され，我が国をサイバー攻撃から防衛するための司令塔機能を担う組織である。

□□□ **問3** JVN(Japan Vulnerability Notes)などの脆弱(ぜい)性対策ポータルサイトで採用されているCVE(Common Vulnerabilities Exposures) 識別子の説明はどれか。(H27春SC午前Ⅱ問7)

ア コンピュータで必要なセキュリティ設定項目を識別するための識別子である。

イ 脆弱性が利用されて改ざんされたWebサイトのスクリーンショットを識別するための識別子である。

ウ 製品に含まれる脆弱性を識別するための識別子である。

エ セキュリティ製品を識別するための識別子である。

解説

問1 CRL

デジタル証明書は，デジタル署名による利用者認証に用いられます。このデジタル証明書は秘密鍵が漏えいしたり，利用者が規約違反行為を行って資格を失ったりするなどの理由によって，無効となることがあります。そこで，認証の際には「現在もそのデジタル証明書が有効か」を判定する必要があります。

CRL（Certificate Revocation List）とは，有効期限内に無効となった（失効した）デジタル証明書のシリアル番号をリスト化したものです。デジタル証明書とCRLとを付き合わせることで，証明書が有効かどうかを判定できます。公開鍵基盤（PKI）の規格であるITU-T X.509におけるCRLの運用では，利用者が規約違反行為を行ったことなどによって，認証局がデジタル証明書を有効期限内にCRLに登録することがあります（エ）。

× ア　PKIの利用者は，通信相手からデジタル証明書を受け取ったとき，必ずCRLを参照して，そのデジタル証明書が有効かどうかを確認しなければなりません。

× イ　CRLは，デジタル証明書の有効期限を登録するものではありません。有効期限は，デジタル証明書に記録されます。

× ウ　CRLで，失効したデジタル証明書の有効期限内は公開する必要があります。

問2 JPCERT/CC

JPCERTコーディネーションセンターは，インターネット経由で実行される各種のセキュリティインシデントの発生状況の把握，報告の受付，対応の支援，攻撃手法の分析，再発防止策の検討・助言などを行っている日本の組織です。ウが正解です。

× ア　JIS（Japanese Industrial Standards Committee）の説明です。

× イ　CRYPTREC（Cryptography Research and Evaluation Committees）の説明です。

○ ウ　正解です。

× エ　内閣サイバーセキュリティセンターの説明です。

問3 CVE識別子

CVE（Common Vulnerabilities and Exposures）識別子は，情報セキュリティ製品に存在する脆弱性に付与した一意の識別番号で，米国の非営利組織であるMITRE社が発行しています。CVE識別子を用いることで，複数の製品に同じ脆弱性が存在するときに，それを一意の識別番号で特定できるなど，情報セキュリティ製品の脆弱性管理の上でメリットがあります。

アはCCE（Common Configuration Enumeration）識別子の説明です。イ，エの記述はいずれもCVE識別子の説明とは異なるものです。ウが正解です。

模擬 第1回 科目A

解答

問1 エ	問2 ウ	問3 ウ

□
□
□
問4 情報漏えいに関するリスク対策のうち，リスク回避に該当するものはどれか。(H17秋SU午前問30)

ア 外部の者が侵入できないように，入退室をより厳重に管理する。
イ 情報資産を外部のデータセンタに預ける。
ウ 情報の重要性と対策費用を勘案し，あえて対策をとらない。
エ メーリングリストの安易な作成を禁止し，不要なものを廃止する。

□
□
□
問5 リスク分析の作業A～Eの適切な順序はどれか。(H17SU秋午前問31)

A：損失の発生頻度と強度の推定
B：損失の財務的影響度の評価
C：予測されるリスクの識別
D：リスク処理の優先順位の決定
E：リスク処理方法の費用対効果の分析

ア C→A→B→D→E
イ C→B→A→D→E
ウ D→A→B→C→E
エ D→C→A→B→E

解説

問4 リスク回避

JIS Q 27000:2019による，情報システム上の「リスク」などの定義をまとめます。

● **脅威**：システム又は組織に損害を与える可能性がある，望ましくないインシデントの潜在的な原因。
● **脆弱性**：一つ以上の脅威によって付け込まれる可能性のある，資産又は管理策の弱点。
● **リスク**：目的に対する不確かさの影響。

なお，リスク評価によってリスクの大きさを判断した上で決める各種の対策として，リスクコントロールやリスクファイナンスがあります。

● **リスクコントロール**
リスクが現実のものにならないようにするための，または現実化したリスクによってもたらされる被害を最小限にするための対策です。リスクコントロールには，**リスク回避**（リスクそのものをなくすこと），**リスク低減**（リスクの発生確率や被害額を低減させること）などがあります。

● **リスクファイナンス**
リスクが発生することは不可避であると仮定し，リスクによる損失に備えてリスク対策の費用を事前に計上したり，積立金などを設けて損失を補填したり，保険に加入したりすることで，リスクが現実化したときに生じる損失金額を少なくするための対策です。リスクファイナンスには，**リスク移転**（保険に加入するなどの手段で資金面での対策を行い，リスク発生時の損失を他者に肩代わりさせること）や**リスク保有**（積立金などによって，損失を自社で負担すること）があります。

解答群の中で，リスク回避に相当するのはエ（メーリングリストの安易な作成を禁止し，不要なデータを消去する）となります。メーリングリストを安易に作らないようにしたり，不要なメーリングリストを廃止したりすることなどによって，メーリングリストの利用者からデータが漏えいする危険性そのものが消失するため，リスクそのものをなくすことになります。

×ア 情報資産が保管されている重要な部屋などへの入退室をより厳重に管理することで，不正侵入などが行われる危険性が減るため，リスクの発生確率を減らすことになります。よって，リスク低減に相当します。

× イ　情報資産を外部のデータセンタに預託することで，当該情報資産の管理を外部に任せることができます。また，当該情報資産に関するリスクの発生時には外部のデータセンタに損害賠償を請求することなどによって，リスク発生時の損失を他者に肩代わりさせることができます。よって，リスク移転に相当します。

× ウ　発生確率が非常に低いリスクや，重要性が低い情報に関するリスク，または発生時の被害額が非常に少ない軽微なリスクに対して対策をとっても，対策費用の方が被害額よりも大きくなり，かえって損になることがあります。このような軽微なリスクに対しては，あえて対策をとらずに済ませることもあります。このように，情報の重要性，発生時の被害額及び対策費用などを勘案し，リスクへの対策をとらないことを，リスク受容といいます。

問5　リスク分析

リスク分析の作業の順序を示します。

(1) 予想されるリスクの識別

自社の情報システムなどにどのような脅威，脆弱性及びリスクが内在するかを予測し，リスクの特徴や性質などを識別します。

(2) 損失の発生頻度と強度の推定

(1) にて識別した各リスクによってもたらされる損失の発生頻度（発生確率）と，その強度（損失額）を推定します。

(3) 損失の財務的影響度の評価

各リスクの発生頻度に強度（損失額）を乗じた値を求めることなどにより，各リスクによってもたらされる損失の具体的予想額を計算し，財務的影響度（損失の具体的予想額の大きさ）を特定します。

(4) リスク処理の優先順位の決定

(3) にて特定した財務的影響度の大きい順に，リスク処理の優先順位を決定します。財務的影響度が大きいものほど，リスクによる損失が発生したときの被害が大きいため，より優先して処理すべきであるとわかります。

(5) リスク処理方法の費用対効果の分析

(4) にて決定した優先順位の順に，各リスクの処理方法の費用対効果を分析します。リスクによる年間予想被害額よりも，当該リスクが発生しないようにするための対策費用の方が高額になる場合には，リスクへの対策を行うとかえって損をしてしまうことがあります。したがって，各リスクを処理する方法の費用対効果を分析し，対策によって損をしないリスクを優先して処理すべきです。

以上から，ア の順序が適切です。

解答

問4 エ　　問5 ア

問6

総務省及び経済産業省が策定した“電子政府における調達のために参照すべき暗号のリスト(CRYPTREC暗号リスト)”を構成する暗号リストの説明のうち，適切なものはどれか。(H27春SC午前Ⅱ問8)

- ア 推奨候補暗号リストとは，CRYPTRECによって安全性及び実装性能が確認された暗号技術のうち，市場における利用実績が十分であるか今後の普及が見込まれると判断され，当該技術の利用を推奨するもののリストである。
- イ 推奨候補暗号リストとは，候補段階に格下げされ，互換性維持目的で利用する暗号技術のリストである。
- ウ 電子政府推奨暗号リストとは，CRYPTRECによって安全性及び実装性能が確認された暗号技術のうち，市場における利用実績が十分であるか今後の普及が見込まれると判断され，当該技術の利用を推奨するもののリストである。
- エ 電子政府推奨暗号リストとは，候補段階に格下げされ，互換性維持目的で利用する暗号技術のリストである。

問7

情報セキュリティポリシを，基本方針，対策基準及び実施手順の三つの文書で構成したとき，これらに関する説明のうち，適切なものはどれか。(H31春IP問85)

- ア 基本方針は，経営者が作成した対策基準や実施手順に従って，従業員が策定したものである。
- イ 基本方針は，情報セキュリティ事故が発生した場合に，経営者が取るべき行動を記述したマニュアルのようなものである。
- ウ 実施手順は，対策基準として決められたことを担当者が実施できるように，具体的な進め方などを記述したものである。
- エ 対策基準は，基本方針や実施手順に何を記述すべきかを定めて，関係者に周知しておくものである。

問8

情報システムのコンティンジェンシープランに関する記述のうち，適切なものはどれか。(H20秋SU午前問35)

- ア コンティンジェンシープランの目的は，リスクを回避するためのコントロールを設計することである。
- イ 障害の抑制・防止対策が適切に設定されているシステムは，コンティンジェンシープランの対象外である。
- ウ 障害復旧までの見込み時間の長さによって，幾つかの対応方法を盛り込んだコンティンジェンシープランを策定する。
- エ ソフトウェアのバグによるシステムの停止は，コンティンジェンシープランの対象外である。

解説

問6 CRYPTREC

CRYPTREC(Cryptography Research and Evaluation Committees)は，「電子政府推奨暗号の安全性を

評価・監視し，暗号技術の適切な実装法・運用法を調査・検討するプロジェクト」のことです。

CRYPTRECは，**電子政府推奨暗号リスト**というリストを公開しています。このリストには，公的な機関によって客観的に評価され，安全性や実装性に優れると判断された暗号方式（DSA，AESなど）やハッシュ関数（SHA-1など）が掲載されています。このリストに掲載されている暗号技術などは，CRYPTRECによって安全性や実装性能が確認されており，市場における利用実績が十分であるか今後の普及が見込まれると判断され，利用を推奨されているものです（ウ）。

×ア，イ　推奨候補暗号リストとは，CRYPTRECによって安全性や実装性能が確認されており，今後，電子政府推奨暗号リストに掲載される可能性のある暗号技術のリストです。

×エ　この記述は**運用監視暗号リスト**の説明です。

問7 情報セキュリティポリシ

情報セキュリティポリシとは，企業などの組織が，自社の情報セキュリティを維持するための方針，システムや体制などについて規定し，内外に公表する文書のことです。情報セキュリティ基本方針や情報セキュリティに関連する文書を詳細化の順に並べると，図のようになります。

名称	説明
基本方針	組織の情報セキュリティ対策についての根本的な考え方を，外部に公開するために重要な文書となる。この文書には，情報セキュリティを維持することについての組織の考え方や方針などが記載される。
対策基準	基本方針で示された情報セキュリティ対策を実現するために，組織が守るべき各種の行為や基準などを示したもの。
実施手順	対策基準で示された行為や基準などを，どのような方法や手順を用いて具体的に遵守・実行していくかを示したもの。

上記より，正解は，ウです。

×ア　基本方針は，情報セキュリティの基本的な考え方を経営者が策定したものです。

×イ　情報セキュリティ事故に備えるためには，BCP（Business Continuity Plan：事業継続計画）なども作成しておく必要があります。

×エ　対策基準は，組織が守るべき基準などを示したものです。

問8 コンティンジェンシープラン

コンティンジェンシープランとは，「緊急時対応計画」または「不測事態対応計画」のことで，障害や事故などの事態が発生することを想定し，その対策を事前に定めた計画案のことです。

大規模なシステムについてこのコンティンジェンシープランを立案する場合，全てのシステムについて障害時の対策を定めるのは困難です。よって，システムの重要度などを勘案し，重要なシステムには厳重な対策をとり，それ以外のシステムには対策をとらないか簡素な対策だけに限定して実行することで，計画の立案を容易にし，また障害対策のためのコストを削減します。さらに，障害復旧までの見込み時間の長さなどを考慮して，いくつかの対応方法をコンティンジェンシープランに盛り込んでおくと，軽微な障害から重大な障害にまでまとめて対応でき，便利になります（ウ）。

×ア　コンティンジェンシープランは，リスクを回避するためのコントロール設計を目的とはしません。

×イ　障害の抑制や防止対策が適切に設定されていても，地震などの大規模な災害建物によってシステム全体が被害を受ける場合など，どうしても防止できない障害が発生することもあります。よって，障害の抑制や防止対策が適切に設定されているシステムでも，コンティンジェンシープランを必要とする場合があります。

×エ　ソフトウェアのバグによるシステムの停止なども，コンティンジェンシープランの対象となります。

解答

問6 ウ　　問7 ウ　　問8 ウ

□□□ **問 9** JIS Q 27000における情報セキュリティリスクに関する定義のうち，適切なものはどれか。(H28春SC午前Ⅱ問11)

ア 脅威とは，一つ以上の要因によって悪用される可能性がある，資産又は管理策の弱点のことである。

イ 脆弱性とは，望ましくないインシデントを引き起こし，システム又は組織に損害を与える可能性がある潜在的な原因のことである。

ウ リスク対応とは，リスクの大きさが，受容可能か又は許容可能かを決定するために，リスク分析の結果をリスク基準と比較するプロセスのことである。

エ リスク特定とは，リスクを発見，認識及び記述するプロセスのことであり，リスク源，事象，それらの原因及び起こり得る結果の特定が含まれる。

□□□ **問 10** スパムメールの対策として，宛先ポート番号25番の通信に対してISPが実施するOP25Bの説明はどれか。(H26春SC午前Ⅱ問4)

ア ISP管理外のネットワークからの通信のうち，スパムメールのシグネチャに該当するものを遮断する。

イ 動的IPアドレスを割り当てたネットワークからISP管理外のネットワークへの直接の通信を遮断する。

ウ メール送信元のメールサーバについてDNSの逆引きができない場合，そのメールサーバからの通信を遮断する。

エ メール不正中継の脆弱性をもつメールサーバからの通信を遮断する。

□□□ **問 11** PCに内蔵されるセキュリティチップ(TPM：Trusted Platform Module)がもつ機能はどれか。(H26春SC午前Ⅱ問5)

ア TPM間での共通鍵の交換

イ 鍵ペアの生成

ウ デジタル証明書の発行

エ ネットワーク経由の乱数送信

解説

問9 JIS Q 27000

JIS Q 27000(情報技術－セキュリティ技術－情報セキュリティマネジメントシステム－用語)は，情報セキュリティマネジメントシステムに関する用語を定義したJIS規格です。この規格は，解答群の各用語を次のとおり定義しています。

脅威	システム又は組織に損害を与える可能性がある，望ましくないインシデントの潜在的な原因。
脆弱性	一つ以上の脅威によって付け込まれる可能性のある，資産または管理策の弱点。
リスク対応	リスクを修正するプロセス。
リスク特定	リスクを発見，認識及び記述するプロセス。

エ の定義が正解です。なお，JIS Q 27000では，「リスク特定には，リスク源，事象，それらの原因及び起こり

得る結果の特定が含まれる」としています。

問10 OP25B

OP25B（Outbound Port 25 Blocking）とは内部のコンピュータから，ISP（インターネットサービスプロバイダ）のメールサーバを経由せず，外部のネットワークに直接送信されようとしたメールを遮断する技術のことです。メール送信の際の宛先ポート番号が25番（SMTP）となることから，この技術では宛先ポート番号が25番のIPパケットを遮断（ブロック）しています。

よって，そのようなメールを遮断することで，スパムメールの送信を防止できる効果があります（イ）。

× ア　スパムメールのシグネチャに該当するメールを遮断することは，スパムメールを受信しないようにするために有効な対策です。しかし，この記述はOP25Bとは異なるものです。

× ウ　DNSの逆引きができないメール送信元のメールサーバは，正当なものではなく，スパム送信用に作成された架空のメールサーバである可能性が高いため，このようなメールサーバからのメールを遮断することは，スパムメールを受信しないようにするために有効な対策です。しかし，この記述はOP25Bとは異なるものです。

× エ　メール不正中継の脆弱性をもつメールサーバは，スパムメールの送信元として悪用されている可能性が高いため，このようなメールサーバからのメールを遮断することは，スパムメールを受信しないようにするために有効な対策です。しかし，この記述はOP25Bとは異なるものです。

問11 TPM

TPMとは，コンピュータのマザーボードに埋め込まれている鍵ペア（公開鍵及び秘密鍵）の生成，公開鍵暗号方式による暗号化や復号，共通鍵作成のために必要な乱数の生成，プラットフォームの完全性の検証などを行うことができる，セキュリティチップのことです。「プラットフォーム」とは，コンピュータを構成するOSやハードウェアなどをまとめたものです。

TPMを用いることで，RSA暗号方式を利用した公開鍵・秘密鍵のペアの生成や，ハッシュ関数を利用したハッシュ値の計算，及び共通鍵を作るために用いる乱数の生成などが，ソフトウェアなどを導入しなくても可能になります。

以上から，イ が正解です。TPM間の共通鍵の交換，デジタル証明書の発行，ネットワーク経由の乱数送信は，TPMの機能ではありません。

解答		
問9 エ	問10 イ	問11 イ

□□□ **問12** ファイアウォールにおけるダイナミックパケットフィルタリングの特徴はどれか。(H26春SC午前Ⅱ問6)

ア IPアドレスの変換が行われるので，ファイアウォール内部のネットワーク構成を外部から隠蔽できる。

イ 暗号化されたパケットのデータ部を復号して，許可された通信かどうかを判断できる。

ウ パケットのデータ部をチェックして，アプリケーション層での不正なアクセスを防止できる。

エ 戻りのパケットに関しては，過去に通過したリクエストパケットに対応付けられるものだけを通過させることができる。

□□□ **問13** ポリモーフィック型マルウェアの説明として，適切なものはどれか。(H30春AP午前問39)

ア インターネットを介して，攻撃者がPCを遠隔操作する。

イ 感染ごとにマルウェアのコードを異なる鍵で暗号化することによって，同一のパターンでは検知されないようにする。

ウ 複数のOS上で利用できるプログラム言語でマルウェアを作成することによって，複数のOS上でマルウェアが動作する。

エ ルートキットを利用して，マルウェアに感染していないように見せかけることによって，マルウェアを隠蔽する。

□□□ **問14** 自ネットワークのホストへの侵入を，ファイアウォールにおいて防止する対策のうち，IPスプーフィング（spoofing）攻撃の対策について述べたものはどれか。(H26春SC午前Ⅱ問9)

ア 外部から入るTCPコネクション確立要求パケットのうち，外部へのインターネットサービスの提供に必要なもの以外を破棄する。

イ 外部から入るUDPパケットのうち，外部へのインターネットサービスの提供や利用したいインターネットサービスに必要なもの以外を破棄する。

ウ 外部から入るパケットの宛先IPアドレスが，インターネットとの直接通信をすべきでない自ネットワークのホストのものであれば，そのパケットを破棄する。

エ 外部から入るパケットの送信元IPアドレスが自ネットワークのものであれば，そのパケットを破棄する。

解説

問12 ダイナミックパケットフィルタリング

ダイナミックパケットフィルタリングとは，次の方法で行います。

①社内のPCを送信元，Webサーバ Aを宛先とし，送信元ポート番号を任意の値，宛先ポート番号を特定の

送信元IPアドレス	宛先IPアドレス	送信元ポート番号	宛先ポート番号
社内のPC	Webサーバ A	任意	80

※許可するパケットの設定，Webサーバ AはHTTP（ポート番号80）サービスを提供している

サービスのポート番号とする，サーバ上のサービスの利用を依頼するリクエストパケットだけをフィルタリングテーブルに掲載し，通過を許可する。

②①のリクエストパケットに対応する。

2行目のレスポンスパケットを常に許可すると，社内のPCを宛先とし，送信元IPアドレスをWebサーバAのIPアドレスに偽装している，送信元ポート番号を80，宛先ポート番号を任意とした攻撃用のパケットが通過できてしまう。

送信元IPアドレス	宛先IPアドレス	送信元ポート番号	宛先ポート番号
社内のPC	WebサーバA	任意	80
WebサーバA	社内のPC	80	任意

③レスポンスパケットをフィルタリングテーブルに掲載しないようにしておき，リクエストパケットがファイアウォールを通過したとき，それに対応する適切なポート番号をもつレスポンスパケットだけ，一時的に通過を許可する。

例えば，社内のPCからWebサーバAに対して，送信元ポート番号を2000，宛先ポート番号を80とするリクエストパケットが送信されてファイアウォールで通過を許可したとき，右のような行を一定時間だけフィルタリングテーブルに掲載し，WebサーバAから返ってくる正当なレスポンスパケットだけ通過を許可する。

送信元IPアドレス	宛先IPアドレス	送信元ポート番号	宛先ポート番号
社内のPC	WebサーバA	任意	80
WebサーバA	社内のPC	80	2000

（網掛け部分＝一定時間だけフィルタリングテーブルに掲載する行）

以上から，エが正解です。

×ア　NATもしくは，NAPTの説明です。

×イ　ダイナミックパケットフィルタリングには復号機能はありません。

×ウ　WAFの説明です。

問13 ポリモーフィック型マルウェア

ポリモーフィック型マルウェアとは，感染するごとにランダムに変化させた暗号化鍵を用いて，ウイルスのコードを暗号化することで自身の内容を常に変化させて，同一のパターンで検知されないようにするものです。イが正解です。

アはボット，ウはマルチプラットフォーム型マルウェア，エはステルス型マルウェアの説明です。

問14 IPスプーフィング

IPスプーフィングとは，送信元IPアドレスを偽装したIPパケットを標的のネットワークに送付し，誤動作を起こさせたり不正侵入を試みたりする行為のことです。

一般に，組織内LANとインターネットとの間に設置するファイアウォールなどには，外部のIPアドレスを送信元とする不正なIPパケットを内部に侵入させないようにする設定が施されています。しかし，組織内のIPアドレスが送信元になっているIPパケットについては，組織内からの信頼できるパケットであるとみなし，ファイアウォールが無条件で転送してしまうことがあります。この点に付け込み，組織内のIPアドレスが送信元になっているIPパケットに偽造して不正なパケットを侵入させます。

IPスプーフィングを防止するためには，エのように，外部から入るパケットの送信元IPアドレスが自ネットワークのものであれば，そのパケットを阻止するという処置が適切です。

ア，イ，ウの各措置は，不要なサービスを排除したり，内部ホストに送りつけられるパケットを排除したりするなど，いずれも情報セキュリティ上適切な措置です。しかし，IPスプーフィングを防ぐことはできません。

解答

問12 エ　　問13 イ　　問14 エ

□□□ **問 15** マルウェアの検出手法であるビヘイビア法を説明したものはどれか。(R3春SC午前Ⅱ問13)

ア　あらかじめ特徴的なコードをパターンとして登録したマルウェア定義ファイルを用いてマルウェア検査対象と比較し，同じパターンがあればマルウェアとして検出する。

イ　マルウェアに感染していないことを保証する情報をあらかじめ検査対象に付加しておき，検査時に不整合があればマルウェアとして検出する。

ウ　マルウェアの感染が疑わしい検査対象のハッシュ値と，安全な場所に保管されている原本のハッシュ値を比較し，マルウェアを検出する。

エ　マルウェアの感染や発病によって生じるデータの読込みの動作，書込みの動作，通信などを監視して，マルウェアを検出する。

□□□ **問 16** DNSキャッシュサーバに対して外部から行われるキャッシュポイズニング攻撃への対策のうち，適切なものはどれか。(H26秋SC午前Ⅱ問9)

ア　外部ネットワークからの再帰的な問合せに応答できるように，コンテンツサーバにキャッシュサーバを兼ねさせる。

イ　再帰的な問合せに対しては，内部ネットワークからのものだけに応答するように設定する。

ウ　再帰的な問合せを行う際の送信元のポート番号を固定する。

エ　再帰的な問合せを行う際のトランザクションIDを固定する。

解説

問15 ビヘイビア法

ウイルスなどのマルウェアの検出には，以下に示す方法が主に用いられます。

コンペア法（解答群の ウ に相当）：マルウェア感染が疑わしい検査対象と，安全な場所に確保してあるその対象の原本を比較し，その内容が異なっていればマルウェアの感染を検出する方法です。マルウェア感染によって，ファイルの内容が書き換えられて元のファイルと異なる内容になることを利用した方法です。

パターンマッチング法（解答群の ア に相当）：パターンファイル（マルウェアに固有の特徴的なコードをあらかじめ登録しておいた，マルウェア定義ファイル）を用いて，検査対象のファイルを検索し，ファイル中に同じパターンがあれば感染を検出する方法です。

チェックサム法／インテグリティチェック法（解答群の イ に相当）：検査対象に対して「マルウェアではないこと」を保証する情報（チェックサムやデジタル署名）を事前に付加しておき，その情報の内容が変更されているなどの理由で，検査時にマルウェアでないことの保証が得られない場合，マルウェアとして検出する方法です。

ビヘイビア法（解答群の エ に相当）：マルウェアの実際の感染や発病の際に発生する動作を監視し，検出する方法です。多くのマルウェアは，感染または発病時にシステムファイルなどに不正な書込みを行ったり，コンピュータ内の情報を外部に不正に送信したりするような動作を行います。そのため，マルウェアに感染したコンピュータは，普段は使用しないポートを用いた通信を行ったり，多量のパケットを外部に送出したりするような異常な動作を実行します。このような動作を検知して感染を検出するのが，ビヘイビア法の特徴です。

問16 キャッシュポイズニング

DNSキャッシュポイズニングとは，DNSサーバに誤ったドメイン管理情報を送り込み，そのDNSサーバを参照してきたPCの利用者を，本来のWebサーバとは異なるWebサーバに誘導する攻撃手法のことです。

DNSキャッシュポイズニングによって，企業の社内の利用者（以下，利用者という）が，次のような被害に遭う危険性があります。なお，以下のドメイン名やIPアドレスは例です。

①インターネット上の攻撃者が使用しているブラウザが，自社のDNSキャッシュサーバ（外部のドメインの情報を一定時間保存するDNSサーバ）に，"www.x-sya.co.jp" というFQDNをもつインターネット上のWebサーバのIPアドレスを問い合わせる。

②自社のDNSキャッシュサーバは，当該WebサーバのFQDNやIPアドレスを管理する外部のDNSサーバに，当該WebサーバのIPアドレスを問い合わせる。

③外部のDNSサーバは，②の問合せに対して，自社のDNSキャッシュサーバに「"www.x-sya.co.jp" のIPアドレス＝123.100.100.x」という応答を返す。しかし，このときにインターネット上の攻撃者が，この応答に見せかけた偽の情報（「"www.x-sya.co.jp" のIPアドレス＝222.1.1.y」）を，自社のDNSキャッシュサーバに返してきた場合，自社のDNSキャッシュサーバは偽の情報を正当な応答として受信してしまう。その結果，自社のDNSキャッシュサーバに偽の情報がキャッシュされてしまう。

④自社のDNSキャッシュサーバは，利用者が使用しているブラウザに偽の情報を答えてしまう。その結果，利用者は本来と異なるWebサーバに誘導されてしまう。

この攻撃では，攻撃者は①によって自社のDNSキャッシュサーバに再帰的な問合せ（DNSキャッシュサーバが所属するドメインとは異なるドメインの情報を問い合わせること）をして，"www.x-sya.co.jp" のドメインのDNSサーバに問合せを行わせています。この問合せの応答に見せかけた偽の情報を，攻撃者が自社のDNSキャッシュサーバに与えることで，偽の情報が取り込まれます。

DNSキャッシュポイズニング攻撃の対策は，再帰的な問合せに対しては，内部ネットワークからのものだけに応答し，外部からのものには応答しないことで，偽の情報を外部から送り込まれないようにすることが適切です（イ）。

解答

問15 エ	問16 イ

問17 WAF(Web Application Firewall)のブラックリスト又はホワイトリストの説明のうち，適切なものはどれか。(H26春SC午前Ⅱ問16)

ア　ブラックリストは，脆弱性があるサイトのIPアドレスを登録したものであり，該当する通信を遮断する。

イ　ブラックリストは，問題がある通信データパターンを定義したものであり，該当する通信を遮断するか又は無害化する。

ウ　ホワイトリストは，暗号化された受信データをどのように復号するかを定義したものであり，復号鍵が登録されていないデータを遮断する。

エ　ホワイトリストは，脆弱性がないサイトのFQDNを登録したものであり，登録がないサイトへの通信を遮断する。

問18 NTPを使った増幅型のDDoS攻撃に対して，NTPサーバが踏み台にされることを防止する対策として，適切なものはどれか。(H27春SC午前Ⅱ問10)

ア　NTPサーバの設定変更によって，NTPサーバの状態確認機能(monlist)を無効にする。

イ　NTPサーバの設定変更によって，自ネットワーク外のNTPサーバへの時刻問合せができないようにする。

ウ　ファイアウォールの設定変更によって，NTPサーバが存在する自ネットワークのブロードキャストアドレス宛てのパケットを拒否する。

エ　ファイアウォールの設定変更によって，自ネットワーク外からの，NTP以外のUDPサービスへのアクセスを拒否する。

問19 暗号化や認証機能をもち，遠隔にあるコンピュータを操作する機能をもったものはどれか。(H26秋SC午前Ⅱ問11)

ア　IPsec　　イ　L2TP　　ウ　RADIUS　　エ　SSH

解説

問17 WAF

WAF(Web Application Firewall)とは，Webサーバとブラウザの間でやり取りされるデータの内容を監視し，Webアプリケーションプログラムの脆弱性を突く，XSS(クロスサイトスクリプティング)やSQLインジェクションなどの攻撃を遮断したり無害化したりします(イ)。なお，攻撃用パケットに含まれる攻撃用のスクリプトコードなどの部分を削除して安全にすることを，無害化といいます。

WAFのブラックリストとは，攻撃用のスクリプトコードなどの問題のある通信データパターンを定義したものです。送信されてきたIPパケットがブラックリストに該当する場合，WAFはそのIPパケットを遮断するか，無害化します。

×ア　WAFのブラックリストには，脆弱性のあるサイトのIPアドレスは登録されていません。

×ウ，エ　WAFのホワイトリストとは，問題のない正常な通信データパターンを定義したものです。脆弱性のないサイトのFQDNや，問題のある送信データをどのように無害化するかについては定義されていません。

問18 NTPを使ったDDoS攻撃

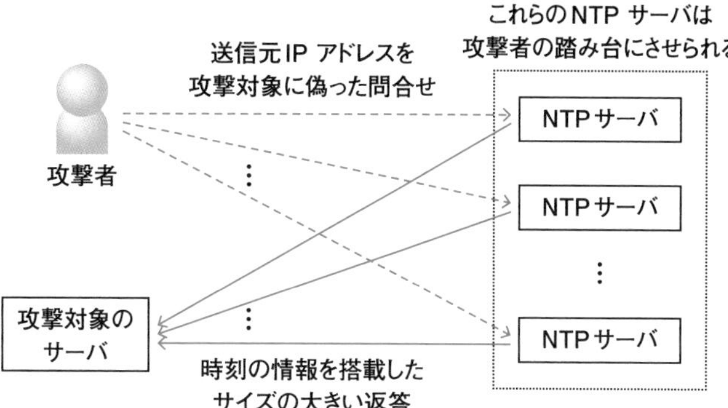

NTPを使った増幅型のDDoS攻撃では，攻撃者は送信元IPアドレスを攻撃対象のサーバに偽った，monlistという機能の問合せパケットを，多数のNTPサーバに送信します。この機能はNTPサーバの状態を確認するためのもので，現在までにNTPサーバにアクセスしてきたIPアドレスの一覧（最大600件）を返答します。

monlistの問合せパケットを受信したNTPサーバは，応答パケットを攻撃対象のサーバに返信します。問合せパケットに比べて応答パケットのサイズは非常に大きく，また多数のNTPサーバから一斉に応答パケットが送られてくるので，攻撃対象のサーバのネットワーク負荷が膨大になります。

NTPサーバのmonlistを無効にし，攻撃者からのmonlistの問合せパケットを無視することで，NTPサーバが踏み台にされることを防止できます（ア）。

× イ　NTPサーバの設定を変更して，自ネットワーク外のNTPサーバへの時刻問合せができないようにしても，NTPサーバ自身がmonlistを有効にしていれば，NTPを使った増幅型のDDoS攻撃の踏み台にされます。

× ウ　monlistの問合せパケットは，ブロードキャストではなくユニキャストで送られてくるので，このような拒否をしても攻撃者からのmonlistの問合せパケットがNTPサーバに届いてしまいます。

× エ　monlistはNTPの機能なので，NTP以外のUDPサービスへのアクセスを拒否しても，攻撃者からのmonlistの問合せを遮断することはできません。

問19 SSH

リモートログイン（遠隔にあるコンピュータの操作）やリモートファイルコピーなどを，通信経路上のデータを暗号化した上で行えるツール及びプロトコルが，SSH（Secure Shell）です（エ）。SSHには利用者認証機能もあります。

リモートログインを行うツール及びプロトコルとしてTelnetが古くから使用されていますが，Telnetは通信経路上のデータが暗号化されないため，パスワードなどが平文のままで送信されてしまう危険性があります。そのため，SSHが用いられます。

× ア　IPsecとは，インターネット上において，専用線と同様にセキュリティの確保された通信を行うための暗号化・認証プロトコルのことです。

× イ　L2TP（Layer 2 Tunneling Protocol）とは，公衆回線網上に仮想的にトンネルを生成してPPP接続を確立することで，VPNを構築する通信プロトコルのことです。

× ウ　RADIUS（Remote Authentication Dial In User Service）とは，ネットワーク上のサーバなどに対する利用者からのアクセスの認証と，利用者がサーバなどを利用した事実の記録（アカウンティング）を，ネットワーク上の認証サーバで一元管理することを目的としたプロトコルのことです。

解答

問17 イ	問18 ア	問19 エ

問20 スパムメールへの対策であるDKIM(DomainKeys Identified Mail)の説明はどれか。(H26秋SC午前Ⅱ問15)

ア 送信側メールサーバでデジタル署名を電子メールのヘッダに付加して,受信側メールサーバで検証する。

イ 送信側メールサーバで利用者が認証されたとき,電子メールの送信が許可される。

ウ 電子メールのヘッダや配送経路の情報から得られる送信元情報を用いて,メール送信元のIPアドレスを検証する。

エ ネットワーク機器で,内部ネットワークから外部のメールサーバのTCPポート番号25への直接の通信を禁止する。

問21 DoS攻撃の一つであるSmurf攻撃の特徴はどれか。(H26秋SC午前Ⅱ問12)

ア ICMPの応答パケットを大量に送り付ける。

イ TCP接続要求であるSYNパケットを大量に送り付ける。

ウ サイズが大きいUDPパケットを大量に送り付ける。

エ サイズが大きい電子メールや大量の電子メールを送り付ける。

問22 IPsecに関する記述のうち,適切なものはどれか。(H27春SC午前Ⅱ問9)

ア IKEはIPsecの鍵交換のためのプロトコルであり,ポート番号80が使用される。

イ 暗号化アルゴリズムとして,HMAC-SHA1が使用される。

ウ トンネルモードを使用すると,エンドツーエンドの通信で用いるIPのヘッダまで含めて暗号化される。

エ ホストAとホストBとの間でIPsecによる通信を行う場合,認証や暗号化アルゴリズムを両者で決めるためにESPヘッダではなくAHヘッダを使用する。

解説

問20 DKIM

DKIM(DomainKeys Identified Mail)は,公開鍵暗号方式を応用して,電子メールの送信者認証及び改ざんの検出を可能とする技術のことです。

DKIMを利用してメールを送信するときは,送信側メールサーバは電子メールの内容のハッシュ値を求め,それを自ドメインの秘密鍵で暗号化してデジタル署名を作成します。送信側メールサーバは,作成したデジタル署名を電子メールのヘッダに付与して,受信側メールサーバに送信します。

受信側メールサーバは,DNSを検索して,送信側メールサーバが所属するドメインの公開鍵を入手し,それを用いてデジタル署名を復号することで,正当なメールサーバから電子メールが送信されてきたかどうかを検証します。

ここで,あるドメインのメールアドレスを偽って,不正な利用者がスパムメールを送信しようとしても当該ドメインの秘密鍵を利用できません。よって,当該スパムメールにはDKIMの正当なデジタル署名を作成して付与することができないため,送信されてきた電子メールのデジタル署名の正当性を検証することで,その電子メールが正当なメールかスパムメールかを区別できます。

以上から，ア が正解です。

× イ　送信メールサーバで利用者が認証されたときに電子メールの送信を許可するのは，SMTP-AUTHというプロトコルの説明です。

× ウ　電子メールのヘッダなどから得られる送信元情報を用いて，送信元メールサーバのIPアドレスを検証することで，その電子メールが正当なメールサーバから送信されたかどうかを確認できます。ただし，この記述はDKIMの説明とは異なるものです。

× エ　OP25B（Outbound Port 25 Blocking）の説明です。OP25Bでは，内部ネットワークのコンピュータから，外部のメールサーバのTCPポート番号25番への直接の通信を遮断します。

問21 Smurf攻撃

Smurf攻撃とは，ICMPの応答パケットを大量に発生させる方法で，攻撃対象の機器の通信負荷を大きくさせてサービスの停止などを狙う攻撃手法のことです。

Smurf攻撃では，攻撃対象の機器のIPアドレスを送信元IPアドレスとして偽装したICMPの要求パケットを，その機器が所属するネットワークの全てのコンピュータ宛に，ブロードキャストで送信します。ICMP要求を受信した各コンピュータは，ICMPの応答パケットを攻撃対象の機器に一斉に返送するので，攻撃対象の機器の通信負荷が大きくなってしまいます。ア が正解です。

× イ　SYN FLOOD攻撃の説明です。

× ウ　UDP FLOOD攻撃の説明です。

× エ　メール爆弾攻撃の説明です。

問22 IPsec

インターネットなどの開かれたネットワーク上において，専用線と同様にセキュリティの確保された通信を行うための暗号化・認証プロトコルとして，IPsecがあります。IPsecには，データの暗号化を定義するモード（方法）として，トンネルモードとトランスポートモードがあります。

トンネルモードは，IPヘッダも含めたIPパケット全体を暗号化し，新たなIPヘッダを付加して受信側に送付する方法です。元の送信元・宛先IPアドレス自体を隠蔽できるため，安全性が高くなっています。しかし，もともとの送信元や宛先のIPアドレスは，暗号化によって経路上のルータなどからは読み取れなくなるため，発信ホストと受信ホストの間で暗号化したIPパケットを直接送受信することはできません。

トランスポートモードは，IPパケットのデータ部のみを暗号化して送信する方法です。このモードでは，IPパケットのヘッダ部は暗号化されないため，もともとの発信側システムや受信側システムのIPアドレスをそのまま利用して通信を実行できます。そのため，発信ホストと受信ホストの間の全経路でデータが暗号化されます。

以上から，トンネルモードを使用すると，元のIPヘッダまで暗号化されるため，ウ の記述が適切です。

× ア　IKE（Internet Key Exchange）とは，IPsecにおいて使用される共通鍵を，インターネット上で安全に交換するためのプロトコルです。IKEのポート番号は，500番となります。

× イ　HMAC-SHA1は，ハッシュ化を行うためのプロトコルであり，デジタル署名のために用いられます。鍵交換プロトコルには，IKEが用いられます。

× エ　認証や暗号化アルゴリズムを，IPsecを用いて通信を行う両者間で決めるために，ESP（Encapsulating Security Payload）プロトコルが用いられます。AH（Authentication Header）は，認証と完全性確認のみを行うプロトコルです。

解答

問20 ア	問21 ア	問22 ウ

問23 サイドチャネル攻撃を説明したものはどれか。(H26秋SC午前Ⅱ問13)

ア 暗号化装置における暗号化処理時の消費電力などの測定や統計処理によって，当該装置内部の機密情報を推定する攻撃

イ 攻撃者が任意に選択した平文とその平文に対応した暗号文から数学的手法を用いて暗号鍵を推測し，同じ暗号鍵を用いて作成された暗号文を解読する攻撃

ウ 操作中の人の横から，入力操作の内容を観察することによって，IDとパスワードを盗み取る攻撃

エ 無線LANのアクセスポイントを不正に設置し，チャネル間の干渉を発生させることによって，通信を妨害する攻撃

問24 デジタル証明書に関する記述のうち，適切なものはどれか。(R5春SC午前Ⅱ問6)

ア S/MMEやTLSで利用するデジタル証明書の規格は，ITU-T X.400で規定されている。

イ TLSプロトコルにおいて，デジタル証明書は，通信データの暗号化のための鍵交換や通信相手の認証に利用される。

ウ 認証局が発行するデジタル証明書は，申請者の秘密鍵に対して認証局がデジタル署名したものである。

エ ルート認証局は，下位の認証局の公開鍵にルート認証局の公開鍵でデジタル署名したデジタル証明書を発行する。

問25 リスクベース認証の特徴はどれか。(H31春AP午前問37)

ア いかなる環境からの認証の要求においても認証方法を変更せずに，同一の手順によって普段どおりにシステムが利用できる。

イ ハードウェアトークンとパスワードを併用させるなど，認証要求元の環境によらず常に二つの認証方式を併用することによって，安全性を高める。

ウ 普段と異なる環境からのアクセスと判断した場合，追加の本人認証をすることによって，不正アクセスに対抗し安全性を高める。

エ 利用者が認証情報を忘れ，かつ，Webブラウザに保存しているパスワード情報も利用できない場合でも，救済することによって，利用者は普段どおりにシステムを利用できる。

問26 暗号方式に関する記述のうち，適切なものはどれか。(H29秋AP午前問41)

ア AESは公開鍵暗号方式，RSAは共通鍵暗号方式の一種である。

イ 共通鍵暗号方式では，暗号化及び復号に同一の鍵を使用する。

ウ 公開鍵暗号方式を通信内容の秘匿に使用する場合は，暗号化に使用する鍵を秘密にして，復号に使用する鍵を公開する。

エ デジタル署名に公開鍵暗号方式が使用されることはなく，共通鍵暗号方式が使用される。

解説

問23 サイドチャネル攻撃

サイドチャネル攻撃とは，暗号化装置のソフトウェアやハードウェアを様々な方法で観察し，処理時間や消費電力などの物理量を得て，暗号化の挙動や方法を解析することで機密情報を得ようとする攻撃のことです。ア が正解です。

×イ 選択平文攻撃の説明です。

×ウ **ショルダーハッキング**の説明です。

×エ 不正に設定されたアクセスポイントの電波による妨害の説明です。

問24 デジタル証明書

×ア デジタル証明書の規格は，ITU X.509で規定されています。

○イ 正解です。

×ウ デジタル証明書は，申請者の公開鍵に認証局がデジタル署名を行ったものです。

×エ ルート証明局は，下位層の認証局の公開鍵の正当性を証明するため，下位層の認証局の公開鍵に，ルート証明局の秘密鍵でデジタル署名を行ったデジタル証明書を発行します。

問25 リスクベース認証

インターネットバンキングなどで，普段は利用しない場所からアクセスしてきた場合，なりすましの可能性があります。しかし，本人がアクセスしている場合もあるので，このようなアクセスを全て遮断することはできません。そこで，なりすましの可能性があるアクセスの発生時に，追加の認証を求めることを，**リスクベース認証**といいます。

口座の開設時にパスワードとは別の秘密の質問を設定しておき，普段と異なる環境からのアクセスに対しては，パスワードだけでなく秘密の質問の入力も求めることで，利便性を保ちながら不正アクセスに対抗できるようにしています。ウ が正解です。

×ア RADIUS認証の説明です。

×イ 二要素認証の説明です。

×エ パスワードリマインドの説明です。

問26 暗号方式

共通鍵暗号方式は，暗号化と復号に同一の鍵を使用します。この暗号方式で通信の秘匿性を守るためには，通信相手ごとに異なった鍵を用意しなければならないため，管理が困難になります。以上から，イ が正解です。

×ア AESは共通鍵暗号方式，RSAは公開鍵暗号方式なので誤りです。

×ウ 公開鍵暗号方式は，データの暗号化に必要な鍵と復号に必要な鍵を共通にするのではなく，異なる2つの鍵（公開鍵と秘密鍵）を用いるのが特徴です。

×エ デジタル署名に用いる鍵は公開鍵暗号方式の秘密鍵なので，誤りです。

解答

問23 ア	問24 イ	問25 ウ	問26 イ

□□□ 問27 サンドボックスの仕組みについて述べたものはどれか。(H26秋SC午前Ⅱ問17)

ア Webアプリケーションの脆弱性を悪用する攻撃に含まれる可能性が高い文字列を定義し，攻撃であると判定した場合には，その通信を遮断する。

イ 侵入者をおびき寄せるために本物そっくりのシステムを設置し，侵入者の挙動などを監視する。

ウ プログラムの影響がシステム全体に及ばないように，プログラムが実行できる機能やアクセスできるリソースを制限して動作させる。

エ プログラムのソースコードでSQL文の雛形の中に変数の場所を示す記号を置いた後，実際の値を割り当てる。

□□□ 問28 認証にクライアント証明書を用いるプロトコルはどれか。(H26秋SC午前Ⅱ問16)

ア EAP-MD5　イ EAP-PEAP　ウ EAP-TLS　エ EAP-TTLS

□□□ 問29 ディレクトリトラバーサル攻撃はどれか。(H30春AP午前問38)

ア OSコマンドを受け付けるアプリケーションに対して，攻撃者が，ディレクトリを作成するOSコマンドの文字列を入力して実行させる。

イ SQL文のリテラル部分の生成処理に問題があるアプリケーションに対して，攻撃者が，任意のSQL文を渡して実行させる。

ウ シングルサインオンを提供するディレクトリサービスに対して，攻撃者が，不正に入手した認証情報を用いてログインし，複数のアプリケーションを不正使用する。

エ 入力文字列からアクセスするファイル名を組み立てるアプリケーションに対して，攻撃者が，上位のディレクトリを意味する文字列を入力して，非公開のファイルにアクセスする。

解説

問27 サンドボックス

サンドボックスとは，情報セキュリティ対策技術の一つで，プログラムが実行できる機能やアクセスできるリソース（ファイルやハードウェアなど）を制限して，プログラムを動作させることです。プログラムのバグや不正な命令を組み込んだプログラムの実行などによって，システムファイルが破壊されるなどの被害を防ぐために有効です。

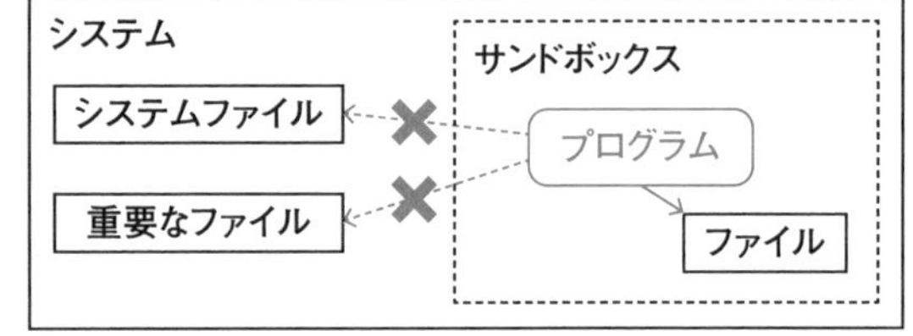

プログラムはサンドボックスの中のもの以外アクセスできない

サンドボックスの中で，限定された機能だけをプログラムに実行させ，参照または更新できるファイルも限定し，システムファイルなどを破壊できないようにすることで，プログラムの影響がシステム全体に及ぶことを防げます（ウ）。

×ア WAF（Web Application Firewall）の機能の説明です。

×イ ハニーポットの説明です。

×エ バインド機構の説明です。

問28 クライアント認証

IEEE 802.1xは，無線LANの端末を認証するためのプロトコルです。このプロトコルでは，アクセスポイントなどの機器（認証装置またはオーセンティケータという）を経由して，無線LANの端末（クライアント）にインストールされたクライアントプログラム（サプリカント）と認証サーバとの間で認証情報がやり取りされます。

認証を行うための利用者情報などは，認証サーバにおいて管理されます。認証に用いられるプロトコルには，EAP-TLSなどがあります。

● EAP-TLS（EAP-Transport layer security）
  認証サーバとサプリカントが相互に相手を認証します。認証サーバは，サーバ証明書をサプリカントに送信して認証を受けます。サプリカントも認証サーバと同様に，認証局のデジタル署名を受けたデジタル証明書（クライアント証明書）を認証サーバに送信して認証を受けます。

● EAP-MD5
  サプリカントだけ認証を受けます。サプリカントが利用者IDとパスワードを認証サーバに送信することで認証を受けます。

● EAP-PEAP
  認証サーバとサプリカントが相互に相手を認証します。認証サーバは，サーバ証明書をサプリカントに送信して認証を受けます。サプリカントは利用者IDとパスワードを認証サーバに送信して認証を受けます。

● EAP-TTLS
  EAP-PEAPと同様に，認証サーバとサプリカントが相互に相手を認証します。認証サーバは，サーバ証明書をサプリカントに送信して認証を受け，サプリカントとの間でTLSによって暗号化された通信路を確立します。サプリカントは利用者IDとパスワードを認証サーバに送信して認証を受けます。

以上から，クライアント証明書を認証に使用するのはウのみです。

問29 ディレクトリトラバーサル

ディレクトリトラバーサル攻撃とは，Webサーバで外部からのアクセスを想定していないディレクトリやファイルの名称を直接指定してアクセスすることで，不正に閲覧する手法のことです。

ブラウザのアドレス欄は，利用者が直接文字列を入力して，URLを指定することが可能です。悪意のある利用者はここに，外部からのアクセスを想定していないサーバ上のディレクトリ名などを推測して直接入力し，機密性の高いファイルなどを不正に閲覧しようとすることができます。エが正解です。

アはOSコマンドインジェクション，イはSQLインジェクション，ウはシングルサインオンを提供するサービスへの不正アクセスの説明です。

解答

問27 ウ	問28 ウ	問29 エ

問30 クロスサイトスクリプティングの手口はどれか。(H30春AP午前問37)

ア Webアプリケーションのフォームの入力フィールドに，悪意のあるJavaScriptコードを含んだデータを入力する。

イ インターネットなどのネットワークを通じてサーバに不正にアクセスしたり，データの改ざんや破壊を行ったりする。

ウ 大量のデータをWebアプリケーションに送ることによって，用意されたバッファ領域をあふれさせる。

エ パス名を推定することによって，本来は認証された後にしかアクセスが許可されないページに直接ジャンプする。

問31 製造物責任法（PL法）において，製造物責任を問われる事例はどれか。(H30春AP午前問78)

ア 機器に組み込まれているROMに記録されたプログラムに瑕疵があったので，その機器の使用者に大けがをさせた。

イ 工場に配備されている制御系コンピュータのオペレーションを誤ったので，製品製造のラインを長時間停止させ大きな損害を与えた。

ウ ソフトウェアパッケージに重大な瑕疵が発見され，修復に時間が掛かったので，販売先の業務に大混乱をもたらした。

エ 提供しているITサービスのうち，ヘルプデスクサービスがSLAを満たす品質になく，顧客から多大なクレームを受けた。

解説

問30 クロスサイトスクリプティング

クロスサイトスクリプティングとは，悪意あるスクリプトを含んだ不正なリンクを利用者のブラウザに送り込み，標的サイトにアクセスした利用者の個人情報を盗み取る攻撃です。

Webブラウザから掲示板などの動的なサイトにアクセスする際に，以下のようなURLが用いられることがあります。

http://*********.net/****.htm?data=123456

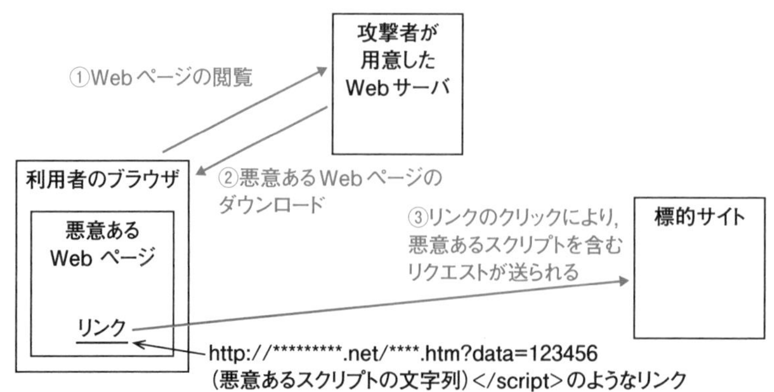

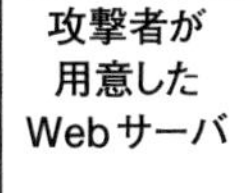

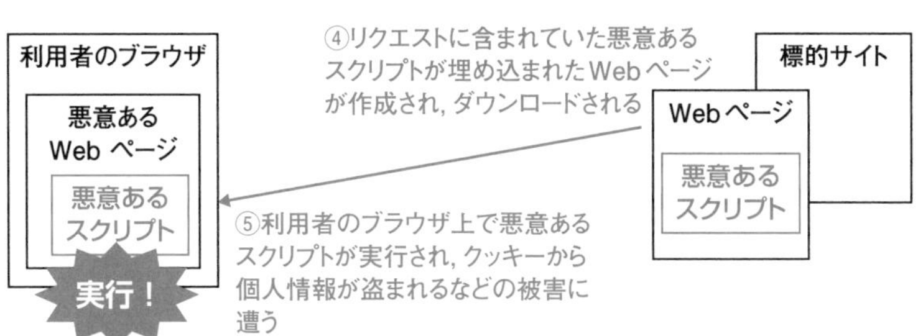

“?data=……” は，当該サイトのCGIなどに対してユーザが送信する情報を記載したものです。HTTPのGETリクエストを使用すると，URLの末尾にこのような形式でユーザからの送信情報が掲載される仕組みになっています。当該サイトのCGIは，このデータをもとに動的にWebページを生成したり，検索処理を行ったりする仕様となっています。

ここで，上の “?” 以降に，正規のデータの代わりに悪意を持ったスクリプトの文字列を記述したURLを作成して，他のWebページにリンクとして貼ると，そのリンクをクリックした場合に，CGIに正常なデータの代わりに不正なスクリプトが与えられ，当該サイトで生成されたページから悪意のスクリプトが実行されてしまう可能性があります。ア が正解です。

イ はサーバに対する不正アクセス，ウ はバッファオーバフロー，エ はディレクトリトラバーサルの説明です。

問31 製造物責任法（PL法）

製造物責任法（PL法）での「製造物」とは，「製造又は加工された動産」であり，ソフトウェアや不動産，サービスなどの「実体が存在しないもの」又は「不動産」は，PL法では「製造物」とはみなされません。ただし，ソフトウェアを組み込んだROM，及びそれらのROMを部品とした製品は，製造物となります。

製造物責任法の第二条の一部を引用します。

> **第二条　この法律において「製造物」とは，製造又は加工された動産をいう。**
> **（略）**
> **3　この法律において「製造業者等」とは，次のいずれかに該当する者をいう。**
> **一　当該製造物を業として製造，加工又は輸入した者（以下単に「製造業者」という。）**
> **二　自ら当該製造物の製造業者として当該製造物にその氏名，商号，商標その他の表示（以下「氏名等の表示」という。）をした者又は当該製造物にその製造業者と誤認させるような氏名等の表示をした者（以下略）**

この第二条3項二号に示されるように，欠陥のあった製造物を「自ら当該製造物の製造業者」としていた企業が，「製造業者等」となり，責任を問われることになります。よって，ア が正解です。

イ は業務（作業），ウ はソフトウェア，エ はITサービスに関する問題です。

解答

問30 ア	問31 ア

□□□ **問32** 資金決済法で定められている暗号資産の特徴はどれか。(H30春AP午前問80)

ア 金融庁の登録を受けていなくても,外国の事業者であれば,法定通貨との交換は,日本国内において可能である。

イ 日本国内から外国へ国際送金をする場合には,各国の銀行を経由して送金しなければならない。

ウ 日本国内の事業者が運営するオンラインゲームでだけ流通する通貨である。

エ 不特定の者に対する代金の支払に使用可能で,電子的に記録・移転でき,法定通貨やプリペイドカードではない財産的価値である。

□□□ **問33** 個人情報保護法で保護される個人情報の条件はどれか。(H28春AP午前問79)

ア 企業が管理している顧客に関する情報に限られる。

イ 個人が秘密にしているプライバシに関する情報に限られる。

ウ 生存している個人に関する情報に限られる。

エ 日本国籍を有する個人に関する情報に限られる。

□□□ **問34** A社では,社員のソーシャルメディア利用に関し,業務利用だけでなく,私的利用における注意事項も取りまとめ,ソーシャルメディアガイドラインを策定した。私的利用も対象とするガイドラインが必要とされる理由として,最も適切なものはどれか。(H28春AP午前問78)

ア ソーシャルメディアアカウントの取得や解約の手続をスムーズに進めるため

イ ソーシャルメディア上の行為は社員だけでなくA社にも影響を与えるため

ウ ソーシャルメディアの操作方法を習得するマニュアルとして利用するため

エ ソーシャルメディアの利用料金がA社に大きな負担となることを防ぐため

解説

問32 資金決済法

資金決済法の第二条5項には暗号資産に関して以下のような記述があります。

> **第二条 (略)**
>
> **一 物品を購入し、若しくは借り受け、又は役務の提供を受ける場合に、これらの代価の弁済のために不特定の者に対して使用することができ、かつ、不特定の者を相手方として購入及び売却を行うことができる財産的価値(電子機器その他の物に電子的方法により記録されているものに限り、本邦通貨及び外国通貨並びに通貨建資産を除く。次号において同じ。)であって、電子情報処理組織を用いて移転することができるもの**
>
> **二 不特定の者を相手方として前号に掲げるものと相互に交換を行うことができる財産的価値であって、電子情報処理組織を用いて移転することができるもの**

よって,エ「不特定の者に対する代金の支払に使用可能で,電子的に記録・移転でき,法定通貨やプリペイドカードではない財産的価値である」が正解です。

×ア　法定通貨との交換をするための事業者になるには，内閣総理大臣への届出が必要です。
×イ　海外送金には銀行を介する必要はありません。
×ウ　オンラインゲーム内だけで利用可能な通貨のことで，暗号資産を指す記述ではありません。

問33 個人情報保護法

2003年，「個人を識別する上で重要な情報」などを適切に保護・管理するための法律として，個人情報保護法が成立し，2005年より施行されました。この法律の第2条では，個人情報を以下のように定義しています。

> この法律において「個人情報」とは、生存する個人に関する情報であって、次の各号のいずれかに該当するものをいう
> 一　当該情報に含まれる氏名、生年月日その他の記述等（文書、図画若しくは電磁的記録（電磁的方式（電子的方式、磁気的方式その他人の知覚によっては認識することができない方式をいう。）で作られる記録をいう。）に記載され、若しくは記録され、又は音声、動作その他の方法を用いて表された一切の事項（個人識別符号を除く。）をいう。）により特定の個人を識別することができるもの（他の情報と容易に照合することができ、それにより特定の個人を識別することができることとなるものを含む。）
> 二　個人識別符号が含まれるもの

この定義のとおり，個人情報とは「生存している個人」に関する情報に限られるため，ウだけが適切です。
×ア　企業が管理している顧客以外でも，生存している個人を特定できる情報であれば，個人情報となります。
×イ　個人の氏名や生年月日など，個人が秘密にしているプライバシとは関連のない情報でも，生存している個人を特定できる情報であれば，個人情報となります。
×エ　個人情報保護法では個人の国籍について言及していないため，日本国籍であるかどうかにかかわらず，生存している個人を特定できる情報であれば，個人情報となります。解説

問34 ソーシャルメディアガイドライン

近年，Twitterなどのソーシャルメディア上で，差別的な発言や違法行為などが注目される現象（いわゆる「炎上」）により，その実行者の個人情報が拡散される事件が多発しています。このような事件において，業務と関係のない私的な発言や行為によっても，実行者だけでなくその勤務先までが非難の対象になり，社会的信用が失墜することがあります。

A社の社員がソーシャルメディア上で炎上を引き起こすことで，A社の社会的信用失墜や業績悪化をまねく危険性があります。よって，A社の社員に対して，業務利用だけでなく私的利用においてもソーシャルメディアを適切に利用させるために，ソーシャルメディアガイドラインを策定して，不適切な発言や行動に一定のルールを設ける必要があります。

以上より，イが正解です。

模擬 第1回
科目 A

解答

問32 エ	問33 ウ	問34 イ

□□□ **問 35** システム監査における“監査手続”として，最も適切なものはどれか。(H31春AP午前問58)

ア 監査計画の立案や監査業務の進捗管理を行うための手順
イ 監査結果を受けて，監査報告書に監査人の結論や指摘事項を記述する手順
ウ 監査項目について，十分かつ適切な証拠を入手するための手順
エ 監査テーマに合わせて，監査チームを編成する手順

□□□ **問 36** システム監査報告書に記載された改善勧告に対して，被監査部門から提出された改善計画を経営者がITガバナンスの観点から評価する際の方針のうち，適切なものはどれか。(H26春SC午前Ⅱ問25)

ア 1年以内に実現できる改善を実施する。
イ 経営資源の状況を踏まえて改善を実施する。
ウ 情報システムの機能面の改善に絞って実施する。
エ 被監査部門の予算の範囲内で改善を実施する。

□□□ **問 37** 入出金管理システムから出力された入金データファイルを，売掛金管理システムが読み込んでマスタファイルを更新する。入出金管理システムから売掛金管理システムへのデータの受渡しの正確性及び網羅性を確保するコントロールはどれか。(H27春SC午前Ⅱ問25)

ア 売掛金管理システムにおける入力データと出力結果とのランツーランコントロール
イ 売掛金管理システムのマスタファイル更新におけるタイムスタンプ機能
ウ 入金額及び入金データ件数のコントロールトータルのチェック
エ 入出金管理システムへの入力のエディットバリデーションチェック

解説

問35 監査手続

監査手続とは，システム監査人が十分な監査証拠を入手するために実施する，従業員へのインタビューや書類のレビュー，システムのテストなどの各種の監査技術や監査手順，及びそれらの組合せのことを指します。ウが正解です。

×ア 監査計画の立案や監査業務の進捗管理を行う手順は，監査計画立案する業務の説明です。
×イ 監査結果を受けて，監査報告書に改善勧告を記述するのは，監査報告書を作成する業務の説明です。
×エ 監査テーマに合わせて監査チームを編成する手順は，監査の初期段階に行うもので，監査手続きには該当しません。

問36 ITガバナンスの観点から評価する方針

ITガバナンス(IT governance)とは，ITを導入・活用する際の目的などを適切に設定し，企業が競争優位性を確立

するために適切なIT戦略を策定することで，企業をあるべき方向に導いていくための組織能力や統率力を指します。

ITガバナンスを確実に構築していくためには，企業の経営戦略に適合した環境の構築や戦略の立案が必要です。そのためには，企業が現在保有している経営資源の量などの，企業の現状を適切に把握し，IT戦略に投資できる資源の量を適切に測定した上で，各種の戦略を遂行していく必要があります。IT戦略を進めたいあまりに，過剰な投資を行って企業の経営資源を浪費してしまい，企業の経営を危うくしてしまうことになっては，本末転倒となります。

よって，ITガバナンスの観点からは，企業の経営資源の状況を踏まえて，システム監査において示された改善勧告に対する改善計画を実施する必要があります（イ）。

× ア　改善勧告の内容によっては，改善が完了するまでに長期間を要するものもあります。よって，1年以内に実現できる改善を実施するという方針は，誤った記述です。

× ウ　システム監査においては，情報システムの機能だけでなく，経済性や効率性などの点について改善勧告が示されることもあります。よって，機能面の改善に絞って改善計画を実施するという方針は，誤った記述です。

× エ　改善勧告の内容によっては，被監査部門の予算の範囲内では適切な改善が行えない場合もあります。よって，被監査部門だけでなく，企業全体の経営資源の状況を踏まえて，改善計画を実施する必要があります。解説

問37　データ受渡しの正確性及び網羅性

例として，ある顧客の10万円の売掛金が，現金で支払われた状況を考えます。この場合，以下の仕訳が行われます。

（借方）		（貸方）	
現金	100,000	**売掛金**	100,000

システム上では，10万円分の入金が入出金管理システムの入金データとして出力され，売掛金管理システムの売掛金マスタファイルの額が10万円分減少することになります。

ここで，入出金管理システムから売掛金管理システムに金額をデータとして受け渡すプログラムのミスにより，入出金管理システムで出力された入金データ＝100,000（円），売掛金管理システムの売掛金マスタファイルの更新額＝10,000（円）となった場合，仕訳と異なる金額が取り扱われたことになります。10万円分の入金があったにもかかわらず，それに対応する売掛金が1万円分しか減少しなかったことになり，金額の食い違いが起きてしまいます。このような状況では，データ受渡しにおいて完全性，正確性及び網羅性が維持されていないことになります。

そのために，入金データの入金額やマスタファイルの更新額の合計値や，入金データ件数の合計値などを検証し，仕訳どおりに処理が行われているかを確認するチェックを行うことになります。このようなチェックを，コントロールトータル（の）チェックといいます（ウ）。

× ア　ランツーランコントロールとは，直前の入力または出力の正当性を検証し，以降の入力や出力の方法を改善していく手法のことです。売掛金管理システムにおける入力データと出力結果とのランツーランコントロールを行うことで，売掛金の増加額または減少額の正当性を検証できます。しかし，マスタファイルの更新額についてチェックしていないため，データ受渡しにおいての正確性や網羅性を検証することはできません。

× イ　マスタファイル更新時のタイムスタンプを検証することで，マスタファイルの更新のタイミングが適切かどうかを確認できます。しかし，マスタファイルの更新額についてチェックしていないため，データ受渡しにおいての正確性や網羅性を検証することはできません。

× エ　入出金管理システムの入力のエディットバリデーションチェックにより，入力された入金データの値の正確性を検証できます。しかし，マスタファイルの更新額などについてチェックしていないため，データ受渡しにおいての正確性や網羅性を検証することはできません。

解答

問35 ウ	問36 イ	問37 ウ

□□□ **問38** データベースに対する不正アクセスの防止・発見を目的としたアクセスコントロールについて，“システム管理基準”への準拠性を確認する監査手続として，適切なものはどれか。（H28秋SC午前Ⅱ問25）

ア　利用者がデータベースにアクセスすることによって業務が効率的に実施できるかどうかを確認するために，システム仕様書を閲覧する。

イ　利用者がデータベースにアクセスするための画面の操作手順が操作ミスを起こしにくい設計になっているかどうかを確認するために，利用者にヒアリングする。

ウ　利用者が要求した応答時間が実現できているかどうかを確認するために，データベースにアクセスしてから出力結果が表示されるまでの時間を測定する。

エ　利用者のデータベースに対するアクセス状況を確認するために，アクセス記録を出力し内容を調査する。

□□□ **問39** データセンタにおけるコールドアイルの説明として，適切なものはどれか。（H27春SC午前Ⅱ問24）

ア　IT機器の冷却を妨げる熱気をラックの前面（吸気面）に回り込ませないための板であり，IT機器がマウントされていないラックの空き部分に取り付ける。

イ　寒冷な外気をデータセンタ内に直接導入してIT機器を冷却するときの，データセンタへの外気の吸い込み口である。

ウ　空調機からの冷気とIT機器からの熱排気を分離するために，ラックの前面（吸気面）同士を対向配置したときの，ラックの前面同士に挟まれた冷気の通る部分である。

エ　発熱量が多い特定の領域に対して，全体空調とは別に個別空調装置を設置するときの，個別空調用の冷媒を通すパイプである。

解説

問38 システム監査基準への準拠性

“システム管理基準”のⅣ.運用業務 4.データ管理では，データの管理やアクセスコントロールに関して次の事項を定めています。

(1) データ管理ルールを定め、遵守すること。
(2) データへのアクセスコントロール及びモニタリングは、有効に機能すること。
(3) データのインテグリティを維持すること。
(4) データの利用状況を記録し、定期的に分析すること

“システム管理基準”の上記事項に準拠するためには，データベースに対するアクセス状況（利用状況）を確認するために，データの利用状況の記録（アクセス記録）を出力し，その内容を調査・分析することが有効です。エの監査手続が正解です。

×ア　業務の効率性に関する監査手続です。
×イ　システムの使用性に関する監査手続です。
×ウ　業務の効率性に関する監査手続です。

問39 コールドアイル

コールドアイルとは，データセンタのサーバ室において冷気が通る部分のことです。サーバの筐体から排出された暖かい空気が通る部分をホットアイルといいます。

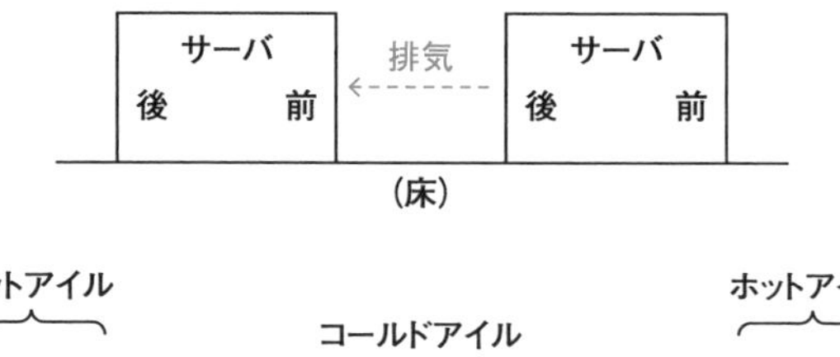

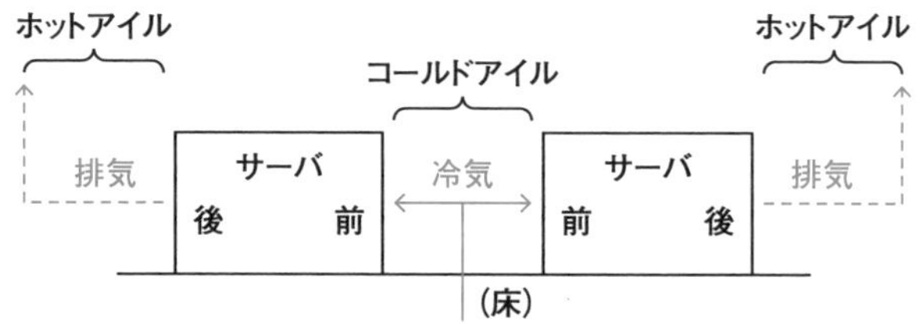

サーバは前面から外部の冷気を取り込んで内部の電子部品を冷やし，温まった排気を後面から出すようになっています。サーバを右上図のように配置すると，一部のサーバの前面に他のサーバからの排気が当たって冷却効率が悪くなります。

サーバの前面同士を向い合わせるように配置し，サーバの前面同士に挟まれた部分において床から冷気を出すと，全てのサーバに冷気を効率よく当てることができます。この部分をコールドアイルといいます。サーバの後面近辺の天井には排気口を設置し，サーバが排出した排気を効率よくサーバ室の外に出せるようにしています。この部分をホットアイルといいます。

以上から，ウが正解です。

× ア　ブランクパネルの説明です。

× イ　吸気口の説明です。

× エ　冷媒管の説明です。

解答

問38 エ　　問39 ウ

問40 バックアップ処理には，フルバックアップ方式と差分バックアップ方式がある。差分バックアップ方式による運用に関する記述のうち，適切なものはどれか。

（H29秋AP午前問56）

ア 障害からの復旧時に差分だけ処理すればよいので，フルバックアップ方式に比べて復旧時間が短い。
イ フルバックアップのデータで復元した後に，差分バックアップのデータを反映させて復旧する。
ウ フルバックアップ方式と交互に運用することはできない。
エ フルバックアップ方式に比べ，バックアップに要する時間が長い。

問41 ソフトウェア開発プロジェクトで行う構成管理の対象項目はどれか。（H29秋AP午前問51）

ア 開発作業の進捗状況
イ 成果物に対するレビューの実施結果
ウ プログラムのバージョン
エ プロジェクト組織の編成

解説

問40 バックアップ処理

フルバックアップ方式は，データベースの全てのデータをバックアップする方式です。差分バックアップ方式は，直前に実施したフルバックアップ後に更新されたファイルのみをバックアップの対象にする方式です。

差分バックアップ方式の方が，バックアップの際に外部記憶媒体などに保存するファイル数が少ないため，バックアップに要する時間はフルバックアップ方式よりも一般に短くなります（エは誤り）。しかし，障害復旧時には，前回のフルバックアップのファイルの他に，障害発生時点までの差分バックアップのファイルもデータベースに復元しなければならない（イが正しい）ため，復旧にかかる時間はフルバックアップ方式よりも長くなります（アは誤り）。

×ウ　フルバックアップ方式と，差分バックアップ方式を交互に運用することも可能です。

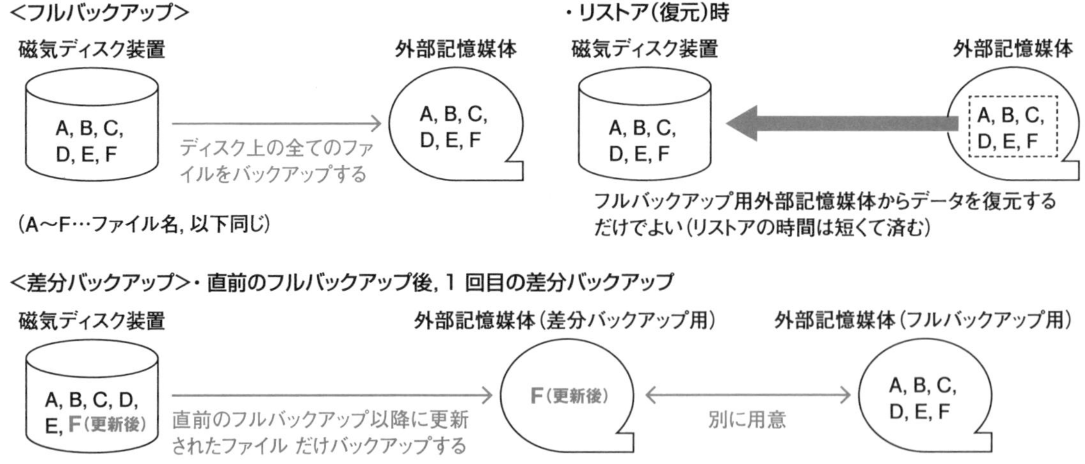

・リストア(復元)時

磁気ディスク装置
外部記憶媒体(フルバックアップ用)
A, B, C,
D, E, F
A, B, C,
D, E, F
まずフルバックアップデータを書き込む
Fが更新前なので, これだけでは最新の状態にならない
磁気ディスク装置
外部記憶媒体(差分バックアップ用)
A, B, C, D,
E, F(更新後)
F(更新後)
次に, 差分バックアップのデータを
順に書き込む
フルバックアップ用の外部記憶媒体からリストア
するだけでなく差分バックアップ用の外部記憶
媒体からのリストアも必要になり, 時間が掛かる

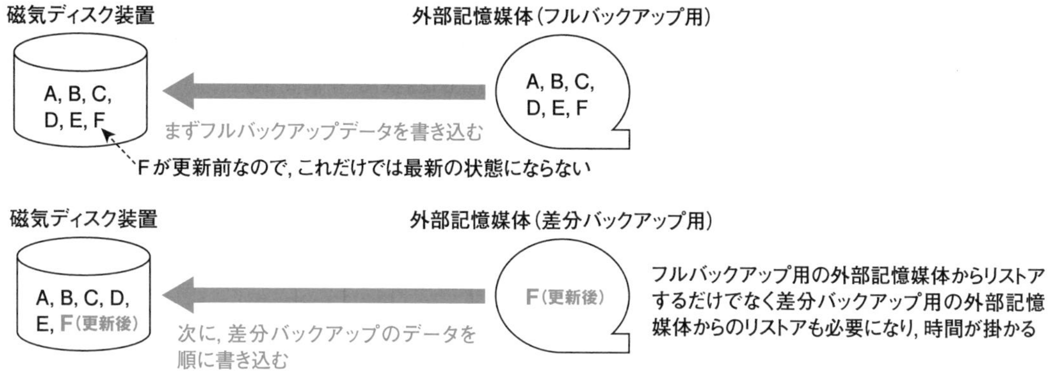

問41 プロジェクトで行う構成管理

ソフトウェア開発プロジェクトで行う構成管理のことを, ソフトウェア構成管理といいます。

ソフトウェア構成管理では, 次のものを統一的に管理します。

- ソフトウェアを開発する過程で作成されるデータ及びデータベースなど
- ソフトウェアのソースコード, 設計書などの成果物

ソフトウェア構成管理を効率的に行うために, ソフトウェア構成管理ツール(ソースコードなどのバージョンなどを管理するツール)が利用されます。

複数のプログラマなどから頻繁に修正・更新されるソースコードは, プログラマのミスなどによって, 古いバージョンを誤って修正したり, 新しいバージョンのソースコードに古い内容を上書きしたりするなどの問題が発生しやすいため, ソフトウェア構成管理ツールによってバージョンを一元管理するのが適切な措置です。

以上から, ソフトウェア構成管理の対象項目は ウ になります。ア, イ, エ はプロジェクトマネジメントの対象項目です。

解答

問40 イ	問41 ウ

問42 次のプレシデンスダイアグラムで表現されたプロジェクトスケジュールネットワーク図を，アローダイアグラムに書き直したものはどれか。ここで，プレシデンスダイアグラムの依存関係はすべてFS関係とする。(H29秋AP午前問53)

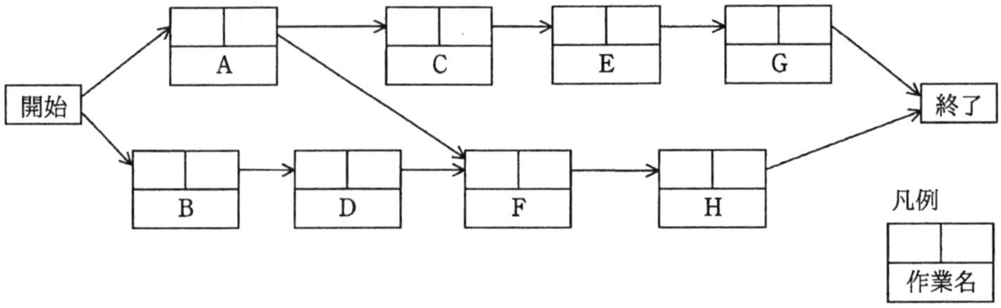

開始　A　B　C　D　E　F　G　H　終了

凡例

作業名

ア

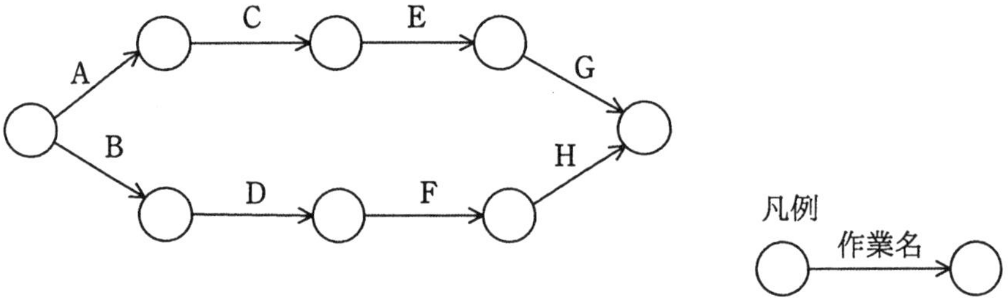

A　B　C　D　E　F　G　H

凡例

作業名

イ

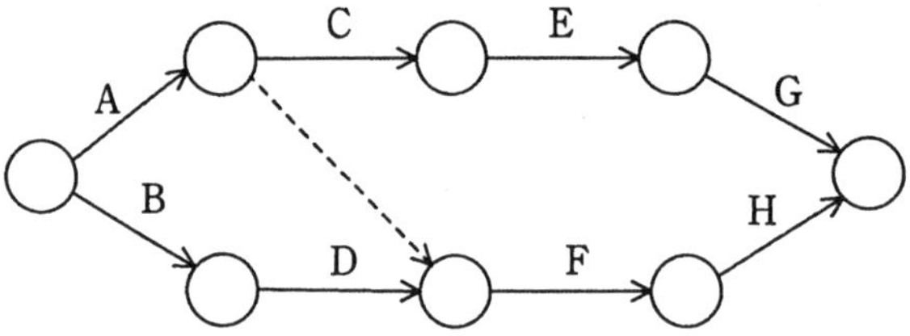

A　B　C　D　E　F　G　H

-------> はダミー作業

ウ

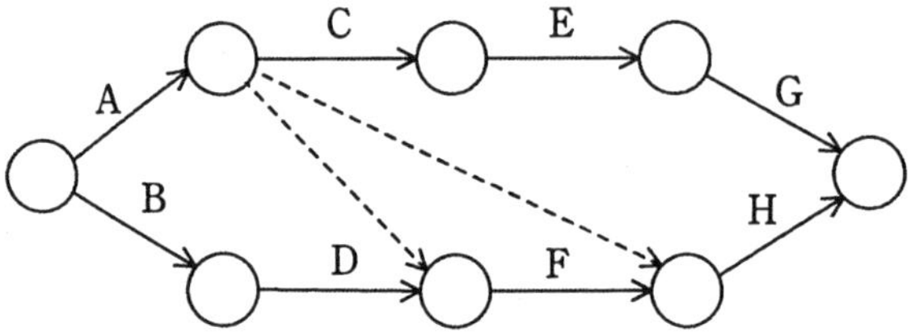

A　B　C　D　E　F　G　H

エ

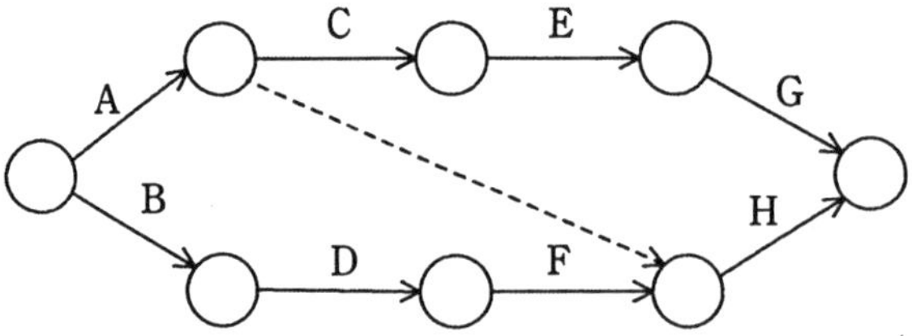

A　B　C　D　E　F　G　H

解説

問42 プレシデンスダイアグラム

プレシデンスダイアグラムは，作業間の依存関係を表現するための図です。アローダイアグラムでは作業を矢印で，作業が開始または終了した時点をノード（丸印）として表現するのに対し，プレシデンスダイアグラムでは作業をノード（長方形）で表し，作業の依存関係（ある作業が終了すると別の作業が始められるか）を矢印で表します。

プレシデンスダイアグラムでは，作業の依存関係として次の四つを表現できます。

・終了-開始関係（FS関係）：作業Xが終了すると作業Yを開始できる
・開始-開始関係（SS関係）：作業Xが開始すると同時に作業Yを開始できる
・終了-終了関係（FF関係）：作業Xが終了すると同時に作業Yを終了できる
・開始-終了関係（SF関係）：作業Xが開始すると作業Yを終了できる

アローダイアグラムではFS関係に当たる状況しか表現できません。これに対して，プレシデンスダイアグラムではSS関係のように，複数の作業を同時並行的に実施する状況を表現できます。

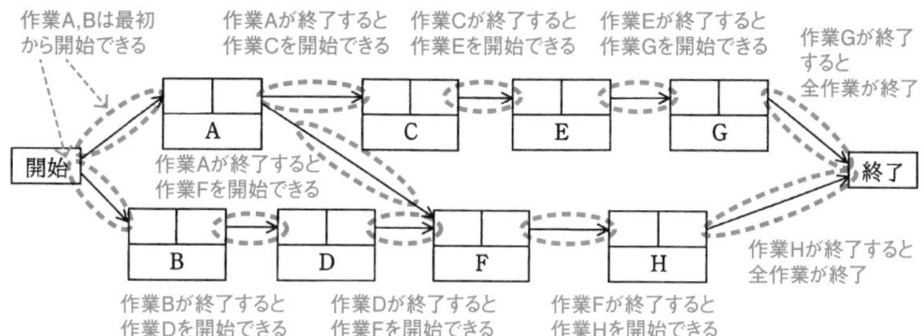

以上から，作業Aが終了すると作業Cと作業Fの両方が開始可能になる関係があります。また，作業Fを開始するには作業Dの終了も必要です。この状況を適切に表しているのは イ だけです。下の図のダミー作業によって，作業Aが終了すると作業Fが開始可能になることが表現されています。

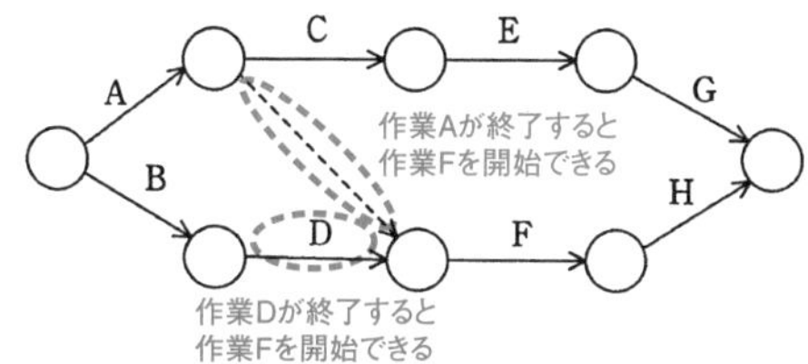

解答

問42 イ

□□□ **問43** マッシュアップを利用してWebコンテンツを表示している例として，最も適切なものはどれか。（H27春SC午前Ⅱ問23）

ア Webブラウザにプラグインを組み込み，動画やアニメーションを表示する。
イ 地図上のカーソル移動に伴い，Webページを切り替えずにスクロール表示する。
ウ 鉄道経路の探索結果上に，各鉄道会社のWebページへのリンクを表示する。
エ 店舗案内のWebページ上に，他のサイトが提供する地図検索機能を利用して出力された情報を表示する。

□□□ **問44** ビッグデータの基盤技術として利用されるNoSQLに分類されるデータベースはどれか。（H30春AP午前問30）

ア 関係データモデルをオブジェクト指向データモデルに拡張し，操作の定義や型の継承関係の定義を可能としたデータベース
イ 経営者の意思決定を支援するために，ある主題に基づくデータを現在の情報とともに過去の情報も蓄積したデータベース
ウ 様々な形式のデータを一つのキーに対応付けて管理するキーバリュー型データベース
エ データ項目の名称や形式など，データそのものの特性を表すメタ情報を管理するデータベース

□□□ **問45** Webサーバを使ったシステムにおいて，インターネット経由でアクセスしてくるクライアントから受け取ったリクエストをWebサーバに中継する仕組みはどれか。（H31春AP午前問35）

ア DMZ　　イ フォワードプロキシ
ウ プロキシARP　　エ リバースプロキシ

解説

問43 マッシュアップ

マッシュアップとは，もともとは音楽業界の用語で，既存の曲を組み合わせたりつなぎ合わせたりすることで，新しい曲を作成することを指します。情報処理分野においては，複数の異なる提供元が提供している各種の技術やコンテンツなどを組み合わせて，新たなサービスを作成することを指します。エの「店舗案内のWebページ上に，他のサイトが提供する地図検索機能を利用して出力された情報を表示する」などが，マッシュアップの例となります。

×ア Webブラウザ Flashなどのプラグインを組み込むことで，動画やアニメーションを提供するサービスの説明です。このサービス形態はマッシュアップとは異なります。

×イ 地図上のカーソル移動に伴い，ページを切り替えずにスクロール表示するのは，アと同様に動的にサーバから情報を入手して表示する，AjaxなどのWeb上のスクリプト技術を用いて実行されます。

×ウ 各路線会社へのリンクは，ほかのサイトが提供しているサービスやコンテンツとはいえません（URLだけでは著作物とはなりえない）。よって，鉄道経路の探索結果上に各鉄道会社へのWebページのリンクを表示するのは，単なる「利用者の利便性を高めたサービス」となります。

問44 NoSQL

NoSQLは，Not only SQLのことで，キーバリュー型，カラム指向型，グラフ型，ドキュメント指向型のデータモデルがあります。キーバリュー型（ウ）は，データの格納単位が，キーとそのデータを表すバリューとなっています。そのため，結び付きが単純で，応答時間が早くなりビッグデータなどの大量データの処理に向いています。

×ア　オブジェクト指向型データベースの説明です。

×イ　データウェアハウスの説明です。

×エ　データディクショナリの説明です。

問45 リバースプロキシ

社内LAN上やDMZ上に設置され，外部から社内のWebサーバに対して到達するアクセスをいったん受け取り，そのアクセスをWebサーバに中継する仕組みをリバースプロキシといいます（エ）。

○利用するメリット

- Webサーバが外部からのアクセスに直接さらされなくなるので安全性が向上する。
- 複数のWebサーバに，平均的にアクセスを分けることで負荷分散が実現できる。

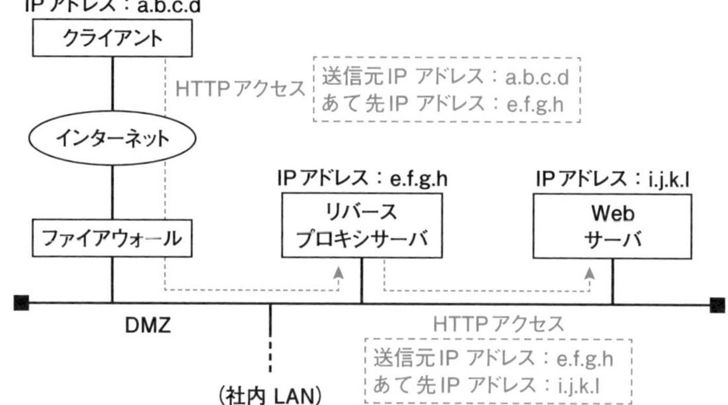

×ア　DMZ（DeMilitarized Zone：非武装地帯）とは，自社が外部に公開するWebサーバなど，インターネットからのアクセスを許可する機器を配置するための領域です。

×イ　フォワードプロキシとは，クライアントが外部のWebサーバに接続する際に，中継する仕組みのことです。

×ウ　プロキシARPとは，サブネットマスクが設定できないネットワークにおいて，ルータなどがPCに代わってARPの応答を返す仕組みのことです。

模擬 第1回

科目 A

解答

問43 エ	問44 ウ	問45 エ

□□□ 問46 政府は，IoTを始めとする様々なICTが最大限に活用され，サイバー空間とフィジカル空間とが融合された"超スマート社会"の実現を推進している。必要なものやサービスが人々に過不足なく提供され，年齢や性別などの違いにかかわらず，誰もが快適に生活することができるとされる"超スマート社会" 実現への取組みは何と呼ばれているか。(H30春AP午前問71)

ア e-Gov
イ Society 5.0
ウ Web 2.0
エ ダイバーシティ社会

□□□ 問47 インターネットショッピングで売上の全体に対して，あまり売れない商品の売上合計に占める割合が無視できない割合になっていることを指すものはどれか。(H30春AP午前問73)

ア アフィリエイト
イ オプトイン
ウ ドロップシッピング
エ ロングテール

□□□ 問48 3PL (3rd Party Logistics) を説明したものはどれか。(H29秋AP午前問73)

ア 購買，生産，販売及び物流の一連の業務を，企業間で全体最適の視点から見直し，納期短縮や在庫削減を図る。
イ 資材の調達から生産，保管，販売に至るまでの物流全体を，費用対効果が最適になるように総合的に管理し，合理化する。
ウ 電子・電機メーカから，製品の設計や資材調達，生産，物流，修理などを一括して受託する。
エ 物流業務に加え，流通加工なども含めたアウトソーシングサービスを行い，また荷主企業の物流企画も代行する。

解説

問46 Society 5.0

サイバー空間と現実の空間（フィジカル空間）を融合させたシステムにより，経済発展と社会的課題解決を両立する，新たな社会を指すのがSociety 5.0です。この社会では，IoT (Internet of Things) で全ての人とモノがつながり，様々な知識や情報が共有され，今までにない新たな価値を生み出すことで問題解決の速度や方法が変わり，全ての人が快適な生活をすることができます（内閣府：https://www8.cao.go.jp/cstp/society5_0/より）。イが正解です。

×ア e-Govとは，電子政府の総合窓口です。
×ウ Web 2.0とは，Webの新しい利用方法の考え方のことを指します。
×エ ダイバーシティ社会とは，多様な人材を活用する社会のことを指します。

問47 ロングテール

多数の商品を扱う店舗において，商品の種類を横軸，売上数量を縦軸にとり，売上数量の大きい商品順に並べたグラフを描くと，おおよそ次のようになります。

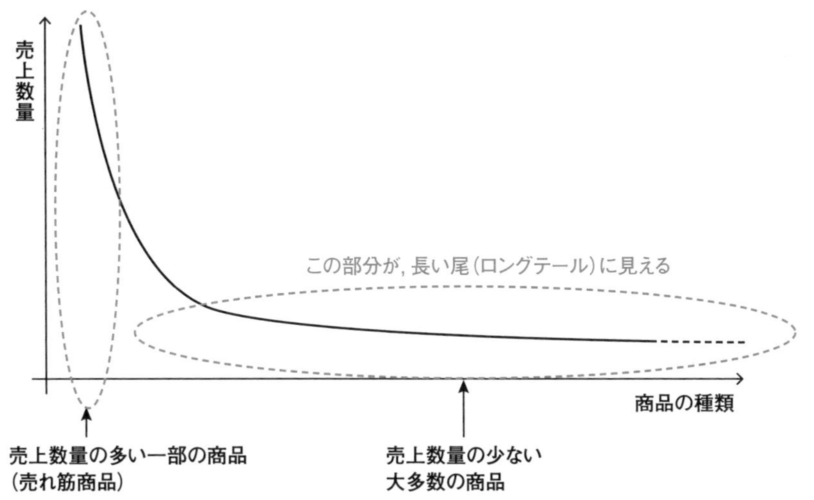

上のグラフのように，売れ筋商品が売上の大部分を占め，それ以外の大多数の商品は売上数量が少なくなるという状態になるのが一般的です。

従来のビジネスでは，広告や在庫維持などに要するコストが無視できなかったため，上のグラフの右側に位置している，売上数量の少ない大多数の商品はあまり積極的に扱わず，利益を多く得られる売れ筋商品に絞り込んで販売を行うことで，コストを削減して利益の額をより大きくしようとしていました。しかし，インターネット上で商品を販売するサイト（Amazon.comなど）を用いた新たなビジネス（e-ビジネス）では，コストを非常に小さくすることが可能となり，売上数量の少ない大多数の商品を扱う際のデメリットが少なくなりました。総合的に見ると，売れ筋商品の販売によって得られる利益と比べて，売上数量の少ない大多数の商品の販売によって得られる利益の合計が無視できない割合になり，多品種少量販売を積極的に行うことによって，従来よりも多くの利益を得ることが可能となってきています。

このような考え方のことを，ロングテールといいます。ロングテールとは，上のグラフの大多数の商品の部分が，恐竜の長い尾のように見えることに由来します。エが正解です。

× ア　アフィリエイトとは，Webページに掲載された広告を閲覧者がクリックするなどの契機によって商品が購入されたとき，売主から成功報酬が得られる仕組みのことです。

× イ　オプトイン（Opt-In）とは，広告の提供者が利用者の許可を得て，広告メールなどを送信することです。

× ウ　ドロップシッピングとは，商用Webサイト上で商品の売上があった場合，商品の製造元又は卸元が直接商品を顧客に届ける取引方法です。Webサイトの運営者は商品の在庫をもたないのが特徴です。

問48 3PL

3PL（サードパーティーロジスティクス，3rd Party Logistics）とは，企業が自ら行っていた製品の原材料の調達や在庫管理，製品の輸送や配送，製品の加工や販売及び物流企画などの業務を，外部の専門業者に委託（アウトソース）することです。日本通運などの宅配業者が3PLの事業を提供しています。

物流に関する業務を自社で行う場合，多大な費用がかかったり，自社の人的資源などが浪費されたりする危険性があります。そのような場合，物流業務を専門とする外部業者に自社の物流業務を代行してもらうことで，自社は製造活動や営業活動などの，物流以外の業務に経営資源を集中できるようになります。

以上から，エの記述が適切です。

解答		
問46 イ	問47 エ	問48 エ

模擬 第1回 科目A

模擬試験問題 第1回 科目B

□□□ **問49** ある日，情報システム部は，Y社内の1台のPCが大量の不審なパケットを発信していることをネットワーク監視作業中に発見し，直ちに外部との接続を遮断した。

情報システム部による調査の結果，営業部に所属する若手従業員G君が，受信した電子メール（以下，電子メールをメールという）の添付ファイルを開封したことが原因で，G君のPCがマルウェアに感染し，大量のパケットを発信していたことが判明した。幸いにも，情報システム部の迅速な対処によって，顧客情報の漏えいなどの最悪の事態は防ぐことができた。以下，G君に届いたメールの内容である。

差出人：F <F@zz-freemail.co.jp>　　送信日時：2023/03/01 10:22
宛先　：info@y-sha.com
CC　　：
件名　：Re: Re:【至急】製品導入に関する問合せ

添付ファイル：質問事項.exe

G様

お世話になっております。
先日，貴社の製品について問合せをしたX社のFです。
これまで，貴社の事務用機器に関する情報を提供していただき，
ありがとうございました。
弊社では，今回，貴社から提案していただいた製品について，
導入する方向で検討を進めております。
その中で，確認したい事項が幾つか出てきました。
つきましては，急なお願いで恐縮ですが，添付ファイルの質問内容を
ご確認の上，本日15時までに回答をいただけないでしょうか。
よろしくお願いいたします。

X社　調達部　F
E-mail: F@x-sha.co.jp
URL: http://www.x-sha.co.jp

図　G君が受信したメールの内容

設問 次の（一）～（三）のうち，G君が受信したメールに見られる特徴だけを全て挙げた組合せを，解答群の中から選べ。

（一）差出人のメールアドレスがY社の社内メールアドレスに詐称されている。
（二）差出人のメールアドレスと，本文の末尾に記載された署名のメールアドレスが異なる。
（三）実行形式ファイルが添付されている。

解答群

ア	（一）	イ	（一），（二）	ウ	（一），（二），（三）
エ	（一），（三）	オ	（二）	カ	（二），（三）
キ	（三）				

問49 標的型攻撃メール
（平成28年度春情報セキュリティマネジメント試験午後問1改）

図のG君が受信したメールの内容を参照すると，次のことが分かります。

(A) 本文末尾の署名にはF@x-sha.co.jpというメールアドレスが記載されているが，差出人のメールアドレスはF@zz-freemail.co.jpとなっており，両者は異なっている。本当にX社のF氏が送信したメールであれば，差出人メールアドレスはF@**x-sha.co.jp**のようなX社のドメイン名（太字部分）が含まれるアドレスとなる。

(B)「【至急】」といった，早急にメールや添付ファイルを参照することを促す語句が表題に含まれている。また，「添付ファイルの質問内容をご確認の上，本日15時までに回答をいただけないでしょうか」といった，添付ファイルをすぐに開かせようとする語句が本文に含まれている。これらは，いずれも添付ファイルを開かせて，受信者のPCをマルウェアに感染させようとするためのものである。

(C)「弊社では，今回，貴社から提案していただいた製品について，導入する方向で……」といった記述がある。このような記述により，X社との取引を成功させようとG君（攻撃対象者）に思わせ，添付ファイルを開かせようとしている。

(D) 添付されているファイルの拡張子が“exe”（実行形式ファイル）である。

標的型攻撃メールでは，いきなりマルウェア付きの攻撃用メールを送りつけるのではなく，関係者を装った問合せなどのメールを最初に何回かやり取りして，攻撃対象者の疑いを低減してから攻撃用メールを送ることがあります。

上記より，(一)～(三)について考えます。差出人のメールアドレスは「F@zz-freemail.co.jp」であり，Y社の社内メールアドレスではありません((一)は不適切)。上記(A)で説明したとおり，差出人のメールアドレスと署名のメールアドレスが異なります((二)は適切)。同(D)で説明したとおり，実行形式ファイルが添付されています((三)は適切)。以上から，力((二)，(三))の組合せが正解です。

問50

J社は，従業員数150名の電気機器メーカである。顧客企業から提示される仕様に基づいて電気製品を設計，製造している。

50名の従業員が所属する製造部では，製造の一部を協力会社であるB社に委託している。製造部からB社へは，従来，USBメモリを使用して製品製造に関係するファイルを提供していたが，USBメモリを管理する手間や，顧客企業からの急な仕様変更への対応が課題であった。製造部は，これらの課題を解決するために，顧客企業各社の了解も得た上で，2年前から，X社が提供するオンラインストレージサービス（以下，Xサービスという）をB社へのファイル提供に利用している。Xサービスはインターネット上で提供されている。サービス仕様（抜粋）を次に示す。

〔Xサービス仕様〕

- 利用アカウントのIDとして電子メールアドレス（以下，メールアドレスという）を登録し，パスワードを設定すれば，Webブラウザだけですぐに利用を始められる。
- 利用アカウントごとに専用のフォルダが与えられ，ファイルの登録や，登録したファイルの閲覧，編集などの操作を行うことができる。フォルダ容量が10Gバイトまでは無料である。
- ファイルの登録時，又は登録後に，ファイル共有先を指定し，共有権限を付与することによって，指定した利用アカウントにファイルの操作を許可したり，インターネット上の誰にでもファイルの閲覧を許可したりすることができる。ファイルの共有設定には**表**に示す4種類がある。

表　Xサービスにおけるファイルの共有設定

番号	ファイル共有の有無	ファイル共有先	付与できる共有権限	設定内容
1	ファイル共有あり	指定した利用アカウント	編集権限	指定した利用アカウントに対して，ファイルの閲覧，編集，削除を許可する。
2			閲覧権限	指定した利用アカウントに対して，ファイルの閲覧を許可する。
3		パブリック [1]	閲覧権限	利用アカウントがなくても，インターネットからのファイルの閲覧を可能にする。
4	ファイル共有なし	なし	権限なし	ファイルを登録した利用アカウント以外に，ファイル操作を許可しない。

注 [1]　パブリックとは，インターネット利用者全般を意味する。

〔Xサービス利用規則〕

2年前，Xサービスの利用開始に当たって，製造部ではXサービス利用規則を作成し，部内に通知した。現在のXサービス利用規則を**図**に示す。

なお，J社の社内規程では，スマートフォンやタブレットの業務利用は認めていない。かつ，PCを社外に持ち出して使用することも禁止している。

> 1. Xサービスを社外で業務利用することは禁止する。
> 2. Xサービスに登録するファイルは，B社に製造委託する製品の仕様とその関連情報に限定する。
> 3. メールアドレスをXサービス専用に一つ設け，J社製造部が使用する利用アカウントのIDとして登録する。また，当該利用アカウントのパスワードは，製造部の情報セキュリティリーダが設定し，製造部の従業員に通知する。
> 4. 当該利用アカウントのパスワードは半年ごとに更新し，秘密に管理する。
> 5. B社にファイルを提供する場合は，当該ファイルのファイル共有先としてB社の利用アカウントを指定し，“閲覧権限”を付与する。

図　Xサービス利用規則（抜粋）

〔事故発生〕

1か月前，Q社からJ社に連絡が入った。Q社はJ社と取引関係はないが，Q社従業員がインターネット検索を行っていたところ，J社の社名が記載され，秘密情報と記されたファイルがXサービスで公開されているのを発見したので連絡したということであった。製造部の情報セキュリティリーダであるS主任が調査したところ，J社がB社に提供するためにXサービスに登録している顧客企業の製品製造に関係するファイルの一つが公開されてしまっていることが判明した。問題のファイルは，ファイル共有先に［ a1 ］が指定され，かつ，共有権限に［ a2 ］が付与されていた。

設問　本文中の［ a1 ］，［ a2 ］に入れる字句の組合せはどれか。

解答群

	a1	a2
ア	B社の利用アカウント	閲覧権限
イ	B社の利用アカウント	編集権限
ウ	Q社の利用アカウント	閲覧権限
エ	Q社の利用アカウント	編集権限
オ	パブリック	閲覧権限
カ	パブリック	編集権限

解説

問50 オンラインストレージサービス

(平成28年度秋情報セキュリティマネジメント試験午後問1改)

〔事故発生〕の記述では,「J社とは取引関係がないQ社から,インターネット上に秘密情報を発見した」と連絡が来ています。Q社がXサービスの利用アカウントを使用しているという記述がないことや,「Q社従業員がインターネット検索を行っていたところ」という記述から,Xサービスを使用しておらず,利用アカウントももっていないQ社従業員が,J社のファイルを参照できる状態になっています。

表から,利用アカウントがなくてもインターネットからファイルを閲覧できるのは,ファイル共有先が"パブリック"であり,共有権限が"閲覧権限"であるときだけです。

表 Xサービスにおけるファイルの共有設定

番号	ファイル共有の有無	ファイル共有先	付与できる共有権限	設定内容
1	ファイル共有あり	指定した利用アカウント	編集権限	指定した利用アカウントに対して,ファイルの閲覧,編集,削除を許可する。
2			閲覧権限	指定した利用アカウントに対して,ファイルの閲覧を許可する。
3		パブリック[1]	閲覧権限	利用アカウントがなくても,インターネットからのファイルの閲覧を可能にする。
4	ファイル共有なし	なし	権限なし	ファイルを登録した利用アカウント以外に,ファイル操作を許可しない。

注[1] パブリックとは,インターネット利用者全般を意味する。

よって,空欄[a1]には"パブリック",空欄[a2]には"閲覧権限"が入ります。オが適切です。

問51

Z社は，従業員数2,000名の生命保険会社であり，東京に本社をもち，全国に支社が点在している。以下，本社及び各支社を拠点という。

Z社では，拠点の営業員が，会社貸与の持出し用ノートPC（以下，NPCという）を携帯して顧客を訪問し，商品説明資料，見積書，契約書の作成などを行っている。Z社の本社情報システム部は，NPCの情報セキュリティ対策とその持出し管理のために，**表**に示すルールを定めている。

表　NPCの情報セキュリティ対策とその持出し管理ルール

全 PC のための情報セキュリティ対策	・次の情報セキュリティ対策を行う。 (a) OS へのログインパスワード設定 (b) BIOS パスワードの設定 (c) CD 及び DVD からの起動禁止設定 (d) OS，ソフトウェアの最新化（脆(ぜい)弱性対応） (e) ウイルス対策ソフトのパターンファイル最新化及び定期的なフルスキャン (f) 5 分間無操作でスクリーンをロックし，パスワード入力要求 (g) 外部記憶媒体の接続制限（Z 社が従業員に貸与する USB メモリだけが接続可）
NPC のための情報セキュリティ対策	・(a)～(g) に加えて，次の情報セキュリティ対策を行う。 (h) ハードディスクドライブ（以下，HDD という）全体の暗号化 (i) クラウドサービスで提供される契約管理システム（以下，L システムという）を利用するためのクライアント証明書[1]のインストール ・(h)，(i) の情報セキュリティ対策を施した NPC に“対策済 NPC”の文字列と有効期限日（最長 6 か月）を記載したシールを貼り付ける。
NPC による情報の持出し管理	・NPC に情報を保存して持ち出す場合は，本社情報システム部が運用する NPC 持出し申請システムを利用して，その都度，所属する部課の長の承認を得る。その際，持ち出すファイルのリストを NPC から出力し，NPC の資産管理番号と合わせて申請する。 ・NPC の持出し頻度が高く，都度申請では支障が生じる場合には，部課の長は，最長 1 か月の“NPC 期間持出し”を承認することができる。

注[1]　L システムでは，クライアント認証とパスワード認証の組合せによる 2 要素認証の仕組みが提供されている。クライアント認証は公開鍵暗号方式を利用する。NPC 上のクライアント証明書と秘密鍵は，NPC の故障などに備えるためにエクスポート可能にしている。L システムの利用アカウントは本社情報システム部が管理している。L システムでは顧客情報を含む契約書を管理している。

設問　NPCの持出し申請の時点では顧客情報は含まれていなくても，持出しの承認の後でも，NPCに顧客情報を追加で保存できる。どのような方法が考えられるか。次の（一）～（五）のうち，該当するものだけを全て挙げた組合せを，解答群の中から選べ。

（一）　1か月間のNPC期間持出しの承認を得るとその期間中に，NPCを会社に持ち帰り，追加で保存できる。

（二）　NPCの持出しとは別に，会社貸与のUSBメモリに保存して持ち出すことによって，NPCに保存できる。

（三）　外出先からLシステムにアクセスして，NPCにダウンロードして保存できる。

（四）　外出先で，公衆無線LANに接続して，インターネット上で他社の公開Webサイトを閲覧し，NPCにダウンロードして保存できる。

（五）　顧客訪問先で，顧客から借りたUSBメモリからコピーして保存できる。

解答群

ア　(一)，(二)，(三)

イ　(一)，(二)，(三)，(四)，(五)

ウ	(一), (二), (三), (五)	エ	(一), (三)
オ	(一), (三), (五)	カ	(一), (五)
キ	(二), (三), (五)	ク	(二), (五)
ケ	(三), (四), (五)	コ	(三), (五)

解説

問51 持ち出し用ノートPCの管理
(平成28年度秋情報セキュリティマネジメント試験午後問2改)

解答 

表のNPCの情報セキュリティ対策とその持出しルールから,(一)～(五)を順に確認していきます。

○ **(一)** Lシステムでは「顧客情報を含む契約書を管理」しています。NPC期間持出しの承認を得た後に,社内でNPCを操作してLシステムにアクセスするなどの方法で,顧客情報をダウンロードして保存できます。

○ **(二)** NPCには,Z社が従業員に貸与するUSBメモリだけを接続できます。このUSBメモリを介してNPCに顧客情報を保存できます。

○ **(三)** 外出先などからLシステムにアクセスすることで,顧客情報を含む契約書をNPCにダウンロードできます。

× **(四)** インターネット上で他社の公開Webサイトを閲覧して入手した情報は,Z社が管理している顧客情報ではなく,他社の公開情報です。このような情報を保存したNPCを紛失しても問題はありません。この方法では顧客情報を保存できません。

× **(五)** NPCには,Z社が従業員に貸与するUSBメモリしか接続できません。この方法では顧客情報を保存できません。

以上から,ア((一),(二),(三))が正解です。

□□□

問52

T社は従業員数200名の建築資材商社であり,本社と二つの営業所の3拠点がある。このうち,Q営業所には,業務用PC(以下,PCという)30台と,NAS 1台がある。

PCは本社の情報システム課が管理しており,PCにインストールされているウイルス対策ソフトは定義ファイルを自動的に更新するように設定されている。

NASは,Q営業所の営業課と総務課が共用しており,課ごとにデータを共有しているフォルダ(以下,共有フォルダという)と,各個人に割り当てられたフォルダ(以下,個人フォルダという)がある。個人フォルダの利用方法についての明確な取決めはないが,PCのデータの一部を個人フォルダに複製して利用している者が多い。

Q営業所と本社はVPNで接続されており,営業所員は本社にある業務サーバ及びメールサーバにPCからアクセスして,受発注や出荷などの業務を行っている。

なお,本社には本社の従業員が利用できるファイルサーバが設置されているが,ディスクの容量に制約があり,各営業所からは利用できない。

T社には,本社の各部及び各課の責任者,並びに各営業所長をメンバとする情報セキュリティ委員会が設置されており,総務担当役員が最高情報セキュリティ責任者(以下,CISOという)に任命されている。また,情報セキュリティインシデント(以下,インシデントという)対応については,インシデント対応責任者として本社の情報システム課長が任命されている。さらに,本社と各営業所では,情報セキュリティ責任者と情報セキュリティリーダがそれぞれ任命されている。Q営業所の情報セキュリティ責任者はK所長,情報セキュリティリーダは,総務課のA課長である。

〔マルウェア感染〕

ある土曜日の午前10時過ぎ,自宅にいたA課長は,営業課のBさんからの電話を受けた。休日出勤していたBさんによると，BさんのPC（以下，B-PCという）を起動して電子メール（以下，メールという）を確認するうちに，取引先からの出荷通知メールだと思ったメールの添付ファイルをクリックしたという。ところが，その後，画面に見慣れないメッセージが表示され，B-PCの中のファイルや，Bさんの個人フォルダ内のファイルの拡張子が変更されてしまい，普段利用しているソフトウェアで開くことができなくなったという。これらのファイルには，Bさんが手がけている重要プロジェクトに関する，顧客から送付された図面，関連社内資料，建築現場を撮影した静止画データなどが含まれていた。そこで，Bさんは A課長に慌てて連絡したとのことであった。

A課長は，B-PCにそれ以上触らずそのままにしておくようBさんに伝え，取り急ぎ出社することにした。

A課長がQ営業所に到着してB-PCを確認したところ，画面にはファイルを復元するための金銭を要求するメッセージと，支払の手順が表示されていた。A課長は，B-PCがマルウェアに感染したと判断し，K所長に連絡して，状況を報告した。この報告を受けたK所長は，インシデントの発生を宣言した。また，Bさんは，A課長の指示に従ってB-PCとNASからLANケーブルを抜いた。

さらに，A課長がBさんに，他に連絡した先があるかを尋ねたところ，A課長以外にはまだ連絡していないとのことであった。そこで，A課長はインシデント対応責任者である情報システム課長に連絡したところ，情報システム課で情報セキュリティを主に担当しているS係長に対応させると言われた。そこで，A課長はS係長に連絡し，現在の状況を説明した。

S係長によると，状況から見てランサムウェアと呼ばれる種類のマルウェアに感染した可能性が高く，この種類のマルウェアがもつ二つの特徴が現れているとのことであった。

設問 B-PCが感染したマルウェアの特徴について，次の（一）～（七）のうち，該当するものだけをすべて挙げた組合せを，解答群より選べ。

（一） OSやアプリケーションソフトウェアの脆弱性が悪用されて感染することが多い点
（二） Webページを閲覧するだけで感染することがある点
（三） 感染経路が暗号化された通信に限定される点
（四） 感染後，組織内部のデータを収集した上でひそかに外部にデータを送信することが多い点
（五） 端末がロックされたり，ファイルが暗号化されたりすることによって端末やファイルの可用性が失われる点
（六） マルウェア対策ソフトが導入されていれば感染しない点
（七） マルウェアに感染したPCの利用者やサーバの管理者に対して脅迫を行う点

解答群

ア	（一），（二）	イ	（一），（三）	ウ	（一），（五）	エ	（二），（三）
オ	（二），（四）	カ	（三），（五）	キ	（三），（七）	ク	（四），（六）
ケ	（五），（六）	コ	（五），（七）				

問52 ランサムウェア
（平成29年度春情報セキュリティマネジメント試験午後問1改）

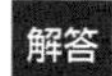 

代表的なマルウェアの特徴を**表**に記します。

表

名称	特徴
ワーム	OSやアプリケーションソフトの脆弱性を突き，パソコンやサーバなどに侵入して，当該コンピュータ上で不正な行為を実行したり，同じネットワーク内の他のコンピュータに自身のコピーを送りつけて，さらに感染範囲を広げたりする。
ダウンローダ（型ウイルス）	攻撃者が用意した不正なWebサーバなどから，他の種類のウイルスなどの不正なプログラムを，利用者の知らないうちにダウンロードして実行する。
キーロガー	キーボードの入力内容を記録するソフトウェア。攻撃者が被害者のPCに仕掛けて，パスワードを盗むために悪用されることがある。
アドウェア	被害者が意図しない広告を，勝手に画面などに表示するマルウェア。
ドロッパ	実行されると，別のマルウェアを作成して被害者のPCに感染させる。ドロッパのプログラムコードは，ウイルス対策ソフトの定義ファイルを最新にしても検出されないことが多く，削除するのが難しい。
ランサムウェア	感染すると，被害者のPC内のファイルを勝手に暗号化したり，PCを操作できなくしたりする。その後，「ファイルを元に戻したければこの金額を払え」などの，ファイルなどを"人質"にして被害者を脅迫するメッセージを表示する。
ルートキット	OSなどに秘密裏に組み込まれたバックドアなどの不正なプログラムを，隠蔽するための機能をまとめたツール。
バックドア	サーバなどに不正侵入した攻撃者が，再度当該サーバに容易に侵入できるようにするために，OSなどに密かに組み込んでおく通信用プログラムなどのこと。

〔マルウェア感染〕から，BさんのPCに感染したマルウェアには，「B-PCの中のファイルや，Bさんの個人フォルダ内のファイルの拡張子が変更されてしまい，普段使用しているソフトウェアで開くことができなくなった」，「画面にはファイルを復元するための金銭を要求するメッセージと，支払の手順が表示されていた」という特徴があります。

よって，B-PCに感染したランサムウェアの特徴として適切なものは（五）と（七）の2点です。コが適切です。

(一) OSやアプリケーションソフトウェアの脆弱性を悪用して感染するのは，ランサムウェアに限ったことではなく，ワームなどのマルウェア全般の特徴です。

(二) Bさんはメールをクリックしたことで感染しています。ランサムウェア以外のマルウェアも，Webページの閲覧によって感染することがあります。

(三) 今回の感染では，暗号化された通信は特に用いられていません。暗号化されていない電子メールなどからランサムウェアに感染することもあります。

(四) 〔感染後の対応〕で「今回のマルウェア感染以降，Q営業所のネットワークから本社や外部への不審な通信は行われていない」と説明されていることから，組織内部のデータをひそかに外部に送信することはありません。

(六) 冒頭で「PCにインストールされているウイルス対策ソフトは定義ファイルを自動的に更新するように設定されている」と説明されています。また，Bさんがこの設定を無効にしていたという記述はありません。BさんのPCにインストールされているウイルス対策ソフトは定義ファイルが最新の状態でしたが，今回のランサムウェアに感染しています。

□□□ **問53** P社は，従業員数1,200名の大学受験及び高校受験のための大手予備校である。先日開催した経営会議において，次年度から中学受験向けコースの事業部（以下，C事業部という）を新たに立ち上げることが決まり，現在，開講に向けた準備作業を進めている。C事業部は，教務部，営業部，総務部，マーケティング部の計4部で構成され，マーケティング部は，市場調査，広報活動，外部公開のWebサービスの企画，導入，運用などを担当している。

〔情報セキュリティの重点方針〕

現在，P社の最高情報セキュリティ責任者は，情報セキュリティ活動を推進し情報を守ることと，情報を活用しビジネスを成長させることの両立が必要不可欠であると考えている。そこで，P社の情報セキュリティの重点方針として，“個人情報の漏えい防止”と“Webサービスの継続性確保”の2点を定めて，情報セキュリティ委員会のメンバ（最高情報セキュリティ責任者と各事業部の事業部長，各部の部長によって構成される）に通知している。

〔Webサービスの仕様〕

C事業部のマーケティング部では，模擬試験の結果速報，成績推移などを，P社の中学受験向けコースに通う児童（以下，児童という），及び児童の保護者（以下，保護者という）が閲覧できるように，ログイン機能を有したWebサービス（以下，Wサービスという）をWebアプリケーションソフトウェア（以下，Webアプリという）として開発し，提供することを検討している。マーケティング部のNさんは，Wサービスの企画を担当している。**図**は，Nさんが作成したWサービスの仕様案である。

1．サービスメニューの概要
 (1) 模擬試験の結果速報
 (2) 成績推移
 (3) 料金の自動引落し明細
2．認証機能
 (1) ログイン
  任意に設定できる英数字の利用者 ID と数字 4 桁の児童用パスワードを使用してログインする。
 (2) アカウントロック
  5 回連続してログインに失敗すると，1 分間，アカウントをロックする。
 (3) 保護者用パスワードによる追加ログイン
  料金の自動引落し明細メニューにアクセスするためには英数記号 8 文字以上の保護者用パスワードによる追加ログインを必要とする。
 (4) ログアウト
  “ログアウト”ボタンをクリックするとログアウトする。“ログアウト”ボタンを押さない限り，ログインしたままとする。
 (5) パスワードの表示
  児童用パスワードも保護者用パスワードも，パスワード入力内容の表示，非表示を切り替えられるようにする。初期状態は，非表示とする。

図　Wサービスの仕様案（抜粋）

設問 **Wサービスの仕様案のままであれば，ブルートフォース攻撃のリスクがある。そこで，Wサービスの仕様案よりもリスクを低減できるものだけを全て挙げた組合せを，解答群の中から選べ。**

（一） 児童用パスワード及び保護者用パスワードの入力内容を，常に非表示にするように変更する。
（二） 児童用パスワードを，数字4桁から英数記号8文字以上に変更する。
（三） 保護者用パスワードを，英数記号8文字以上から数字9桁に変更する。
（四） ログイン失敗回数によるアカウントロックのしきい値を，5回から8回に変更する。

（五） ログイン失敗時のアカウントロック時間を，1分間から60分間に変更する。

解答群

ア	(一), (二)	イ	(一), (二), (三)	ウ	(一), (二), (四)
エ	(一), (三), (五)	オ	(一), (四)	カ	(二), (四)
キ	(二), (五)	ク	(三), (四), (五)		

解説

問53 ブルートフォース攻撃

（平成29年度秋情報セキュリティマネジメント試験午後問2改）

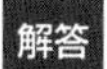

【パスワードによる認証】

パスワードを用いた認証では，文字の種類の数と文字数（長さ）を十分大きくして，設定できるパスワードの総数を多くすることが重要です。パスワードの総数が少ないと，攻撃者に推測されやすくなるからです。

> <例>
> 0～9までの10種類の文字が利用可能で，文字数が4文字のパスワード（銀行ATMの暗証番号が該当）
> →パスワードの総数＝10×10×10×10＝10,000（10,000とおりの文字列がある）
> 英数記号（数字10種類，英大文字26種類，英小文字26種類，記号18種類とする）の計80種類の文字が使用可能で，文字数が8文字のパスワード
> →パスワードの総数＝80×80×80×80×80×80×80×80＝約1,677兆
> パスワードの文字の種類の数，文字数が増えるとパスワードの総数は多くなる
> ●パスワードの総数の式
> 文字の種類（パターン）＝X，文字数＝Yとすると，設定できるパスワードの総数＝X^Y

× **(一)** 児童用パスワードなどを常に非表示にすることで，パスワードを盗み見られるリスクを低減できます。しかし，設問で尋ねているリスクはブルートフォース攻撃なので，このような対策をとっても低減できません。

○ **(二)** **【パスワードによる認証】**で説明したように，児童用パスワードを数字4桁から英数記号8文字以上に変更することで，パスワードに使用できる文字列の総数が増えます。その結果，ブルートフォース攻撃が成功するまでに攻撃者が試さなければならないパスワードの数が非常に増え，パスワードを突き止めるまでに時間が掛かるので，攻撃のリスクを低減できます。

× **(三)** **【パスワードによる認証】**で説明したように，英数記号8文字のパスワードの総数は約1,677兆です。これに対して数字（0～9の10種類）9桁のパスワードの総数は10^9＝10億であり，変更によってパスワードの総数が減るので，ブルートフォース攻撃が成功しやすくなります。

× **(四)** アカウントロックのしきい値を8回に増やしているので，攻撃者は8回まで連続してパスワードを試すことが可能になり，ブルートフォース攻撃が成功しやすくなります。

○ **(五)** アカウントロック時間を長くすると，ブルートフォース攻撃を仕掛けているアカウントが長時間ロックされ続け，攻撃者が次のパスワードを試すのが遅れます。パスワードを突き止めるまでに時間が掛かるので，攻撃のリスクを低減できます。

以上から，ブルートフォース攻撃のリスク低減に有効なのは，キ（(二)，(五)）です。

問 54　W社は，ヘルスケア関連商品の個人向け販売代理店であり，従業員数は300名である。組織は，営業部，購買部，情報システム部などで構成される。営業部には，営業企画課，及び販売業務を行う第1販売課から第15販売課までがある。

W社では，5年前に最高情報セキュリティ責任者（CISO）を委員長とする情報セキュリティ委員会（以下，W社委員会という）を設置した。W社委員会の事務局は，情報システム部が担当している。また，各部の部長は，W社委員会の委員及び自部署における情報セキュリティ責任者を務め，自部署の情報セキュリティを適切に確保し，維持，改善する役割を担っている。各情報セキュリティ責任者は，自部署の情報セキュリティに関わる実務を担当する情報セキュリティリーダを選任する。

〔PCに関する情報セキュリティ対策の検討〕

営業部で使用する機器は，オフィスに設置したサーバ，デスクトップPC（以下，DPCという），電話，ファックスなどである。サーバには，顧客情報DB及び販売履歴情報DB，並びに提案書ひな形などの共有ファイルを格納している。疎のサーバのデータのバックアップは，外部記憶媒体に格納し，キャビネットに保管している。

W社の営業スタイルは，主として訪問販売であり，紙媒体による提案資料の提示や多数のサンプル品の持参など，旧態依然としたものである。そこで，営業部長は，売上拡大を図るために，営業スタイルの見直しと効果的なマーケティング計画の立案をN課長に指示した。

営業スタイルについては，N課長は，モバイルPC（以下，MPCという）を活用することによって見直しをすることにした。MPCにはSFA（Sales Force Automation）ツールを導入し，訪問先でも在庫確認処理，受発注処理などを行えるようにする。

N課長は，自社の営業部員が初めてMPCを携行することになることから，他社で発生したMPCの紛失・盗難などの情報セキュリティ事故を踏まえた情報セキュリティ対策を検討する必要があると考えた。そこで，S課長の協力を得て，MPCに関する情報セキュリティ対策を表のとおりまとめてW社委員会に諮り，承認を得た。

表　MPCに関する情報セキュリティ対策

目的	情報セキュリティ対策
1. MPCの紛失・盗難そのものを防止	・営業部員がMPCを携行する際の総失·盗難そのものを防止するための順守事項の周知徹底
2. MPC内ハードディスクに保存された情報の漏えいを技術的に防止	・外部記憶媒体からMPCを起動できない設定の実施 ・ハードディスクを抜き取られてもデータを読み取られないように自動的に暗号化を行うハードディスクを内蔵したMPCの採用
3. 紛失・盗難中における情報漏えいの可能性について，回収後のMPCを確認	・OSコマンドを使われた可能性やSFAツールを迂回された可能性があるとの前提で，MPC内のファイルが読み取られた可能性が低いことを確認できる機能の組込み

設問　表中1.の「MPCの紛失・盗難そのものを防止」する情報セキュリティ対策で，次の（一）～（六）のうち，有効な順守事項だけを全て挙げた組合せを，解答群の中から選べ。

（一）　BIOSパスワードなど電源起動時のパスワードを設定したMPCを携行する
（二）　MPCの液晶画面にのぞき見防止フィルタを取り付ける
（三）　MPCを携行しているときは，酒宴に参加しない
（四）　移動中，電車の中で，MPCを網棚に置かない
（五）　営業車から離れるときは，短時間でも車両内にMPCを放置しない
（六）　ハードディスクのデータをリモートで消去できる機能をもつMPCを携行する

解答群

ア	(一), (二), (三)	イ	(一), (二), (六)	ウ	(一), (三), (四)
エ	(二), (三), (四)	オ	(二), (三), (四), (五)	カ	(二), (四), (六)
キ	(二), (六)	ク	(三), (四)	ケ	(三), (四), (五)
コ	(五), (六)				

解説

問54 PCの紛失・盗難の防止
(平成30年度春情報セキュリティマネジメント試験午後問1改)

表中で,「1. MPCの紛失・盗難そのものを防止」の対策は「営業部員がMPCを携行する際の総失・盗難そのものを防止するための順守事項の周知徹底」です。設問では「有効な順守事項だけを……」とあるので,(一)～(六)を順次確認します。

× **(一)** BIOSパスワードなど電源起動時のパスワードを設定したMPCを携行する。
⇒本体内に格納されている情報を読取られないようにする方策です。

× **(二)** MPCの液晶画面にのぞき見防止フィルタを取り付ける。
⇒MPCを操作中などにその表示内容を読取られないようにする方策です。

○ **(三)** MPCを携行しているときは,酒宴に参加しない。
⇒MPCを持っている際に酒宴などに参加すると,目を離した隙に持ち去られる可能性があります。(正解です)

○ **(四)** 移動中,電車の中で,MPCを網棚に置かない。
⇒MPCを自分の目の届く範囲外に置くと,持ち去られる可能性があります。(正解です)

○ **(五)** 営業車から離れるときは,短時間でも車両内にMPCを放置しない。
⇒営業車に施錠をしても,車上あらしなど遭い持ち去られる可能性があります。(正解です)

× **(六)** ハードディスクのデータをリモートで消去できる機能をもつMPCを携行する。
⇒MPCが盗難に遭い,情報が読取られる可能性がある際にする方策です。

したがって,ケ((三),(四),(五))です。

模擬 第1回 科目B

□
□
□
問 55

A社は，全国に営業拠点をもつ従業員数約5,000名の企業で，自社ブランドの住宅設備製品を販売しており，顧客情報管理，販売情報管理，修理情報管理など40を超える業務システムを運用している。住宅設備製品は，安全管理上の理由から，販売した製品情報と顧客情報の関連付けが必要で，顧客情報管理システムがほとんどの業務システムと連携している。これらの業務システムの運用は，10年前からA社が100%出資する情報システム子会社のK社によって行われていた。

K社の社員約200名の半数以上が，A社からの出向者であった。このため，A社とK社の間では，よい意味でも悪い意味でも"身内感覚"で仕事を進めてきており，システムの運用に関して，サービス内容とその品質が規定されていなかった。情報セキュリティに関しては，A社の情報セキュリティポリシの中で顧客情報を適切に取り扱うよう明確に定められ，A社及びK社の全社員に対して周知徹底されていたので，A社とK社には顧客情報保護の意識が浸透していた。

〔資本参加型アウトソーシングの契約〕

昨年，A社は，自社のコアコンピタンスを強化するため，情報サービス事業者のE社に対して，K社への資本参加を要請し，10年間のアウトソーシング契約を締結することで合意した。E社のK社への出資比率は51%であった。A社とK社の契約金額については，K社から提出された10年間の見積額を基に，前年度実績を踏まえて，毎年見直すという取決めであった(図)。

K社はE社の子会社になったので，E社から多くの社員が出向してきた。K社の情報セキュリティポリシは，E社の情報セキュリティポリシに基づいて，新たに制定され，K社内に周知徹底された。A社でも組織の見直しが行われ，100名在籍していた情報システム部員の半数以上は，K社に転籍した。A社の情報システム関連業務は，システム企画，予算管理及びK社への委託業務管理だけで，ほかの業務に関してはK社にアウトソーシングし，業務システムの実務経験がない経営企画部システム管理課の10名が担当することになった。

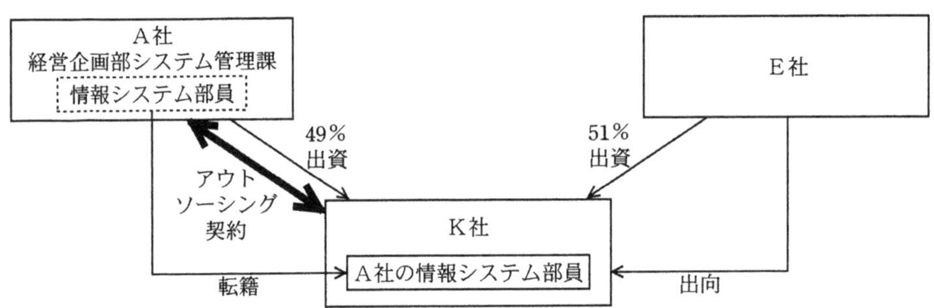

図　E社資本参加型アウトソーシング契約後のK社の位置付け

A社のシステム管理課のX課長は，この体制で情報セキュリティを確保することは難しいのではないかと考えていた。ソフトウェアの情報セキュリティ上の不具合に関する情報は，インターネットから簡単に入手できるものの，その量は膨大であり，対策を講じなかった場合，A社にどのような影響があるのかについて，システム管理課では見極めることができなかった。また，K社との関係及びK社内の体制が変更されたことから，顧客情報を従来どおり守れるかどうかといった不安があった。

設問 X課長は，アウトソーシングによって，顧客情報の機密性を保持することに不安があると考えている。K社に実施させるべき具体的対策のうち，最も適切なものはどれか。

解答群

- ア　顧客情報の改ざんを検知する仕組みを導入する
- イ　顧客情報の管理を強化するためにプライバシーマークを取得させる
- ウ　顧客情報をK社の社員に扱わせないようにする

エ　顧客情報を扱う業務はE社に全て業務委託する
オ　顧客情報を適切に取扱うための施策を情報セキュリティポリシに盛り込む
カ　顧客情報を複数の記憶装置に分散して保存する

解説

問55 アウトソーシングでの機密保持
（平成14年度秋情報セキュリティアドミニストレータ試験午後1問1改）

解答 オ

〔資本参加型アウトソーシングの契約〕の記述から，K社の情報セキュリティポリシは，E社の情報セキュリティポリシに基づいて新たに制定されています。E社は，A社がこれまで行ってきた顧客情報の取扱い方法などを熟知していないため，E社の情報セキュリティポリシには顧客情報を適切に取り扱うための施策などが盛り込まれていない可能性があります。よって，E社の情報セキュリティポリシに基づいたものをK社の情報セキュリティポリシとして用いると，情報漏えいの可能性が高くなります。したがって，解答としては，オ“顧客情報を適切に取り扱うための施策をポリシに盛り込む。”ことをK社に実施させる必要があります。

×ア　顧客情報の改ざんを検知するのは完全性が目的です。
×イ　プライバシーマークを取得させることで，社内の顧客情報などの情報セキュリティレベルは上がりますが，どのように個人情報を扱うのかを社員個々の理解させる必要があります。
×ウ，エ　K社に委託業務を行っているので，顧客情報をK社の社員にも扱わせる必要があります。
×カ　顧客情報を複数の記憶装置に分散して保存するのは，可用性が目的です。

模擬 第1回
科目B

問56

B社は，本社を東京にもち，複数の事業所を有する大手製造業者である。本社と各事業所は，社内ネットワークで結ばれている。社外への情報提供のために，非武装セグメント(DMZ)にWebサーバを設置している。また，社員に1人1台のパソコンを配布し，社内の各種業務サービスの多くは，Webブラウザからアクセスできる。このうち，人事や経理など一部のシステムは，電子メールアドレスをIDとし，パスワードは個人ごとに設定する方式によるアクセス制御を行っている。なお，電子メールについては，4月と10月の年2回の定期人事異動のたびに電子メールアドレスが変わることがないよう，所属部門に依存しないアドレス形式に統一されている。

昨年，経営トップの交代があり，情報化戦略強化の一環として，公開鍵基盤（以下，PKIという）の構築が打ち出された。情報システム部のS部長は，PKIの導入計画を策定し，情報システム部のメンバとシステム設計を開始した。その概要は，次のとおりである。

(1) PKIの導入によって，クライアント認証の強化を図る。具体的には，サーバへのアクセス時のクライアント認証，社外からB社システムへのアクセス時のクライアント認証に適用する。
(2) 公開鍵証明書の発行対象は，全社員とする。失効事由が発生した場合には，直ちに失効手続を取るが，人事異動で失効にならないよう設計に留意する。
(3) 公開鍵証明書を発行する認証局の主管は，情報システム部とする。認証局は，社員の秘密鍵を保持しない。
(4) 社外から社内サーバへのアクセスは，100人規模のパイロットシステムによって3ヶ月間の評価を実施し，その後，全社展開を行う。

社員は，配布されたツールを使用して，あらかじめ秘密鍵と公開鍵の鍵ペアを生成し，公開鍵証明書を取得する。

S部長は，IDとパスワードによる認証方式が利用者にとって負担になり，結果としてセキュリティの水準を低くしているという問題意識をもっていたことから，PKIの導入によって，一気にこの問題を解決できると考えた。

設問 IDとパスワードによる認証方式が抱えている，利用者にとって負担になる問題とは何か。セキュリティ確保の観点から最も適切な解答を選べ。

解答群

ア 公開鍵証明書の有効期限を確認する必要がある
イ パスワードの定期的な変更が必要になる
ウ 秘密鍵を定期的に更新する必要がある
エ 部署が変わるたびにIDを変更する必要がある
オ マルウェア対策ソフトを更新する必要がある

解説

問56 パスワードによる認証の問題

（平成14年度秋情報セキュリティアドミニストレータ試験午後1問2改）

解答 イ

利用者認証にパスワードを用いる場合，パスワードの文字列は推測が困難なものにする（自分の名前・生年月日・所属部署名や一般的な単語などを用いない）ことや，パスワードを定期的に変更することが要求されます。しかし，利用者にとっては，推測が困難であるランダムな文字列で構成されるパスワードを記憶するのは負担になります。また，パスワードを定期的に変更することで，今まで記憶してきたパスワードが使えなくなり，常に最新のパスワードを記憶し続けなければならないのも，利用者にとって負担となります。

以上から，解答は イ "パスワードの定期的な変更が必要になる。" ことが，利用者にとって負担となる問題です。

× ア 公開鍵証明書の有効期限とパスワードは関係がありません。
× ウ 秘密鍵とパスワードは関係がありません。
× エ IDは電子メールアドレスを利用していますが，本文中に，「4月と10月の年２回の定期人事異動のたびに電子メールアドレスが変わることがないよう，所属部門に依存しないアドレス形式に統一されている」となっているので，問題はありません。
× オ マルウェア対策ソフトとパスワードは関係がありません。

□□□

問57

D社は，自動車関連の部品や雑貨の販売，取付けや整備を行う中堅小売業者で，消費者向けに店頭販売と訪問販売を行っている。首都圏を中心に10支店があり，それぞれ管轄地域内の数か所の営業所と十数か所の店舗を統括している。営業所では配属された営業員が顧客リストに基づいて訪問販売を行い，店舗では従業員が店頭での接客，販売，整備などを行う。

D社では，情報システム部が情報セキュリティポリシ及び具体的な取決めを定めた実施手順書の策定を終えたばかりであった。**図1，2**に，D社の情報システム部が策定した情報セキュリティポリシの目次と実施手順書（利用者IDとパスワードの項目の抜粋）を示す。

(1) 対象情報システム及び対象情報資産
(2) 情報システム装置への対策，ソフトウェアへの対策及びバックアップ対策
(3) ウイルス対策，不正アクセス対策及びソフトウェアの不正コピー対策
(4) 情報システムのアクセス管理，ネットワーク管理及びリモートアクセス管理
(5) 物理的及び環境的セキュリティ
(6) システム開発及び保守
(7) 障害，トラブルへの対応及び法令などの遵守

図1　情報セキュリティポリシの目次

(1) 利用者IDは各人に配付され，初期パスワードを最初のログインと同時に変更する。
(2) パスワードは意味のない文字列にし，必ず1文字以上の特殊記号を入れる。利用者IDは6けた，パスワードは8けた以上にする。
(3) パスワードは1か月ごとに変更するが，一度使用したパスワードは登録できない。

図2　実施手順書（利用者IDとパスワード項目の抜粋）

〔顧客情報システムの開発及び稼働〕

D社では，新たに営業システムに顧客情報システムを追加して，顧客との関係を強化することになった。**図1，2**に基づいて開発された顧客情報システムでは，実施手順書で指定された利用者IDとパスワードの基準に準拠した機能が実装されていたが，実際の運用においては，各自の利用者IDとパスワードを書いたメモをパソコンの周りに残しているユーザが少なくなかった。

〔F営業所での事件〕

ある朝，F営業所の管轄支店の営業推進担当者が，F営業所そばの駅のごみ箱からF営業所の顧客リストがはみ出しているところを発見し，回収した。顧客リストには，顧客の氏名，住所のほかに推定年収，高額商品の購入履歴，現在の商談状況などが記載されていた。回収された顧客リストには細断などの処理が何もされていなかったので，顧客リストの出力を行った利用者IDがすぐに特定された。しかし，この利用者IDを利用する営業員は，この1週間入院しており，顧客リストが出力された日にはパソコンを操作していなかったことが判明した。この営業員がよく利用するパソコンは，外部の者も頻繁に出入りしている休息ラウンジのそばに置かれ，この営業員の利用者IDとパスワードのメモがパソコンにはり付けてあった。

数日後，F営業所での事件を知った情報システム部のG部長は，情報セキュリティ担当者のE氏とシステム運用担当者に，事件の調査と再発防止策の検討を指示した。検討の結果，利用者IDとパスワードのメモ類への記録及びはり付けの禁止が打ち出され，実施手順書に追加された。その後，各営業所の朝礼で各支店の営業推進担当者から営業員に再発防止策が繰り返し伝達されたので，各営業所では改善が見られた。

設問　情報セキュリティポリシの目次（図1）の(1)～(7)の中で，利用者IDとパスワードのメモ類のはり付け禁止に関しての再発防止策が関係しないと思われるものの組合せを解答群より選べ。

解答群

ア (1), (5)	イ (1), (6)	ウ (2), (4)
エ (2), (6)	オ (3), (5)	カ (3), (7)

解説

問57 メモ類のはり付け禁止

(平成15年度秋情報セキュリティアドミニストレータ試験午後1問1改)

D社の情報セキュリティポリシの目次(1)～(7)について，利用者IDやパスワード及びそのメモ類への記録やはり付けによる不正ログインの禁止と関係があるかどうかを検証します。

× (1) 利用者IDやパスワードのメモがパソコンにはり付けてあり，その利用者IDやパスワードを用いて外部の者または社内の従業員がD社の情報システムに不正にログインすると，D社の情報システムが攻撃されたり，情報資産が盗まれたりする危険性が高くなります。よって，(1)は関係があります。

○ (2) 情報システムの設置やバックアップなどと，利用者IDやパスワード及び不正ログインとの間には特に関係がありません。

× (3)「ウイルス対策，不正アクセス対策……」とあるため，メモにはり付けてあった利用者IDやパスワードを用いてD社の情報システムに不正にログイン(アクセス)することと関係があります。

× (4) 情報システムのアクセス管理，ネットワーク管理及びリモートアクセス管理です。メモにはり付けてあった利用者IDやパスワードを用いて，外部からD社の情報システムにリモートアクセスし，不正にログインする可能性があるため，この項目は関係があります。

× (5) 物理的セキュリティとは，建物や部屋の入退室管理など，情報資産に対する物理的攻撃などを防ぐために確立するセキュリティ対策のことです。**〔F営業所の事件〕**では，不正利用された利用者IDを普段使用している営業員がよく利用するパソコンが，外部の者も頻繁に出入りしている休息ラウンジの傍に置かれており，このパソコンを使用してF営業所の顧客リストが不正に出力された可能性があります。

このような事件を防ぐためには，全てのパソコンを部屋の中に収め，外部の者が勝手に部屋に入らないように施錠管理などを確実に行う必要があります。すなわち，メモにはり付けてあった利用者IDやパスワードを用いて不正アクセスが行われた事件は，部屋の入退室管理に関連していたため，この項目は関係があります。

○ (6) システムの開発や保守を行っている状況では，システムは稼働していない状態のため，営業員などがシステムを利用することはできません。よって，利用者IDやパスワードを用いて不正アクセスすることもできません。以上から，システムの開発及び保守と利用者IDやパスワード及び不正ログインとの間には関係がありません。

× (7) メモにはり付けてあった利用者IDやパスワードを用いた不正ログインが行われることで，情報セキュリティに関するトラブルが発生することになり，その対応が必要になります。よって，この項目は関係があります。

以上から，エ((2)，(6))が正解です。

問58

H社は，5年ほど前に設立されたソフトウェア会社である。設立後間もなくして発売したビジネスアプリケーションソフトウェアが評判になり，その後のバージョンアップ版も含めて売上は好調である。その結果，H社は，順調に業績を伸ばし，設立当初は10名に満たなかった社員も，現在は50名を超えるほどになっている。

H社では，社内情報システムが会社規模の急激な拡大に追いついていないことが懸案事項になっていた。また，情報セキュリティ上の事故の発生も懸念されていた。そのため，1年ほど前に情報セキュリティポリシを策定し，そのポリシに基づいて，社内の情報セキュリティ対策の整備を進めてきた。

〔H社のオフィス〕

H社は，郊外の10階建てビルの5階にオフィスを構えている。社員が20名を超えた3年前に，現在のビルに移転して，以下のようなレイアウトである。

H社のオフィスの，正面入り口（業務時間中のみ開放）を入ったところには，無人の受付があり，内線電話が設置されている。内線電話のあるところからは，各部屋が見えないように，すべて天井までを仕切るパーティションによって区切られており，扉にはそれぞれ鍵がかけられるようになっているが，常に施錠しているのは扉①，扉④，扉⑤，社員通用口，荷物搬入口である。

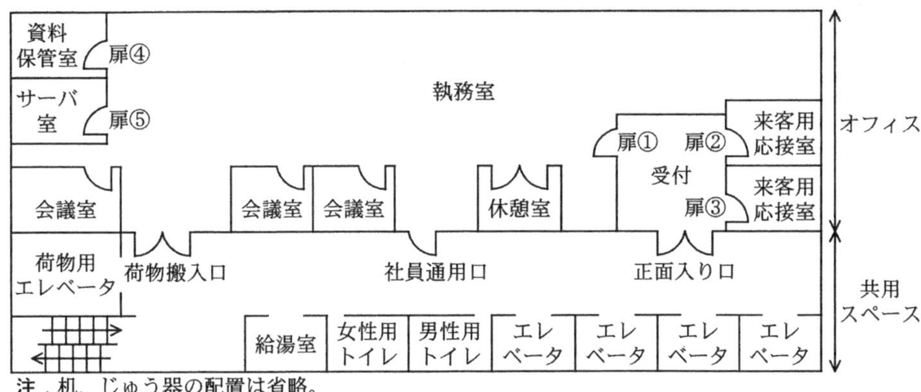

注．机，じゅう器の配置は省略。

図1　H社オフィスのレイアウト

〔情報セキュリティポリシ〕

H社の情報セキュリティポリシでは，オフィスのセキュリティ区画の分類について，図2のように規定されている。

> 第5章　物理環境セキュリティ
> （セキュリティ区画の目的）
> 第1節　部外者のオフィスへの不正侵入を防ぎ，オフィス内の機密管理を確実にするために，セキュリティ区画を定義する。
> （セキュリティ区画の分類）
> 第2節　オフィスを次の三つの区画に分類して管理する。
> 一般区画　社員以外の者であっても特別な制限なしに入室可能な区画。
> 業務区画　社員及び社員の許可を得た者だけが入室可能な区画。
> アクセス制限区画　区画の管理責任者によって許可を得た者だけが入室可能で，入室者とその入室履歴を追跡できる区画。
> （入退室管理）
> （以下省略）

図2　H社の情報セキュリティポリシ（抜粋）

表1　セキュリティ区画の管理規定

区画名	管理規定
一般区画	社員は，常に社員証を着用する。
業務区画	(1)　一般区画とは堅固な隔壁によって区切り，常に施錠する。 (2)　社員は，常に社員証を着用する。 (3)　社員以外の者が入室するためには，事前に入室の申請を行った上で，総務課長の承認を得る必要がある。
アクセス制限区画	(1)　[a]とは隣接させない。 (2)　[b]とは堅固な隔壁によって区切り，常に施錠する。 (3)　入室の履歴を自動的に記録する。 (4)　社員は，常に社員証を着用する。

設問　H社の情報セキュリティポリシを考慮して，表1中の[a]，[b]に入れる最も適切な字句の組合せはどれか。

a,bに関する解答群

	a	b
ア	一般区画	休憩室
イ	一般区画	業務区画
ウ	受付	サーバ室
エ	会議室	給湯室
オ	資料保管室	サーバ室
カ	業務区画	一般区画

解説

問58　アクセス制限区画

(平成15年度秋情報セキュリティアドミニストレータ試験午後1問2改)

解答 

空欄a：本問の**図2**の，H社の情報セキュリティポリシ（以下，ポリシという）の第2節から，アクセス制限区画は「区画の管理責任者によって許可を得た者だけが入室可能」としなければなりません。社員以外の者が特別な制限なしに入室可能な一般区画と，サーバ室などのアクセス制限区画が隣接していると，社員以外の者がアクセス制限区画に入室する危険性が高くなるため，"一般区画"とは隣接させないようにする必要があります。

空欄b：ポリシの第2節から，アクセス制限区画は「区画の管理責任者によって許可を得た者だけが入室可能」としなければなりません。したがって，H社の社員であっても許可を得ていない者がアクセス制限区画に侵入できないように，社員が入室している"業務区画"と堅固な隔壁によって区切り，常に施錠しておく必要があります。

したがって，イの組合せが正解です。

問 59 A社は，従業員数2,000名の不動産会社で，戸建て住宅，マンションの販売及びオフィス賃貸事業を全国に展開している。A社では，社内業務の効率向上のために，5年前から全従業員に対してノートパソコンを1台貸与している。3年前からは，インターネットによる空き室情報の提供や申込受付などのサービスを開始し，順調に売上を伸ばしている。また，インターネットによるサービスの開始と同時に，外部からの不正侵入を阻止するために，ファイアウォールを設置した。

A社の組織構成を図に示す。インターネットを利用した事業を推進する上で，情報セキュリティポリシが必要不可欠であると判断し，社長を委員長とする情報セキュリティ委員会を社内に新設した。委員には各部の部長が選任され，情報システム部のN部長と若手のT主任の2名が事務局となった。

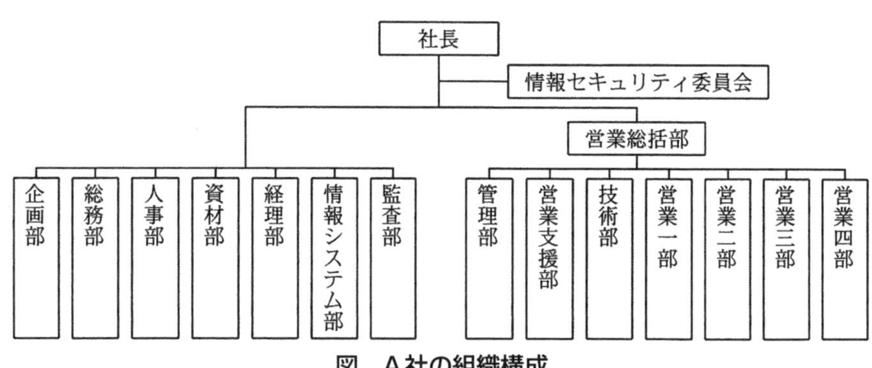

図　A社の組織構成

この委員会は，3か月間で情報セキュリティポリシを策定した。A社は，インターネットによる情報の活用促進を重要視する一方で，会社の秘密情報が外部に流出することを防止するために，会社の情報資産を重要度に応じて分類し，その分類ごとに適切に取り扱うように情報セキュリティポリシの中で規定している。

T主任は，情報セキュリティポリシを社内に周知徹底させるに当たって，数年前に情報システム部が“電子メール利用上の注意”を社内に浸透させようとしたときの方法について調べた。このときは，情報システム部の担当者が各部に直接出向いて説明会を開き，全従業員に受講させていた。それにもかかわらず，“電子メール利用上の注意”が従業員に浸透しているとはいえなかった。T主任は，“電子メール利用上の注意”を浸透させようとした際に実施したアンケートの調査結果を読み直してみた。その結果，“情報システム部の説明が理解しにくい”，“注意事項はもっともだが，それでは仕事の実態からずれている”などの問題点が指摘されていることに気付いた。

T主任は，アンケートの調査結果を踏まえ，社内への周知方法についてN部長と話し合った。その結果，説明の時間や回数を増やすのではなく，方法を変えてみることにした。それは，情報システム部による一斉集合教育から，段階的なトップダウン教育に変更するというものであった。具体的には，まず，情報システム部が各部の総務担当の課長に対して指導者養成のための教育を行い，次に，各課長が所属する部の従業員に対して教育を行うというものであった。教育用マニュアルは，専門用語を避け，一般従業員でも理解しやすい表現にした。

設問 情報セキュリティポリシを周知徹底させるために，T主任は従業員に対する教育を各部の総務担当の課長にお願いした。各部の総務担当の課長が実施するメリットの組合せの中で最も適切なものは何か。

(一) 同じ職場の課長が説明することで，情報流出の危険が自部門にも存在することを実感できること
(二) 課長は業務が他の社員と異なっているので教育に時間をかけることができること
(三) 課長は業務を熟知しているので，職場の業務特性や情報の重要度に即した説明を行える
(四) 課長は情報セキュリティポリシを作成したメンバであるために内容が理解しやすい

（五） 課長は電子メールの専門的な知識を持っているために説明がわかりやすい

解答群

ア	（一），（二）	イ	（一），（三）	ウ	（一），（四）
エ	（三），（四）	オ	（三），（五）	カ	（四），（五）

解説

問59 情報セキュリティポリシの周知方法
（平成16年度秋情報セキュリティアドミニストレータ試験午後1問1改）

解答 

情報システム部がかつて"電子メール利用上の注意"を社内に浸透させようとしたときは，情報システム部の担当者が説明会を開いて全従業員に受講させていました。このときは，"注意事項はもっともだが，それでは仕事の実態からずれている"などの問題点があり，"電子メール利用上の注意"が十分に浸透できませんでした。

以上から，情報システム部の担当者が情報セキュリティについて説明すると，「仕事の実態」すなわち各部の業務の性質（特性）などに即した説明を行えない問題があるとわかります。また，情報システム部の担当者は，他の部署の業務特性や情報の種類・重要度などに詳しくないため，各部署の仕事の実態からずれた説明しかできないと推定できます。

T主任は，社内への周知方法を，情報システム部による一斉集合教育から段階的なトップダウン教育に変更し，各課長が所属する部の従業員に対して教育を行うように変更しています。このようにすることで，各部の業務について熟知している課長が教育することになり，職場の業務特性や各部署が扱う情報の重要度に即した説明が期待できます。

以上から，"（三）課長は業務を熟知しているので，職場の業務特性や情報の重要度に即した説明を行えること"が正解です。

また，同じ職場の責任者であり，従業者にとって近い立場にある課長が教育を行うことで，情報の外部流出リスクが自部門に存在することを，各部署の従業者が実感できるなどのメリットもあります。よって，"（一）同じ職場の課長が説明することで，情報流出の危険が自部門にも存在することを実感できること"も正解です。

よって正解は イ です。

□□□ **問 60** L社は，20年前に設立された，社員数200名の書籍販売会社である。10年ほど前からインターネットを利用した書籍販売を始めたところ，順調に売上げを伸ばし，現在では10,000人を超える顧客が会員登録をしており，1日に平均して5,000件程度の注文がある。L社の書籍販売システム（以下，Eシステムという）の構成は，**図**のとおりである。

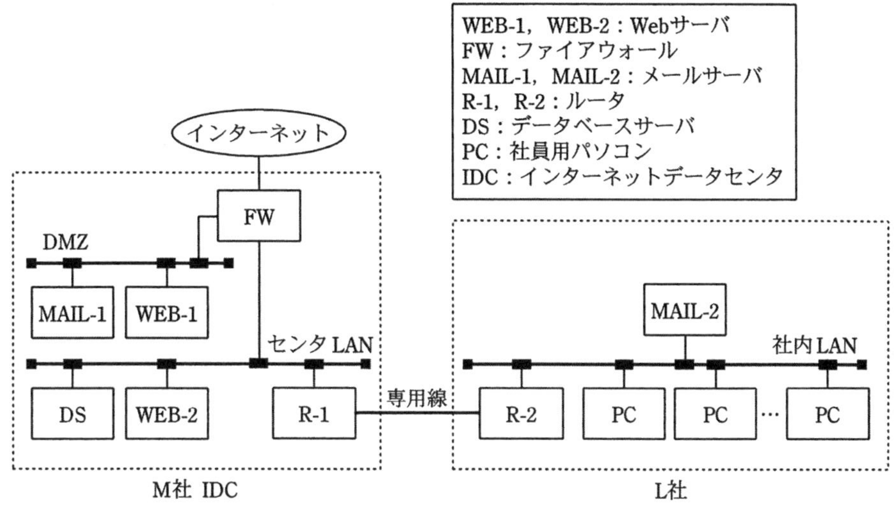

図　Eシステムの構成

〔Eシステムの概要〕

(1) EシステムのMAIL-2以外のサーバは，システム開発を委託したM社IDCのハウジングサービスによって運用されており，FW以外はL社所有の機器である。

(2) 顧客は，インターネットを経由してWEB-1にアクセスする。WEB-1は，検索機能，書籍紹介情報の提示機能，発注機能及び決済機能を提供している。顧客データ，書籍紹介情報や在庫データは，すべてDS上に蓄積されており，WEB-1から随時，参照，更新される。

(3) WEB-2は，営業部と仕入部の社員向けに販売管理機能を提供している。この販売管理機能は，受注管理機能，顧客管理機能及び在庫管理機能からなる。担当の社員は，社内LANから，R-1，R-2で接続されている専用線を経由してWEB-2にアクセスし，販売管理機能を用いて，DS上に蓄積されたデータの取得や更新を1件ずつ行う。ただし，これらのデータの取得や更新が多い場合には，システム部にデータの一括取得や一括更新を依頼する。システム部の担当者は，FTPを使ってDSにアクセスし，データの一括取得や一括更新を行う。

(4) 販売管理機能を利用する社員は，所属部長の承認を得た上で，販売管理機能の利用権限が設定された個別のID（以下，SIDという）をシステム部に申請し，取得する。また，取得したSIDが不要となった場合には，同様にシステム部に削除を申請する。WEB-2は，認証機能を備えており，SIDとパスワードを用いてログインできる。営業部の社員は受注管理機能と顧客管理機能を，仕入部の社員は在庫管理機能をそれぞれ利用できる。
なお，ログイン時に使用するパスワードは，SIDを取得した社員が管理する。

(5) 社内LANには，社員用の全PCが接続されており，社内のメールはMAIL-2を経由してやり取りされる。

〔システム監査の実施〕

L社ではEシステムの情報セキュリティ対策について，外部監査を実施することにした。そこで，システム部の担当者であるV主任が実績のあるN社の監査人と協議して監査項目を定め，ヒアリング対象として，L社のシステム部，営業部とM社のハウジングサービス担当部署を選定した。監査を効率良く実施するために，営業部とM社に対して，監査依頼書に依頼事項をまとめて通知した。

1か月後，この依頼の効果もあって，M社IDC内での運用状況などをスムーズに監査できた。

設問 監査依頼書で，M社に対して依頼した内容として適切なものだけを全て挙げた組合せを，解答群の中から選べ。

(一) IDCへの入退手続
(二) 監査実施に対する協力
(三) 監査スケジュールの調整
(四) 監査に必要な資料の準備
(五) 在庫データの一覧
(六) ヒアリング担当者のアサイン

解答群

ア (一)，(三)，(四)，(五)，(六)
イ (一)，(二)，(四)，(五)，(六)
ウ (一)，(二)，(三)，(五)，(六)
エ (一)，(二)，(三)，(四)，(六)
オ (一)，(二)，(三)，(四)，(五)
オ (二)，(三)，(四)，(五)，(六)
カ (一)，(二)，(三)，(四)，(五)，(六)

解説

問60 監査依頼書

(平成17年度秋情報セキュリティアドミニストレータ試験午後1問2改)

「V主任が，……ヒアリング対象として，L社のシステム部，営業部とM社のハウジングサービス担当部署を選定した。監査を効率良く実施するために，営業部とM社に対して，監査依頼書に依頼事項をまとめて通知した」，「この依頼の効果もあって，M社IDC内での運用状況などをスムーズに監査できた」と説明されています。すなわち，監査依頼書に依頼事項をまとめて営業部やM社に通知したのは，監査を効率良く実施し，M社IDC内でのEシステムの運用状況などをスムーズに監査できるようにするためとわかります。したがって，監査を効率良く実施するために必要な事項を，依頼事項として通知する必要があります。

○ **(一)** 本問冒頭の記述などから，EシステムはM社のハウジングサービスによって運用されており，L社のサーバはM社IDCに格納されています。一般的に，IDCには重要なサーバなどが格納されているため，入退室が厳重に管理されています。よって，IDC内での運用状況などを監査するために，監査人がM社IDCを訪問したときに速やかに入室できるようにするために，"**IDCへの入退手続**"をあらかじめ行っておくように依頼することも，監査をスムーズに実行する上で重要です。

○ **(二)** 監査を効率良く実施するためには，監査対象が監査人に協力し，必要な資料などを提供する必要があることから，"**監査実施に対する協力**"も正解となります。

○ **(三)** 監査を効率良く実施するためには，監査対象と監査人との間で監査スケジュールを調整し，監査人が監査対象を訪問した際に，システムの概要などの説明を迅速に実行できるように準備する必要があります。よって，"**監査スケジュールの調整**"も正解です。

○ **(四)** 監査人が監査を行う際に必要な資料をあらかじめ準備してもらうことも，監査を効率良く実施するために重要なため，"**監査に必要な資料の準備**"も正解となります。

× **(五)** 在庫データの一覧は棚卸では使用されますが，情報セキュリティに関する監査項目には必要ありません。

○ **(六)** N社の監査人が監査中にヒアリングを行うためには，ヒアリングの対象者を監査対象である営業部やM社の中から選定する必要があります。この選定を事前に行って監査対象部門などにあらかじめ通知しておくことで，ヒアリングを効率良く実施できます。したがって，"**ヒアリング担当者のアサイン**"も正解です。アサインとは，必要な人員や資源などを選定し，割り当てることを意味します。

よって，正解は エ ((一)，(二)，(三)，(四)，(六))です。

模擬試験問題 第2回

情報セキュリティマネジメント

※なお試験時間は科目A・科目B合わせて120分です。

※297ページに答案用紙がありますので，ご利用ください。
※「問題文中で共通に使用される表記ルール」については，294ページを参照してください。

模擬試験問題 第2回 科目A

□□□ **問 1**　特定の情報資産の漏えいに関するリスク対応のうち，リスク回避に該当するものはどれか。（H27秋SC午前Ⅱ問7）

ア　外部の者が侵入できないように，入退出を厳重に管理する。
イ　情報資産を外部のデータセンタに預託する。
ウ　情報の新たな収集を禁止し，収集済みの情報を消去する。
エ　情報の重要性と対策費用を勘案し，あえて対策をとらない。

□□□ **問 2**　JPCERTコーディネーションセンターと情報処理推進機構（IPA）が共同運営するJVN（Japan Vulnerability Notes）で，“JVN#12345678”などの形式の識別子を付けて管理している情報はどれか。（H30春IP問82）

ア　OSSのライセンスに関する情報
イ　ウイルス対策ソフトの定義ファイルの最新バージョン情報
ウ　工業製品や測定方法などの規格
エ　ソフトウェアなどの脆(ぜい)弱性関連情報とその対策

□□□ **問 3**　重要情報の取扱いを委託する場合における，委託元の情報セキュリティ管理のうち，適切なものはどれか。（H28春AP午前問38）

ア　委託先が再委託を行うかどうかは委託先の判断に委ね，事前報告も不要とする。
イ　委託先の情報セキュリティ対策が確認できない場合は，短期間の業務に限定して委託する。
ウ　委託先の情報セキュリティ対策が適切かどうかは，契約開始前ではなく契約終了時に評価する。
エ　情報の安全管理に必要な事項を事前に確認し，それらの事項を盛り込んだ上で委託先との契約書を取り交わす。

解説

問1 リスク回避

JIS Q 27000:2019による，情報システム上のリスクなどの定義をまとめます。

- 脅威：システム又は組織に損害を与える可能性がある，望ましくないインシデントの潜在的な原因。
- 脆弱性：一つ以上の脅威によって付け込まれる可能性のある，資産又は管理策の弱点。
- リスク：目的に対する不確かさの影響。

なお，リスク評価によってリスクの大きさを判断した上で決める各種の対策として，リスクコントロールやリスクファイナンスがあります。

- リスクコントロール

リスクが現実のものにならないようにするための，又は現実化したリスクによってもたらされる被害を最小限にするための対策です。リスクコントロールには，リスク回避（リスクそのものをなくすこと），リスク低減（リスクの発生確率や被害額を低減させること）などがあります。

- **リスクファイナンス**

  リスクが発生することは不可避であると仮定し，リスクによる損失に備えてリスク対策の費用を事前に計上したり，積立金などを設けて損失を補填したり，保険に加入したりすることで，リスクが現実化したときに生じる損失金額を少なくするための対策です。リスクファイナンスには，**リスク移転**（保険に加入するなどの手段で資金面での対策を行い，リスク発生時の損失を他者に肩代わりさせること）や**リスク保有**（積立金などによって，損失を自社で負担すること）があります。

  なお，リスクの損失金額よりも対策費用が大きくなり，リスク対策をする方がしない方よりも損をする場合は，あえて対策をとらないことがあります。このような対応を，**リスク保有**といいます。

解答群のうちリスク回避に相当するのは，「情報の新たな収集を禁止し，収集済みの情報を消去する（ウ）」です。情報資産自体をなくせば，それが漏えいする危険性そのものが消失するため，リスクそのものをなくすことができます。

×ア　リスク低減に該当する記述です。
×イ　リスク移転に該当する記述です。
×エ　リスク保有に該当する記述です。

問2 JVN

JPCERTコーディネーションセンターと情報処理推進機構（IPA）が共同運営する**JVN**（Japan Vulnerability Notes）は，情報セキュリティ対策に関するソフトウェアなどの脆弱性関連情報とその対策情報を提供しているサイトです。JVNに掲載されている情報は，「脆弱性が確認された製品とバージョン」，「脆弱性の詳細や分析結果」，「製品開発者によって提供された対策や関連情報へのリンク」などです。ソフトウェアの脆弱性とその対策は"JVN#12345678"などの形式の識別子を付けて管理され，誰でも閲覧することができます。また，対策にはパッチだけではなく回避策（ワークアラウンド）が掲載されることもあります。正解はエです。

×ア　OSS（Open Source Software）の定義は，非営利組織OSI（Open Source Initiative）が公表している文書である**OSD**（Open Source Definition）に示されています。
×イ　ウイルス対策ソフトの定義ファイルの最新バージョン情報は，作成した各ベンダが行っています。
×ウ　工業製品や測定方法などの規格はJISが策定・管理を行っています。

問3 委託元のセキュリティ管理

委託元から委託先に重要情報の取扱い業務を委託するとき，委託先の情報管理体制が不適切な状態になっていると，委託先から情報が漏えいする危険性があります。よって，委託元は業務を委託する前に，委託先の情報管理体制や情報セキュリティポリシなどを十分に精査して，重要情報を適切に管理できるかどうかを確認する必要があります。その上で，委託先と契約するときに，委託先の責任で情報が漏えいした場合は委託先が損害を賠償するなどの条項を盛り込んだ契約書を取り交わして，情報漏えいなどが発生したときに補償できるようにするのが適切です。エが正解です。

×ア　委託先が重要情報の再委託を行うと，委託先の情報管理体制が適切であっても，再委託先のミスによって情報漏えいが発生する危険性があります。再委託を行うときは再委託先の情報管理体制などを精査して，委託元が判断する必要があります。また，再委託に関する事前報告を必須とし，委託先の判断で勝手に再委託されないようにします。
×イ　業務の実施期間が短くても，重要情報が漏えいする可能性があるので，委託先の情報セキュリティ対策が確認できない場合は，委託を行わないのが適切です。
×ウ　委託先の情報セキュリティ対策が適切かどうかは，契約開始前に評価します。

解答

問1 ウ	問2 エ	問3 エ

問4

不正が発生する際には“不正のトライアングル”の3要素全てが存在すると考えられている。“不正のトライアングル”の構成要素の説明のうち，適切なものはどれか。（H27秋SC午前Ⅱ問9）

ア “機会”とは，情報システムなどの技術や物理的な環境及び組織のルールなど，内部者による不正行為の実行を可能，又は容易にする環境の存在である。

イ “情報と伝達”とは，必要な情報が識別，把握及び処理され，組織内外及び関係者相互に正しく伝えられるようにすることである。

ウ “正当化”とは，ノルマによるプレッシャーなどのことである。

エ “動機”とは，良心のかしゃくを乗り越える都合の良い解釈や他人への責任転嫁など，内部者が不正行為を自ら納得させるための自分勝手な理由付けである。

問5

ISO/IEC 15408を評価基準とする“ITセキュリティ評価及び認証制度”の説明として，適切なものはどれか。（H27秋SC午前Ⅱ問6）

ア 暗号モジュールに暗号アルゴリズムが適切に実装され，暗号鍵などが確実に保護されているかどうかを評価及び認証する制度

イ 主に無線LANにおいて，RADIUSなどと連携することで，認証されていない利用者を全て排除し，認証された利用者だけの通信を通過させることを評価及び認証する制度

ウ 情報技術に関連した製品のセキュリティ機能の適切性，確実性を第三者機関が評価し，その結果を公的に認証する制度

エ 情報セキュリティマネジメントシステムが，基準にのっとり，適切に組織内に構築，運用されていることを評価及び認証する制度

問6

デジタルフォレンジックスを説明したものはどれか。（H26秋SC午前Ⅱ問14）

ア 画像や音楽などのデジタルコンテンツに著作権者などの情報を埋め込む。

イ コンピュータやネットワークセキュリティ上の弱点を発見するテスト手法の一つであり，システムを実際に攻撃して侵入を試みる。

ウ ネットワークの管理者や利用者などから，巧みな話術や盗み聞き，盗み見などの手段によって，パスワードなどのセキュリティ上重要な情報を入手する。

エ 犯罪に対する証拠となり得るデータを保全し，その後の訴訟などに備える。

解説

問4 不正のトライアングル

不正のトライアングルとは，犯罪学者のD.R.クレッシー氏が提唱した理論で，人が不正行為をする原因をまとめたものです。次の三つがそろったとき，不正行為が発生します。

①機会（の認識）

「作業の実行者と承認者が同じ」，「承認者が作業内容を確認せずに承認している」など，不正行為を実行できるような客観的環境があることです。情報システムに適切なアクセス権限が設定されておらず，機密情報を誰でも参

照・コピーできるような環境も該当します。

②動機

不正行為を実行しようとする主観的事情です。例えば多額の借金があり，返済に追われていることなどが該当します。また，厳しいノルマがあり，プレッシャーから業務内容を改ざんしようと考えることも動機の一つです。

③正当化

不正行為を正当化しようとする主観的事情です。「他の人もやっている」，「自分は貧しいから他人から奪っても構わない」などの，都合のいい理由付けが該当します。

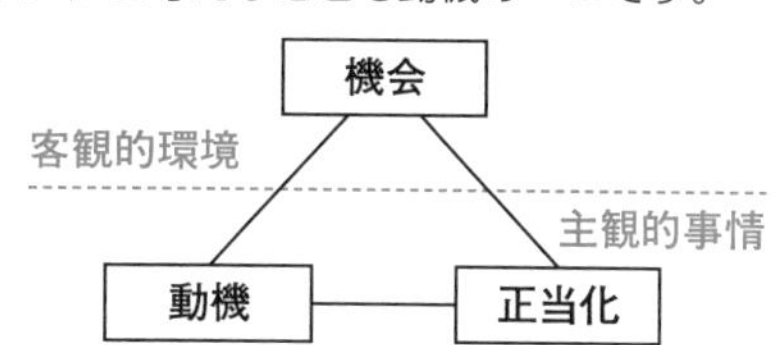

解答群のうち適切なものは ア です。

× イ “情報と伝達”は不正のトライアングルの要素ではありません。

× ウ “正当化”ではなく，“動機”の説明です。

× エ “動機”ではなく，“正当化”の説明です。

問5 ISO/IEC15408

ISO/IEC 15408(Common Criteria)は，情報システムのハードウェアやソフトウェアに関するセキュリティの保証レベルを評価するための国際規格です。この規格にはEAL(Evaluation Assurance Level，評価保証レベル)という評価基準があり，セキュリティ評価の厳格さのレベルを示します。このEALにはEAL1(最も緩い)からEAL7(最も厳しい)まで存在します。

ISO/IEC 15408を評価基準とするITセキュリティ評価及び認証制度(JISEC，Japan Information Technology Security Evaluation and Certification Scheme)は，「IT関連製品のセキュリティ機能の適切性・確実性を、セキュリティ評価基準の国際標準であるISO/IEC 15408に基づいて第三者(評価機関)が評価し、その評価結果を認証機関が認証する」制度です(https://www.ipa.go.jp/security/jisec/scheme/index.htmlより)。ウ が正解です。

× ア 暗号モジュール試験及び認証制度(JCMVP，Japan Cryptographic Module Validation Program)の説明です。

× イ 無線LANにおいて認証されていない利用者を排除するために，IEEE 802.11Xが用いられます。

× エ ISMSの説明です。

問6 デジタルフォレンジックス

デジタルフォレンジックス(Digital Forensics)とは，コンピュータ犯罪に対する科学的調査のことで，不正アクセスなどの犯罪に対する証拠(記録・ログなど)を立証するために必要なデータを保全して収集・分析すること，及びその後の訴訟などに備えることです。エ が正解です。

× ア ステガノグラフィの説明です。

× イ ペネトレーションテストの説明です。

× ウ ソーシャルエンジニアリングの説明です。

解答

問4 ア	問5 ウ	問6 エ

□□□ **問7** VA（Validation Authority）の役割はどれか。（H27春SC午前Ⅱ問4）

ア デジタル証明書の失効状態についての問合せに応答する。
イ デジタル証明書を作成するためにデジタル署名する。
ウ 認証局に代わって属性証明書を発行する。
エ 本人確認を行い，デジタル証明書の発行を指示する。

□□□ **問8** JIS Q 27000で定義された情報セキュリティの特性に関する記述のうち，否認防止の特性に該当するものはどれか。（H28春AP午前問39）

ア ある利用者がシステムを利用したという事実を証明可能にする。
イ 意図する行動と結果が一貫性をもつ。
ウ 認可されたエンティティが要求したときにアクセスが可能である。
エ 認可された個人，エンティティ又はプロセスに対してだけ，情報を使用させる又は開示する。

□□□ **問9** JIS Q 20000-1で定義されるインシデントに該当するものはどれか。（H28秋SC午前Ⅱ問24）

ア ITサービス応答時間の大幅な超過
イ ITサービスの新人向け教育の依頼
ウ ITサービスやシステムの機能，使い方に対する問合せ
エ 新設営業所に対するITサービス提供の要求

□□□ **問10** DNSSECについての記述のうち，適切なものはどれか。（H31春AP午前問40）

ア DNSサーバへの問合せ時の送信元ポート番号をランダムに選択することによって，DNS問合せへの不正な応答を防止する。
イ DNSの再帰的な問合せの送信元として許可するクライアントを制限することによって，DNSを悪用したDoS攻撃を防止する。
ウ 共通鍵暗号方式によるメッセージ認証を用いることによって，正当なDNSサーバからの応答であることをクライアントが検証できる。
エ 公開鍵暗号方式によるデジタル署名を用いることによって，正当なDNSサーバからの応答であることをクライアントが検証できる。

解説

問7 VA

PKI（公開鍵基盤）における**VA**（Validation Authority）は，Webサーバなどからデジタル証明書を受け取った利用者が，その証明書の失効状態を確認したい場合に，利用者からの問合せに応答してその証明書の失効状態を答える役割をもつ機関のことです。ア が正解です。

×イ　認証局（CA, Certification Authority）の役割です。
×ウ　発送局（IA, Issuing Authority）の役割です。
×エ　登録局（RA, Registration Authority）の役割です。

問8 情報セキュリティ特性

JIS Q 27000は，情報セキュリティマネジメントシステムに関連する用語を定義した規格です。この規格では，情報セキュリティの特性や能力として次のものを定義しています。

機密性	認可されていない個人，エンティティ又はプロセスに対して，情報を使用させず，また，開示しない特性
完全性	正確さ及び完全さの特性
可用性	認可されたエンティティが要求したときに，アクセス及び使用が可能である特性
否認防止	主張された事象又は処置の発生，及びそれを引き起こしたエンティティを証明する能力
信頼性	意図する行動と結果とが一貫しているという特性
真正性	エンティティは，それが主張するとおりのものであるという特性

（エンティティとは，情報を使用する組織，人，情報を扱う設備，ソフトウェア及び物理的媒体などを意味する用語）
否認防止の特性に該当するのはアの記述です。
×イ　信頼性の特性です。
×ウ　可用性の特性です。
×エ　機密性の特性です。

問9 JIS Q 20000-1

JIS Q 20000シリーズは，サービスマネジメントの仕様や実践のための規範を規定した規格です。JIS Q 20000-1では，「サービスに対する計画外の中断，サービスの品質の低下，又は顧客へのサービスにまだ影響していない事象」を，インシデントと定義しています。
ITサービス応答時間の大幅な超過（ア）など，サービスの中断や品質低下を引き起こす事象がインシデントに該当します。ア以外はこの事象にあてはまらないので，インシデントではありません。

問10 DNSSEC

DNSSECとは，DNSサーバから送信されてきたリソースレコードにデジタル署名を付加することで，ドメイン名などの情報が改ざんされた場合に，それを検知できるようにするための仕組みです。DNSSECを用いることで，リソースレコードの送信者の正当性やDNS応答の正当性を確認できます。エが正解です。
×ア　DNSSECでは，送信元ポート番号をランダムに選択する機能はありません。
×イ　DNSSECを用いても，DNSサーバに大量にパケットを送信してDNSサービスを妨害するなどの，DoS攻撃を防ぐことはできません。
×ウ　DNSSECは，共通鍵などの暗号化を前提としていません。

解答			
問7 ア	問8 ア	問9 ア	問10 エ

□□□ **問 11** rootkitに含まれる機能はどれか。(H27春SC午前Ⅱ問12)

ア OSの中核であるカーネル部分の脆弱性を分析する。
イ コンピュータがウイルスやワームに感染していないことをチェックする。
ウ コンピュータやルータのアクセス可能な通信ポートを外部から調査する。
エ 不正侵入してOSなどに組み込んだものを隠蔽する。

□□□ **問 12** マルウェアの活動傾向などを把握するための観測用センサが配備されるダークネットはどれか。(H27春SC午前Ⅱ問11)

ア インターネット上で到達可能，かつ，未使用のIPアドレス空間
イ 組織に割り当てられているIPアドレスのうち，コンピュータで使用されているIPアドレス空間
ウ 通信事業者が他の通信事業者などに貸し出す光ファイバ設備
エ マルウェアに狙われた制御システムのネットワーク

□□□ **問 13** 迷惑メールの検知手法であるベイジアンフィルタリングの説明はどれか。(H27春SC午前Ⅱ問13)

ア 信頼できるメール送信元を許可リストに登録しておき，許可リストにないメール送信元からの電子メールは迷惑メールと判定する。
イ 電子メールが正規のメールサーバから送信されていることを検証し，迷惑メールであるかどうかを判定する。
ウ 電子メールの第三者中継を許可しているメールサーバを登録したデータベースに掲載されている情報を基に，迷惑メールであるかどうかを判定する。
エ 利用者が振り分けた迷惑メールから特徴を学習し，迷惑メールであるかどうかを統計的に解析して判定する。

□□□ **問 14** AESの暗号化方式を説明したものはどれか。(H27秋SC午前Ⅱ問1)

ア 鍵長によって，段数が決まる。
イ 段数は，6回以内の範囲で選択できる。
ウ データの暗号化，復号，暗号化の順に3回繰り返す。
エ 同一の公開鍵を用いて暗号化を3回繰り返す。

解説

問11 rootkit

rootkit(ルートキット)とは，OSなどに秘密裏に組み込まれたバックドアなどの不正なプログラムを，隠蔽するための機能をまとめたツールのことです。

ボットなどの不正プログラムは，コンピュータの利用者やウイルス対策ソフトなどによって，当該プログラムが

不正な挙動を行っているところを発見され，駆除される可能性があります。そのため，当該プログラムが稼働している様子や当該プログラムのファイルを隠し，バックドアなどが稼働していることを気づかれないようにすることが，よく行われます。その際にrootkitが利用されます。エが正解です。

×ア　カーネル部分の脆弱性を分析するのは，脆弱性分析ツールです。

×イ　コンピュータがウイルスなどに感染していないかをチェックするのは，ウイルス対策ソフトです。

×ウ　コンピュータなどのアクセス可能な通信ポートを調査するツールは，ポートスキャンツールです。

問12 ダークネット

ダークネットとは，インターネット上で到達可能（使用可能）なIPアドレス空間のうち，未使用のIPアドレス空間のことです（ア）。この空間にはどのコンピュータも割り当てられていないので，通常のアクセスのパケットが届くことはありません。感染可能なホストをマルウェアが探すために，多数かつ無差別の宛先IPアドレスに攻撃用パケットを送信するとき，この空間宛てにもパケットが送られます。これを利用して，マルウェアの活動傾向などを把握するために，観測用センサをダークネットに配備します。

×イ　コンピュータで使用されているIPアドレス空間を，ライブネットといいます。

×ウ，エ　このような箇所に前述の観測用センサを配備することはほとんどありません。

問13 ベイジアンフィルタリング

ベイジアンフィルタリングとは，フィルタリングを行うソフトウェアが迷惑メールに含まれる特徴的な語句などを収集・解析して自己学習を行い，迷惑メールかどうかを統計的に解析して判定する，迷惑メール検知手法のことです。エが正解です。

×ア　許可リストを用いた迷惑メールのフィルタリング手法の説明です。

×イ　SPF（Sender Policy Framework）による迷惑メールのフィルタリング手法の説明です。

×ウ　第三者中継を許可しているメールサーバの情報を基にして，迷惑メールかどうかを判定する手法の説明です。

問14 AES

AESは，NIST（米国商務省標準技術局）が制定した共通鍵暗号方式です。1977年に制定された共通鍵暗号方式であるDESの改善版として公募され，2000年に決定した方式です。この暗号方式では暗号化に使用する鍵（暗号化鍵）のビット長（鍵長）を，128ビット，192ビット又は256ビットのうちのいずれかから選ぶことができます。

暗号化対象のデータを切り出した各ブロックに対して，AESなどで利用される暗号化鍵を用いて暗号化を行う1回のステップを段と呼び，ステップを行う回数を段数と呼びます。AESでは，鍵長によって段数が決定されます。例えば，128ビットの鍵長であれば10段の段数となります。アが正解です。

×イ　AESの段数は，10段，12段又は14段のいずれかとなります。

×ウ　データの暗号化，復号，暗号化の順に3回繰り返すのは，暗号方式の一つである3DES（Triple DES）の説明です。

×エ　AESは公開鍵暗号方式ではないため，公開鍵を用いることはありません。

解答

問11 エ	問12 ア	問13 エ	問14 ア

□□□ **問 15** パスワードクラック手法の一種である，レインボー攻撃に該当するものはどれか。(H31春AP午前問38)

ア 何らかの方法で事前に利用者IDと平文のパスワードのリストを入手しておき，複数のシステム間で使い回されている利用者IDとパスワードの組みを狙って，ログインを試行する。

イ パスワードに成り得る文字列の全てを用いて，総当たりでログインを試行する。

ウ 平文のパスワードとハッシュ値をチェーンによって管理するテーブルを準備しておき，それを用いて，不正に入手したハッシュ値からパスワードを解読する。

エ 利用者の誕生日や電話番号などの個人情報を言葉巧みに聞き出して，パスワードを推測する。

□□□ **問 16** DNSの再帰的な問合せを使ったサービス不能攻撃（DNS amp攻撃）の踏み台にされることを防止する対策はどれか。(H27春SC午前Ⅱ問15)

ア DNSキャッシュサーバとコンテンツサーバに分離し，インターネット側からDNSキャッシュサーバに問合せできないようにする。

イ 問合せがあったドメインに関する情報をWhoisデータベースで確認する。

ウ 一つのDNSレコードに複数のサーバのIPアドレスを割り当て，サーバへのアクセスを振り分けて分散させるように設定する。

エ 他のDNSサーバから送られてくるIPアドレスとホスト名の対応情報の信頼性を，デジタル署名で確認するように設定する。

解説

問15 レインボー攻撃

サーバ上で利用者のパスワードをそのまま保管すると，そのファイルが盗み取られる危険性が高いので，パスワードをハッシュ関数を使って求めたハッシュ値として保管しています。しかし，この方法を知っている攻撃者がパスワードから求められる全てのパスワードからハッシュ値のテーブルを準備して，そこから元のパスワードを推測する方法のことを**レインボー攻撃**といいます。

例えば，6文字の数字列のパスワードは，"000000"，"000001"，……，"999998"，"999999"の100万通りの文字列しかありません。これらから出力される全てのハッシュ値を求めて，パスワードとともに配列に格納した後，目標のハッシュ値を配列から検索することで，元のパスワードを特定できます。

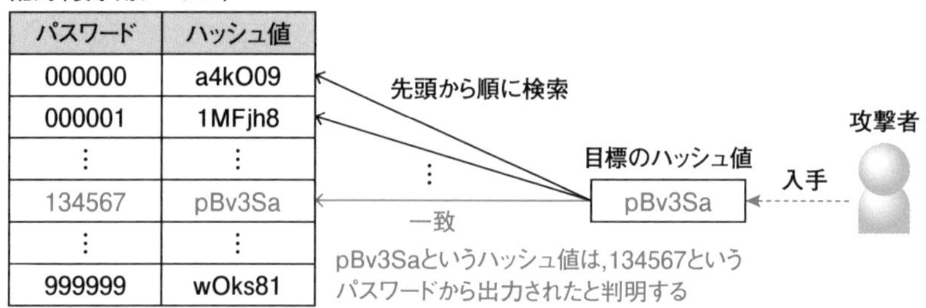

正解は ウ です。

×ア　パスワードリスト攻撃の説明です。
×イ　ブルートフォース攻撃の説明です。
×エ　ソーシャルエンジニアリングの説明です。

問16 DNS amp

DNS ampとは，次のような攻撃手法のことです。

①攻撃者は，攻撃用DNSサーバにデータ量の多いレコード（以下，攻撃用レコードという）を記録しておき，インターネット上の多数のDNSサーバに，攻撃用レコードへの問合せを行う。インターネット上の各DNSサーバは，攻撃用DNSサーバに攻撃用レコードを問い合わせて，攻撃用DNSサーバから受け取った攻撃用レコードをキャッシュする。

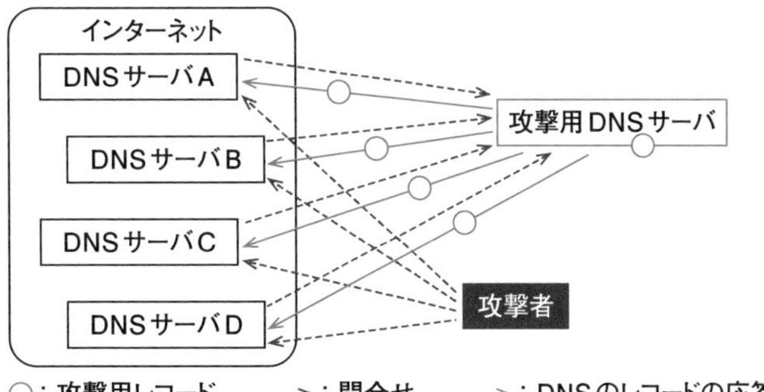

②攻撃者は，①の全てのDNSサーバに対して，送信元IPアドレスを攻撃対象の機器のアドレスに偽造して，攻撃用レコードに関する問合せを行う。

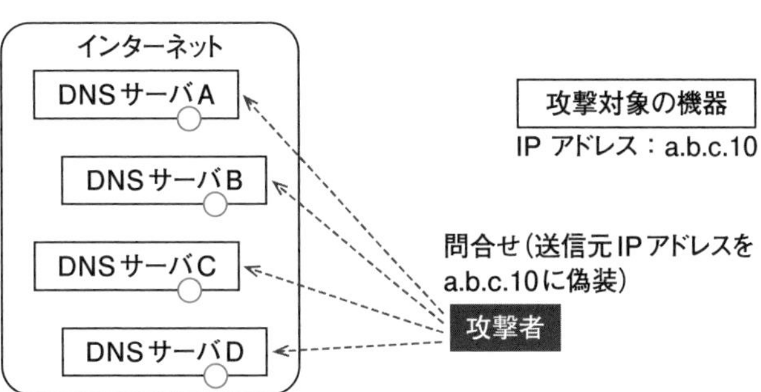

③①の全てのDNSサーバは，攻撃対象の機器のIPアドレス宛てに攻撃用レコードを返答する。インターネット上の多数のDNSサーバから，攻撃対象の機器に対してデータ量の多いレコードが大量に送信されてくるので，攻撃対象の機器の負荷が増大し，サービスができなくなる。

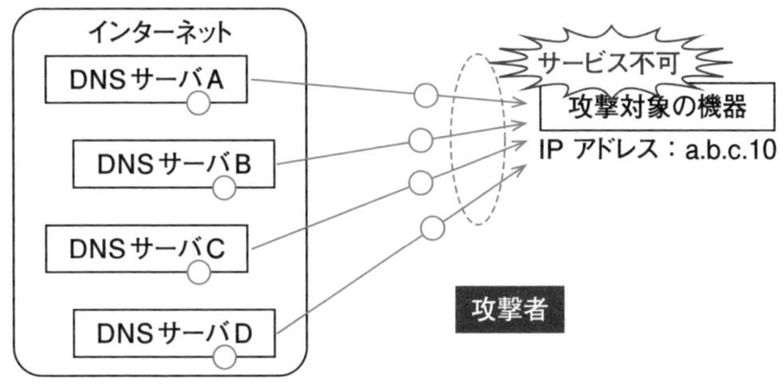

この方法では，キャッシュ機能を備えたインターネット上の多数のDNSサーバが踏み台として機能します。DNS ampに対処し，踏み台にされることを防ぐためには，DNSサーバをキャッシュサーバとコンテンツサーバに分離し，インターネット側からはキャッシュサーバに問合せできないようにすることが適切です。よって，アが正解です。他の解答群の方法ではDNS ampの踏み台にされることを防げません。

解答

問15 ウ	問16 ア

□□□ **問 17** SQLインジェクション対策について，Webアプリケーションの実装における対策とWebアプリケーションの実装以外の対策として，ともに適切なものはどれか。(H27春SC午前Ⅱ問17)

	Webアプリケーションの実装における対策	Webアプリケーションの実装以外の対策
ア	Web アプリケーション中でシェルを起動しない。	chroot 環境で Web サーバを稼働させる。
イ	セッション ID を乱数で生成する。	TLS によって通信内容を秘匿する。
ウ	パス名やファイル名をパラメタとして受け取らないようにする。	重要なファイルを公開領域に置かない。
エ	プレースホルダを利用する。	データベースのアカウントがもつデータベースアクセス権限を必要最小限にする。

□□□ **問 18** ステートフルインスペクション方式のファイアウォールの特徴はどれか。(H27秋SC午前Ⅱ問3)

ア Webブラウザと Webサーバとの間に配置され，リバースプロキシサーバとして動作する方式であり，WebブラウザからWebサーバへの通信に不正なデータがないかどうかを検査する。

イ アプリケーションプロトコルごとにプロキシプログラムを用意する方式であり，クライアントからの通信を目的のサーバに中継する際に，不正なデータがないかどうかを検査する。

ウ 特定のアプリケーションプロトコルだけを通過させるゲートウェイソフトウェアを利用する方式であり，クライアントからのコネクションの要求を受け付けて，目的のサーバに改めてコネクションを要求することによって，アクセスを制御する。

エ パケットフィルタリングを拡張した方式であり，過去に通過したパケットから通信セッションを認識し，受け付けたパケットを通信セッションの状態に照らし合わせて通過させるか遮断させるかを判断する。

解説

問17 SQLインジェクション

SQLインジェクションとは，Webページ上の入力フォームに不正な文字列を入力して，不正なSQL文を作成させ，Webアプリケーションを誤動作させたり，データベースの内容を不正に閲覧又は削除したりする攻撃方法のことです。

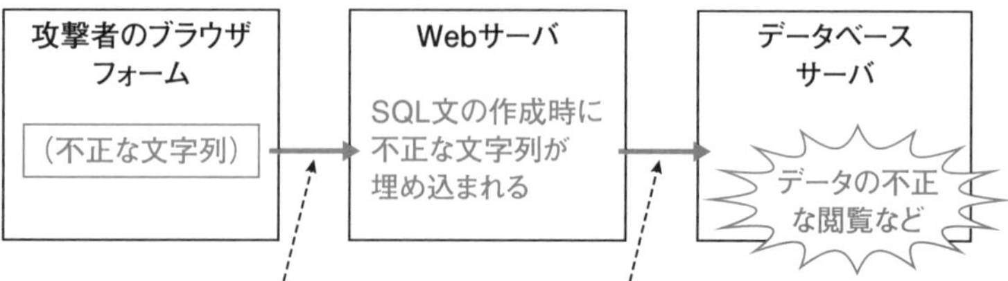

一般的なDBMSでは，“;”（セミコロン）で区切って複数のSQL文を一括して実行できる仕様になっています。 例えば，“SELECT～FROM～…; UPDATE～SET～…” というSQL文を作成すれば，

SELECT文の実行後にUPDATE文も実行されます。SELECT文の後にDELETE文を実行させるSQL文を不正に作成すれば，特定のテーブルのレコードが全て削除されてしまいます。

SQLインジェクションを防いだり，又はSQLインジェクションによる被害を最小限にしたりするためには，以下の対策が有効です。

● **フォームからの入力内容をサニタイジングする**

先の例の入力フォームでは，「'」のような，SQL文中で使用される「データベースの操作・問合せにおいて特別な意味をもつ」文字が入力可能であったため，問題が発生したことになります。よって，入力値から「'」，「"」などの特別な文字（特殊文字）を取り除くことで，SQLインジェクションを防止することができます。この特殊文字の無効化操作を，サニタイジングといいます。サニタイジングは，Webアプリケーションを実装する際に用いるべき対策となります。

● **バインド機構の利用**

バインド機構とは，変数部分に仮の文字列（プレースホルダ）をあてはめて作成された「SQL文の雛形」をあらかじめ用意しておき，Webページから変数（データ）が入力された際には，その変数にエスケープ処理を施して得られた変数（バインド変数）を，SQL文の雛形にあてはめて実行する方式です。変数は自動的にエスケープ処理されてあてはめられるため，安全にSQL文を実行できます。バインド機構は，Webアプリケーションを実装する際に用いるべき対策となります。

● **データベースのアカウントがもつアクセス権限を必要最小限にする**

データベースのアカウントのアクセス権限を必要最小限にしておけば，SQLインジェクションによって当該アカウントのアクセス権を奪われても，データベースサーバ上のファイルが削除されるなどの，重大な不正行為が行われる可能性は低くなります。この対策は，Webアプリケーションの実装以外で用いるべき対策となります。

以上から，エ が適切な対策の組合せです。

× ア　この組合せは，OSコマンドインジェクションの対策です。

× イ　この組合せは，セッションハイジャックの対策です。

× ウ　この組合せは，ディレクトリトラバーサルへの対策です。

問18 ステートフルインスペクション

ステートフルとは，WebブラウザとWebサーバとの間でやり取りされる通信の状態を管理するという意味です。商品を販売するWebサイトでは，商品選択画面→購入確認画面→購入済画面のように，Webブラウザがアクセスする画面が一定の順序で遷移していきます。このとき，WebブラウザとWebサーバとの間で通信セッション（データ送受信の順序及びその状態）が構築されます。通信セッションは，セッションIDによって識別されます。

Webサーバと Web ブラウザが同じセッション ID を共有している間，両者間で通信セッションが確立されている

ステートフルインスペクションは，過去に通過したパケットの値を参照して，WebブラウザとWebサーバとの間で確立された通信セッションを認識し，受け付けたパケット内のクッキーに格納されたセッションIDの値と通信セッションの状態とを照らし合わせて，通過の可否を判断する方式です。エ が正解です。

× ア　WAFの機能の説明です。

× イ　アプリケーションゲートウェイ方式の説明です。

× ウ　サーキットレベルゲートウェイ方式の説明です。

解答

問17 エ	問18 エ

□□□ 問 19 RLO(Right-to-Left Override)を利用した手口の説明はどれか。(H27春SC午前Ⅱ問3)

ア "コンピュータウイルスに感染している"といった偽の警告を出して利用者を脅し，ウイルス対策ソフトの購入などを迫る。

イ 脆(ぜい)弱性があるホストやシステムをあえて公開し，攻撃の内容を観察する。

ウ ネットワーク機器のMIB情報のうち監視項目の値の変化を感知し，セキュリティに関するイベントをSNMPマネージャに通知するように動作させる。

エ 文字の表示順を変える制御文字を利用し，ファイル名の拡張子を偽装する。

□□□ 問 20 スパムメール対策として，サブミッションポート(ポート番号587)を導入する目的はどれか。(H28春AP午前問44)

ア DNSサーバに登録されている公開鍵を用いて署名を検証する。

イ DNSサーバにSPFレコードを問い合わせる。

ウ POP before SMTPを使用して，メール送信者を認証する。

エ SMTP-AUTHを使用して，メール送信者を認証する。

□□□ 問 21 ICMP Flood攻撃に該当するものはどれか。(H27秋SC午前Ⅱ問10)

ア HTTP GETコマンドを繰り返し送ることによって，攻撃対象のサーバにコンテンツ送信の負荷を掛ける。

イ pingコマンドを用いて同時に発生した大量の要求パケットによって，攻撃対象のサーバに至るまでの回線を過負荷にしてアクセスを妨害する。

ウ コネクション開始要求に当たるSYNパケットを大量に送ることによって，攻撃対象のサーバに，接続要求ごとに応答を返すための過大な負荷を掛ける。

エ 大量のTCPコネクションを確立することによって，攻撃対象のサーバに接続を維持させ続けてリソースを枯渇させる。

解説

問19 RLO

RLO(Right-to-Left Override)とは，文字の表示順を変えるUnicodeの制御文字を利用することで，ファイル名の拡張子を偽装することです(エ)。英語のように左から右に文字を記述する言語もあれば，アラビア語など右から左に文字を記述する言語もあるので，左右どちらからでも文字を記述できるように，この制御文字が用意されています。

例　dummydatapiz.exe ← 不正プログラムのファイル名
　　↑この位置に，以降の文字の表示順を「左から右」から「右から左」に変えるUnicode制御文字を入れる

➡ dummydataexe.zip　というファイル名で表示される(実体は不正プログラム)

RLOを利用して，実行ファイル(拡張子がexe)を圧縮ファイル(拡張子がzip)などに見せかけて，不正プログラ

ムを実行させようとする手口が存在します。

×ア 偽セキュリティ対策ソフトの説明です。

×イ ハニーポットの説明です。

×ウ SNMPエージェントの挙動の説明です。

問20 サブミッションポート

メールの送信にSMTP（ポート番号25）を使用しないで，サブミッションポート（ポート番号587）を導入して，メールの送信元を認証することで，スパムメール送信を抑止する対策のことを，OP25B（Outbound Port 25 Blocking）といいます。

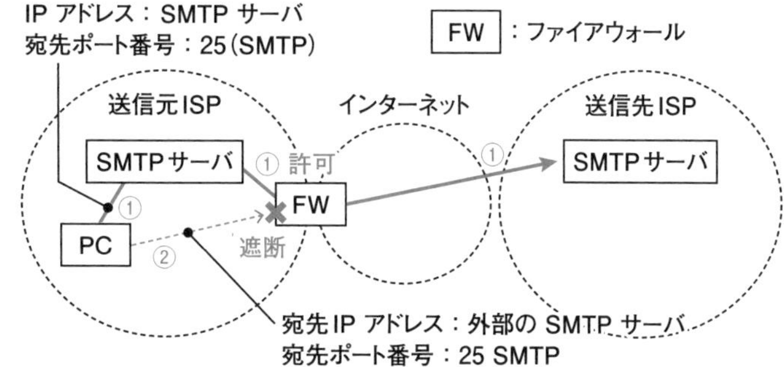

OP25Bでは，内部のコンピュータから，外部のSMTPサーバに直接送信しようとしたメールを遮断します。

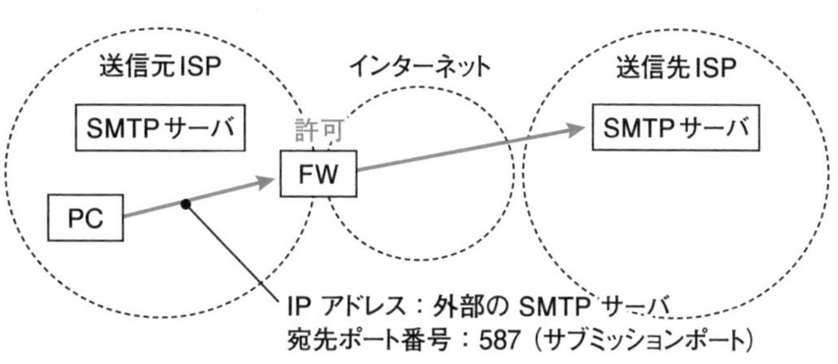

悪意のある送信者が個人利用のパソコンからスパムメールを送ると，送信元SMTPサーバに履歴が残ってしまいます。また，大量のメールを送信したために，ISPからインターネットの利用を拒否されることがあります。そのため，スパムメールの送信者は，当該SMTPサーバを経由させず，ISPの外にあるメールサーバに直接メールを送信しようとします。OP25Bでは，宛先ポート番号が25番のIPパケットが外に出るのを遮断することで，スパムメールの送信を防止できます。

よって，自分が所属しているISP以外のSMTPサーバを正当な目的で利用したい場合，宛先ポート番号を587番とし，SMTP-AUTHを用いて認証を受けることが必要になります（エ）。

問21 ICMP Flood攻撃

ICMP Flood攻撃は，pingコマンドを用いて，攻撃対象のサーバに対して大量の要求パケットを同時に発信し，当該サーバに至るまでの回線を過負荷にしてアクセスを妨害する攻撃手法です（イ）。

pingは，ネットワーク上の特定のコンピュータが稼働しているかどうか，及びコンピュータ間のケーブルや通信機器などが正常に機能しているかなどを確認するためのコマンドで，ICMPのメッセージ交換の仕組みを応用しています。

×ア HTTP GET Flood攻撃の説明です。

×ウ SYN Flood攻撃の説明です。

×エ TCP Connection Flood攻撃の説明です。

解答		
問19 エ	問20 エ	問21 イ

模擬 第2回 科目A

問22 Man-in-the-Browser攻撃に該当するものはどれか。(H28春AP午前問45)

ア DNSサーバのキャッシュを不正に書き換えて，インターネットバンキングに見せかけた偽サイトをWebブラウザに表示させる。

イ PCに侵入したマルウェアが，利用者のインターネットバンキングへのログインを検知して，Webブラウザから送信される振込先などのデータを改ざんする。

ウ インターネットバンキングから送信されたように見せかけた電子メールに偽サイトのURLを記載しておき，その偽サイトに接続させて，Webブラウザから口座番号やクレジットカード番号を入力させることで情報を盗み出す。

エ インターネットバンキングの正規サイトに見せかけた中継サイトに接続させ，Webブラウザから入力された利用者IDとパスワードを正規サイトに転送し，利用者になりすましてログインする。

問23 VLAN機能をもった1台のレイヤ3スイッチに複数のPCを接続している。スイッチのポートをグループ化して複数のセグメントに分けるとき，セグメントを分けない場合に比べて，どのようなセキュリティ上の効果が得られるか。(H27秋SC午前Ⅱ問11)

ア スイッチが，PCから送出されるICMPパケットを全て遮断するので，PC間のマルウェア感染のリスクを低減できる。

イ スイッチが，PCからのブロードキャストパケットの到達範囲を制限するので，アドレス情報の不要な流出のリスクを低減できる。

ウ スイッチが，PCのMACアドレスから接続可否を判別するので，PCの不正接続のリスクを低減できる。

エ スイッチが，物理ポートごとに，決まったIPアドレスのPC接続だけを許可するので，PCの不正接続のリスクを低減できる。

問24 テンペスト(TEMPEST)攻撃を説明したものはどれか。(H27秋SC午前Ⅱ問14)

ア 故意に暗号演算を誤動作させて正しい処理結果との差異を解析する。

イ 処理時間の差異を計測し解析する。

ウ 処理中に機器から放射される電磁波を観測し解析する。

エ チップ内の信号線などに探針を直接当て，処理中のデータを観測し解析する。

解説

問22 MITB

Man-in-the-Browser(MITB)攻撃とは，次のようなものです。

①攻撃者は，対象者のPCにマルウェアを感染させる。

②対象者がブラウザを使用してインターネットバンキングサイトにログインすると，マルウェアはその通信を検知し，ブラウザを乗っ取る。

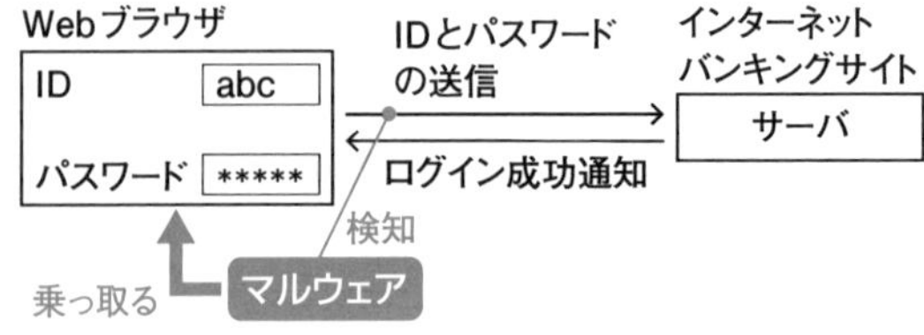

③対象者が，Webブラウザでインターネットバンキン

グサイトの振込画面を開き，振込先口座番号や振込金額を入力すると，マルウェアはその通信の振込先口座番号や振込金額を書き換えて，インターネットバンキングサイトのサーバに送信する。その結果，攻撃者の口座番号に送金されてしまう。

④③の振込処理が完了し，インターネットバンキングサイトのサーバが振込完了画面のデータをWebブラウザに返信すると，マルウェアはその通信を改ざんして，対象者が入力していた振込先口座番号や振込金額に書き換える。また，対象者の口座の残額も改ざんする。その結果，Webブラウザの振込完了画面には対象者が入力した正しい口座番号などが表示されるので，攻撃に気づけない。

以上より，イが正解です。

×ア　DNSキャッシュポイズニングの説明です。
×ウ　フィッシングの説明です。
×エ　中間者攻撃の説明です。

問23 VLANのセグメント分割

VLAN（Virtual LAN）は，スイッチのポートをグループ化して複数のセグメント（仮想的なネットワーク）に分ける技術です。VLANの方式の一つであるポートベースVLANによってスイッチのポートを複数のセグメントに分割すると，PCからのブロードキャストパケットは，そのPCが所属するセグメント（ネットワーク）だけに到達し，他のセグメントには到達しなくなります。イが正解です。

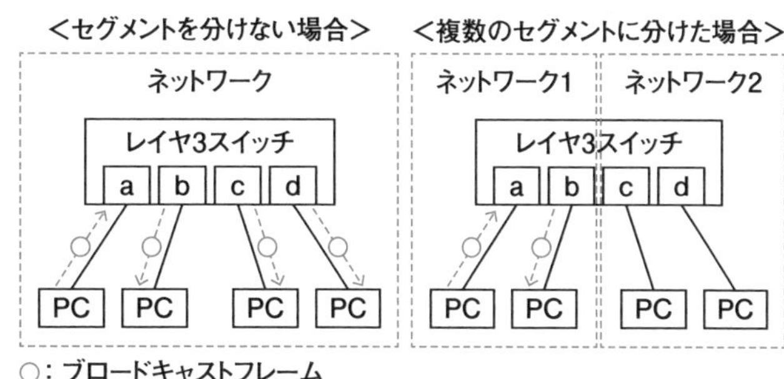

×ア　ICMPパケットの送信先アドレスが別のセグメントのとき，そのICMPパケットは当該セグメントに転送されます。
×ウ　MACアドレスから接続可否を判別するのは，MACアドレスフィルタリング機能です。
×エ　決まったIPアドレスのPC接続だけを許可するのは，ファイアウォールのフィルタリング機能です。

問24 テンペスト攻撃

テンペスト攻撃とは，コンピュータやディスプレイなどから発せられる電磁波中の電磁的な信号を，測定用の機器を用いて観測し収集することで，操作中の画面の内容を再現したり，暗号化鍵や暗号化アルゴリズムなどの情報を不正に入手したりする攻撃方法のことです。ウが正解です。

×ア　テンペスト攻撃では，故意に暗号化演算を誤動作させることはありません。この記述は，暗号方式のアルゴリズムを解析しようとする攻撃手法の説明です。
×イ　テンペスト攻撃では，処理時間の差異を計測することはありません。この記述は，タイミング攻撃の説明です。
×エ　チップ内の信号線などに探針を当てて処理中のデータの観測・解析を行おうとするのは，プローブ解析の説明です。

解答

問22 イ　　問23 イ　　問24 ウ

□□□ **問25** WebサーバがHTTPS通信の応答でCookieにSecure属性を設定したときのブラウザの処理はどれか。(H27秋SC午前Ⅱ問13)

ア ブラウザは,Cookieの"Secure="に続いて指定された時間を参照し,指定された時間を過ぎている場合にそのcookieを削除する。

イ ブラウザは,Cookieの"Secure="に続いて指定されたホスト名を参照し,指定されたホストにそのCookieを送信する。

ウ ブラウザは,Cookieの"Secure"を参照し,HTTPS通信時だけそのCookieを送信する。

エ ブラウザは,Cookieの"Secure"を参照し,ブラウザの終了時にそのCookieを削除する。

□□□ **問26** 情報セキュリティにおけるエクスプロイトコードの説明はどれか。(H31春AP午前問36)

ア 同じセキュリティ機能をもつ製品に乗り換える場合に,CSV形式など他の製品に取り込むことができる形式でファイルを出力するプログラム

イ コンピュータに接続されたハードディスクなどの外部記憶装置や,その中に保存されている暗号化されたファイルなどを閲覧,管理するソフトウェア

ウ セキュリティ製品を設計する際の早い段階から実施に動作する試作品を作成し,それに対する利用者の反応を見ながら徐々に完成に近づける開発手法

エ ソフトウェアやハードウェアの脆弱性を検査するために作成されたプログラム

□□□ **問27** 脆弱性検査で,対象ホストに対してポートスキャンを行った。対象ポートの状態を判定する方法のうち,適切なものはどれか。(H27秋SC午前Ⅱ問15)

ア 対象ポートにSYNパケットを送信し,対象ホストから"RST/ACK"パケットを受信するとき,接続要求が許可されたと判定する。

イ 対象ポートにSYNパケットを送信し,対象ホストから"SYN/ACK"パケットを受信するとき,接続要求が中断又は拒否されたと判定する。

ウ 対象ポートにUDPパケットを送信し,対象ホストからメッセージ"port unreachable"を受信するとき,対象ポートが閉じていると判定する。

エ 対象ポートにUDPパケットを送信し,対象ホストからメッセージ"port unreachable"を受信するとき,対象ポートが開いていると判定する。

解説

問25 CookieのSecure 属性

Cookie(クッキー)は,Webサーバとブラウザとの間のセッション(データ送受信の順序及びその状態)の管理や,Webサーバに対するアクセスがどのPCからのものであるかを識別するために用いられるものです。クッキーはWebサーバからブラウザに渡され,利用者のコンピュータのハードディスクなどに記録されます。次回以降,ブラウザからWebサーバへのアクセス時に必要に応じてWebサーバに送信され,利用されます。

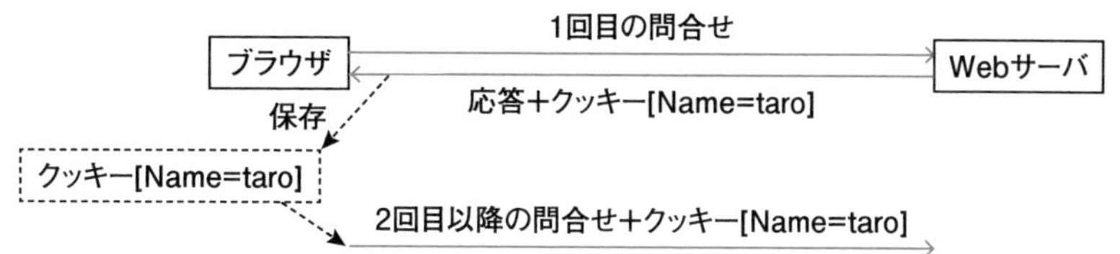

Nameの値が taro であるという情報を ,ブラウザに保存できる

ブラウザは，CookieのSecure属性を確認して，暗号化通信（HTTPS）が行われているときだけCookieを送信します。ウが正解です。

× ア　Cookieのexpires属性の説明です。
× イ　Cookieのdomain属性の説明です。
× エ　Cookieのexpires属性の説明です。expires属性の値を省略すると，ブラウザを閉じたときにcookieは削除されます。

問26 エクスプロイトコード

エクスプロイト（Exploit）コードとは，OSやアプリケーションの脆弱性を突いて不正な動作を再現させることで，脆弱性の存在を利用者に確認させたり，脆弱性を実際に攻撃したりするために作成されたプログラム又はスクリプトのことです。正解はエです。

× ア　データ移行ソフトウェアの説明です。
× イ　ファイル管理ソフトウェアの説明です。
× ウ　スパイラル設計手法の説明です。

問27 ポートスキャン

ポートスキャンは，サーバなどの脆弱性を検出するときに用いる手法です。対象ホストに対して，宛先ポート番号を順次増加させながらアクセスしていき，対象ホストから正常な応答が返ってきたときに，そのポート番号のサービスが稼働している（対象ポートが開いている）と判断します。

TCPのサービスを提供するためのポート番号に，コネクションを確立するためのSYNパケットを送信したとき，対象ホスト上でそのポートが開いているならば，3WAYハンドシェイクの“SYN/ACK”パケット（正常応答）が返ってきます（アは誤り）。そのポートが閉じているならば，“RST/ACK”パケット（拒絶応答）が返ってきます（イは誤り）。

PCやサーバなどがUDPパケットを受信したとき，そのポートが閉じている場合は，ICMPのメッセージ“port unreachable”を返します。そのポートが開いている場合は，サービスに関する適切な応答メッセージを返します。よって，UDPのサービスを提供するためのポート番号にUDPパケットを送信したとき，メッセージ“port unreachable”が返ってきたときは，対象ホストがそのポートを閉じていると判断できます（ウが正解，エは誤り）。

解答		
問25 ウ	問26 エ	問27 ウ

□□□ 問 28 マルウェア対策ソフトでのフォールスネガティブに該当するものはどれか。(H31春AP午前問41)

ア マルウェアに感染していないファイルを，マルウェアに感染していないと判断する。
イ マルウェアに感染していないファイルを，マルウェアに感染していると判断する。
ウ マルウェアに感染しているファイルを，マルウェアに感染していないと判断する。
エ マルウェアに感染しているファイルを，マルウェアに感染していると判断する。

□□□ 問 29 Webシステムにおいて，セッションの乗っ取りの機会を減らすために，利用者のログアウト時にWebサーバ又はWebブラウザにおいて行うべき処理はどれか。ここで，利用者は自分専用のPCにおいて，Webブラウザを利用しているものとする。(H30春AP午前問43)

ア WebサーバにおいてセッションIDをディスクに格納する。
イ WebサーバにおいてセッションIDを無効にする。
ウ WebブラウザにおいてキャッシュしているWebページをクリアする。
エ WebブラウザにおいてセッションIDをディスクに格納する。

□□□ 問 30 ドライブバイダウンロード攻撃の説明はどれか。(H29秋AP午前問40)

ア PCにUSBメモリが接続されたとき，USBメモリに保存されているプログラムを自動的に実行する機能を用いてマルウェアを実行し，PCをマルウェアに感染させる。
イ PCに格納されているファイルを勝手に暗号化して，復号することと引換えに金銭を要求する。
ウ 不正にアクセスする目的で，建物の外部に漏れた無線LANの電波を傍受して，セキュリティの設定が脆弱な無線LANのアクセスポイントを見つけ出す。
エ 利用者がWebサイトを閲覧したとき，利用者に気付かれないように，利用者のPCに不正プログラムを転送させる。

解説

問28 フォールスネガティブ

フォールスネガティブ（偽陰性）とは，外部からの攻撃を正常な通信と誤認識してしまうエラーのことをいいます。マルウェア対策ソフトでは，感染しているファイルを感染していないと判断してしまうことです。正解は ウ です。

× ア マルウェアに感染していないファイルを感染していないと判断するのは通常の動作です。
× イ マルウェアに感染していないファイルを感染していると判断するのは，フォールスポジティブ（偽陽性）のことです。
× エ マルウェアに感染しているファイルを感染していると判断するのは通常の動作です。

問29 セッションの乗っ取り対策

一般的なWebシステムでは，利用者がWebサーバにログインすることで，会員個人の専用情報ページなど，利用者だけが閲覧できるページ(専用ページ)の参照が可能になります。ログイン時の認証が成功すると，ブラウザとWebサーバとの間でセッションが構築され，両者はセッションIDという情報を共有します。セッションIDをもつブラウザからアクセスされたときだけ，Webサーバは専用ページをブラウザに送信します。

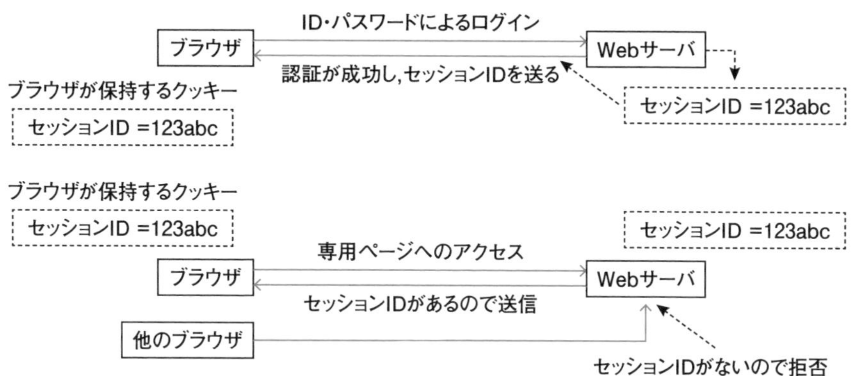

一般的なWebアプリケーションでは，利用者がログアウトするとブラウザのセッションIDが破棄されます。以後，ブラウザから再度ログインして認証が成功しない限り，ブラウザから専用ページを閲覧できなくなります。

しかし，ログアウトしてもサーバやブラウザからセッションIDを破棄しないという脆弱性がWebアプリケーションにある場合は，サーバやブラウザにセッションIDが残り，ログアウト後もブラウザから専用ページを閲覧できるという問題が発生します。

したがって，ログアウトしたら必ずセッション情報を破棄して無効にすること(イ)が正解です。

問30 ドライブバイダウンロード

ドライブバイダウンロード攻撃とは，次のような攻撃です。

攻撃用のWebページに不正なスクリプトを仕掛けて，利用者を誘ってWebブラウザで閲覧させます。Webブラウザ上で稼働した不正なスクリプトは，利用者の意図を確認しないまま，利用者のPCに密かに不正プログラムを転送して，インストール及び実行させます。この不正プログラムは，PC内の機密情報を外部に流出させるなどを行います。

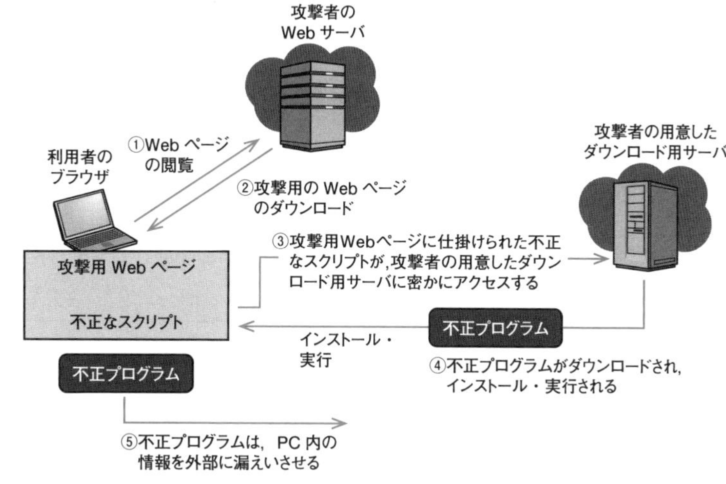

以上より，エが正解です。

× ア USBメモリのAutorun.infを悪用した攻撃です。

× イ ランサムウェアの説明です。

× ウ ウォードライビング攻撃の説明です。

模擬 第2回 科目A

解答

問28 ウ	問29 イ	問30 エ

問31 特許権に関する記述のうち，適切なものはどれか。(H27秋SC午前Ⅱ問23)

ア A社が特許を出願するよりも前にB社が独自に開発して日本国内で発売した製品は，A社の特許権の侵害にならない。
イ 組込み機器におけるハードウェアは特許権で保護されるが，ソフトウェアは保護されない。
ウ 審査を受けて特許権を取得した後に，特許権が無効となることはない。
エ 先行特許と同一の技術であっても，独自に開発した技術であれば特許権の侵害にならない。

問32 サイバーセキュリティ基本法において，サイバーセキュリティの対象として規定されている情報の説明はどれか。(H27秋AP午前問79)

ア 外交，国家安全に関する機密情報に限られる。
イ 公共機関で処理される対象の手書きの書類に限られる。
ウ 個人の属性を含むプライバシー情報に限られる。
エ 電磁的方式によって，記録，発信，伝送，受信される情報に限られる。

問33 電子署名法に関する記述のうち，適切なものはどれか。(H27春AP問80)

ア 電子署名技術は共通鍵暗号技術によるものと規定されている。
イ 電子署名には，電磁的記録以外の，コンピュータ処理の対象とならないものも含まれる。
ウ 電子署名には，民事訴訟法における押印と同様の効力が認められている。
エ 電子署名の認証業務を行うことができるのは，政府が運営する認証局に限られる。

解説

問31 特許権

特許法の第29条では，特許の出願よりも前に，独自に開発して発売した製品がある場合は，その特許の特許権を取得できないとしています。

> 第二十九条　産業上利用することができる発明をした者は、次に掲げる発明を除き、その発明について特許を受けることができる。
> 一　特許出願前に日本国内又は外国において公然知られた発明
> 二　特許出願前に日本国内又は外国において公然実施をされた発明
> 三　特許出願前に日本国内又は外国において、頒布された刊行物に記載された発明又は電気通信回線を通じて公衆に利用可能となつた発明

A社が特許を出願するよりも前に，独自に開発して発売されたことによって「日本国内又は外国において公然知られた発明」になったものについて，後からA社が特許を取得することはできません。アの記述が正解です。

×イ ソフトウェアに関する特許（ソフトウェア特許）も保護されるので，誤りです。
×ウ 特許権の無効審判により特許権が消滅する場合があります。
×エ 先行特許と同一の技術は，独自に開発したとしても，その技術を用いた製品を後から販売すると特許権の侵害になります。

問32 サイバーセキュリティ基本法

サイバーセキュリティ基本法は,「インターネットその他の高度情報通信ネットワークの整備及び情報通信技術の活用の進展に伴って世界的規模で生じているサイバーセキュリティに対する脅威の深刻化その他の内外の諸情勢の変化に伴い…… サイバーセキュリティに関する施策を総合的かつ効果的に推進し,もって経済社会の活力の向上及び持続的発展並びに国民が安全で安心して暮らせる社会の実現を図るとともに,国際社会の平和及び安全の確保並びに我が国の安全保障に寄与すること」を目的とした法律です。

この法律の第2条では,サイバーセキュリティを次のとおり定義しています。

> **電子的方式,磁気的方式その他人の知覚によっては認識することができない方式……により記録され,又は発信され,伝送され,若しくは受信される情報の漏えい,滅失又は毀損の防止その他の当該情報の安全管理のために必要な措置並びに情報システム及び情報通信ネットワークの安全性及び信頼性の確保のために必要な措置……が講じられ,その状態が適切に維持管理されていること**

以上から,サイバーセキュリティの対象として規定されている情報は,電磁的方式によって記録,発信,伝送,受信される情報に限られます(エ)。

問33 電子署名法

電子署名法(電子署名及び認証業務に関する法律)は,電子署名に関連した電磁的記録の真正性の証明や,電子署名の特定認証業務(電子署名を,確かに本人が行ったことを証明する業務)などについて定めることで,電子署名の流通や発展を図る法律のことです。

この法律の第三条では,「電磁的記録であって情報を表すために作成されたもの……は,当該電磁的記録に記録された情報について本人による電子署名が行われているときは,真正に成立したものと推定する。」と規定しています。これにより,電子署名は「真正に成立したもの」とみなされるため,民事訴訟法による押印や手書きの署名などと同様の効力が認められます。ウが正解です。

×ア　電子署名法では,電子署名を実現するための技術を,共通鍵暗号技術に限ってはいません。

×イ　電子署名法では,電磁的記録(電子的方式,磁気的方式その他人の知覚によっては認識することができない方式で作られる記録であって,電子計算機による情報処理の用に供されるもの(同法第二条より))に対して行われるもののみを,電子署名と定義しています。

×エ　電子署名法では,電子署名の認証業務(特定認証業務)を行おうとする業者は,主務大臣の認定を受ける必要があると規定しています。すなわち,成否が運営する認証局などではない一般企業も,主務大臣の認定を受ければ特定認証業務を実行することができます。

解答

問31 ア	問32 エ	問33 ウ

□□□ **問34** 企業のWebサイトに接続してWebページを改ざんし，システムの使用目的に反する動作をさせて業務を妨害する行為を処罰の対象とする法律はどれか。(H27秋AP問80)

ア 刑法
イ 特定商取引法
ウ 不正競争防止法
エ プロバイダ責任制限法

□□□ **問35** システム監査基準（平成30年）に基づいて，監査報告書に記載された指摘事項に対応する際に，不適切なものはどれか。(H31春AP午前問59)

ア 監査対象部門が，経営者の指摘事項に対するリスク受容を理由に改善を行わないこととする。
イ 監査対象部門が，自発的な取組によって指摘事項に対する改善に着手する。
ウ システム監査人が，監査対象部門の改善計画を作成する。
エ システム監査人が，監査対象部門の改善実施状況を確認する。

□□□ **問36** システム開発委託先（受託者）から委託元（委託者）に納品される成果物に対するユーザ受入テストの適切性を確かめるためのシステム監査の要点はどれか。(H31春AP午前問57)

ア 委託者が作成したユーザ受入テスト計画書に従って，受託者が成果物に対してユーザ受入テストを実施していること
イ 受託者が成果物と一緒にユーザ受入テスト計画書を納品していること
ウ 受託者から納品された成果物に対して，委託者が要件定義に基づきユーザ受入テストを実施していること
エ 受託者から納品された成果物に対して，監査人がユーザ受入テスト計画を策定していること

解説

問34 刑法

企業のWebページを改ざんしてシステムの利用目的に反する動作をさせ，業務を妨害する行為は，刑法第234条の2で規定されている電子計算機損壊等業務妨害罪に該当します（ア）。

> **第二百三十四条の二　人の業務に使用する電子計算機若しくはその用に供する電磁的記録を損壊し，若しくは人の業務に使用する電子計算機に虚偽の情報若しくは不正な指令を与え，又はその他の方法により，電子計算機に使用目的に沿うべき動作をさせず，又は使用目的に反する動作をさせて，人の業務を妨害した者は，五年以下の懲役又は百万円以下の罰金に処する**

×イ 特定商取引法は，特定商取引（訪問販売や通信販売など）を公正にし，購入者が受けることのある損害の防止を図ることにより，購入者等の利益を保護することを目的とした法律です。

×ウ 不正競争防止法は，「事業者間の公正な競争及びこれに関する国際約束の的確な実施を確保するため，不正競争の防止及び不正競争に係る損害賠償に関する措置等を講じ，もって国民経済の健全な発展に寄与する」（同法第1条より）ことを目的とした法律です。

×エ　プロバイダ責任制限法（正式名称：特定電気通信役務提供者の損害賠償責任の制限及び発信者情報の開示に関する法律）は，インターネット上で著作権などの権利侵害があった場合に，権利侵害を行った者がインターネットに接続するために契約していたプロバイダが負うべき責任（損害賠償の義務や，当該人物の住所氏名の公表の義務など）を規定している法律です。

問35 指摘事項

> **システム監査とは，専門性と客観性を備えたシステム監査人が，一定の基準に基づいて情報システムを総合的に点検・評価・検証をして，監査報告の利用者に情報システム1のガバナンス，マネジメント，コントロールの適切性等に対する保証を与える，又は改善のための助言を行う監査の一類型である**
> **（システム監査基準による）**

上記のようにあくまでも，助言や保証を与えるものであるため，改善計画を作成することなどは必要としません。正解はウです。

×ア　監査対象部門は，指摘事項の重要性に関するリスクを受容することも監査人は考慮する必要があります。

×イ　監査報告書の発行前に，監査対象部門の自発的な取り組みによって発見された不備への改善が実施される場合もあります。

×エ　システム監査人は，監査報告書に記載した改善提案への対応状況について監査対象部門から，適宜，改善実施状況報告書などによって改善状況をモニタリングする必要があります。

問36 ユーザ受入テストの適切性

システム（ソフトウェア）の受入とは，システムの開発者（受託者）が開発したシステムを，システムの取得者（委託者）に引き渡すことを指します。システムの受入の際には，システムを今後利用していく委託者が主体となって，当該システムの受け取りやインストールなどを行います。

システムの受入を行う際には，受入テストが実行されます。受入テストは，システムの委託者が要求した要件などが適切に実現されているかどうかを，委託者が主体となって確認するためのテストです。よって，受入テストは委託者が主体となって実施すべきものであるため，その計画書は委託者が作成しテストも委託者が行います。

以上から，「受託者から納品された成果物（システム）に対して，委託者が受入テストを実施している」という点について，システム監査にて確認することになります。したがって，ウの記述が正解となります。

×ア　受入テストを実施するのは委託者となるため，誤った記述となります。

×イ　受入テスト計画書は，委託者が作成するものとなるため，誤った記述となります。

×エ　監査人は，システムの開発に関するテストなどの作業を実施することはありません。よって，受入テスト計画の策定などを監査人が行うこともないため，誤った記述となります。

解答

問34 ア	問35 ウ	問36 ウ

□□□ 問 37 システム監査における監査証拠の説明のうち，適切なものはどれか。(H27秋SC午前Ⅱ問25)

ア 監査人が収集又は作成する資料であり，監査報告書に記載する監査意見や指摘事項は，その資料によって裏付けられていなければならない。
イ 監査人が当初設定した監査手続を記載した資料であり，監査人はその資料に基づいて監査を実施しなければならない。
ウ 機密性の高い情報が含まれている資料であり，監査人は監査報告書の作成後，速やかに全てを処分しなければならない。
エ 被監査部門が監査人に提出する資料であり，監査人が自ら作成する資料は含まれない。

□□□ 問 38 在庫管理システムを対象とするシステム監査において，当該システムに記録された在庫データの網羅性のチェックポイントとして，適切なものはどれか。(H29秋AP午前問60)

ア 設定された選定基準に従って，自動的に購入業者を選定していること
イ 適正在庫高であることを，責任者が承認していること
ウ 適正在庫量を維持するための発注点に達したときに，自動的に発注していること
エ 入庫及び出庫記録に対して，自動的に連番を付与していること

□□□ 問 39 JIS Q 20000-1:2012(サービスマネジメントシステム要求事項)は，サービスマネジメントシステム(以下，SMSという) 及びサービスのあらゆる場面でPDCA方法論の適用を要求している。SMSの実行 (Do)の説明はどれか。(H30春AP午前問55)

ア SMS及びサービスのパフォーマンスを継続的に改善するための処置を実施する。
イ SMSを確立し，文書化し，合意する。
ウ サービスの設計，移行，提供及び改善のためにSMSを導入し，運用する。
エ 方針，目的，計画及びサービスの要求事項について，SMS及びサービスを監視，測定及びレビューし，それらの結果を報告する。

解説

問37 監査証拠

監査証拠とは，システム監査において発見された問題点などの客観的な証明となる資料のことで，被監査部門の協力を得た上でシステム監査人が被監査部門から入手した業務書類や，被監査部門の要員にインタビューした結果を監査人がまとめて作成した意見書などが該当します。監査報告書に記載するシステムの問題点，監査意見及び指摘事項などは，監査証拠によってその実在性や根拠を裏付けられなければなりません。ア が正解です。

× イ 監査手順書の説明です。
× ウ 監査報告書を参照した被監査部門の長などが，監査意見の裏付けを確認するために監査証拠の提示を求めてくる場合があるので，監査報告書の作成後においても，監査証拠を保存しておく必要があります。
× エ 監査人が作成した資料も監査証拠に含まれます。

問38 在庫データの網羅性

網羅性とは，システム監査におけるデータの完全性（インテグリティ）が保たれているかを確認するときに着目する四つの観点（網羅性，正確性，妥当性，整合性）の一つです。

①網羅性：データが漏れなく管理され，重複したデータがないこと
②正確性：データの内容に正当性があり，正確であること
③妥当性：管理者などがデータの内容の承認をしていること
④整合性：データとほかのデータの間に矛盾がないこと

網羅性があるかどうかを確認するためには，入庫記録や出庫記録といった日々発生する業務データに連番を付与して，全てのデータが漏れなく管理されており，かつ重複がないことを調べるのが適切です。エが正解です。

アは正確性，イは妥当性，ウは整合性のチェックポイントです。

問39 SMSの実行

JIS Q 20000シリーズは，サービスマネジメントの仕様や実践のための規範を規定した規格です。JIS Q 20000-1は，サービスマネジメントシステム（SMS）を計画，確立，導入，運用，監視，レビュー，維持及び改善するための，サービスの提供者による要求事項を規定する規格です。

この規格では，SMS及びサービスの場面において，"計画（Plan）－実行（Do）－点検（Check）－処置（Act）"，すなわちPDCAという方法論の適用を要求しています。同規格では，この四つを次のように説明しています。

- 計画（Plan）：SMSを確立し，文書化し，合意する。
- 実行（Do）：サービスの設計，移行，提供及び改善のためにSMSを導入し，運用する。
- 点検（Check）：方針，目的，計画及びサービスの要求事項について，SMS及びサービスを監視，測定及びレビューし，それらの結果を報告する。
- 処置（Act）：SMS及びサービスのパフォーマンスを継続的に改善するための処置を実施する。

SMSの実行（Do）の説明はウです。アはSMSの処置（Act），イはSMSの計画（Plan），エはSMSの点検（Check）の説明です。

模擬 第2回 科目A

解答

問37 ア	問38 エ	問39 ウ

□□□ 問40 情報システムの障害対策の一つである縮退運用の説明はどれか。(H27春AP午前問56)

ア システムを一斉に停止させるのではなく，あらかじめ決められた手順で段階的に停止させること

イ 実行中のジョブが異常終了したとき，他のジョブに影響を与えないように，システムの運用を続行すること

ウ 障害箇所を切り離し，機能又は性能が低下してもシステムを稼働させ続けること

エ 障害が発生した時点で，その後に実行する予定のジョブのスケジュールを変更すること

□□□ 問41 PMBOKによれば，“アクティビティ定義”プロセスで実施するものはどれか。(H27春AP午前問52)

ア 作業順序，所要期間，必要な資源などから実施スケジュールを作成する。

イ 作業を階層的に要素分解してワークパッケージを定義する。

ウ プロジェクトで実施する作業の相互関係を特定して文書化する。

エ プロジェクトの成果物を生成するために実施すべき具体的な作業を特定する。

□□□ 問42 あるプログラムの設計から結合テストまでの作業について，開発工数ごとの見積工数を表1に示す。また，開発工程ごとの上級SEと初級SEの要員割当てを表2に示す。上級SEは，初級SEに比べて，プログラムの作成・単体テストについて2倍の生産性を有する。表1の見積工数は，上級SEを基に算出している。

全ての開発工程に対して，上級SEを1人追加して割り当てると，この作業に要する期間を何か月短縮できるか。ここで，開発工程の期間は重複させないものとし，要員全員が1か月当たり1人月の工数を投入するものとする。(H27春AP午前問53)

表1

開発工程	見積工数（人月）
設計	6
プログラム作成・単体テスト	12
結合テスト	12
合計	30

表2

開発工程	要員割当て（人）	
	上級 SE	初級 SE
設計	2	0
プログラム作成・単体テスト	2	2
結合テスト	2	0

ア 1　　イ 2　　ウ 3　　エ 4

問40 縮退運用

障害対策の一つである縮退運用とは，障害が発生したサブシステム又は機器などをシステムから切り離して，機能や性能が低下してもシステムを稼働させ続けることで，全体としての可用性を保とうとすることです。ウが正解です。

×ア 段階的にシステムを停止させる手順の説明です。
×イ 縮退運用では，障害箇所を切り離します。ジョブ間の影響は考慮しません。
×エ ジョブスケジュールの変更手順の説明です。

問41 アクティビティ定義

PMBOK (Project Management Body of Knowledge) とは，米国の非営利団体であるPMI (Project Management Institute) が策定した，プロジェクトマネジメントの知識体系や応用のためのガイドで，プロジェクトマネジメントの事実上の国際標準となっています。

PMBOKのアクティビティ定義とは，プロジェクトの要素成果物（設計書など）を作成するために実行する，具体的な作業（アクティビティ）を特定するプロセスです（エ）。このプロセスでは，WBSやプロジェクトスコープ記述書などを入力とし，特定したアクティビティをまとめたアクティビティリストなどを出力とします。

×ア PMBOKのスケジュール作成の説明です。
×イ PMBOKのWBS作成の説明です。
×ウ PMBOKのプロジェクトマネジメント計画書作成の説明です。

問42 短縮期間の計算

問題文に「上級SEは，初級SEに比べて，プログラム作成・単体テストについて2倍の生産性を有する」とあります。よって，プログラム作成・単体テストの工程においては，初級SEは2人で上級SEの1人前の仕事をこなします。

したがって，表2のプログラム作成・単体テストにおいて割り当てられている初級SE 2人は，上級SE 1人と換算できます。すなわち，プログラム作成・単体テストの工程では，上級SE 3人で作業していることになります。

<当初の開発工程期間>
仕様設計：6人月÷上級SE 2人＝3か月
プログラム作成・単体テスト：12人月÷上級SE 3人＝4か月
結合テスト：12人月÷上級SE 2人＝6か月
計 13か月
<上級SE 1名追加後の開発工程期間>
仕様設計：6人月÷上級SE 3人＝2か月
プログラム作成・単体テスト：12人月÷上級SE 4人＝3か月
結合テスト：12人月÷上級SE 3人＝4か月
計 9か月

よって，上級SEを1名追加することによって開発工程の期間を4か月（エ）短縮できます。

模擬 第2回 科目A

解答

問40 ウ	問41 エ	問42 エ

□□□ **問43** DBMSに実装すべき原子性（atomicity）を説明したものはどれか。（H27春AP午前問30）

ア 同一のデータベースに対する同一処理は，何度実行しても結果は同じである。
イ トランザクション完了後にハードウェア障害が発生しても，更新されたデータベースの内容は保証される。
ウ トランザクション内の処理は，全て実行されるか，全て取り消されるかのいずれかである。
エ 一つのトランザクションの処理結果は，他のトランザクション処理の影響を受けない。

□□□ **問44** クラウドのサービスモデルをNISTの定義に従ってIaaS，PaaS，SaaSに分類したとき，パブリッククラウドサービスの利用企業が行うシステム管理作業において，PaaSとSaaSでは実施できないが，IaaSでは実施できるものはどれか。（H28春AP午前問42）

ア アプリケーションの利用者ID管理
イ アプリケーションログの取得と分析
ウ 仮想サーバのゲストOSに係るセキュリティの設定
エ ハイパバイザに係るセキュリティの設定

□□□ **問45** IoTでの活用が検討されているLPWA（Low Power, Wide Area）の特徴として，適切なものはどれか。（H29秋AP午前問10）

ア 2線だけで接続されるシリアル有線通信であり，同じ基板上の回路及びLSIの間の通信に適している。
イ 60GHz帯を使う近距離無線通信であり，4K，8Kの映像などの大容量のデータを高速伝送することに適している。
ウ 電力線を通信に使う通信技術であり，スマートメータの自動検針などに適している。
エ バッテリ消費量が少なく，一つの基地局で広範囲をカバーできる無線通信技術であり，複数のセンサが同時につながるネットワークに適している。

解説

問43 原子性

データベースを更新するトランザクションのACID特性のうち，原子性（Atomicity）とは，トランザクションの処理が全て実行される（コミット）か，全く実行されない（ロールバック）かのいずれかの状態で必ず終了し，途中の段階で終了することはないという性質のことです。ウが正解です。

× ア 一貫性（Consistency）の説明です。
× イ 耐久性（Durability）の説明です。
× エ 独立性（Isolation）の説明です。

問44 IaaSで実施できるもの

NIST(米国標準技術局)は，各種の工業規格の制定や情報技術の整備を行っている米国の団体です。NISTが公表しているクラウドコンピューティングの定義では，IaaS，PaaS，SaaSの各サービスモデルを次のように定義しています。

サービスモデル	定義
IaaS(Infrastructure as a Service, HaaS(Hardware as a Service)とも)	サービス事業者は，ハードウェアやネットワーク機器といったサービスのインフラだけを提供する。利用者は，OS及びアプリケーションソフトウェアを導入してシステムを運用する。利用者には，インフラの管理やコントロールを行う権限や責任はないが，アプリケーションソフトウェアやOSに関する設定を行ったり，セキュリティパッチを適用したりする権限や責任がある。
PaaS(Platform as a Service)	サービス事業者は，インフラに加えてサーバ上で稼働するOSも提供する。利用者は，アプリケーションソフトウェアを導入してシステムを運用する。利用者には，アプリケーションソフトウェアの管理やコントロールを行う権限と責任をもち，インフラの管理やコントロールを行う権限や責任はなく，OSに関する設定やセキュリティパッチ適用を行う権限や責任もない(OSはサービス事業者が所有しているため)。
SaaS(Software as a Service)	サービス事業者は，インフラとOSに加えてアプリケーションソフトウェアも利用者に提供する。利用者には，アプリケーションソフトウェアの管理やコントロールを行う権限や責任はなく，またインフラの管理やコントロール，及びOSに関する設定やセキュリティパッチの適用に関する権限や責任もない。

表から，IaaSでは利用者がOSに関する設定を行ったり，セキュリティパッチを適用したりする権限や責任があります。PaaSやSaaSにはその権限と責任がありません。したがって，仮想サーバのゲストOSに係るセキュリティの設定(ウ)を，IaaSでは実施できます。

× ア　利用者によるアプリケーションの利用者ID管理は，全てのサービスモデルで実施できます。

× イ　利用者によるアプリケーションログの取得と分析は，全てのサービスモデルで実施できます。

× エ　ハイパバイザとは，仮想化技術を利用してコンピュータ上で複数のOSを稼働させるとき，各OSの稼働状況を管理するソフトウェアで，OSの上位に存在します。ハイパバイザに係るセキュリティの設定は，サービス事業者だけが行えることであり，利用者は実施できません。

問45 LPWA

IoT(Internet of Things)とは，電化製品や計測機器などがインターネット又は事業用ネットワークに接続され，他の機器やサーバなどとの間で情報交換を行い，それを基にして顧客や事業者にサービスを提供することです。

IoTで用いられているLPWA(Low Power, Wide Area)とは，低消費電力で広範囲のデータ送受信を可能とする無線通信技術です。Wi-Fi HaLowやLoRaなど，サブGHz帯(866MHz帯，915MHz帯，920MHz帯)を用いた技術があります。IoTではバッテリで稼働する機器が無線通信を行うので，従来の消費電力が大きい無線通信技術ではすぐにバッテリが消耗し，通信ができなくなります。LPWAによって，電化製品などがインターネットと接続して通信が可能になりました。

以上より，エが正解です。

× ア　I^2Cの説明です。

× イ　WiGigの説明です。

× ウ　PLCの説明です。

解答

問43 ウ	問44 ウ	問45 エ

□
□
□

問46 BCPの説明はどれか。(H30春AP午前問62)

ア 企業の戦略を実現するために，財務，顧客，内部ビジネスプロセス，学習と成長という四つの視点から戦略を検討したもの

イ 企業の目標を達成するために業務内容や業務の流れを可視化し，一定のサイクルをもって継続的に業務プロセスを改善するもの

ウ 業務効率の向上，業務コストの削減を目的に，業務プロセスを対象としてアウトソースを実施するもの

エ 事業の中断・阻害に対応し，事業を復旧し，再開し，あらかじめ定められたレベルに回復するための手順を規定したもの

□
□
□

問47 情報システムの調達の際に作成されるRFIの説明はどれか。(H30春AP午前問66)

ア 調達者から供給者候補に対して，システム化の目的や業務内容などを示し，必要な情報の提供を依頼すること

イ 調達者から供給者候補に対して，対象システムや調達条件などを示し，提案書の提出を依頼すること

ウ 調達者から供給者に対して，契約内容で取り決めた内容に関して，変更を要請すること

エ 調達者から供給者に対して，双方の役割分担などを確認し，契約の締結を要請すること

□
□
□

問48 IoTの技術として注目されている，エッジコンピューティングの説明として，適切なものはどれか。(H29秋AP午前問72)

ア 演算処理のリソースを端末の近傍に置くことによって，アプリケーション処理の低遅延化や通信トラフィックの最適化を行う。

イ データの特徴を学習して，事象の認識や分類を行う。

ウ ネットワークを介して複数のコンピュータを結ぶことによって，全体として処理能力が高いコンピュータシステムを作る。

エ 周りの環境から微少なエネルギーを収穫して，電力に変換する。

解説

問46 BCP

情報システムが地震や火災などの災害や停電などの障害に見舞われても，可能な限り早期にシステムを復旧させ，業務を再開するために日頃から立てておく計画のことを，事業継続計画（BCP：Business Continuity Plan）といいます。BCPを策定する際には，事業中断の原因となる障害による被害を未然に回避したり，被害を受けても速やかに回復したりするために，適切な方針や行動手順を規定します。エが正解です。

×ア 企業の戦略を実現するために，財務，顧客，内部ビジネスプロセス，学習と成長の視点から戦略を検討する分析手法は，バランススコアカードです。

×イ 企業の目標を達成するために業務内容や業務の流れを可視化し，一定のサイクルをもって継続的に業務プロセスを改善するための仕組みは，BPM（Business Process Management）です。

×ウ　業務効率の向上，業務コストの削減を目的に，業務プロセスを対象としてアウトソースを実施するものは，BPO（Business Process Outsourcing）です。

問47 RFI

情報システムの調達者から供給者（ベンダ）の候補に対して，RFP（Request For Proposal，提案依頼書）が送付されます，発注する情報システムの概要や発注依頼事項，調達条件及びサービスレベル要件などを明示し，情報システムの提案書の提出を依頼するための文書です。

調達者がRFPを作成するために必要な情報（現在の状況において利用可能な技術や製品，供給者における同種のシステムの導入実績など）の提供を供給者候補に要請するための文書が，RFI（Request For Information，情報提供依頼書）です。アが正解です。

イはRFPの説明です。ウはRFC（Requset For Change）の説明です。エの要請のための文書は，RFIやRFPとは関係がありません。

問48 エッジコンピューティング

IoTなどで注目されているエッジコンピューティングとは，端末の近辺に多数のサーバ（エッジサーバ）を分散配置して，端末とサーバとの距離をできるだけ短くすることで，通信遅延を少なくすることです。また，遠隔地のサーバが行っていた処理をエッジサーバに代行させることで，アプリケーション処理の高速化（低遅延化）を図ります。アが正解です。

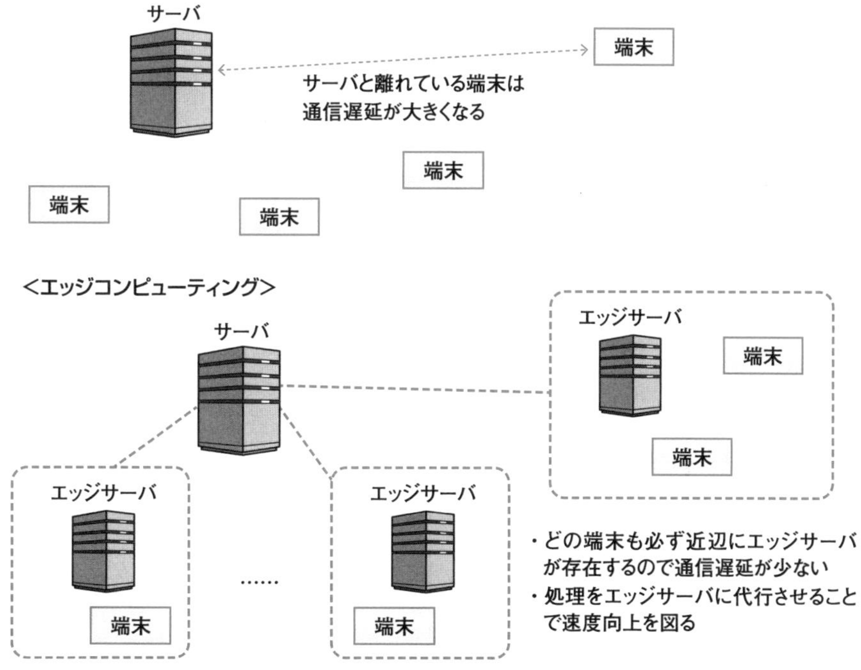

×イ　ディープラーニングの説明です。
×ウ　グリッドコンピューティングの説明です。
×エ　エネルギーハーベスティングの説明です。

解答

問46 エ　　問47 ア　　問48 ア

模擬試験問題 第2回 科目B

□□□ **問49** 製造業のA社では，ECサイト（以下，A社のECサイトをAサイトという）を使用し，個人向けの製品販売を行っている。Aサイトは，A社の製品やサービスが検索可能で，ログイン機能を有しており，あらかじめAサイトに利用登録した個人（以下，会員という）の氏名やメールアドレスといった情報（以下，会員情報という）を管理している。Aサイトは，B社のPaaSで稼働しており，PaaS上のDBMSとアプリケーションサーバを利用している。

A社は，Aサイトの開発，運用をC社に委託している。A社とC社との間の委託契約では，Webアプリケーションプログラムの脆弱性対策は，C社が実施するとしている。

最近，A社の同業他社が運営しているWebサイトで脆弱性が悪用され，個人情報が漏えいするという事件が発生した。そこでA社は，セキュリティ診断サービスを行っているD社に，Aサイトの脆弱性診断を依頼した。脆弱性診断の結果，対策が必要なセキュリティ上の脆弱性が複数指摘された。**図1**にD社からの指摘事項を示す。

項番1　Aサイトで利用しているアプリケーションサーバのOSに既知の脆弱性があり，脆弱性を悪用した攻撃を受けるおそれがある。
項番2　Aサイトにクロスサイトスクリプティングの脆弱性があり，会員情報を不正に取得されるおそれがある。
項番3　Aサイトで利用しているDBMSに既知の脆弱性があり，脆弱性を悪用した攻撃を受けるおそれがある。

図1　D社からの指摘事項

設問 図1中の各項番それぞれに対処する組織の適切な組合せを，解答群の中から選べ。

解答群

	項番1	項番2	項番3
ア	A社	A社	A社
イ	A社	A社	C社
ウ	A社	B社	B社
エ	B社	B社	B社
オ	B社	B社	C社
カ	B社	C社	B社
キ	B社	C社	C社
ク	C社	B社	B社
ケ	C社	B社	C社
コ	C社	C社	B社

解説

問49 PaaSのセキュリティ対応
（基本情報技術者試験サンプル問題問17）

解答 カ

PaaS（Platform as a Service）とは，ハードウェアやネットワーク機器，およびOSとDBMS（データベース管理システム）を事業者（**本問ではB社に該当**）が用意し，それらを利用するための機能を利用者（**本問ではA社に該当**）に提供するサービスです。

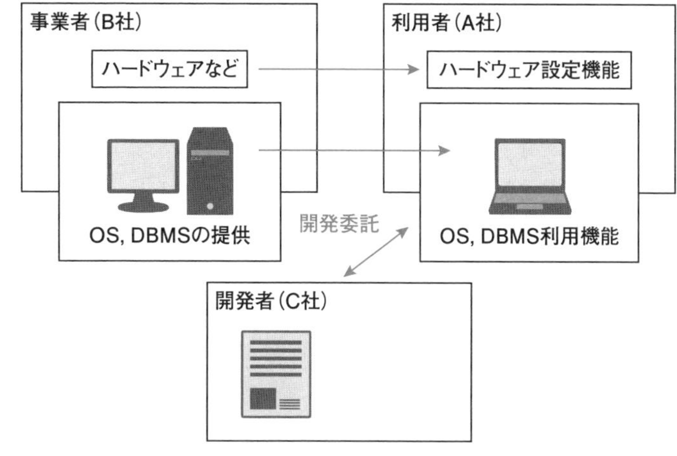

PaaSでは，ハードウェアやOSは事業者側（B社）で管理するので，利用者はOSのバージョンアップ作業（**本問では運用はC社**）などをしたり，ハードウェアを買い替えたりする必要がなく，情報システムの運用管理に要する工数や費用を少なくすることができます。

ここでは，A社はサイトの開発と運用をC社に任せているため，A社は当該機能を利用してB社が持っているハードウェアやOSなどを操作し，C社が作成したソフトウェアをOS上で稼働させることで，情報システムを活用しています。

- 項番1では，OSに脆弱性があるので，OSを提供している**B社**が対処する必要があります。
- 項番2では，問題文中に「A社とC社との間の委託契約では，Webアプリケーションプログラムの脆弱性対策は，C社が実施するとしている」とあるので，**C社**が対処する必要があります。
- 項番3では，DBMSに脆弱性があるので，DBMSを提供している**B社**が対処する必要があります。

よって，正解は カ の組合せになります。

問50

A社はIT開発を行っている従業員1,000名の企業である。総務部50名，営業部50名で，ほかは開発部に所属している。開発部員の9割は客先に常駐している。現在，A社におけるPCの利用状況は**図1**のとおりである。

1　A社のPC
- ・総務部員，営業部員及びA社オフィスに勤務する開発部員には，会社が用意したPC（以下，A社PCという）を一人1台ずつ貸与している。
- ・客先常駐開発部員には，A社PCを貸与していないが，代わりに客先常駐開発部員がA社オフィスに出社したときに利用するための共用PCを用意している。

2　客先常駐開発部員の業務システム利用
- ・客先常駐開発部員が休暇申請，経費精算などで業務システムを利用するためには共用PCを使う必要がある。

3　A社のVPN利用
- ・A社には，VPNサーバが設置されており，営業部員が出張時にA社PCからインターネット経由で社内ネットワークにVPN接続し，業務システムを利用できるようになっている。規則で，VPN接続にはA社PCを利用すると定められている。

図1　A社におけるPCの利用状況

A社では，客先常駐開発部員が業務システムを使うためだけにA社オフィスに出社するのは非効率的であると考え，客先常駐開発部員に対して個人所有PCの業務利用（BYOD）とVPN接続の許可を検討することにした。

設問 客先常駐開発部員に，個人所有PCからのVPN接続を許可した場合に，増加する又は新たに生じると考えられるリスクを挙げた組合せは，次のうちどれか。解答群のうち，最も適切なものを選べ。

(一) VPN接続が増加し，可用性が損なわれるリスク
(二) 客先常駐開発部員がA社PCを紛失するリスク
(三) 客先常駐開発部員がフィッシングメールのURLをクリックして個人所有PCがマルウェアに感染するリスク
(四) 総務部員が個人所有PCをVPN接続するリスク
(五) マルウェアに感染した個人所有PCが社内ネットワークにVPN接続され，マルウェアが社内ネットワークに拡散するリスク

解答群

ア (一)，(二)　イ (一)，(三)　ウ (一)，(四)　エ (一)，(五)
オ (二)，(三)　カ (二)，(四)　キ (二)，(五)　ク (三)，(四)
ケ (三)，(五)　コ (四)，(五)

解説

問50 VPN接続のリスク

（基本情報技術者試験サンプル問題問18）

解答 エ

BYOD（Bring Your Own Device）とは，従業員が私的に保有するPCやタブレットなどの情報端末を，社内や出先で業務に利用することです。社内で利用するPCや情報端末と比較して，私的に保有する情報端末はセキュリティの設定などを厳密に管理できないので，設定の不備に起因するウイルス感染や不正アクセスのリスクが増大します。

VPN（Virtual Private Network）とは，インターネットなどの開かれたネットワーク上で，専用線と同等にセキュリティが確保された通信を行い，あたかもプライベートなネットワークを利用しているかのようにするための技術です。

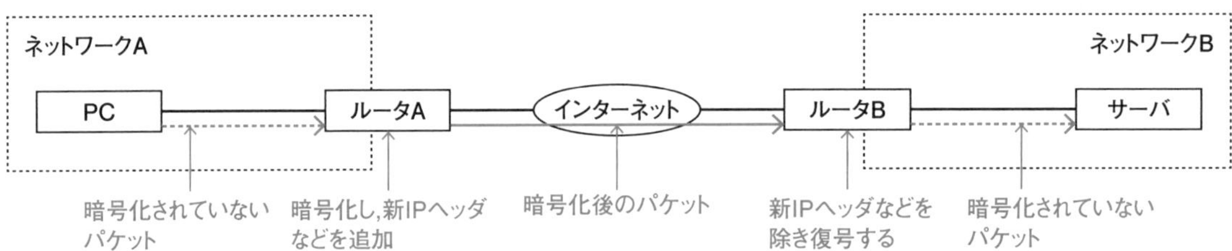

上記を考慮して，(一)～(五)に関して，リスクが増加する又は新たに生じるリスクかを検討します。

○ **(一)** A社は従業員1000名のうち，総務部と営業部を除くと900名の開発部員がいます。そのうち9割が客先常駐になるので，BYODにより最大810名のアクセスがVPN接続されると，その分アクセスが増えてつながりにくくなる可能性が高まります。

× **(二)** 客先常駐部員は自分の端末を利用するので，A社のPCを紛失するリスクはありません。

× **(三)** 客先常駐開発部員がフィッシングメールを受け取るのは，BYOD利用前後で大きく変わりません。

× **(四)** 総務部員は開発部員ではないので，客先常駐はしないためBYODを使用しません

○ **(五)** 個人所有PCに関しては，マルウェア対策をしているかなどのセキュリティレベルがまちまちになっており，対策がされていないPCからマルウェアがVPN経由で社内に拡散してしまう可能性は高まります。

したがって，エ（(一)，(五)）になります。

□□□ **問51** A社は，業務用機械の製造と販売を行う従業員数800名の会社である。営業部門には全国10都市の支店を含めて100名の部員がいる。営業活動においては，顧客への訪問回数を増やすことによる受注拡大や，顧客からの質問への迅速な対応による顧客満足度向上の取組みに重点を置いている。そのため，外出が中心になってもこまめに電子メール（以下，メールという）のチェックを行えるよう，日常的にPCを持ち歩く部員が多い。メールでは価格表や提案書などの機密データを社内関係者とやり取りすることが多い。また，営業部門の部員は顧客との連絡用に会社貸与の携帯電話を持ち歩いている。A社では情報セキュリティの管理体制として情報セキュリティ委員会を設置し，情報セキュリティ対策基準を2年前に策定している。

〔事故の発生〕

営業部門では，最近の報道で，PCの紛失や盗難による情報漏えい事故が目立っていることを受け，PCの持出しを自粛することに決めた。しかし，営業部門の部員の中には，PCを持ち出さないまでもメールの閲覧だけはしたいと考え，会社貸与の携帯電話の従業員用メールアドレスにメールを転送する者がいた。自粛を決めてから数か月たったある日，会社貸与の携帯電話の紛失による情報漏えい事故が発生した。携帯電話を紛失したこと，携帯電話端末にメールが保存されていたこと，そして，キーロック解除用の暗証番号が設定されていなかったことが情報システム部門に直ちに報告された。後日，特定の顧客にしか開示しない価格表の漏えいが確認された。

〔再発防止のための検討〕

今回の事故の報告を受け，事態を深刻に受け止めた情報システム部長は，情報システム部門のG課長に改善策を検討するよう指示した。G課長は，営業部門の関係者から事情を聞いた結果，情報セキュリティ対策基準及びメールシステムが情報漏えい対策の観点で不十分ではないかと考え，見直しをF主任に指示した。

A社の情報セキュリティ対策基準には，端末の利用とメールの利用について**図**に示す規定がある。（なお，（一）～（九）は設問の都合上順につけている）

5.9　端末利用

（一）業務に利用する端末（PC，携帯電話及びPDA）は会社から貸与されたものだけとする。

（二）端末の利用者を限定するために，利用者認証機館を有効にしなければならない。PC及びPDAであればログイン時利用者認証機能を，携帯電話であれば暗証番号による端末操作制限機能やデータ保護機能を有効にしなければならない。

（三）端末上で機密データを取り扱う場合，ファイル保存中は重要度に応じて暗号化などの処置をとり取扱いが不必要となった時点でデータを削除しなければならない。また，機密データを社外に提供する場合，提供者は情報システム部門の許可を得なければならない。

（四）端末の盗難や紛失が発生した場合，速やかに情報システム部門に報告しなければならない。

（5.10～5.12は省略）

5.13　メール利用

（五）従業員用メールアドレスを利用するものとし，業務上での私有メールアドレスの利用を禁止する。

（六）業務目的のメールを私有メールアドレスに転送することを禁止する。

（七）メールの送信に当たっては，宛先ミスがないことを確認しなければならない。

（八）メールの受信に当たっては，別途定めるウイルス対策基準に基づき，ウイルスチェック機能を有効にしなければならない。

（九）やむを得ず機密データをメールで送信する場合には暗号化しなければならない。

（以下，省略）

図　A社における端末利用とメール利用に関する規定（倩報セキュリティ対策基準からの抜粋）

設問 情報漏えい事故について，図中のどの規定の遵守が不十分であったと考えられるか。不十分な項目だけを全て挙げた組合せを，解答群から選んで答えよ。

解答群

ア	(一)，(二)，(三)	イ	(一)，(三)，(五)	ウ	(一)，(四)，(七)
エ	(一)，(五)，(八)	オ	(二)，(三)，(九)	カ	(二)，(四)，(六)
キ	(二)，(五)，(七)	ク	(三)，(四)，(八)	ケ	(三)，(五)，(九)
コ	(四)，(五)，(九)				

解説

問51 携帯電話紛失による情報漏えい

（平成21年度秋情報セキュリティスペシャリスト試験午後1問1改）

解答 オ

本問に示されている情報漏えい事故の説明と図の各規定と，事故の詳しい状況とを照らし合わせていきます。

× **(一)** 紛失したのは「会社貸与の携帯電話」であるため，「端末は会社から貸与されたものだけとする」の規定には違反していないとわかります。

○ **(二)**「キーロック解除用の暗証番号が設定されていなかった」との説明から，「携帯電話であれば暗証番号による端末操作制限機能やデータ保護機能を有効にしなければならない」の規定に違反していたとわかります。

○ **(三)**「後日，特定の顧客にしか開示しない価格表の漏えいが確認された」との説明から，紛失した携帯電話に記録されていた価格表のデータが読み出されてしまったと理解できます。携帯電話に不要なデータを残さないようにし，かつ，重要なデータは暗号化するようにしておけば，携帯電話が紛失しても価格表などの重要なデータが読み出されてその内容が漏えいすることはなくなります。しかし，今回の事故においてデータが漏えいしたため，暗号化などの措置や，不必要となったデータの削除などの措置が行われていなかったと推定できます。

× **(四)**「携帯電話を紛失したこと，…… が情報システム部門に直ちに報告された」と説明されているため，「端末の盗難や紛失が発生した場合，速やかに情報システム部門に報告しなければならない」の規定には違反していないとわかります。

× **(五)** **〔事故の発生〕**の記述から，営業部門の部員の中には従業員用メールアドレスにメールの転送を行っている者がいるとわかります。しかし，私有のメールアドレスを使用していた者がいるという説明は問題文中にはありません。よって，「私有メールアドレスの利用を禁止する」の規定には違反していないとわかります。

× **(六)** 前項と同様に，私有のメールアドレスを使用していた者がいるという説明は問題文中にはありません。よって，「業務目的のメールを私有メールアドレスに転送することを禁止する」の規定には違反していないとわかります。

× **(七)** メールの送信時に宛先を誤ったという記述は問題文中にはありません。よって，「宛先ミスがないことを確認しなければならない」の規定には違反していないとわかります。

× **(八)** 今回の事故において，ウイルスが蔓延したり従業員の携帯電話のウイルスチェック機能が無効になっていたりしたという主旨の記述は，問題文にありません。よって，「ウイルスチェック機能を有効にしなければならない」の規定には違反していないとわかります。

○ **(九)** **〔事故の発生〕**の記述から，営業部門の部員の中には従業員用メールアドレスにメールの転送を行っている者がいるとわかります。このときにメールの内容を暗号化しているという説明はないため，価格表のような機密性の高い情報を暗号化せずにメールで送受信していると推定できます。

以上から，オ（(二)，(三)，(九)）の規定が解答となります。

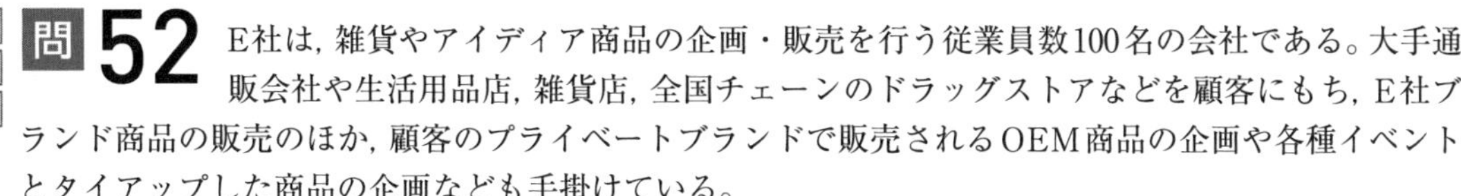

問52

E社は，雑貨やアイディア商品の企画・販売を行う従業員数100名の会社である。大手通販会社や生活用品店，雑貨店，全国チェーンのドラッグストアなどを顧客にもち，E社ブランド商品の販売のほか，顧客のプライベートブランドで販売されるOEM商品の企画や各種イベントとタイアップした商品の企画なども手掛けている。

〔情報漏えい事故の発生と対策の指示〕

ある日，E社の従業員が帰宅後も資料を作成するために，USBメモリに商品の企画書をコピーして持ち帰り，そのUSBメモリを紛失するという事故が起こった。USBメモリにコピーした企画書は，顧客であるL社のプライベートブランドで販売される予定のOEM商品に関するものであり，L社への事情説明と謝罪に加え，商品の企画をやり直す事態となった。

当該商品が企画の初期段階であり，幸い大事に至らなかったが，今後，業務情報の社外持出しに起因する重大な情報漏えい事故が発生しないとも限らないとE社社長は考えた。そこで，E社社長は，情報システム部長を通じて，情報システム部のY課長に，E社における業務情報の社外への持出しの現状を調査し，必要であれば情報漏えい対策を検討するよう指示した。

〔業務情報の持出しに関する現状調査〕

Y課長は，まず，“業務情報の持出し”を，“会社貸与のノートPC（以下，貸与PCという）や会社貸与のUSBメモリ（以下，貸与USBメモリという）に業務情報を保存して社外に持ち出すこと”と定義した上で，業務情報の持出しの状況についての調査と対策の検討を進めることにした。一方，電子メールやファイル転送などによる社外への情報の送信についての調査と対策の検討は，別途実施することにした。

Y課長は，E社における業務情報の持出しの現状を調査するために，情報システム部のZ君とともに従業員のうちの何人かにヒアリングを行った。

ヒアリングの結果，従業員が業務情報を持ち出す目的は，顧客との打合せ（以下，Mという）か，自宅での資料作成（以下，Hという）のいずれかであることが分かった。現状，いずれの場合においても申請や承認などについて規定されていない。

Z君は，E社の業務情報の持出しの状況について，概要を**表1**に整理した。

持ち出す目的	持ち出す者	持出先	持ち出す業務情報（以下，持出情報という）と開示可能範囲		現状の持出手段
			持出情報の内容	開示可能範囲	
M	E社営業担当者	顧客先	E社ブランド既存商品の情報	制限なし	貸与PC
			OEM商品やタイアップ商品の企画書及び提案書	E社内の案件関係者並びにOEM又はタイアップ先の顧客	
H	E社従業員	自宅	・公開前のプレスリリース ・E社ブランド商品の企画書 ・キャンペーン，プロモーションなどの企画書	E社内の案件関係者	貸与PC又は貸与USBメモリ
			E社ブランド既存商品の情報	制限なし	
			OEM商品やタイアップ商品の企画書及び提案書	E社内の案件関係者並びにOEM又はタイアップ先の顧客	

表1　E社の業務情報の持出しの状況

貸与PCで業務情報が持ち出された場合は，M，Hのいずれにおいても，持出先での業務情報へのアクセスには，その貸与PC自体が利用されている。一方，Hにおいて，貸与USBメモリで業務情報が持ち出された場合は，従業員が私有するPC（以下，私有PCという）を利用して業務情報にアクセスすることがあると判明している。

Mについては，顧客に資料を提示しなければならないという業務上の必要性があるのに対し，Hについては，E社オフィス内で資料作成を実施すればよく，必要性に乏しい。そこでY課長は，Hのための持出しについては，禁止することを会社規則として規定した上でそれを全社に周知することとし，Mについては，情報漏えい対策の検討をZ君に指示した。

設問 表1中のMに関して，貸与PCの紛失や盗難が起きないようにするための対策のうち最も適切なものを選べ。

解答群

- ア 移動中や使用中は常に目の届くところにおいておく
- イ 移動は電車などの公共交通機関ではなく，タクシーを利用する
- ウ コーヒーショップなどの公共の無線LANを利用する場合は，暗号化する
- エ 覗き見防止フィルターを付ける
- オ マルウェア対策のソフトウェアは最新のものに更新する

解説

問52 PCの紛失や盗難の対策

（平成23年度春情報セキュリティスペシャリスト試験午後1問3改）

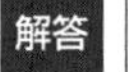 

貸与PCを社外に持ち出して電車やタクシーなどで移動しているとき，PCを収めているかばんを置くなどして手から離すと，かばんを忘れて下車したなどの理由でPCを紛失したり，知らないうちにかばんを盗まれたりする可能性が高くなります。よって，貸与PCを安全に持ち運ぶために，ア“移動中や使用中は常に目の届くところに置いておく”必要があります。

×イ 公共交通機関を利用することが問題なのではなく，PCから目を離してしまうことに問題があります。

×ウ 無線LANの暗号化はデータを読み取られないようにするための対策です。

×エ 覗き見フィルターは背後などから覗き見を防ぐ対策です。

×オ マルウェア対策ソフトを最新にしておくことは，マルウェア対策では重要ですが，PCの盗難や紛失の対策にはなりません。

□□□ **問53** M社は，従業員数900名の保険会社である。M社は損害保険業務を支援する保険システムを稼働させている。保険システムの利用者は，M社の従業員である。M社は，保険システムの開発をソフトウェア開発会社のZ社に委託している。また，保険システムはM社のグループ会社が運営するデータセンタ（以下，DCという）に設置し，主にM社が運用と保守を行っているが，一部の保守作業についてはZ社に委託している。保険システムは，20台のサーバ（以下，保険サーバという）から構成されており，保険システムのサービス（以下，保険サービスという）を提供するための様々なソフトウェアが稼働している。

Z社が請け負っている保守作業は，機能追加などに基づく保険システムのプログラムモジュールの更新，保険システムに障害が発生した場合の原因調査，本番システムへの設定変更などの作業が主である。Z社はM社から作業依頼書を受け取ると，保険システムを担当する5名の保守チームの中から当該作業担当者を1名選び，作業担当者氏名や作業期間などを記載した作業計画書をM社に提出する。作業計画が承認されると，作業で使用するために，OSの特権IDが使用可能な状態に有効化され，通知される。特権IDとは，OSに対する全てのシステム管理特権を付与された利用者IDのことである。作業担当者は通知された特権IDを使い，Z社PCから保険サーバにリモートアクセスを行って作業を実施する。Z社内のM社保険システム保守用LAN，M社LAN及びDC内のDCLANはIP-VPNで接続されている。

なお，DC内の保険サーバのコンソールからの操作や電源の操作は，M社が実施している。また，保険

サーバやネットワーク機器の時刻は全て同期している。

〔対策の検討と対策方針の策定〕

M社と同業のC社で情報漏えい事件が起きた。C社の保守作業委託先の従業員が，保険加入者のデータを不正に持ち出して名簿業者に売却したと報じられた。事件は，C社が事態をすぐに把握できなかった管理上の不備に対する指摘とともに，連日報道された。M社の経営幹部は，C社の事件をきっかけに，自社の保険システムにおいても同様の問題が起きる可能性はないか早急に調査するよう，情報システム部長に指示を出した。調査の結果，保険システムについても，Z社の保守作業において，保険加入者の情報が保存されたファイル（以下，機密ファイルという）が，作業依頼書に指定した範囲を超えてアクセスされるおそれがあることが指摘された。そこで，情報システム部のL主任がリーダとなり，対策を検討することになった。

検討を開始した当初は，Z社の保守作業において機密ファイルへのアクセス制御を実施する案も出たが，M社保守担当者から，特権IDの運用が複雑になる上，保守作業には緊急性が求められる場合もあり，現実的な対策ではないといった意見があった。そこで，L主任はZ社の作業担当者の保守作業の作業証跡を取得し，作業内容とは無関係な機密ファイルの操作（以下，機密ファイル操作違反という）を検知する仕組みを備えるという対策方針を立てた。本対策方針は経営幹部に報告された後，M社役員会議で承認された。

L主任は，Z社が行う作業の操作ログを取得し，操作ログからZ社の機密ファイル操作違反の可能性を自動検知する対策がよいと考えた。検知後に，作業者の機密ファイル操作違反前後の一連の操作を追跡することを想定した対策である。

設問 機密ファイル操作違反を検知する仕組みを備えることによって，操作違反の検知ができる。さらに，機密ファイル操作違反を抑止することを効果的に行うためには，M社は何を実施すべきか。解答群のうち，最も適切なものを選べ。

解答群

- ア　C社の事例を，M社の従業員に伝える
- イ　L主任が，M社従業員に情報セキュリティ教育を実施する
- ウ　M社の従業員に，情報セキュリティポリシ順守の誓約書を書かせる
- エ　Z社の保守チームに，操作ログを取得し，監視していることを伝える
- オ　アクセス制御を行って，Z社の保守チームだけに特権IDの運用を認める
- カ　保険システムの利用者に，DCの場所を教えない

解説

問53 機密ファイルの操作の検知

（平成24年度春情報セキュリティスペシャリスト試験午後1問3改）

問題文中に，「調査の結果，保険システムについても，Z社の保守作業において，保険加入者の情報が保存されたファイル（以下，機密ファイルという）が，作業依頼書に指定した範囲を超えてアクセスされるおそれがあることが指摘された」とあります。ここで，Z社の保守作業での問題点が指摘されています。また，「Z社の保守作業において機密ファイルへのアクセス制御を実施する案も出たが，M社保守担当者から，特権IDの運用が複雑になる上，保守作業には緊急性が求められる場合もあり，現実的な対策ではない」ことから，アクセス制限を行わないこともわかります。

機密ファイル操作違反の発生を検知することは事後的な対策なので，機密ファイル操作違反を作業担当者に実行させないように思いとどまらせるための事前対策（抑制策）が有効です。そのため，作業担当者の保守作業の作業証跡を取得していることをZ社の保守チームに通知して，不正行為をするとM社に知られてしまうと作業担当者に理

解させることで，作業担当者は機密ファイル操作違反などの不正行為を控えるようになります。よって，エ“Z社の保守チームに，操作ログを取得し，監視していることを伝える。”が正解です。

□□□ **問 54** D社は，資本金1億円，従業員数1,000名の中堅機械製造会社であり，精密機械の設計，製造，販売を行っている。経営企画部，人事総務部，情報システム部など管理部門の従業員数は120名である。

D社では，3年前に最高情報セキュリティ責任者（CISO）を委員長とする情報セキュリティ委員会を設置し，情報セキュリティポリシ及び情報セキュリティ関連規程を整備した。情報セキュリティ委員会の事務局は，経営企画部が担当している。また，各部の部長は，情報セキュリティ委員会の委員，及び自部署における情報セキュリティ責任者を務め，自部署の情報セキュリティを確保し，維持，改善する役割を担っている。各情報セキュリティ責任者は，自部署の情報セキュリティに関わる実務を担当する情報セキュリティリーダを選任している。

D社では，“情報セキュリティリスクアセスメント手順”を**図1**のとおり定めている。

・情報資産の機密性，完全性，可用性の評価値はそれぞれ3 段階とし，表 のとおりとする。
・情報資産の機密性，完全性，可用性の評価値の最大値を，その情報資産の重要度とする。
・脅威及び脆弱性の評価値は3 段階とし，以下のとおりとする。
　▽脅威　（評価値3）：脅威となる事象がいつ発生してもおかしくない。
　　　　　（評価値2）：脅威となる事象が年に数回程度発生するおそれがある。
　　　　　（評価値1）：脅威となる事象が発生することはほとんどない。
　▽脆弱性（評価値3）：必要な管理策を実施していない（ほぼ無防備）。
　　　　　（評価値2）：必要な管理策のうち，一部の管理策を実施しているが十分でない。
　　　　　（評価値1）：十分な管理策を実施している。
・情報資産ごとに，様々な脅威に対するリスク値を算出し，その最大値を当該情報資産のリスク値として情報資産管理台帳に記載する。ここで，情報資産の脅威ごとのリスク値は，次の式によって算出する。
　リスク値＝情報資産の重要度×脅威の評価値×脆弱性の評価値
・情報資産のリスク値のしきい値を5 とする。
・情報資産ごとのリスク値がしきい値以下であれば受容可能なリスクとする。
・情報資産ごとのリスク値がしきい値を超えた場合は，保有以外のリスク対応を行うことを基本とする。

注記　本評価手順は，JIPDEC“ISMSユーザーズガイド_JIS Q 27001:2014（ISO/IEC 27001:2013）対応_リスクマネジメント編_”及びIPA“中小企業の情報セキュリティ対策ガイドライン”を基にD 社が作成した。

図1　情報セキュリティリスクアセスメント手順

表　情報資産の機密性，完全性，可用性の評価基準
（IPA中小企業の情報セキュリティ対策ガイドラインより）

評価値		評価基準	該当する情報の例
機密性 アクセスを許可された者だけが情報にアクセスできる	2	法律で安全管理漏えい，滅失又はき損防止)が義務付けられている	・個人情報(個人情報保護法で定義) ・特定個人情報(マイナンバーを含む個人情報)
		守秘義務の対象や限定撮供データとして指定されている 漏えいすると取引先や顧客に大きな影響がある	・取引先から秘密として提供された情報 ・取引先の製品・サービスに関わる非公簡情報
		自社の営集秘密として管理すべき(不正競争防止法による保護を受けるため)漏えいすると自社に深刻な影響がある	・自社の独自技術/ノウハウ ・取引先リスト ・待許出願前の発明情報
	1	漏えいすると事業に大きな影響がある	・見積書，仕入価格など顧客(取引先)との商取引に関する情報
	0	漏えいしても事業にほとんど影響はない	・自社製品カタログ ・ホームページ掲載情報
完全性 情報や情報の処理方法が正確で完全である	2	法律で安全管理漏えい，滅失又はき損防止)が義務付けられている	・個人情報(個人情報保護法で定義) ・特定個人情報(マイナンバーを含む個人情報)
		改ざんされると自社に深刻な影響または取引先や顧客に大きな影響がある	・取引先から処理を委託された会計情報 ・取引先の口座情報 ・顧客から製造を委託された設計図
	1	改ざんされると事業に大きな影響がある	・自社の会計情報 ・受発注/決済/契約情報 ・ホームページ掲載情報
	0	改ざんされてもほとんど業務に影響がない	・廃版製品カタログデータ
可用性 許可された者が必要な時に情報資産にアクセスできる	2	利用できなくなると自社に深刻な影響または取引先や顧客に大きな影響がある	・顧客に提供しているECサイト ・顧客に提供しているクラウドサービス
	1	利用できなくなると事業に大きな影響がある	・製品の設計図 ・商品・サービスに関するコンテンツ
	0	利用できなくなっても事業に影響はない	・廃版製品カタログ

設問　次の(一)～(三)のうち，図のリスクアセスメント手順の適用において適切なものだけを全て挙げた組合せを，解答群の中から選べ。

(一)　重要度が0の情報資産であっても，部分的な管理策を必ず実施しなければならない。
(二)　重要度が1の情報資産の，評価値が1の脅威に対しては，そのリスクを受容できる。
(三)　重要度が2の情報資産の，評価値が1の脅威に対しては，必要な管理策のうち，一部の管理策を実施するだけでは不十分なので，必要な管理策を全て実施する必要がある。

解答群

ア	(一)	イ	(一)，(二)	ウ	(一)，(二)，(三)
エ	(一)，(三)	オ	(二)	カ	(二)，(三)
キ	(三)	ク	全て適切ではない		

解説

問54 情報セキュリティリスク

（平成29年度秋情報セキュリティマネジメント試験午後問1改）

解答  

【中小企業の情報セキュリティ対策ガイドライン】

中小企業の情報セキュリティ対策ガイドラインは，「『中小企業の皆様に情報を安全に管理することの重要性についてご認識いただき、必要な情報セキュリティ対策を実現するための考え方や方策を紹介する』こと」を目的として，中小企業や小規模事業者を対象としてIPAが公表しているものです。

このガイドラインでは，情報セキュリティの三つの要素（機密性，完全性，可用性）を問題文の**表1**のとおり定義しています。

【情報セキュリティにおけるリスク】

情報セキュリティにおけるリスクとは，脅威が情報資産の脆弱性を利用して，情報資産への損失または損害を与える可能性のことです。リスクマネジメント（リスクを分析・評価し，管理すること）では，リスクの発生確率や影響度に応じて次のようなリスク対策をとります。

リスク回避：事業から撤退するなどの方法で，リスクそのものを発生させなくすること

リスク低減（軽減）：リスクの発生確率や損失額を減らすこと。

リスク移転（転嫁，共有）：保険に加入したり，事業を外部に委託したりすることで，リスク発生時の影響，損失，責任の一部または全部を他者に肩代わりさせること

リスク保有（受容）：軽微なリスクに対してはあえて対策を行わず，リスクが発生した場合の損失は自社で負担すること

× **（一）** 重要度が0の情報資産は，リスク値が0×脅威の評価値×脆弱性の評価値＝0（しきい値未満）になるので，受容可能なリスクであり，管理策を実施する必要はありません。不適切な記述です。

○ **（二）** 重要度が1，脅威の評価値が1のとき，リスク値は1×1×脆弱性の評価値＝脆弱性の評価値になります。脆弱性の評価値は最大で3なので，リスク値は最大でも3以下になり，受容可能なリスクです。よって，受容可能です。

× **（三）** 重要度が2，脅威の評価値が1のとき，リスク値は2×1×脆弱性の評価値＝2×脆弱性の評価値になります。脆弱性の評価値は最小で1，最大で3なので，リスク値は最小で2，最大で6になり，しきい値を超えることもあれば超えないこともあります。管理策を全て実施しなくてよい場合もあるので，不適切な記述です。

以上から オ（二）が正解です。

□□□ **問 55** R社は従業員数600名の投資コンサルティング会社である。R社では顧客の個人情報（以下，顧客情報という）を取り扱っていることから，情報セキュリティの維持に注力している。

R社ネットワークではURLフィルタリングを導入しており，フリーメールサービスを提供するWebサイトやソフトウェアのダウンロードサイトへのアクセスを禁止している。また，従業員にノートPC又はデスクトップPCのどちらかを貸与しており，それらのPC（以下，貸与PCという）ではUSBメモリを使用できないようにしている。貸与PCのうち，ノートPCだけが，リモート接続サービスによる社内ネットワークへの接続を許可されている。

海外営業部の部員は10人で，顧客は500人弱である。各部員は，担当顧客に，電子メールや電話を使って営業を行っている。海外営業部は他の営業部のオフィスとは離れた海外営業部専用のオフィスで業務を行っている。海外営業部で使用している顧客管理システム（以下，Cシステムという）は，海外営業部だけが使用している。Cシステムでは，アクセスログを3か月分保存している。海外営業部の部員は，出張がなく，全員がデスクトップPCだけを使っている。

海外営業部では，情報システム部が運用管理を行っているファイルサーバを使用しており，各部員は顧客情報を含むファイルを当該ファイルサーバに一時的に保存する場合がある。その場合は，ファイルのアクセス権を各部員が最小権限の原則に基づいて設定することになっている。R社では，顧客情報を保護するために，次の2点を各担当者が定期的に確認することになっている。

・ファイルサーバに不要な顧客情報を保存していないか。
・ファイルのアクセス権は適切に設定されているか。

R社監査部は，1年に1回，CSA（Control Self Assessment：統制自己評価）方式による情報セキュリティ監査を実施している。CSAとは，監査部が被監査部門を直接評価するのではなく，被監査部門が，自部門の活動を評価することを指す。R社監査部では，被監査部門にCSAの実施を依頼し，その結果を活用して監査を実施している。

設問 R社では，5年前，監査の方式を決定するに当たり，監査部が各部門を直接監査する方式とCSA方式の利点，欠点を比較評価した。その結果，R社にとってはCSA方式の方がメリットが大きいと判断した。CSA方式の利点の組合せで正しいものを解答群の中から選べ。

（一） 関連法規への準拠性が担保できる。
（二） 業務内容の十分な理解に基づいて評価できる。
（三） 証跡を提出する必要がない。
（四） 独立的な立場から公正に評価できる。
（五） 評価実施者に対する意識付けや教育として役立つ。

解答群

ア	（一），（二）	イ	（一），（三）	ウ	（一），（四）	エ	（一），（五）
オ	（二），（三）	カ	（二），（四）	キ	（二），（五）	ク	（三），（四）
ケ	（三），（五）	コ	（四），（五）				

解説

問55 CSA方式の利点
（平成28年度春情報セキュリティマネジメント試験午後問3改）

解答 キ

【CSA】

CSAは内部監査の手法の一つです。監査部または外部の監査人が監査を行うのではなく，業務内容に熟知している被監査部門の管理者及び担当者が，自身の活動を評価することが特徴です。CSA方式の監査には，監査部または外部の監査人が行う従来型の監査と比較して次のメリットやデメリットがあります。

［メリット］

- 業務内容に理解が深い管理者や担当者が監査を行うので，従来型の監査と比べて現場の問題点を把握しやすい
- 監査を行う過程で，業務に関する意識の向上や知識の習得を図ることができ，教育効果が高い

［デメリット］

- 被監査部門が通常の業務と並行して監査を行うため，負担が増える
- 監査の評価結果に独立性がなく，客観性に乏しい

上記のメリットやデメリットは，問題文中の「監査部が被監査部門を直接評価するのではなく，被監査部門が，自部門の活動を評価することを指す」という説明からも推測できます。監査部が監査を行う方式では，監査部が主体となるので被監査部門は受け身的になります。また，外部の部署である監査部が行う監査では，業務の実態を把握しづらくなります。CSA方式では，被監査部門が自部門の活動を能動的に評価して問題点を把握していくので，監査の進捗に応じて業務の意識向上などを図ることが可能です。

(一)～(五)が，CSA方式の利点になるかどうかを確認します。

× **(一)** 関連法規への準拠性を担保するには，その法規で定められた適切な手順に従って，業務や監査を進める必要があります。本問のCSA方式の説明では，関連法規への準拠に関して特に説明がないので，関連法規への準拠性を担保することはできません。CSA方式の利点ではありません。

○ **(二)** CSA方式では，被監査部門が自部門の活動を評価します。被監査部門は，常日頃から実施していて，その内容を熟知している自部門の業務を監査するので，十分な理解に基づいて業務内容を評価できます。これに対して，監査部が各部門を直接監査する方式では，被監査部門の業務内容を監査部が十分に理解しないまま監査が進められ，業務内容が適切に評価されない可能性があります。CSA方式の利点です。

× **(三)** CSA方式と監査部が各部門を直接監査する方式の両方とも，業務内容を客観的に評価するためには，証跡（業務を適切に行ったことを証明するための書類やログなど）を用意する必要があります。よって，CSA方式の利点ではありません。

× **(四)** CSA方式では，被監査部門が自部門の活動を評価するので，独立した立場からの公正な評価にはなりません。これに対して，監査部が各部門を直接監査する方式では，独立的な立場から公正に評価できます。CSA方式の利点ではありません。

○ **(五)** CSA方式では，被監査部門の部員が自部門の活動を評価します。部員が自部門の業務内容を評価する過程で，情報セキュリティを維持することに関する意識の向上や知識の習得を図ることができます。CSA方式の利点です。

以上から，**キ**（(二)，(五)）が正解です。

問56

P社は，従業員数1,000名の消費者向け健康食品製造会社であり，経営方針として自社のブランドイメージを重視している。P社のマーケティング部では，社外向けWebサイトのコンテンツのうち，製品紹介情報，IR情報，CSR情報などの管理を行っている。マーケティング部には20名が在籍し，二つの課がある。マーケティング1課は，ブランドマーケティング戦略を担当している。マーケティング部では，情報セキュリティ責任者をA部長が，情報セキュリティリーダをマーケティング1課のB課長が務めている。

P社では全従業員が基盤情報システムを利用して日々の業務を行っている。基盤情報システムは，会社貸与の業務用PC（以下，PCという），LAN及びインターネット接続から成るネットワークサービス，ディレクトリサービス，社内ファイル共有サービス，電子メールサービスなどから構成されている。P社従業員は，LANに接続された各自のPCから各サービスを利用している。また，LANからのプロキシサーバを経由しないインターネット接続はファイアウォールによって遮断されている。

P社には，基盤情報システム以外にも勤怠管理システム，交通費精算管理システム及び人事管理システムがある。P社従業員は，出勤時と退勤時に各自の磁気ストライプカード型の従業員証をタイムレコーダに通すことになっており，出退勤時刻が勤怠管理システムに記録される。P社の課長以上の職位の者は，直属の部下について，勤怠管理システムを用いて出退勤時刻などの勤怠管理情報を，交通費精算管理システムを用いて交通費精算情報を，人事管理システムを用いて人事評価情報を確認できる。

基盤情報システム，勤怠管理システム，交通費精算管理システム及び人事管理システムは同じタイムサーバに基づいて時刻同期がなされている。それらの情報システム及び自社Webサイトの構築と運用管理は，情報システム部が行っている。

情報システム部のC部長が，P社の最高情報セキュリティ責任者（CISO）を務めている。情報システム部には運用管理課があり，基盤情報システムに対して図1に示す設定と運用管理を行っている。また，利用については**図1**に示すP社基盤情報システム利用規程（以下，利用規程という）を整備している。

1. パスワードは，使用できる文字種（大小英字，数字，記号）全てを組み合わせて 8 文字以上，かつ，他人に推測されにくいものとし，他人に知られないよう適切に管理すること。
2. 機密性が高い電子データには，暗号化を施し，適切なアクセス権を設定すること。
3. 各利用部門から情報システム部への情報システム利用に関する各種申請については，所属部門長及び情報セキュリティリーダの承認を得ること。
なお，機密性が高い情報の取扱いに関連する申請内容については，CISO の承認を得ること。
4. 情報セキュリティインシデント（以下，インシデントという）の発生時には，その対応として第一に被害拡大防止に努め，第二に証拠保全に努めること。
なお，所属部門の情報セキュリティリーダ又は情報システム部からの指示があった場合には，その指示に従うこと。

図1　利用規定（抜粋）

〔インシデントの発見と初動対応〕

9月26日（月）10時，運用管理課のHさんが基盤情報システムを運用監視していたところ，9月23日（金）20時から25日（日）にかけての社内からインターネットへの通信量が前週の金曜日から日曜日にかけてのものと比較して大幅に増えていることを発見し，直ちに運用管理課のD課長に報告した。D課長は不審に思い，プロキシサーバのログを調査するようHさんに指示した。その結果，**図2**に示すことが判明した。

・大量の通信は，同一の社外 IP アドレス（以下，アドレス Y という）へのアクセスであった。
・POST メソッドから始まって CONNECT メソッドが連続した HTTP over TLS（HTTPS）通信であった。
・発信元はマーケティング 1 課に所属する入社 2 年目の E さんの PC（以下，E-PC という）であった。

図2　プロキシサーバのログ調査結果

設問　利用規定にのっとり，次の（一）～（五）のうち，B課長がEさんに指示すべき初動対応だけを全て挙げた組合せを，解答群の中から選べ。

（一）　E-PCのHDD内のフォルダとファイルに対して何も操作をしない。
（二）　E-PCの電源を強制切断し，かつ，電源ケーブルを電源コンセントから外す。
（三）　E-PCをLANから切り離す。
（四）　E-PCを再起動する。
（五）　E-PCを使ってEさんの基盤情報システムへのログインパスワードを変更する。

解答群

ア	（一）	イ	（一），（三）	ウ	（一），（四），（五）
エ	（二），（三）	オ	（二），（五）	カ	（三），（四），（五）
キ	（三），（五）	ク	（四），（五）		

解説

問56　初動対応

（平成28年度秋情報セキュリティマネジメント試験午後問3改）

解答 

図2の内容から，E-PCからインターネットに向けて大量の通信が発生する現象は，PCに感染した不正プログラムが，社内の情報を盗んで外部の攻撃用サーバに送信したり，他のサーバに対して攻撃用のパケットを送信したりすることで発生します。このような場合，次の初動対応をすることで，被害を最小限に食い止めるとともに，不正プ

ログラムの種類の確認や証拠保全を図ります。

- 感染の疑いがあるPCをLANから切り離す(三)
- 感染の疑いがあるPCの電源を切ったり，再起動したりせず，そのままにする(一)

感染の疑いがあるPCをLANから切り離すことで，攻撃用のサーバに情報が渡らなくなります。また，感染の疑いがあるPCの電源を切ったり再起動したりすると，メモリ上の情報が失われ，稼働していた不正プログラムや，それがメモリ上に残していた作業用のデータなどが消失します。感染の疑いがあるPCを後で調査するとき，メモリ上の情報が失われていると，稼働していた不正プログラムの種類や挙動などを突き止めることができないことがあります。

以上から，B課長がEさんに指示する初動対応として適切なのは，イ((一)と(三))です。

【プロキシサーバ】

インターネット上のサーバに組織内のPCが直接アクセスすると，そのPCのIPアドレスなどが外部に知られて，不正アクセスなどの危険性が増加します。また，PCが直接インターネットにアクセスできる状況では，悪意のあるWebサイトに不用意にアクセスしてマルウェアに感染するなどの問題が発生します。

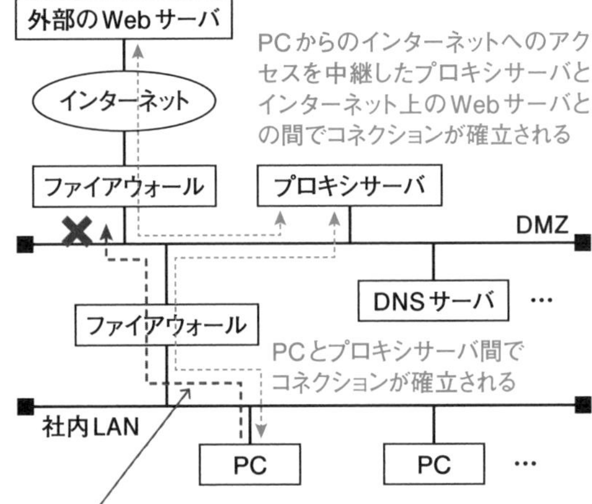

そこで，組織内に外部とのアクセスを中継するサーバを設置し，そこを経由して外部とアクセスする方法をとります。このサーバを**プロキシサーバ**といいます。

この方法によって，プロキシサーバのIPアドレスだけが外部に判明するため，安全性が高まります。また，プロキシサーバにはURLフィルタリング機能をもつものがあります。URLフィルタリング機能では，悪意のあるWebサイトのURLをブラックリストに記録してアクセスを禁止したり，アクセスを許可した安全なWebサイトのURLをホワイトリストに登録して，そのサイトへのアクセスだけを認めたりすることができます。

プロキシサーバには，一度アクセスしたWebコンテンツのキャッシュする機能があります。組織内のPCが一度アクセスしたWebページはプロキシサーバに保存されます。同じ組織内の別のPCが同じWebページにアクセスした場合，プロキシサーバに保存されているWebページの内容が返されます。これにより，表示時間の短縮が図れます。

【CONNECTメソッド】

CONNECTメソッドは，PC上で稼働するブラウザがプロキシサーバにアクセスする際に使用されるHTTPのメソッドの一つです。

ブラウザがプロキシサーバを利用して外部のWebサーバにアクセスするとき，URLフィルタリングを実行します。この機能のブラックリストに一致したURLにアクセスしようとした場合は，プロキシサーバはHTTPリクエストを外部に転送せず，破棄します。

この機能を使用するには，ブラウザが送信したHTTPリクエストの内容をプロキシサーバが参照する必要があります。しかし，ブラウザとWebサーバの間でHTTP over TLS(以下，HTTPSという)を使用して通信を行う場合，HTTPリク

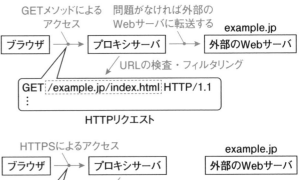

・通常のプロキシサーバの利用(CONNECTメソッドを使用しない)

GETメソッドによるアクセス
問題がなければ外部のWebサーバに転送する
example.jp
ブラウザ
プロキシサーバ
外部のWebサーバ
URLの検査・フィルタリング
GET /example.jp/index.html HTTP/1.1
⋮
HTTPリクエスト

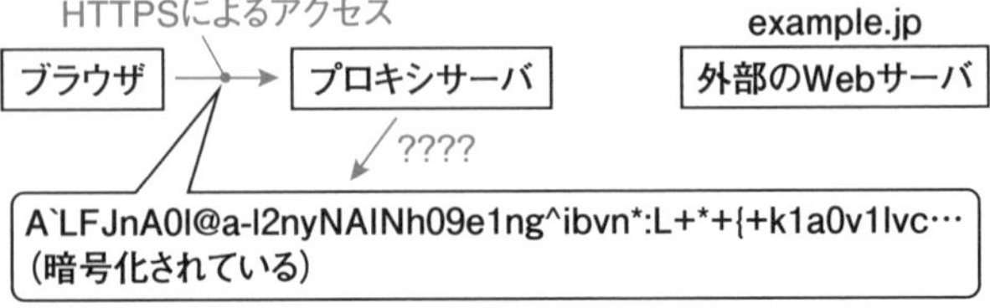

エストの内容は全て暗号化されるので，プロキシサーバは内容を参照できなくなります。

このような場合は，プロキシサーバはブラウザとWebサーバの間の内容をチェックできないので，ブラウザが送信したリクエストをそのままWebサーバに転送し，Webサーバが送信したレスポンスをそのままブラウザに転送することだけを行います。このような単なるデータの転送役としての存在を**トンネル**と呼びます。CONNECTメソッドは，ブラウザからプロキシサーバに対して，サーバ間の通信のトンネルになることを依頼する命令です。

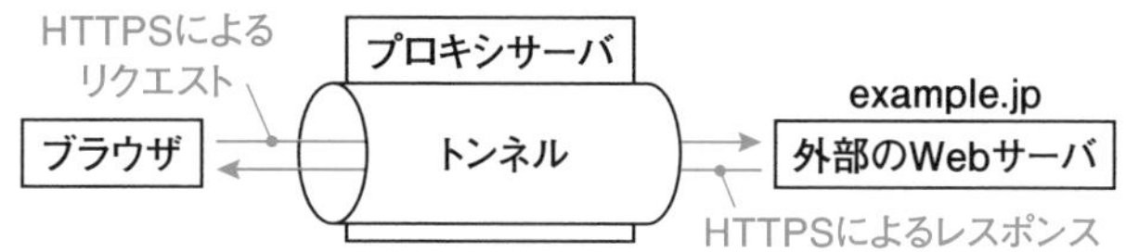

CONNECTメソッドを用いる場合，ブラウザは最初に次のコマンドをプロキシサーバに送信します。

"CONNECT 接続先のホスト名：宛先ポート番号 HTTP/1.1"

<例> CONNECT example.jp:80 HTTP/1.1

問57

A社は従業員数200名の通信販売業者である。一般消費者向けに生活雑貨，ギフト商品などの販売を手掛けており，商品の種類ごとに販売課が編成されている。

〔Z販売課の業務〕

現在，Z販売課は，商品Zについて顧客から電子メール又はファックスによる注文及び問合せを受け，その対応を行っている。商品Zの販売に関わる要員（以下，商品Z関連要員という）は，販売責任者であるZ販売課N課長，及びその管理下に5名の担当者，並びに業務委託先の管理者であるB社運用課L課長，及びその管理下に8名の担当者の，計15名で構成されている。商品Z関連要員の業務を**図1**に示す。

1. 受注管理業務
 顧客から届く注文を確認し，受注手続を行う。受注管理システム（以下，J システムという）を利用する。本業務は，A 社の Z 販売課の要員が担当する。
 (1) 入力
  担当者は，届いた注文（変更，キャンセルを含む）の内容を確認し，不備があれば顧客に問い合わせる。不備がなければその情報を J システムに入力し，販売責任者に承認を依頼する。
 (2) 承認
  販売責任者は，注文の内容と J システムへの入力結果を突き合わせて確認し，問題がなければ承認する。問題があれば差し戻す。
2. 問合せ対応業務
 顧客からの問合せに対応する。問合せ管理システム（以下，T システムという）を利用する。本業務は，業務委託先である B 社の運用課の要員が担当する。
 (1) 入力
  担当者は，顧客から届いた問合せの内容を確認し，回答案を T システムに入力して，管理者に承認を依頼する。
 (2) 承認
  管理者は，回答案を確認し，問題がなければ承認する。これによって T システムから顧客に回答が返信される。問題があればコメントを付記して差し戻す。

補足：J システム及び T システムは A 社の情報システム部が運用している。

図1　商品Z関連要員の業務（概要）

B社は，自社内にA社からの受託業務専用のオペレーションルームをもち，そこからA社のTシステムにアクセスしている。B社は，A社からの受託業務に必要な設備及び管理体制を整えており，A社が定める情報セキュリティ要件を満たしている。

〔JシステムおよびTシステムの操作権限〕

Z販売課では，JシステムおよびTシステムについて，次の利用方針を定めている。

［方針1］1人の利用者に，一つの利用者IDを登録する。

［方針2］一つの利用者IDは，1人の利用者だけが利用する。

［方針3］ある利用者が入力した情報は，別の利用者が承認する。

［方針4］販売責任者は，Z販売課の全業務の情報を閲覧できる。

〔受注管理業務の委託〕

Z販売課では，受注管理業務を担当するA社の従業員の作業量が受注増によって増えていることから，この業務の入力作業をB社に対して追加で委託することにした。追加の業務委託で必要となるJシステムの操作権限の見直しを，A社の販売課全体の情報セキュリティリーダを務める販売管理課のM主任が支援することになった。

M主任は，受注管理業務におけるA社とB社の役割分担について，Z販売課のN課長からヒアリングした内容を次のとおり整理した。

［要求1］B社が入力した場合は，A社が承認する。

［要求2］A社の担当者が入力した場合は，現状どおりにA社の販売責任者が承認する。

これに基づきM主任が作成した操作権限案を**表1**に示す。

表1　新しい操作権限案

ロール ＼ ロールに付与される操作権限	Jシステム			Tシステム		
	閲覧	入力	承認	閲覧	入力	承認
A社販売責任者	○		○	○		
A社販売担当者	○	○		○		
B社管理者	◎	◎		○		○
B社Tシステム担当者				○	○	
B社Jシステム担当者	◎	◎				

設問　販売管理者がN課長だけなので，業務が停滞する可能性がある。そのため，“A社販売担当者”ロールに承認権限を追加したい。その場合，どの利用方針に違反するか。違反が考えられる利用方針だけを全て挙げた組合せを，解答群の中から選べ。

解答群

ア　［方針1］　　イ　［方針1］，［方針2］　　ウ　［方針2］

エ　［方針2］，［方針3］　　オ　［方針3］　　カ　［方針3］，［方針4］

問57 委託業者の操作権限

(平成28年度春情報セキュリティマネジメント試験午後問2改)

【内部統制】

内部統制とは，組織が目的を達成するために，従業員などを適切に管理して自社の業務を適正に遂行しているかどうかを，合理的な方法で確認するための体制を構築・運用する仕組み，及びその仕組みにおいて行われる各種の作業のことです。

内部統制において内部不正を検知または防止するためには，ある従業員または部門が行った作業の内容を，別の従業員または部門に検証させ，正当性を確認させる措置が必要です。この措置のことを承認といいます。内部不正を検知・防止するために，作業者と承認者を分離することが有効です。作業者と承認者が同じ状況では，作業者の行った不正を検知する者がいないので，不正が意図的に隠ぺいされる可能性が高くなります。

Z販売課では，Jシステム及びTシステムについて次の利用方針を定めています。

[方針1]　1人の利用者に，一つの利用者IDを登録する。

[方針2]　一つの利用者IDは，1人の利用者だけが利用する。

[方針3]　ある利用者が入力した情報は，別の利用者が承認する。

[方針4]　販売責任者は，Z販売課の全業務の情報を閲覧できる。

方針3は，【内部統制】の項で説明した作業者と承認者の分離を目的としています。ある利用者が入力した情報を同じ利用者が承認できる状況では，不正な注文情報が入力されたとき，同じ利用者によって承認されてしまいます。

〔受注管理業務の委託〕でN課長が提案したように「"A社販売担当者" ロールに承認権限を追加」すると，"A社販売担当者" ロールがJシステムへの入力権限と承認権限の両方をもちます。

ロールに付与される操作権限 ＼ ロール	Jシステム			Tシステム		
	閲覧	入力	承認	閲覧	入力	承認
A社販売責任者	○		○	○		
A社販売担当者	○	○	○	○		
B社管理者	◎	◎		○		○
B社Tシステム担当者				○	○	
B社Jシステム担当者	◎	◎				

注記1　○は，付与される操作権限のうち，表1と同じものを示す。

注記2　◎は，付与される操作権限のうち，表1に比べて新しく追加したものを示す。

A社販売担当者が，Jシステムへの入力と承認の両方を同時にもつことになる

"A社販売担当者" ロールを設定された利用者は，Jシステムに入力した不正な注文を自分で承認できるようになります。この状況は，利用方針のうちの[方針3]に違反します。なお，N課長の提案では，1人の利用者に複数の利用者IDを登録したり，一つの利用者IDを複数人の利用者で共用したり，販売責任者の閲覧権限を取り除いたりはしていないので，[方針1]，[方針2]，[方針4]には違反しません。オの組合せが正解です。

問58

W社は，社員300名の中堅の電子部品メーカであり，機器メーカに部品を供給している。都心の本社ビルに総務部，情報システム部，営業部などがあり，郊外の工場に設計部，製造部などがある。W社のシステムは，全社統一的な視点で情報セキュリティポリシを遵守することが重要なので，情報システム部が企画段階から所管して，各部と共同のプロジェクトで検討を進めることにしている。

図1に，W社の電子化情報に関する情報セキュリティポリシを示す。

〔電子化情報の区分〕
電子化情報の区分は，文書区分に準じて，次のとおりとする。
(1) 極秘　：経営上の最高機密に属するもの。経営戦略情報など。
(2) 秘　　：業務上必要な社内関係者に使用を限定すべきもの。顧客情報など。
(3) 社外秘：社内だけでの使用を認めるもの。クレーム情報など。
(4) 公開　：社外に公開するもの。商品情報など。
(省略)
〔送信及び持ち出し〕
電子化情報のインターネット経由での送信及び記録媒体による社外への持ち出しを行う際の要領は，電子化情報の区分によって，次のとおりとする。
(1) “極秘”情報　：インターネット経由での送信及び記録媒体による社外への持ち出しを禁止する。
(2) “秘”情報　　：秘匿化や改ざん防止措置などを講じる。原則として，インターネット経由での送信及び記録媒体による社外への持ち出しを禁止する。業務上必要がある場合には，情報セキュリティ責任者の了承を得る。
(3) “社外秘”情報：秘匿化や改ざん防止措置などを講じる。
〔廃棄〕
記録媒体を廃棄する場合には，電子化情報の漏えいを完全に防ぐ措置を講じる。
(以下省略)

図1　W社の電子化情報に関する情報セキュリティポリシ

営業部では，データベース（以下，DBという）閲覧システム及び電子メールシステムからなる営業支援システムを運用してきた。DB閲覧システムは，商品情報DB，クレーム情報DB及び顧客情報DBにアクセスするクライアントサーバ方式のシステムである。商品情報DBは商品仕様情報など，クレーム情報DBはクレームや対応策など，顧客情報DBは顧客情報や購買履歴などからなる。これらは，営業部が管理するサーバで運用され，営業部員がデスクトップPC（以下DPCという）を使って随時，登録，更新及び閲覧を行うことができる。商品情報は，印刷して持参したり，電子メールに添付し送付したりすることによって顧客に提示していたが，社内に戻らないと利用できないので不便であった。そのため，社外から営業支援システムを利用できるようにしてほしいとの要望が寄せられていた。

そこで，営業部では，営業部員が外出先からノートパソコン（以下NPCという）を使って営業支援システムへのアクセスをインターネット経由で行う機能と，Webサーバを通じて商品情報を一般ユーザに提供することができる商品情報Web機能を実現させた。これによって営業部員は，社内と同様に外出先からも営業支援システムを利用でき，いつでも顧客情報などをNPCにダウンロードして，営業活動に利用することができる。

外出時以外は社内ネットワークにNPCを接続して使用することにし，下取り業者に従来から使用していたDPCを売却することにした。

設問　W社でのDPCの売却に関して情報セキュリティ確保の観点から指示された具体的な内容のうち，最も適切な解答群を選べ。

解答群

- ア　DPCのハードディスク内の“公開”情報以外を保存して，ほかの情報はゴミ箱に入れる
- イ　DPCのハードディスク内のデータを，暗号化しておく
- ウ　DPCのハードディスク内のデータを，インターネット経由でバックアップしておく
- エ　DPCのハードディスク内のデータを，専用のソフトウェアで全て完全に消去すること
- オ　DPCのハードディスク内のデータを，別の記憶媒体に全てバックアップしておく
- カ　DPCのハードディスクをフォーマットする

解説

問58 売却PCのセキュリティ保護

（平成15年度秋情報セキュリティアドミニストレータ試験午後1問4改）

OSのファイル管理システムでは，ファイルそのものをハードディスクに格納するだけでなく，ファイルの名前や格納位置などを管理する情報（以下，「ファイル管理情報」とする）を，ハードディスク内の特殊なファイル管理用領域（以下，「ファイル管理領域」とする）に格納して，ファイルを管理しています。

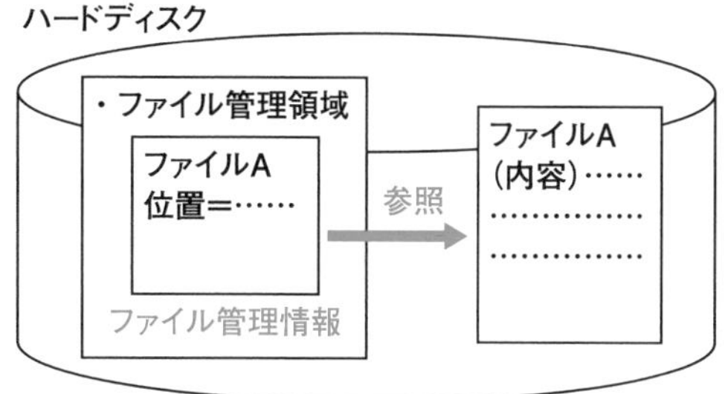

一般的なOSでは，あるファイルを削除する操作を行った場合，そのファイル自体を消滅させるのではなく，ファイル管理領域内の当該ファイルのファイル管理情報だけを削除し，当該ファイルを「存在しているが，OSからは見えない状態」にしています。また，ハードディスクのフォーマットを行っても，ファイルの内容そのものは削除されずにハードディスクに残り続けます。

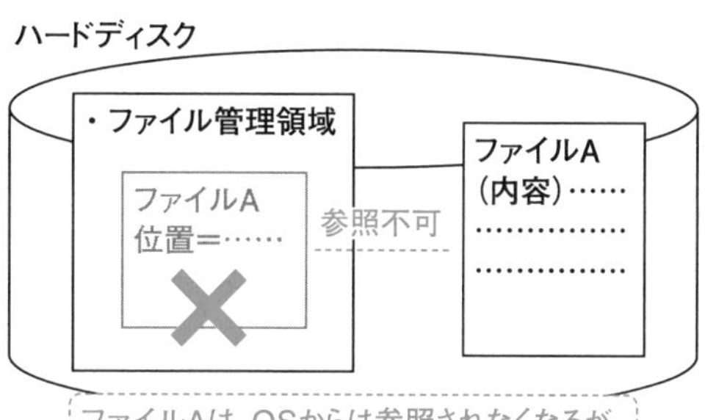

この，「OSからは参照されないが，ハードディスク内に残っているファイル」のデータを参照するためのツールが市販されています。このツールは，もともとは誤って削除したファイルを復旧するために利用されていたものですが，不正利用者によって，廃棄されたサーバなどのハードディスクに残っているデータを盗むために悪用されるようになりました。

W社の情報セキュリティポリシの（廃棄）にも「記録媒体を廃棄する場合には，電子化情帳の漏えいを完全に防ぐ措置を講じる」とあるように，DPCのハードディスク内のデータを，OSの削除コマンドで削除したり，ハードディスクをフォーマットしたりしても，上記のツールを用いてデータを盗まれる可能性が残っています。よって，廃棄するDPC中の電子化情報の漏えいを完全に防ぐためには，ハードディスクの全領域に固定パターンのビット列を書き込むようにして，データそのものを完全に消去する必要があります。そのための専用のソフトウェアが市販されており，それを用いることでハードディスク内のデータを完全に消すことができます。

よって，エの“DPCのハードディスク内のデータを，専用のソフトウェアなどで完全に消去すること”が正解です。

×ア，カ　データをゴミ箱に入れたり，ハードディスクをフォーマットしたりしても，簡単にデータを復元することができます。

×イ　暗号化しておいても復号されて読まれる可能性があります。

×ウ，オ　W社の情報セキュリティポリシでは，インターネット経由での送信及び記録媒体による社外への持ち出しを禁止しています。

□□□ **問 59** W社は，正社員数500名の電子部品メーカである。都心の本社ビルに総務部，システム部，営業部があり，郊外の工場に設計部，製造部がある。本社ビルには150名が勤務しており，そのうちの90名が営業部員である。一方，工場には350名が勤務しており，その半数が製造部員である。営業部，製造部では，正社員以外に派遣社員及びアルバイトが業務に従事しており，各部署の課ごとに課長が管理している。特に製造部では，頻繁に入れ替わる多数のアルバイトが業務に従事している。

図1に，W社本社ビルの情報システムの構成を示す。W社では，外出先からインターネット経由で行う営業支援システムへのリモートアクセスを，派遣社員を含む営業部員に許可している。営業支援シス

テムは，営業支援Webサーバと営業情報DBサーバによって構成されている。外出先から，ノートPCを使って営業支援システムにリモートアクセスする際は，VPNゲートウェイサーバをプロキシサーバとして動作させ，LAN2の営業支援Webサーバにアクセスする。VPNゲートウェイサーバからの接続は，営業支援システムに限定されている。

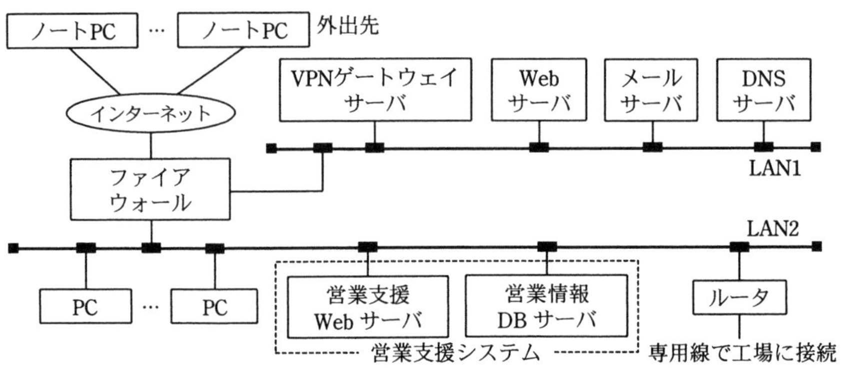

図1　W社本社ビルの情報システムの構成

W社の全サーバは，IDとパスワードによるアクセス制御が行われており，アカウントの登録及び削除の管理は，サーバごとに任命されたサーバ管理者が行っている。アカウントの付与は，各課の課長が作成するアカウント付与依頼書に基づいて行う。正社員にアカウントを付与する場合は，アカウント付与依頼書に各部署の部長の承認が必要であり，正社員以外の場合には総務部長の承認が必要である。アカウントの削除は，総務部が作成するアカウント削除依頼書に基づいて行う。総務部は，退職した正社員・アルバイト及び派遣契約の終了した派遣社員（以下，退職者という）に関する情報を基にアカウント削除依頼書を作成し，全サーバ管理者に配布する。サーバ管理者は，サーバに登録されたアカウントと対象者を対比して，該当アカウントを削除する。

〔セキュリティインシデントの発見と対応〕

VPNゲートウェイサーバの管理者であるシステム部のF君が，ある日，営業部からの問合せによって，現在は業務に従事していない元営業部所属の派遣社員A氏のリモートアクセス用アカウントが利用されていることを発見した。そこで，F君はA氏のアカウントを削除するとともに，営業支援システムを所管している営業部に対して状況を確認したが，営業支援Webサーバにおいては A氏のアカウントはアカウント削除依頼書に基づいて削除されており，利用できない状態だった。F君はこの結果を受けて，同様の不正利用を防止するために，VPNゲートウェイサーバのアカウントに対して応急対応策を実施した。

その後の調査において，VPNゲートウェイサーバからA氏のアカウントが削除されていなかった原因は，アカウント削除依頼書に記載された削除対象者をF君が見過ごしたことによる，単純な作業ミスであることが判明した。また，この調査の際に，A氏のアカウント付与依頼書には承認印がなかったこと，及び正社員以外の未承認アカウントが製造部のサーバに登録されていた事例が多数あることも確認された。この件は，セキュリティインシデントとして，経営会議に報告された。

設問　**F君が実施した応急対応策のうち考えられる対策だけを全て挙げた組合せを，解答群の中から選べ。**

（一）　A氏のアカウントを使用した人を特定する
（二）　VPNゲートウェイサーバのログを確認する
（三）　アカウント削除依頼書のフォーマットを見直す
（四）　残存している退職者のアカウントを停止する
（五）　全てのパスワードを変更し，利用者に通知する

解答群

ア	(一),(二)	イ	(一),(三)	ウ	(一),(四)	エ	(一),(五)
オ	(二),(三)	カ	(二),(四)	キ	(二),(五)	ク	(三),(四)
ケ	(三),(五)	コ	(四),(五)				

解説

問59 アカウントの削除ミスの対策

(平成19年度秋情報セキュリティアドミニストレータ試験午後1問4改)

〔セキュリティインシデントの発見と対応〕の記述から，アカウント削除依頼書に記載された削除対象者を見過ごすという単純な作業ミスで，元営業部所属の派遣社員A氏のアカウントがVPNゲートウェイサーバに残っており，それを利用した不正利用と思われるアクセスが実行されたとわかります。このような場合，当該アカウントを利用できないようにするために，アカウントの停止措置を取る必要があります。よって，**(四)“残存している退職者のアカウントを停止する。”**が正解です。

また，今回の不正利用において情報の漏えいや改ざんなどが行われたかどうかは，問題文からは確認できません。しかし，A氏のアカウントを用いて営業支援システムに不正侵入され，W社の各利用者のアカウントのパスワード情報が盗まれるといった万が一の事態を想定して，利用者全員のアカウントのパスワードを変更して利用者に通知することで，今後各利用者のアカウントが不正に利用されるなどの攻撃を防止することができます。よって，**(五)“全てのパスワードを変更し，利用者に通知する。”**も正解です。

× **(一)** A氏のアカウントを使用した人を特定しても応急対応策にはなりません。

× **(二)** VPNゲートウェイサーバのログを確認しても応急対応策にはなりません。

× **(三)** アカウント削除依頼書のフォーマットの問題であるならば，今後実施すればよいので応急対応策にはなりません。

以上より，コが正解です。

☐☐☐ **問60** D社は，従業員数400名の通信販売会社であり，ISMSの認証取得を目指して，マネジメントシステムを構築中である。

D社の情報システムには，全社共用サーバと部門サーバがある。全社共用サーバは情報システム部が運用管理しており，部門サーバは各部門が運用管理している。従業員は，各自のデスクトップPC又はノートPCを利用して社内業務を行っている。

D社では，マネジメントシステムの構築に伴い，リスクマネジメントを実施することになり，技術的な検討を要する部分は，情報システム部のH主任とM君が担当することになった。次は，H主任とM君の会話である。

〔リスクマネジメントの実施手順〕

H主任：当社では，リスクマネジメントを実施する手順として，最初にリスクアセスメントを行い，次にリスク対応を行うことにしている。リスクアセスメントでは，まず，リスク分析を行い，次にリスク評価を行う。リスク分析では，情報資産の重要度，脅威及び脆弱性をレベルで表し，それぞれのレベルの積をリスク値として算定する。リスク評価では，リスク値が一定値を超えたものを対応すべきリスクとして決定する。

M君：対応すべきリスクとして決定されたものについては，どうするのですか。

H主任：対応すべきリスクに対して，個々に対応を検討していく。リスク対応には，四つの選択肢がある。第一に，適切な管理策を採用して，リスクを低減するという選択肢がある。第二に，リスクが組織の方針及びリスク［ a ］基準を満たす場合には，そのリスクを［ a ］するという選択肢がある。第三に，リスクの存在する状況から撤退することによって，リスクを［ b ］するという選択肢がある。第四に，関連する事業上のリスクを保険会社や供給者などの他者に［ c ］するという選択肢がある。
現時点でリスク評価までは完了しているので，次の段階では，リスクを低減する選択肢の中で，技術的な管理策を検討していこう。

設問 本文中の［ a ］～［ c ］に入れる適切な字句の組合せを解答群の中から選び，記号で答えよ。

a～cの解答群

	a	b	c
ア	移転	回避	譲渡
イ	移転	管理	受容
ウ	回避	移転	売却
エ	回避	受容	移転
オ	受容	売却	譲渡
カ	受容	回避	移転
キ	拒否	受容	回避
ク	拒否	移転	売却

解説

問60 リスクマネジメント
(平成20年度春テクニカルエンジニア（情報セキュリティ）試験午後1問4改)

解答 

JIS Q 27000:2014による，情報システム上のリスクなどの定義を示します。

脅威：システム又は組織に損害を与える可能性がある，望ましくないインシデントの潜在的な原因のこと。

脆弱性：一つ以上の脅威によって付け込まれる可能性のある，資産又は管理策の弱点のこと。

リスク：目的に対する不確かさの影響のこと。

リスクマネジメントを実施するときは，最初に**リスクアセスメント**（リスクを分析・評価する作業）を行います。リスクアセスメントでは，最初に**リスク分析**を行い，次に**リスク評価**を行います。リスク分析では，情報資産の重要度などをレベルで表し，レベルをもとにしてリスク値を算定します。リスク評価では，リスク値が一定値を超えたものを対応すべきリスクとします。

リスクアセスメントによってリスクの大きさを判断した上で決める各種の対策として，以下のものがあります。

リスク回避：事業から撤退することなどにより，リスクそのものをなくすこと

リスク移転（転嫁）：保険に加入するなどの手段で資金面での対策を行い，リスク発生時の影響，損失，責任の一部または全部を他者に肩代わりさせること

リスク受容：リスクが組織の方針及びリスク受容基準を満たしている場合（リスクによる損失が軽微な場合），そのリスクに対してはあえて対策を行わず，リスクが発生した場合の損失は自社で負担すること

リスク軽減（低減）：リスクの発生確率や被害額を低減させせること

以上から，空欄aには“受容”が入ります。空欄bには“回避”が入ります。また，空欄cには“移転”が入るので，正解は カ となります。

模擬試験問題 第3回

情報セキュリティマネジメント

※なお試験時間は科目A・科目B合わせて120分です。

※297ページに答案用紙がありますので，ご利用ください。
※「問題文中で共通に使用される表記ルール」については，294ページを参照してください。

模擬試験問題 第3回 科目A

□□□ **問1** 標準化団体OASISが，Webサイトなどを運営するオンラインビジネスパートナー間で認証，属性及び認可の情報を安全に交換するために策定したものはどれか。(R4秋SC午前Ⅱ問3)

ア SAML　　イ SOAP　　ウ XKMS　　エ XML Signature

□□□ **問2** 情報セキュリティにおける物理的及び環境的セキュリティ管理策であるクリアデスクを職場で実施する例として，適切なものはどれか。(R5春IP問90)

ア 従業員に固定された机がなく，空いている机で業務を行う。
イ 情報を記録した書類などを机の上に放置したまま離席しない。
ウ 机の上のLANケーブルを撤去して，暗号化された無線LANを使用する。
エ 離席時は，PCをパスワードロックする。

□□□ **問3** ISMSにおける情報セキュリティ方針に関する記述として，適切なものはどれか。(R5春IP問94)

ア 企業が導入するセキュリティ製品を対象として作成され，セキュリティの設定値を定めたもの
イ 個人情報を取り扱う部門を対象として，個人情報取扱い手順を規定したもの
ウ 自社と取引先企業との間で授受する情報資産の範囲と具体的な保護方法について，両社間で合意したもの
エ 情報セキュリティに対する組織の意図を示し，方向付けしたもの

□□□ **問4** JIS Q 27000：2019(情報セキュリティマネジメントシステム－用語)では，情報セキュリティは主に三つの特性を維持することとされている。それらのうちの二つは機密性と完全性である。残りの一つはどれか。(R1秋AP問40)

ア 可用性　　イ 効率性　　ウ 保守性　　エ 有効性

解説

問1 SAML

Webサイトのユーザ認証を受けてアクセスする際のシングルサインオンを効果的に実現するために，ユーザの認証情報や属性情報などを，他のドメインのサーバに送信するためのプロトコル，及びそのプロトコルに関するフレームワークのことを，SAML（XML Security Assertion Markup Language）といいます。アが正解です。

SAMLは，標準化団体OASISが，Webサイト間で認証，属性及び認可の情報を安全に交換するために策定したものです。

○ア　正解です。
×イ　SOAP(Simple Object Access Protocol)とは，分散システムにおいて，ネットワークを経由して相手オブジェクトにアクセスし，サービスを受けるためのプロトコルです。
×ウ　XKMS(XML Key Management Specification，XML鍵管理サービス)は，デジタル署名に使われる鍵情報を効率よく管理するためのWebサービスプロトコルを定めたものです。
×エ　XML Signature(XML署名)は，デジタル署名をXMLで表現する仕組みです。

問2 クリアデスク

物理的及び環境的セキュリティ管理とは，重要な情報や機器が存在する建物や部屋に不審者が侵入できないようにするために行う，監視カメラの設置や警備員の配置，窓やドアの施錠，壁の堅牢化などの各種対策のことです。その中でも職場でのクリアデスクとは，机の上に書類などを放置したまま離席しないことをいいます。イが正解です。

×ア　フリーアドレスの説明です。
○イ　正解です。
×ウ　暗号化された無線LANを利用することで盗聴のリスクが減りますが，クリアデスクの例ではありません。
×エ　クリアスクリーンの説明です。

問3 情報セキュリティ方針

情報セキュリティポリシや，情報セキュリティポリシに関連する文書を詳細化の順に並べると，図のようになります。

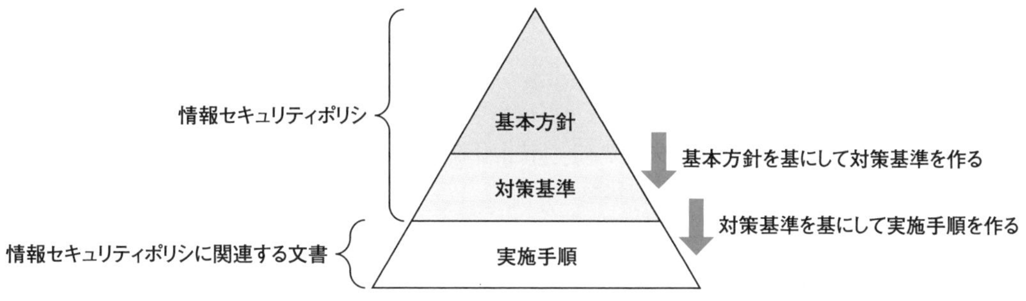

情報セキュリティポリシの基本方針（情報セキュリティ方針）は，組織の行動全体を統括する重要な方針のことです。エが正解です。

×ア　情報セキュリティ製品に対する設定文書の説明です。
×イ　プライバシポリシの説明です。
×ウ　NDA(Non-Disclosure Agreement：秘密保持契約書)の説明です。
○エ　正解です。

問4 情報セキュリティの3要素

JIS Q 27000：2019(情報セキュリティマネジメントシステム－用語）などの情報セキュリティの規格によって示される「情報セキュリティの3要素」とは，「機密性」（不特定多数からデータにアクセスされないようにする），「完全性」（データの内容を矛盾なく保つ）及び「可用性」（必要なときにシステムやデータを利用できる，ア）という三つの特性のことです。効率性（イ），保守性（ウ），有効性（エ）は，情報セキュリティの3要素には含まれません。アが正解です。

解答			
問1 ア	問2 イ	問3 エ	問4 ア

□□□ **問5** JIS Q 27000:2019(情報セキュリティマネジメントシステム－用語)の用語に関する記述のうち，適切なものはどれか。(R5秋SC午前Ⅱ問11)

ア 脅威とは，一つ以上の要因によって悪用される可能性がある，資産又は管理策の弱点のことである。

イ 脆弱性とは，システム又は組織に損害を与える可能性がある，望ましくないインシデントの潜在的な原因のことである。

ウ リスク対応とは，リスクの大きさが，受容可能か又は許容可能かを決定するために，リスク分析の結果をリスク基準と比較するプロセスのことである。

エ リスク特定とは，リスクを発見，認識及び記述するプロセスのことであり，リスク源，事象，それらの原因及び起こり得る結果の特定が含まれる。

□□□ **問6** サイバーレスキュー隊（J-CRAT）は，どの脅威による被害の低減と拡大防止を活動目的としているか。(H30春AP午前問40)

ア クレジットカードのスキミング

イ 内部不正による情報漏えい

ウ 標的型サイバー攻撃

エ 無線LANの盗聴

□□□ **問7** FIPS PUB 140-3の記述内容はどれか。(R3秋SC午前Ⅱ問7)

ア 暗号モジュールのセキュリティ要求事項

イ 情報セキュリティマネジメントシステムの要求事項

ウ デジタル証明書や証明書失効リストの技術仕様

エ 無線LANセキュリティの技術仕様

解説

問5 情報セキュリティリスク

JIS Q 27000（情報技術－セキュリティ技術－情報セキュリティマネジメントシステム－用語）は，情報セキュリティマネジメントシステムに関する用語を定義したJIS規格です。この規格は，解答群の各用語を次のとおり定義しています。

脅威	システム又は組織に損害を与える可能性がある，望ましくないインシデントの潜在的な原因。
脆弱性	一つ以上の脅威によって付け込まれる可能性のある，資産または管理策の弱点。
リスク対応	リスクを修正するプロセス。
リスク特定	リスクを発見，認識及び記述するプロセス。

エ が正解です。なお，JIS Q 27000では，「リスク特定には，リスク源，事象，それらの原因及び起こり得る結果の特定が含まれる」としています。

問6 サイバーレスキュー隊（J-CRAT）

サイバーレスキュー隊（J-CRAT）は，標的型サイバー攻撃の被害拡大防止のため，相談を受けた組織の被害の低減と攻撃の連鎖の遮断を支援することを目的として，IPAが発足させた活動です。

> IPAは，標的型サイバー攻撃の被害拡大防止のため，2014年7月16日，経済産業省の協力のもと，相談を受けた組織の被害の低減と攻撃の連鎖の遮断を支援する活動としてサイバーレスキュー隊（J-CRAT：Cyber Rescue and Advice Team against targeted attack of Japan）を発足させました。
> J-CRATは，「標的型サイバー攻撃特別相談窓口」にて，広く一般から相談や情報提供を受付けています。提供された情報を分析して調査結果による助言を実施しますが，その中で，標的型サイバー攻撃の被害の発生が予見され，その対策の対応遅延が社会や産業に重大な影響を及ぼすと判断される組織や，標的型サイバー攻撃の連鎖の元（ルート）となっていると推測される組織などに対しては，レスキュー活動にエスカレーションして支援を行います。支援活動は，メールや電話ベースでのやり取りを基本としますが，場合によっては，現場組織に赴いて実施することもあります。
> （https://www.ipa.go.jp/security/J-CRAT/ より）

ウ が正解です。

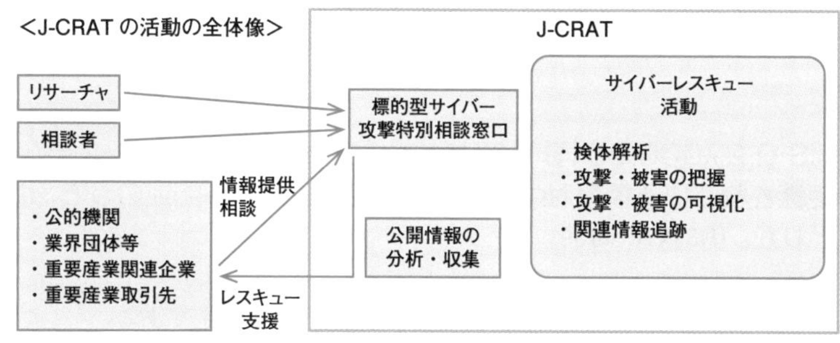

（https://www.ipa.go.jp/security/J-CRAT/ を基に作成）

問7 FIPS PUB 140-3

FIPS140（Federal Information Processing Standardization 140）は，暗号モジュール（暗号化を行うソフトウェアやハードウェア）に関するセキュリティ要件の仕様を定めている規格のことです。ア が正解です。1994年にFIPS140-1が開発され，2019年に最新版のFIPS PUB 140-3が公表されています。

FIPS140では，暗号モジュールのセキュリティレベルを，レベル1からレベル4までの4段階のレベルで規定しています。

○ア　正解です。
×イ　情報セキュリティマネジメントシステムに関する認証基準は，ISMS認証基準です。
×ウ　デジタル証明書や証明書失効リストの技術仕様は，X.509です。
×エ　無線LANセキュリティ技術には，WPAなどがあります。

模擬 第3回 科目A

解答

問5 エ　　問6 ウ　　問7 ア

□□□ **問8** JPCERTコーディネーションセンター"CSIRTガイド(2021年11月30日)"では，CSIRTを機能とサービス対象によって六つに分類しており，その一つにコーディネーションセンターがある。コーディネーションセンターの機能とサービス対象の組合せとして，適切なものはどれか。(R5秋AP問39)

	機能	サービス対象
ア	インシデント対応の中で，CSIRT 間の情報連携，調整を行う。	他の CSIRT
イ	インシデントの傾向分析やマルウェアの解析，攻撃の痕跡の分析を行い，必要に応じて注意を喚起する。	関係組織，国又は地域
ウ	自社製品の脆(ぜい)弱性に対応し，パッチ作成や注意喚起を行う。	自社製品の利用者
エ	組織内 CSIRT の機能の一部又は全部をサービスプロバイダとして，有償で請け負う。	顧客

□□□ **問9** JIS Q 27000:2019(情報セキュリティマネジメントシステム－用語)において定義されている情報セキュリティの特性に関する記述のうち，否認防止の特性に関する記述はどれか。(R3秋AP問39)

ア ある利用者があるシステムを利用したという事実が証明可能である。
イ 認可された利用者が要求したときにアクセスが可能である。
ウ 認可された利用者に対してだけ，情報を使用させる又は開示する。
エ 利用者の行動と意図した結果とが一貫性をもつ。

解説

問8 コーデネーションセンターの活動とサービス対象

JPCERT/CC (JPCERTコーディネーションセンター，Japan Computer Emergency Response Team Coordination Center)は，日本の一般社団法人です。情報セキュリティに関する情報を収集し，インターネットを介して発生した各種のインシデントの発生状況を把握して，その報告を受け付けたり，攻撃手法を分析したり，再発防止策の検討や助言などを行ったりしています。

CSIRT (Computer Security Incident Response Team)は，ネットワーク上での各種の問題（不正アクセス，マルウェア，情報漏えいなど）を監視し，その報告を受け取って原因を調査したり，対策を検討したりする組織です。

JPCERT/CCが公表しているCSIRTガイドは，企業の経営層やCIO（最高情報責任者），及びCSIRTのメンバ向けに，CSIRTはどのような組織でどのような活動をするか，また何が必要なのかといったことを説明している文書です。CSIRTガイドでは，CSIRTを次のように分類しています。

種類	説明
組織内CSIRT	企業内に設置される。当該企業の人，システム，ネットワークなどをサービス対象とする。
国際連携CSIRT	国を代表するインシデント対応窓口として活動する。国や地域をサービス対象とする。
コーディネーションセンター	他のCSIRTと協力して，インシデント対応時にCSIRT間の情報連携，調整を行う。協力関係にある他のCSIRTをサービス対象とする。
分析センター	インシデントの傾向分析，マルウェアの解析，攻撃の痕跡の分析などを行い，必要に応じて注意喚起を行う。CSIRTの中に設けられることがある。親組織のCSIRT，または国・地域をサービス対象とする。
ベンダチーム	自社製品の脆弱性に対応してパッチを作成したり，注意喚起をしたりする。組織及び自社製品利用者をサービス対象とする。
インシデントレスポンスプロバイダ	組織内CSIRTの機能の一部または全部を有償で請け負う。セキュリティベンダなどが該当する。顧客をサービス対象とする。

コーディネーションセンターの活動とサービス対象は，ア が適切です。

○ ア　正解です。

× イ　分析センターに該当します。

× ウ　ベンダチームに該当します。

× エ　インシデントレスポンスプロバイダに該当します。

問9 否認防止の特性

JIS Q 27000:2019（情報セキュリティマネジメントシステム－用語）は，情報セキュリティマネジメントシステムに関する用語を定義している規格です。この規格で定義されている，情報セキュリティの特性に関する用語は次のとおりです。

特性	定義	対策
真正性（authenticity）	エンティティは，それが主張するとおりのものであるという特性。	デジタル署名
可用性（availability）	認可されたエンティティが要求したときに，アクセス及び使用が可能である特性。	システムの二重化，バックアップ
機密性（confidentiality）	認可されていない個人，エンティティ又はプロセスに対して，情報を使用させず，また，開示しない特性。	暗号化
完全性（integrity）	正確さ及び完全さの特性。	デジタル署名，メッセージ認証
否認防止（non- repudiation）	主張された事象又は処置の発生，及びそれを引き起こしたエンティティを証明する能力。	デジタル署名
信頼性（reliability）	意図する行動と結果とが一貫しているという特性。	システムの機能に矛盾がないようにする

エンティティ：「情報セキュリティの文脈においては，情報を使用する組織及び人，情報を扱う設備，ソフトウェア及び物理的媒体などを意味する」（JIS Q 27000より）

否認防止の特性に関する記述は，ア（ある利用者があるシステムを利用したという事実が証明可能）です。

○ ア　正解です。

× イ　可用性の記述です。

× ウ　機密性の記述です。

× エ　信頼性の記述です。

解答	
問8 ア	問9 ア

□□□ **問 10** SMTP-AUTHの特徴はどれか。(R4秋SC午前Ⅱ問14)

ア ISP管理下の動的IPアドレスからの電子メール送信について，管理外ネットワークのメールサーバへのSMTP接続を禁止する。

イ 電子メール送信元のサーバが，送信元ドメインのDNSに登録されていることを確認して，電子メールを受信する。

ウ メールクライアントからメールサーバへの電子メール送信時に，ユーザアカウントとパスワードによる利用者認証を行う。

エ メールクライアントからメールサーバへの電子メール送信は，POP接続で利用者認証済みの場合にだけ許可する。

□□□ **問 11** 自社の中継用メールサーバで，接続元IPアドレス，電子メールの送信者のドメイン名及び電子メールの受信者のドメイン名のログを取得するとき，外部ネットワークからの第三者中継と判断できるログはどれか。ここで，AAA.168.1.5とAAA.168.1.10は自社のグローバルIPアドレスとし，BBB.45.67.89とBBB.45.67.90は社外のグローバルIPアドレスとする。a.b.cは自社のドメイン名とし，a.b.dとa.b.eは他社のドメイン名とする。また，IPアドレスとドメイン名は詐称されていないものとする。(R5秋AP問38)

	接続元 IP アドレス	電子メールの送信者のメールアドレスのドメイン名	電子メールの受信者のメールアドレスのドメイン名
ア	AAA.168.1.5	a.b.c	a.b.d
イ	AAA.168.1.10	a.b.c	a.b.c
ウ	BBB.45.67.89	a.b.d	a.b.e
エ	BBB.45.67.90	a.b.d	a.b.c

解説

問10 SMTP-AUTH

インターネットの初期の頃にはセキュリティに関する内容を考慮していなかったため，いくつかの通信プロトコルについてはユーザ認証という観点を含めずに設計されていました。メール転送用のSMTPもその一つで，従来のSMTPではメールの送信者が正当なメールサーバやユーザクライアントであると考えられていたので認証を行わないことが通常でした。

しかし，不正な利用者がなりすましてメールを送信したりするケースが増えてきたために，SMTPにてユーザ認証を行うための方式として，SMTP-AUTHが開発されました。この方式では，メール送信時にメールサーバ(SMTPサーバ)とユーザクライアント間でアカウントやパスワードを用いた利用者認証を行い(ウ)，正式なパスワードによる認証が成功した場合だけ，ユーザにメールの送信を許可するようにしています。

× ア OP25B (Outbound Port 25 Blocking)の説明です。

× イ SPF (Sender Policy Framework)の説明です。

○ ウ　正解です。
× エ　POP before SMTPの説明です。

問11 第三者中継と判断できるログ

自社のドメイン名を送信者または受信者とするメールは，他社から自社あてに送信されたメール，自社から他社あてに送信されたメール，または自社から自社あてに送信されたメールです。これらのメールは自社で送信または受信する必要がある正当なメールです。第三者中継のメールは，接続元グローバルIPアドレスが他社のものであり，かつ，送信者のドメイン名と受信者のドメイン名の両方が，他社のドメインであるメールです。このようなメールを自社のメールサーバで中継する必要はありません。

・通常のメール

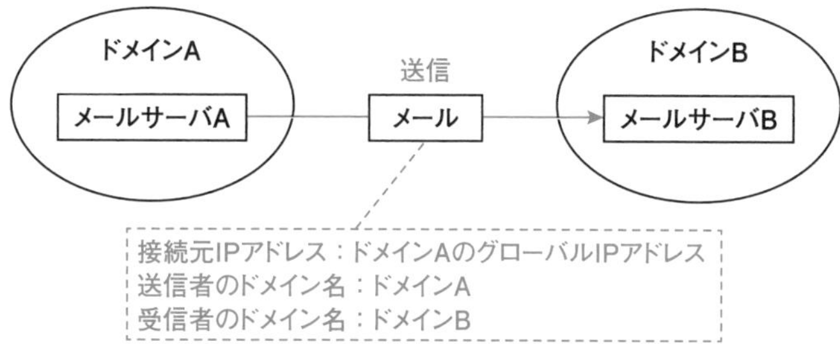

送信者のドメインのメールサーバから，受信者のドメインのメールサーバに直接送信される。

・第三者中継されたメール

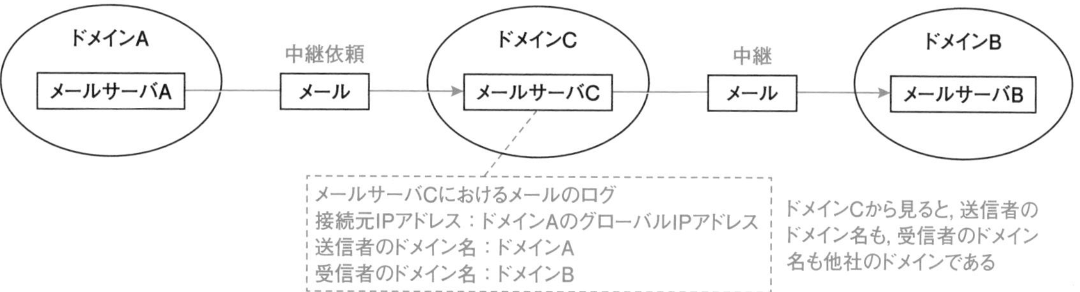

第三者中継されたメールがメールサーバCで転送されたとき，メールサーバCのログに，接続元IPアドレスがドメインA（他社）で，送信者のドメイン名と受信者のドメイン名の両方が他社のドメイン（送信者＝ドメインA，受信者＝ドメインB）の情報が記録される。

このように，送信者も受信者も他社のドメインになる ウ が第三者中継のメールです。

× ア　接続元IPアドレスが自社のグローバルIPアドレスで，送信者のドメイン名がa.b.c，受信者のドメイン名がa.b.dのため，自社から他社宛てに送信されたメールです。
× イ　接続元IPアドレスが自社のグローバルIPアドレスで，送信者のドメイン名がa.b.c，受信者のドメイン名もa.b.cのため，自社から自社宛てに送信されたメールです。
○ ウ　正解です。
× エ　接続元IPアドレスが他社のグローバルIPアドレスで，送信者のドメイン名がa.b.d，受信者のドメイン名がa.b.cのため，他社から自社宛てに送信されたメールです。

解答	
問10 ウ	問11 ウ

□□□ **問12** TLSに関する記述のうち，適切なものはどれか。(R4春SC午前Ⅱ問15)

ア TLSで使用するWebサーバのデジタル証明書にはIPアドレスの組込みが必須なので，Webサーバのアドレスを変更する場合は，デジタル証明書を再度取得する必要がある。

イ TLSで使用する共通鍵の長さは，128ビット未満で任意に指定する。

ウ TLSで使用する個人認証用のデジタル証明書は，ICカードにも格納することができ，利用するPCを特定のPCに限定する必要はない。

エ TLSはWebサーバを経由した特定の利用者間の通信のために開発されたプロトコルであり，Web サーバ提供者への事前の利用者登録が不可欠である。

□□□ **問13** リモートアクセス環境において，認証情報やアカウンティング情報をやり取りするプロトコルはどれか。(R2秋SC午前Ⅱ問19)

ア CHAP　イ PAP　ウ PPTP　エ RADIUS

□□□ **問14** 無線LANのセキュリティ対策に関する記述のうち，適切なものはどれか。(H26春SC午前Ⅱ問13)

ア EAPは，クライアントPCとアクセスポイントとの間で，あらかじめ登録した共通鍵による暗号化通信を実現できる。

イ RADIUSでは，クライアントPCとアクセスポイントとの間で公開鍵暗号方式による暗号化通信を実現できる。

ウ SSIDは，クライアントPCごとの秘密鍵を定めたものであり，公開鍵暗号方式による暗号化通信を実現できる。

エ WPA2では，IEEE 802.1Xの規格に沿った利用者認証及び動的に更新される暗号化鍵を用いた暗号化通信を実現できる。

解説

問12 TLS

TLSの個人認証用デジタル証明書は，数百バイト前後の容量です。この性質により，当該デジタル証明書を他の媒体（USBメモリなど）に記録して持ち運べるため，格納場所を特定の機器に固定することなく使用できます。ウが正解です。

×ア TLSのデジタル証明書に必須の項目は，認証局（CA）の情報などです。IPアドレスはデジタル証明書に必須の項目でなく，オプションとして記載可能な項目です。WebサーバのIPアドレスを変更しても，デジタル証明書を再度取得する必要はありません。

×イ TLSで使用する共通鍵の長さは，使用する暗号方式によって異なります。TLS 1.2において使用できるAESなどの暗号方式では，256ビットの長い共通鍵を利用できるため，誤った記述です。

○ウ 正解です。

×エ 特定ユーザ間だけではなく，不特定多数のユーザとの認証・暗号化機能を，公開鍵暗号方式で実現しています。ブラウザを用いてTLSを利用したWebサーバにアクセスする際には，事前の利用者登録などは不要です。

問13 認証プロトコル

ネットワーク上のサーバなどに対する利用者のアクセス認証と，利用者がサーバなどを利用した事実の記録（アカウンティング）を，ネットワーク上の認証サーバで一元化して行うことを目的としたプロトコルをRADIUS（Remote Authentication Dial In User Service）といいます。エが正解です。

このプロトコルでは，ネットワーク上のアクセスサーバなどを利用したいクライアント（利用者の端末や無線LANのアクセスポイントなど）は，RADIUS認証サーバ（以下「認証サーバ」とする）にメッセージを送ることで認証要求を行います。認証要求を受け取った認証サーバは，パスワードを照合するなどの方法で認証の可否を確認し，認証可能な場合はクライアントにその旨の応答メッセージを返却します。

× ア　PPP（Point to Point Protocol）が用いる認証方式の一つです。チャレンジレスポンス方式を認証に使用します。

× イ　PPP（Point to Point Protocol）が用いる認証方式の一つです。利用者IDとパスワードを認証に使用します。

× ウ　VPNの一種で，PPPのフレームをIPパケットでカプセル化して，IPネットワーク上で送受信を行えるようにしています。

○ エ　正解です。

問14 無線LANのセキュリティ

無線LANに関する各種のセキュリティ技術を説明します。

● WEP

WEP（Wired Equivalent Privacy）は，IEEE 802.11bなどの規格において用いられている無線LANの暗号化技術で，40ビットまたは104ビットの暗号化用の情報と，通信の都度ランダムに生成した24ビットの情報（IV，Initialization Vector）とを組み合わせ，暗号化鍵を生成する方法をとっています。この機能を有効にすることで，無線LANの通信データを暗号化することが可能となります。ただし，この暗号化技術は鍵の長さが短いなどの，脆弱性があることが指摘されています。

● SSID（ESS-ID）

無線LANのアクセスポイントを識別するために，各クライアントに設定される文字列のことです。各クライアントは，同じ値のSSIDをもつアクセスポイントのみに接続することができます。

● MACアドレス制限

指定したMACアドレスをもつ機器のみ，無線LANのアクセスポイントに接続することを可能とする機能です。

● WPA2

鍵のビット数が少ないなどのWEPの脆弱性を改良するために作成された，無線LANの暗号規格やプロトコルなどの総称です。WPA2では，TKIP（Temporal Key Integrity Protocol）という鍵交換プロトコルや，IEEE 802.1Xという認証のためのプロトコルを利用しています。IEEE 802.1Xでは，複数のアクセスポイントが，1台のRADIUSサーバに対してユーザの情報を参照することで，ユーザ認証を行うことのできる仕組みを実装しています。WPA2では，通信中において動的に暗号鍵を更新することで，安全性を向上させています（エ）。

× ア　EAP（Extensible Authentication Protocol）は，暗号化通信を実現するものではなく，ユーザ認証プロトコルの一つです。このプロトコルは，WPAの認証プロトコルであるIEEE 802.1Xにおいて，ユーザの認証を行うために採用されています。

× イ　RADIUSは，暗号化通信を実現するものではなく，ユーザ認証プロトコルの一つです。

× ウ　SSIDは，無線LANのアクセスポイントを識別するためのものです。

解答

問12 ウ	問13 エ	問14 エ

□□□ **問15** デジタル証明書が失効しているかどうかをオンラインで確認するためのプロトコルはどれか。(R4秋AP問38)

ア CHAP　イ LDAP　ウ OCSP　エ SNMP

□□□ **問16** 内部ネットワークのPCからインターネット上のWebサイトを参照するときにDMZ上に用意したVDI (Virtual Desktop Infrastructure) サーバ上のWebブラウザを利用すると，未知のマルウェアがPCにダウンロードされるのを防ぐというセキュリティ上の効果が期待できる。この効果を生み出すVDIサーバの特徴はどれか。(R4春AP問44)

ア Webサイトからの受信データを受信処理した後，IPsecでカプセル化し，PCに送信する。

イ Webサイトからの受信データを受信処理した後，実行ファイルを削除し，その他のデータをPCに送信する。

イ Webサイトからの受信データを受信処理した後，生成したデスクトップ画面の画像データだけをPCに送信する。

ウ Webサイトからの受信データを受信処理した後，不正なコード列が検知されない通信だけをPCに送信する。

□□□ **問17** 家庭内で，PCを無線LANとブロードバンドルータを介してインターネットに接続するとき，期待できるセキュリティ上の効果の記述のうち，適切なものはどれか。(R4秋AP問43)

ア IPマスカレード機能による，インターネットからの不正侵入に対する防止効果

イ PPPoE機能による，経路上の盗聴に対する防止効果

ウ WPA機能による，不正なWebサイトへの接続に対する防止効果

エ WPS機能による，インターネットからのマルウェア感染に対する防止効果

解説

問15 OCSP

PKI (公開鍵基盤) において，利用者が受け取った公開鍵証明書の失効状態を確認するためのプロトコルはOCSP (Online Certificate Status Protocol, ウ) です。公開鍵証明書を受け取った利用者は，その公開鍵証明書を発行したCA (認証局) にOCSPメッセージを送信し，失効状態の問合せを行います。OCSPメッセージを受信したCAは，公開鍵証明書の失効状態を確認して，利用者に返答します。

× ア CHAP (Challenge-Handshake Authentication Protocol) は，PPPにおいて利用者認証を行うためのプロトコルです。

× イ LDAP (Lightweight Directory Access Protocol) は，インターネット上のディレクトリサービスを扱うデータベースにアクセスするためのプロトコルです。ディレクトリサービスとは，ネットワーク上のハードウェア資源や利用者のID及びパスワードなどの情報 (ディレクトリ) を一元的に保管するためのシステムのことです。

○ ウ 正解です。

×エ　SNMP(Simple Network Management Protocol)は，ネットワーク上の機器の状態やネットワーク構成を管理するためのプロトコルです。

問16 VDIサーバの動作と特徴

インターネット上のWebサイトに内部ネットワークのPCから直接アクセスすると，そのPCにコンピュータウイルスなどのマルウェアなどがダウンロードされ，不正アクセスなどの危険性が増加します。そこで，内部ネットワークのPCに替わって外部Webサイトとのアクセスを VDIサーバ上のブラウザに処理させ，必要な画面のみをPCに送ります(ウ)。

この方法によって，PCがマルウェアに感染することを防ぐことができます。

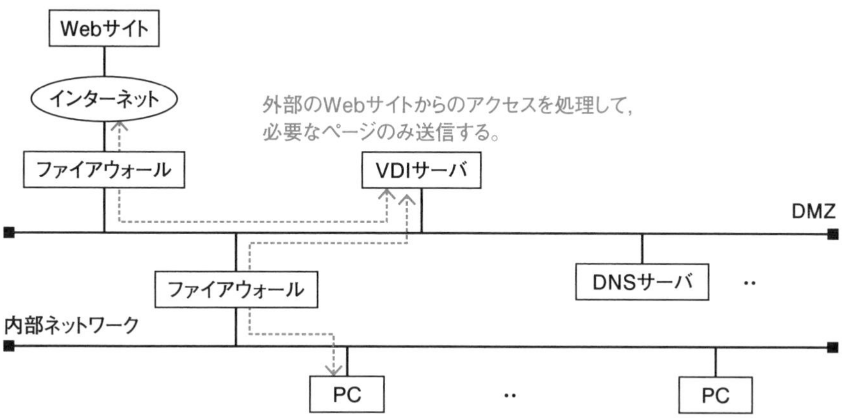

×ア　VPN(Virtual Private Network：仮想閉域網)の説明です。

×イ，エ　プロキシサーバなどで行うことが可能なチェック方式です。

○ウ　正解です。

問17 無線LANとブロードバンドルータ接続の効果

PCを「無線LANとブロードバンドルータを介して」接続しているとの記述から，無線LANの規格やブロードバンドルータの機能から期待できるセキュリティ上の効果を確認します。

○ア　IPマスカレード(NAPT)とは，プライベートIPアドレスとグローバルIPアドレスとを，多対1で変換するための仕組みのことです。ブロードバンドルータは，IPマスカレードによって，PCがインターネット上のサーバにアクセスするとき，PCのIPアドレスを，ブロードバンドルータのグローバルIPアドレスに変換します。この機能により，PCのプライベートIPアドレスが外部に漏れることはなくなるので，インターネットからPCへの不正侵入に対する防止効果が得られます。

×イ　PPPoE機能は，イーサネット上でPPPのユーザ認証機能を実現するためのもので，ブロードバンドルータが利用します。PPPoE機能ではユーザ認証が実行可能ですが，データの暗号化はできないので，経路上の盗聴に対する防止効果は得られません。

×ウ　WPA機能は，無線LAN上で暗号化などを行う機能です。この機能を利用すると，経路上の盗聴に対する防止効果は得られますが，利用者のブラウザが不正なWebサイトへ接続することの防止はできません。

×エ　WPS機能は，無線LANの設定を容易に実行するためのものです。この機能で無線LANの暗号鍵などを設定することで，暗号化やユーザ認証を行うことはできますが，マルウェアをチェックすることはできないので，インターネットからのマルウェア感染に対する防止効果は得られません。

解答

問15 ウ	問16 ウ	問17 ア

問 18 ファジングに該当するものはどれか。(R4春AP問45)

ア サーバにFINパケットを送信し，サーバからの応答を観測して，稼働しているサービスを見つけ出す。

イ サーバのOSやアプリケーションソフトが生成したログやコマンド履歴などを解析して，ファイルサーバに保存されているファイルの改ざんを検知する。

ウ ソフトウェアに，問題を引き起こしそうな多様なデータを入力し，挙動を監視して，脆弱性を見つけ出す。

エ ネットワーク上を流れるパケットを収集し，そのプロトコルヘッダやデータを解析して，あらかじめ登録された攻撃パターンと一致するものを検出する。

問 19 SPF (Sender Policy Framework) の仕組みはどれか。(R4秋AP問44)

ア 電子メールを受信するサーバが，電子メールに付与されているデジタル署名を使って，送信元ドメインの詐称がないことを確認する。

イ 電子メールを受信するサーバが，電子メールの送信元のドメイン情報と，電子メールを送信したサーバのIPアドレスから，ドメインの詐称がないことを確認する。

ウ 電子メールを送信するサーバが，電子メールの宛先のドメインや送信者のメールアドレスを問わず，全ての電子メールをアーカイブする。

エ 電子メールを送信するサーバが，送信する電子メールの送信者の上司からの承認が得られるまで，一時的に電子メールの送信を保留する。

問 20 ICカードの耐タンパ性を高める対策はどれか。(R3春AP問46)

ア ICカードとICカードリーダーとが非接触の状態で利用者を認証して，利用者の利便性を高めるようにする。

イ 故障に備えてあらかじめ作成した予備のICカードを保管し，故障時に直ちに予備カードに交換して利用者がICカードを使い続けられるようにする。

ウ 信号の読出し用プローブの取付けを検出するとICチップ内の保存情報を消去する回路を設けて，ICチップ内の情報を容易に解析できないようにする。

エ 利用者認証にICカードを利用している業務システムにおいて，退職者のICカードは業務システム側で利用を停止して，他の利用者が使用できないようにする。

解説

問18 ファジング

ファジングとは，多様なファズ（fuzz，システムの仕様に反した予測不能な入力データ）をソフトウェアに入力して，その挙動を観察することでソフトウェアに内在する脆弱性を発見しようとする手法です。ウが正解です。

×ア ポートスキャンの説明です。

×イ ログ分析の説明です。

○ウ 正解です。

×エ　IDS(Intrusion Detection System：侵入検知システム)などのパターンマッチングの説明です。

問19 SPF

SPF(Sender Policy Framework)とは，送信ドメイン認証の方法の一つです。この方法では，送信元メールサーバが所属するDNSサーバに，IPアドレスの情報を登録しておくことで，その組織の送信元メールサーバの正しいIPアドレスを受信メールサーバから確認できるようにしています(イ)。

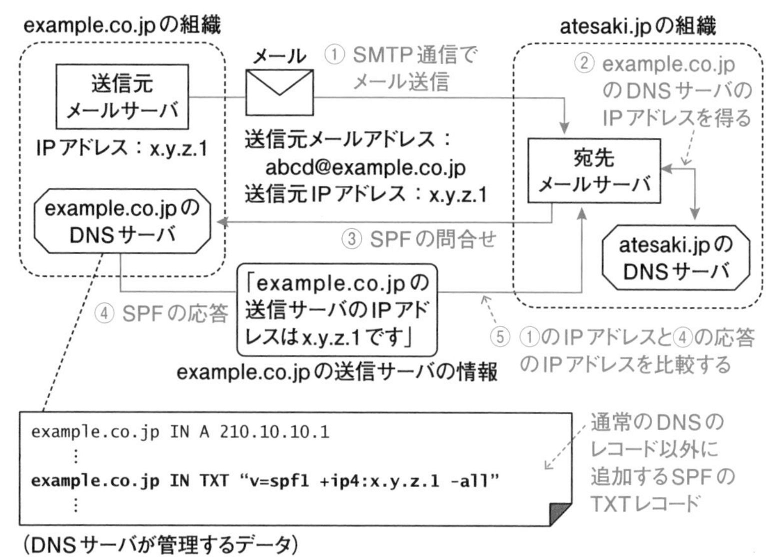

×ア　メールサーバが，電子メールに付与されているデジタル署名の確認をすることはありません。
○イ　正解です。
×ウ　送信メールを一時保存(アーカイブ)するに加入すれば可能ですがSPFではありません。
×エ　承認機能搭載のメールサーバを使用すれば可能ですが，SPFではありません。

問20 ICカードの耐タンパ性

ICカードを利用する認証システムの場合，ICカードを紛失したり盗まれたりしてカード内部のパスワードなどを読み取られてしまうと，利用者のパスワードなどが漏えいします。ICカードの内容を正規の方法以外で読み取られないための物理的な仕組みを設ける必要があります。

ICカードの情報の解読などに対する情報の保護機能を「耐タンパ性」(tamper resistant)といいます。具体的には，ICカード内部のチップを保護膜で厳重に包み，保護膜をはがしてチップを読み取ろうとするとその内容が破壊される仕組みがあります。

よって，ウが正解です。ICカード内部の情報を読み出そうとしてプローブが取り付けられた場合，それを検出してICカード内のチップに記録された保存情報を消去する回路を設けて，情報を容易に解析できないようにします。

×ア　この記述は，RFIDの利便性に関する記述です。
×イ　予備のICカードを保管することで利用者の利便性は高まりますが，ICカードの耐タンパ性は高まりません。
○ウ　正解です。
×エ　退職者のICカードの利用を停止することで，退職者からの不正アクセスを防ぐことができるため，情報システムの安全性が高まります。しかし，ICカードの耐タンパ性は高まりません。

解答

問18 ウ	問19 イ	問20 ウ

模擬 第3回 科目A

□□□ **問21** Webアプリケーションの脆(ぜい)弱性を悪用する攻撃手法のうち，入力した文字列がPHPのexec関数などに渡されることを利用し，不正にシェルスクリプトを実行させるものは，どれに分類されるか。（R5秋SC午前Ⅱ問1）

ア HTTPヘッダインジェクション
イ OSコマンドインジェクション
ウ クロスサイトリクエストフォージェリ
エ セッションハイジャック

□□□ **問22** チャレンジレスポンス認証方式に該当するものはどれか。（R4春AP問38）

ア 固定パスワードを，TLSによる暗号通信を使い，クライアントからサーバに送信して，サーバで検証する。
イ 端末のシリアル番号を，クライアントで秘密鍵を使って暗号化し，サーバに送信して，サーバで検証する。
ウ トークンという装置が自動的に表示する，認証のたびに異なる数字列をパスワードとしてサーバに送信して，サーバで検証する。
エ 利用者が入力したパスワードと，サーバから受け取ったランダムなデータとをクライアントで演算し，その結果をサーバに送信して，サーバで検証する。

解説

問21 OSコマンドインジェクション

Webページ上の入力欄にOSのコマンドライン（コマンドプロンプト）上で有効なコマンドを入力させ，Webサーバ上で不正な命令を実行させる攻撃方法をOSコマンドインジェクションといいます。イが正解です。

例えば，UNIXやLinuxをOSとしているWebサーバで公開しているWebページの入力欄に，"………(正当なデータ)；rm …"のような文字列を入力すると，正当なデータの処理の後に，"rm …"という，Webサーバ上のファイルを削除する命令が実行されてしまいます。

Perlのsystem関数やPHPのexec関数は，OSのコマンドなどの外部プログラムを呼び出す関数です。OSコマンドインジェクションでは，これらを利用して不正にシェルスクリプトなどを実行させようとすることがあります。

×ア HTTPヘッダインジェクションとは，HTTPヘッダの部分に不正な改行文字を含めることで，不正なHTTPヘッダを作成してWebサーバプログラムを誤動作させようとする攻撃手法のことです。

○イ 正解です。

×ウ クロスサイトリクエストフォージェリ（Cross Site Request Forgeries）とは，悪意のあるスクリプトを埋め込んだWebページのリンクを訪問者にクリックさせるなどの方法で，別のWebサイト上で訪問者が意図しない操作を行わせる攻撃のことです。

×エ Webサーバとブラウザの間で行われる継続的なやり取りをセッションと呼びます。セッションを維持するために，WebサーバはセッションIDという値をブラウザと交換し合い，その値が適切である限り，正当な利用者（ブラウザ）と適切にやり取りを行っていると判断します。 このセッションIDが固定値である場合など，その値が容易に推測できるような状況では，悪意のあるユーザがセッションIDの値を推測した上で，推測したセッションIDを正当なブラウザになりすましてWebサーバに送り込み，ブラウザとWebサーバ間のセッションを乗っ取ってしまうことが可能です。この攻撃方法を，セッションハイジャックと呼びます。

問22 チャレンジレスポンス認証方式

チャレンジレスポンス認証方式では，サーバ（認証する側）は認証時に適当な長さのランダムな内容の電文（チャレンジ）を作成し，クライアント（認証される側）に送信します。クライアントは利用者のパスワードのメッセージダイジェストを計算し，送信されたチャレンジと合わせたものから，さらにメッセージダイジェストを計算して電文を生成します。この電文をレスポンスといいます。

クライアントは，利用者IDとともにレスポンスをサーバに返送します。サーバは，クライアントから受け取った利用者IDで利用者情報を検索し，取り出したパスワードから計算したメッセージダイジェストとチャレンジとを合わせたものから，メッセージダイジェストを計算してレスポンス照合データを生成します。レスポンス照合データと，クライアントから受信したレスポンスが同じ値になれば，クライアントに送ったチャレンジが正しいパスワードのメッセージダイジェストと合わせて，レスポンスとして返送されてきたことが証明されるため，認証が可能です。エが正解です。

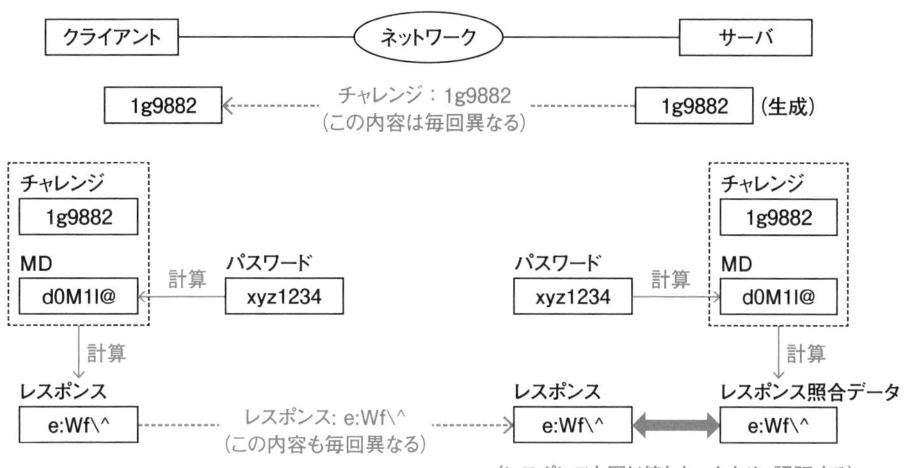

注記：MDはメッセージダイジェストの略である
　　　また，利用者IDの送受は省略している

この方式のメリットは，通信回線に送出される，認証に用いるデータの内容が毎回異なる値になることです。クライアントが返送したレスポンスが悪意の第三者に盗聴されても，次回以降の認証でサーバが送信するチャレンジは異なった値になるため，それに対応するレスポンスも盗聴時とは異なる値となります。よって，盗聴時のレスポンスを悪意の第三者が悪用しても，次回以降のログインにおいてそのレスポンスは無効となり，認証されません。そのため，リプレイ攻撃などを防御できます。また，パスワードをそのままネットワーク上に流さないので，パスワードの漏えいを防止できます。

×ア　固定パスワードを暗号化して送信すると，送信される値は常に同じになるので，盗聴などでその値をサーバに送ればなりすましができてしまうので，認証方式として不適切です。

×イ　クライアントの秘密鍵を使って暗号化したデータは，公開されているクライアントの公開鍵によって復号できるので，だれでも容易に復号が可能になり，暗号化する意味がありません。また，シリアル番号が毎回変わるということは考えられないので，アと同様に固定の値を暗号化して送信することになり，送信される値は常に同じになり，認証方式として不適切です。

×ウ　ワンタイムパスワード方式の説明です。

○エ　正解です。

解答

問21 イ	問22 エ

模擬 第3回 科目A

問23 無線LAN環境におけるWPA2-PSKの機能はどれか。(R1秋AP問39)

ア アクセスポイントに設定されているSSIDを共通鍵とし,通信を暗号化する。

イ アクセスポイントに設定されているのと同じSSIDとパスワード(Pre-Shared Key)が設定されている端末だけに接続を許可する。

ウ アクセスポイントは,IEEE 802.11acに準拠している端末だけに接続を許可する。

エ アクセスポイントは,利用者ごとに付与されたSSIDを確認し,無線LANへのアクセス権限を識別する。

問24 SEOポイズニングの説明はどれか。(R2秋AP問39)

ア Web検索サイトの順位付けアルゴリズムを悪用して,検索結果の上位に,悪意のあるWebサイトを意図的に表示させる。

イ 車などで移動しながら,無線LANのアクセスポイントを探し出して,ネットワークに不正侵入する。

ウ ネットワークを流れるパケットから,侵入のパターンに合致するものを検出して,管理者への通知や,検出した内容の記録を行う。

エ マルウェア対策ソフトのセキュリティ上の脆(ぜい)弱性を悪用して,システム権限で不正な処理を実行させる。

問25 XMLデジタル署名の特徴として,適切なものはどれか。(R5秋SC午前Ⅱ問4)

ア XML文書中の任意のエレメントに対してデタッチ署名(Detached Signature)を作成し,同じXML文書に含めることができる。

イ エンベローピング署名(Enveloping Signature)では一つの署名対象に複数の署名を付与する。

ウ 署名形式として,CMS(Cryptographic Message Syntax)を用いる。

エ デジタル署名では,署名対象と署名アルゴリズムをASN.1によって記述する。

解説

問23 WPA2-PSK

WPA2-PSKは,SSIDとパスワードをPre-Shared Key＝PSK(事前共有鍵)として,無線LANの暗号化通信を行う方式です。事前にアクセスポイントに設定しておいたSSID及びパスワードと,同じものを設定している端末だけを無線LANに接続させることで,不審な端末が接続してくることを防ぎます。イが正解です。

×ア SSIDだけでなく,SSIDとパスワードをPSKとして利用します。

○イ 正解です。

×ウ IEEE 802.11acは高速通信を可能としている無線LANの規格です。WPA2-PSKでは,IEEE 802.11acに準拠していない端末の接続も許可されます。

×エ SSIDだけでなく,SSIDとパスワードをPSKとして利用します。

問24 SEOポイズニング

SEO（Search Engine Optimization，検索エンジン最適化）とは，自社のWebページが検索サイトの上位に表示されるように，その内容やページ構成などを工夫することです。

SEOポイズニングとは，検索サイトの順位付けアルゴリズムを悪用して，悪意のあるサイトにアクセスさせる手法のことです。あるキーワードで検索した結果の上位に悪意のあるサイトのURLを表示させるために，当該サイトに多数のキーワードを埋め込んだり，ダミーのWebサイトからリンクさせたりします。ア が正解です。

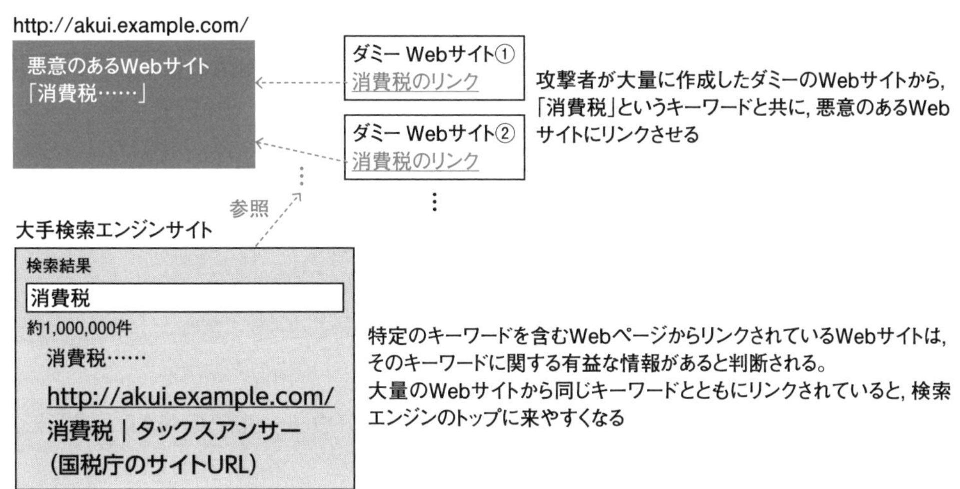

○ア　正解です。
×イ　ウォードライビングの説明です。
×ウ　IDS（Intrusion Detection System：侵入検知システム）の説明です。
×エ　マルウェア対策エンジンの脆弱性を付く攻撃に関する記述です。

問25 XMLデジタル署名

XMLデジタル署名は，XML文書の全体および一部の要素に対して付加できるデジタル署名の記述方法や署名アルゴリズムなどを定めたものです。署名を行うXML文書中に署名用の要素（<signature>）を埋め込めます。

また，署名対象のXML文書と別のファイルに署名用要素を用意できます。この署名用要素のことをデタッチ署名といいます。

bunsyo.xml
XML文書
sign.xml
デタッチ署名の文書

XMLデジタル署名では，従来のデジタル署名方法と比較して，文書（データ）の一部のエレメント（要素）にだけデタッチ署名を付けることが可能です。ア が正解です。

○ア　正解です。
×イ　エンベローピング署名とは，署名要素の中に署名対象要素が含まれている場合に行う署名方法です。この方法では一つの署名対象に一つだけの署名が施されていてもよいことになっています。
×ウ，エ　署名形式や署名アルゴリズムは，CMSやASN.1だけでなく，別の形式・別のアルゴリズムを用いることも可能です。

解答

問23 イ	問24 ア	問25 ア

□□□ **問26** VA(Validation Authority)の役割はどれか。(R5秋SC午前Ⅱ問3)

ア 属性証明書の発行を代行する。
イ デジタル証明書にデジタル署名を付与する。
ウ デジタル証明書の失効状態についての問合せに応答する。
エ 本人確認を行い,デジタル証明書の発行を指示する。

□□□ **問27** サイドチャネル攻撃の手法であるタイミング攻撃の対策として,最も適切なものはどれか。(R5春SC午前Ⅱ問11)

ア 演算アルゴリズムに対策を追加して,秘密情報の違いによって演算の処理時間に差異が出ないようにする。
イ 故障を検出する機構を設けて,検出したら秘密情報を破壊する。
ウ コンデンサを挿入して,電力消費量が時間的に均一になるようにする。
エ 保護層を備えて,内部のデータが不正に書き換えられないようにする。

□□□ **問28** インターネットへの接続において,ファイアウォールでのNAPT機能によるセキュリティ上の効果はどれか。(R1秋AP問37)

ア DMZ上にある公開Webサーバの脆(ぜい)弱性を突く攻撃からWebサーバを防御できる。
イ インターネットから内部ネットワークへの侵入を検知し,検知後の通信を遮断できる。
ウ インターネット上の特定のWebアプリケーションを利用するHTTP通信を検知し,遮断できる。
エ 内部ネットワークからインターネットにアクセスする利用者PCについて,インターネットからの不正アクセスを困難にすることができる

解説

問26 VA

PKI(公開鍵基盤)におけるVA(Validation Authority)は,Webサーバなどからデジタル証明書を受け取った利用者が,その証明書の失効状態を確認したい場合に,利用者からの問合せに応答してその証明書の失効状態を答える役割をもつ機関のことです。ウが正解です。

×ア 発送局(IA, Issuing Authority)の役割です。
×イ 認証局(CA, Certification Authority)の役割です。
○ウ 正解です。
×エ 登録局(RA, Registration Authority)の役割です。

問27 タイミング攻撃

サイドチャネル攻撃とは,暗号化装置のソフトウェアやハードウェアをさまざまな方法で解析して,暗号の解読を試みる攻撃のことです。

サイドチャネル攻撃の手法であるタイミング攻撃では,複数の平文データを暗号化装置に与えて,それらを暗号

化する処理時間の差異を観察することで，暗号化装置の演算アルゴリズムを推測しようとします。演算アルゴリズムに対策を追加し，演算内容によって処理時間が異ならないようにすれば，タイミング攻撃で演算アルゴリズムを推測することはできなくなります（ア）。

○ア　正解です。
×イ　故障利用攻撃への対策の説明です。
×ウ　電力解析攻撃への対策の記述です。
×エ　サイドチャネル攻撃ではなく，ICカードなどに内蔵されているチップのデータを不正に書き換える攻撃への対策の説明です。

問28 NAPT

インターネットの利用者数が非常に増加したため，IPアドレス（バージョン4）は枯渇しかかっており，必要な数のIPアドレスが入手できない場合もあります。そのような場合，コンピュータに対して「プライベートIPアドレス」を付与し，ルータなどによって複数の端末に一つの「グローバルIPアドレス」（インターネット上のコンピュータと通信する際に必要なIPアドレス）を対応付ける方式が一般的になりました。NAPT（Network Address Port Translation）がその方式です。

なお，NAPTを「IPマスカレード」と呼ぶこともあります。

●NAPT（Network Address Port Translation）

プライベートIPアドレスとグローバルIPアドレスを多対1で変換するための仕組み。

送信元のプライベートIP 192.168.10.1に，グローバルIP205.90.120.9とポート番号4001の組を対応付ける

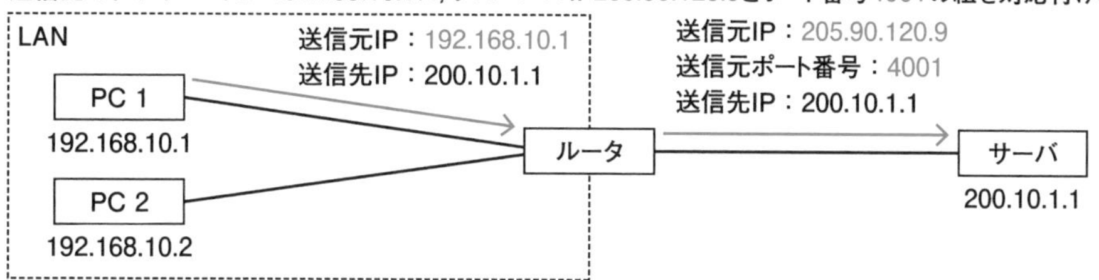

他のPCからのパケットを置き換えるとき，送信元のプライベートIP 192.168.10.2に，グローバルIP205.90.120.9とポート番号4002の組を対応付ける

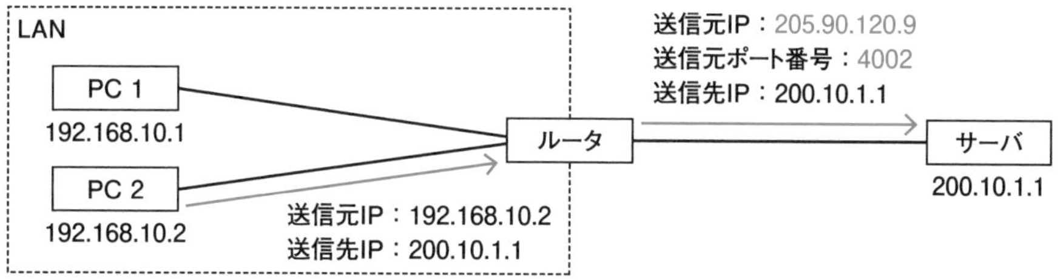

NAPTでは，複数の異なるコンピュータからのアクセスについて，それぞれ異なるTCPまたはUDPの送信元ポート番号を割り当てて区別することによって，複数のプライベートIPアドレスと一つのグローバルIPアドレスを対応付けます。ファイアウォールでNAPT機能を利用すると，組織内のPCから外部にパケットを送っても，その送信元IPアドレスは必ずファイアウォールのものになり，組織内のPCのIPアドレスは秘匿されます。よって，外部からPCに直接パケットを送り付けることはできず，不正アクセスが難しくなります（エ）。

×ア　WAF（Web Application Firewall）を導入する効果です。
×イ　IPS（Intrusion Protection System）を導入する効果です。
×ウ　プロキシサーバまたはファイアウォールのフィルタリング機能を利用する効果です。
○エ　正解です。

解答

問26 ウ	問27 ア	問28 エ

模擬 第3回 科目A

問29 ハッシュ関数の性質の一つである衝突発見困難性に関する記述のうち，適切なものはどれか。(R5春SC午前Ⅱ問4)

ア　SHA-256の衝突発見困難性を示す，ハッシュ値が一致する二つのメッセージの探索に要する最大の計算量は，256の2乗である。

イ　SHA-256の衝突発見困難性を示す，ハッシュ値の元のメッセージの発見に要する最大の計算量は，2の256乗である。

ウ　衝突発見困難性とは，ハッシュ値が与えられたときに，元のメッセージの発見に要する計算量が大きいことによる，発見の困難性のことである。

エ　衝突発見困難性とは，ハッシュ値が一致する二つのメッセージの発見に要する計算量が大きいことによる，発見の困難性のことである。

問30 水飲み場型攻撃（Watering Hole Attack）の手口はどれか。(H27秋SC午前Ⅱ問8)

ア　アイコンを文書ファイルのものに偽装した上で，短いスクリプトを埋め込んだショートカットファイル（LNKファイル）を電子メールに添付して標的組織の従業員に送信する。

イ　事務連絡などのやり取りを行うことで，標的組織の従業員の気を緩めさせ，信用させた後，攻撃コードを含む実行ファイルを電子メールに添付して送信する。

ウ　標的組織の従業員が頻繁にアクセスするWebサイトに攻撃コードを埋め込み，標的組織の従業員がアクセスしたときだけ攻撃が行われるようにする。

エ　ミニブログのメッセージにおいて，ドメイン名を短縮してリンク先のURLを分かりにくくすることによって，攻撃コードを埋め込んだWebサイトに標的組織の従業員を誘導する。

問31 プログラムの著作物について，著作権法上，適法である行為はどれか。(R5秋AP問78)

ア　海賊版を複製したプログラムと事前に知りながら入手し，業務で使用した。

イ　業務処理用に購入したプログラムを複製し，社内教育用として各部門に配布した。

ウ　職務著作のプログラムを，作成した担当者が独断で複製し，協力会社に貸与した。

エ　処理速度の向上など，購入したプログラムを改変した。

解説

問29 ハッシュ関数の特徴

ハッシュ関数の衝突発見困難性とは，ハッシュ値が一致（衝突）する複数のメッセージ（ハッシュ化する前の元のデータ）を見付けることの困難さのことです。メッセージM1とM2のハッシュ値をそれぞれH(M1)，H(M2)とすると，H(M1)とH(M2)が一致するときに衝突が発生します。

ハッシュ関数を用いてメッセージからハッシュ値を算出することは容易にできますが，ハッシュ値からメッセージを逆算することは非常に困難です。目的のハッシュ値からメッセージを逆算しようとするとき，考えられる全てのメッセージからハッシュ値を求めて，目的のハッシュ値と比較するという総当たりの方法をとります。しかし，SHA-256などのハッシュ関数に与えることができるメッセージの長さは$2^{64}-1$～$2^{128}-1$ビットなので，考えられるメッセージの個数は非常に大きくなります。目的のハッシュ値を出力するメッセージを探そうとすると，膨大な個数のメッセージ全てからハッシュ値を求める必要があるので，ハッシュ値が一致するメッセージの発見は難しくなっています。エが正解です。

×ア，イ　SHA-256には，最大で2^{64}-1ビットの長さのデータを与えることができます。この場合，最大で2の64乗最大の長さのデータだけについて考えると，目的のハッシュ値と同じハッシュ値を出力するメッセージを探索するには，およそ2の64乗とおりのビットパターンのハッシュ値を求める必要があります。したがって，最大の計算量は2の64乗です。

×ウ　この記述は，ハッシュ関数の性質の一つである一方向性の説明です。

○エ　正解です。

問30 水飲み場型攻撃

水飲み場型攻撃（Watering Hole Attack）とは，RSAセキュリティ社が2012年に公表した攻撃手法で，次のような手順をとります。

①攻撃者は，攻撃対象の利用者がWebを利用する様子を観察し，頻繁にアクセスするWebサイトを特定する。

②攻撃者は，攻撃対象の利用者が頻繁にアクセスするWebサイトに攻撃用のコードを埋め込み，その利用者がアクセスしたときだけマルウェアをダウンロードするように設定する。

③攻撃対象の利用者が②のWebサイトにアクセスすると，マルウェアがダウンロードされる。

以上から，ウが正解です。

ア，イ，エはいずれも攻撃方法の一種ですが，特別な名称はありません。

問31 プログラムの著作権

著作権法では，プログラムの著作物については，著作権法第二十条にて，「三　特定の電子計算機においては利用し得ないプログラムの著作物を当該電子計算機において利用し得るようにするため，又はプログラムの著作物を電子計算機においてより効果的に利用し得るようにするために必要な改変」については，著作者に無断で行っても問題はないと定めています。したがって，処理速度の向上などの，購入したプログラムを改変すること（エ）は，著作権法上適法となります。

×ア　著作権法第百十三条では，「プログラムの著作物の著作権を侵害する行為によつて作成された複製物（……）を業務上電子計算機において使用する行為は，これらの複製物を使用する権原を取得した時に情を知つていた場合に限り，当該著作権を侵害する行為とみなす」と規定されています。すなわち，プログラムの著作物の違法な複製を，それと知りながら入手して利用した場合，著作権の侵害となります。

×イ　著作権法第四十九条では，「五　……（著作物の）目的以外の目的のために，これらの規定の適用を受けて作成された著作物の複製物（……）を用いて当該著作物を利用した者」は，著作物の複製を行った者とみなすと規定されています。すなわち，プログラムの著作物に定められた目的以外の目的でプログラムの複製や利用を行うと，プログラムの著作物の著作者に無断で複製を行ったとみなされることになります。よって，業務処理用に購入したプログラムを，業務処理と異なる目的（社内教育）用として配布することは，当該プログラムの著作者の著作権を侵すことになり，著作権法上の違法行為となります。

×ウ　著作権法第十五条では，「法人等の発意に基づきその法人等の業務に従事する者が職務上作成するプログラムの著作物の著作者は，その作成の時における契約，勤務規則その他に別段の定めがない限り，その法人等とする」と定められています。したがって，職務著作のプログラムは，別段の定めがない限り担当者（作成者）個人ではなく法人が著作者となります。よって，当該プログラムを作成した担当者が，独断でそれを複製して協力会社などに貸与することは，著作者（法人）の著作権を侵すことになります。

○エ　正解です。

解答

問29 エ	問30 ウ	問31 エ

□□□ **問32** 不正競争防止法で禁止されている行為はどれか。(R3春AP問78)

ア　競争相手に対抗するために，特定商品の小売価格を安価に設定する。
イ　自社製品を扱っている小売業者に，指定した小売価格で販売するよう指示する。
ウ　他社のヒット商品と商品名や形状は異なるが同等の機能をもつ商品を販売する。
エ　広く知られた他人の商品の表示に，自社の商品の表示を類似させ，他人の商品と誤認させて商品を販売する。

□□□ **問33** 不正アクセス禁止法で規定されている，“不正アクセス行為を助長する行為の禁止”規定によって規制される行為はどれか。(R4春AP問78)

ア　業務その他正当な理由なく，他人の利用者IDとパスワードを正規の利用者及びシステム管理者以外の者に提供する。
イ　他人の利用者IDとパスワードを不正に入手する目的で，フィッシングサイトを開設する。
ウ　不正アクセスの目的で，他人の利用者IDとパスワードを不正に入手する。
エ　不正アクセスの目的で，不正の入手した他人の利用者IDとパスワードをPCに保管する。

□□□ **問34** 企業が，“特定電子メールの送信の適正化等に関する法律”における特定電子メールに該当する広告宣伝メールを送信する場合についての記述のうち，適切なものはどれか。(R3秋AP問79)

ア　SMSで送信する場合はオプトアウト方式を利用する。
イ　オプトイン方式，オプトアウト方式のいずれかを企業自ら選択する。
ウ　原則としてオプトアウト方式を利用する。
エ　原則としてオプトイン方式を利用する。

解説

問32 不正競争防止法

不正競争防止法とは，「営業上の秘密」を取得したり，他社の製品などの評判を落とすようなデマを流したりすることを禁止する法律です。大手サイトと見間違えるような名称や内容でサイトを立ち上げたりすることも違反となります。なお，本法律の罰則は「10年以下の懲役若しくは1000万円以下の罰金」と定められています。

不正競争行為には，次のようなものがあります。

①周知の他者の商品表示（商号，商標，容器，包装など）と極めて類似しているものを使用して，本物の商品と混同させる行為
②著名なブランドのもつ信用を利用する行為（業種，業務内容は関係ない）
③他社の営業秘密を不正な手段で入手して使用する行為
④商品の原産地や品質，内容，製造方法，用途，数量などを虚偽に表示する行為
⑤競争関係にある他人の信用を害する虚偽の事実やうわさを流す行為

したがって，エが正解です。

×ア　競争相手に対抗するために価格競争をすることは法律で禁じられていません。

×イ　下請法によって禁じられている行為です。
×ウ　商品名や形状が異なっている商品を販売することは法律で禁じられていません。
○エ　正解です。

問33 不正アクセス禁止法

不正アクセス禁止法における「不正アクセス行為」とは，アクセス制御機能による利用制限を免れて，特定の電子計算機の特定利用を可能にする行為のことを指します。この不正アクセス行為の中には，“他人の識別符号を不正に取得する行為の禁止”（ウ），“他人の識別符号を不正に保管する行為の禁止”（エ），“不正アクセス行為を助長する行為の禁止”（ア），“識別符号の入力を不正に要求する行為の禁止”（イ）があります。
○ア　“不正アクセス行為を助長する行為の禁止”規定によって規制されます。
×イ　“識別符号の入力を不正に要求する行為の禁止”規定によって規制されます。
×ウ　“他人の識別符号を不正に取得する行為の禁止”規定によって規制されます
×エ　“他人の識別符号を不正に保管する行為の禁止”規定によって規制されます。

問34 特定電子メール法

特定電子メールの送信の適正化等に関する法律（特定電子メール法）は，迷惑メールの送信の規制などを目的として制定された法律です。
特定電子メール法では，特定電子メールを次のように定義しています。

> **電子メールの送信（国内にある電気通信設備（電気通信事業法第二条第二号に規定する電気通信設備をいう。以下同じ。）からの送信又は国内にある電気通信設備への送信に限る。以下同じ。）をする者（営利を目的とする団体及び営業を営む場合における個人に限る。以下「送信者」という。）が自己又は他人の営業につき広告又は宣伝を行うための手段として送信をする電子メールをいう**

メールの送信に関して，次の二つの方式があります。
オプトイン方式：あらかじめ送信に同意した者だけに対して，メールを送信できる方式。
オプトアウト方式：送信に同意しない者は事業者にその旨を伝えなければならない。その旨を伝えていない者には，原則として許可を得ないままメールを送信してよい方式。
特定電子メール法では，特定電子メールの送信を次のように制限しています。

> **第三条　送信者は，次に掲げる者以外の者に対し，特定電子メールの送信をしてはならない。**
> **一　あらかじめ，特定電子メールの送信をするように求める旨又は送信をすることに同意する旨を送信者又は送信委託者（電子メールの送信を委託した者（営利を目的とする団体及び営業を営む場合における個人に限る。）をいう。以下同じ。）に対し通知した者**
> **〔注：このように，あらかじめ送信の同意を得られた者だけにメールを送信でき，そうでない者には送信できない方式のことをオプトイン方式という〕**
> **二　前号に掲げるもののほか，総務省令・内閣府令で定めるところにより自己の電子メールアドレスを送信者又は送信委託者に対し通知した者**
> **三　前二号に掲げるもののほか，当該特定電子メールを手段とする広告又は宣伝に係る営業を営む者と取引関係にある者**

以上から，原則としてオプトイン方式を利用しなければならないので，エが適切です。
×ア　SMSで送信する場合でも原則としてオプトイン方式を利用します。
×イ，ウ　オプトアウト方式を選択できません。
○エ　正解です。

解答

問32 エ	問33 ア	問34 エ

模擬　第3回
科目A

問35 ITガバナンスを説明したものはどれか。(H26春SC午前Ⅱ問25)

ア 企業の社員個人の保有する知識を蓄積し，それを社内で共有することによって，社員のスキルや創造力を高めて企業競争力の強化を図る。

イ 個々のIT投資の正当性の評価をするのではなく，経営戦略とIT戦略との整合性や投資効果，組織の在り方などの評価のフレームワークを適用する。

ウ 財務，顧客，内部業務プロセス，学習の四つの視点を用いて戦略に適合した個別の実施項目，数値目標などを設定してモニタリングすることで企業変革を推進する。

エ 複数の企業で共通的に存在する業務を，企業から切り離して集中・統合して独立させ，それぞれの企業で共有してサービス提供を受けることで経営の効率化を目指す。

問36 マスタファイル管理に関するシステム監査項目のうち，可用性に該当するものはどれか。(R3春AP問59)

ア マスタファイルが置かれているサーバを二重化し，耐障害性の向上を図っていること

イ マスタファイルのデータを複数件まとめて検索・加工するための機能が，システムに盛り込まれていること

ウ マスタファイルのメンテナンスは，特権アカウントを付与された者だけに許されていること

エ マスタファイルへのデータ入力チェック機能が，システムに盛り込まれていること

問37 事業継続計画(BCP)について監査を実施した結果，適切な状況と判断されるものはどれか。(R4春AP問58)

ア 従業員の緊急連絡先リストを作成し，最新版に更新している。

イ 重要書類は複製せずに1か所で集中保管している。

ウ 全ての業務について，優先順位なしに同一水準のBCPを策定している。

エ 平時にはBCPを従業員に非公開としている。

解説

問35 ITガバナンスの観点から評価する方針

ITガバナンスとは，ITを導入・活用するための目的や目標などを適切に設定して，企業が競争優位性を確立するために適切なIT戦略を策定し，企業をあるべき方向に導いていくための組織能力や統率力のことです。

ITガバナンスを強化するためには，経営戦略とIT戦略との整合性を確認し，経営戦略に沿った適切な内容のIT戦略を策定することが重要です。また，IT戦略への投資効果を確認して，不適切な投資が行われないようにすることや，組織の在り方などに関する評価のフレームワークを適用して，IT戦略の効率性などを評価する必要があります。よって，イが正解です。

× ア ナレッジマネジメントの説明です。

○ イ 正解です。

× ウ バランススコアカードの説明です。

× エ シェアードサービスの説明です。

問36 可用性監査

可用性監査では，マスタファイルや関連機器（サーバ）が障害などに見舞われても，データが失われたり，マスタファイルの参照処理などが実行できなくならないように管理しているかどうかを，監査において確認する必要があります。したがって，アが正解です。

○ア　正解です。

×イ　マスタファイルのデータを複数件まとめて検索・加工する機能が盛り込まれると，マスタファイルの検索処理などが効率的に実行できるようになります。よって，この監査項目はマスタファイル管理の効率性を確認しているものであり，可用性を確認していることにはなりません。

×ウ　マスタファイルのメンテナンスを，特権アカウントを付与されたものだけに許可することで，マスタファイルの機密性を保護することができます。よって，この監査項目はマスタファイル管理の機密性を確認しているものであり，可用性を確認していることにはなりません。

×エ　マスタファイルへのデータ入力チェック機能を盛り込むことで，誤ったデータがマスタファイルに入力されることを防止できます。よって，この監査項目はマスタファイル管理の保全性（インテグリティ）を確認しているものであり，可用性を確認していることにはなりません。

問37 BCPの監査

情報システムが地震や火災などの災害や停電などの障害に見舞われても，可能な限り早期にシステムを復旧させ，業務を再開するために日ごろから立てておくべき計画のことを，事業継続計画（Business Continuity Plan, BCP）といいます。

システムの運用に影響を及ぼす障害が発生したときに，従業員を緊急に招集して適切な対策をとれるようにするために，従業員の緊急連絡先リストを作成しておくことで，BCPの実効性が高くなります。また，従業員の連絡先が変わることがあるので，緊急連絡先リストの内容を定期的に見直し，最新版に更新するのが適切です。アが正解です。

○ア　正解です。

×イ　重要書類を１か所で集中保管すると，その場所が災害に見舞われたときなどに，全ての重要書類が焼失する危険性が高くなります。重要書類を複数の箇所に分散して保管するなどの方法をとる必要があります。

×ウ　BCPを策定する際には，重要性の高い業務を優先して回復できるようにするために，各業務を回復する優先順位を決定しておき，優先順位ごとに異なる水準のBCPを策定します。

×エ　平時にBCPを従業員に公開しないと，障害が発生してから初めてBCPの内容を知った従業員が，復旧のための適切な行動をとれないことがあります。平時からBCPを従業員に公開し，BCPに沿った訓練を定期的に行うことで，障害発生時に適切な行動をとれるようにします。

解答

問35 イ	問36 ア	問37 ア

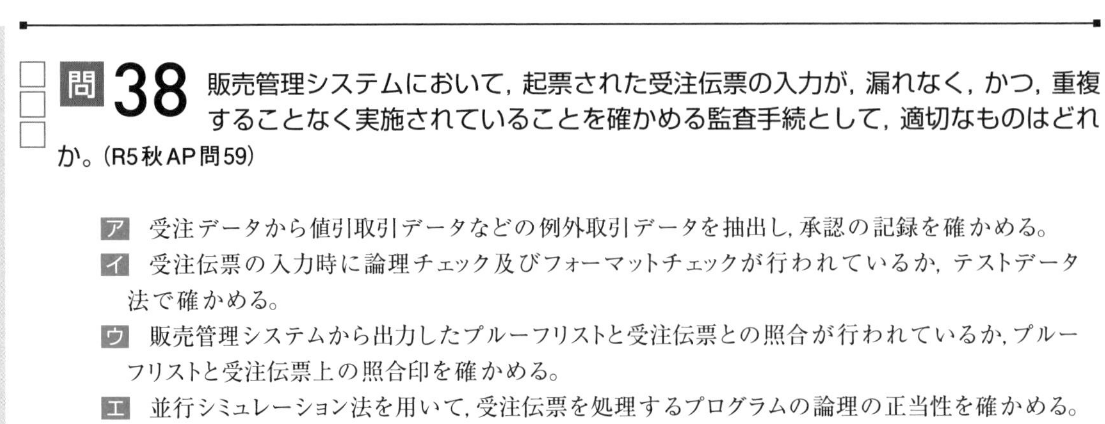

問38 販売管理システムにおいて，起票された受注伝票の入力が，漏れなく，かつ，重複することなく実施されていることを確かめる監査手続として，適切なものはどれか。（R5秋AP問59）

ア　受注データから値引取引データなどの例外取引データを抽出し，承認の記録を確かめる。
イ　受注伝票の入力時に論理チェック及びフォーマットチェックが行われているか，テストデータ法で確かめる。
ウ　販売管理システムから出力したプルーフリストと受注伝票との照合が行われているか，プルーフリストと受注伝票上の照合印を確かめる。
エ　並行シミュレーション法を用いて，受注伝票を処理するプログラムの論理の正当性を確かめる。

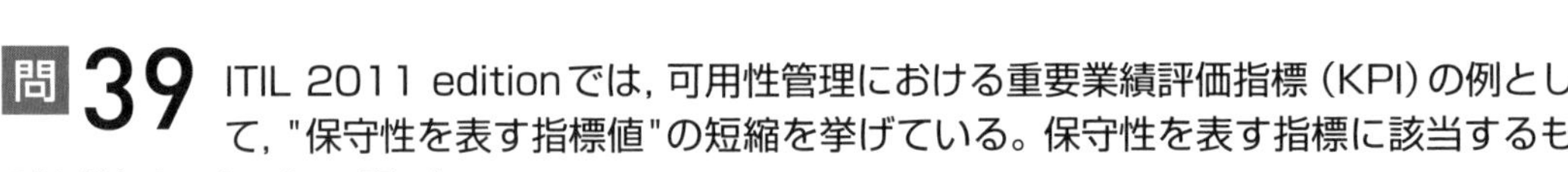

問39 ITIL 2011 editionでは，可用性管理における重要業績評価指標（KPI）の例として，"保守性を表す指標値"の短縮を挙げている。保守性を表す指標に該当するものはどれか。（R4春AP問56）

ア　一定期間内での中断の数
イ　平均故障間隔
ウ　平均サービス・インシデント間隔
エ　平均サービス回復時間

問40 基幹業務システムの構築及び運用において，データ管理者（DA）とデータベース管理者（DBA）を別々に任命した場合のDAの役割として，適切なものはどれか。（R4春AP問57）

ア　業務データ量の増加傾向を把握し，ディスク装置の増設などを計画して実施する。
イ　システム開発の設計工程では，主に論理データベース設計を行い，データ項目を管理して標準化する。
ウ　システム開発のテスト工程では，主にパフォーマンスチューニングを担当する。
エ　システム障害が発生した場合には，データの復旧や整合性のチェックなどを行う。

解説

問38 販売管理システムの監査手続

起票された受注伝票の入力が，漏れなくかつ重複することなく実施されていることを確認するには，プルーフリストを用いるのが適切です。

プルーフリストとは，システムに入力された伝票の内容をそのまま出力したリストのことです。販売管理システムから出力したプルーフリストと受注伝票とを照合することで，受注伝票の入力漏れや重複入力を検知することができます。

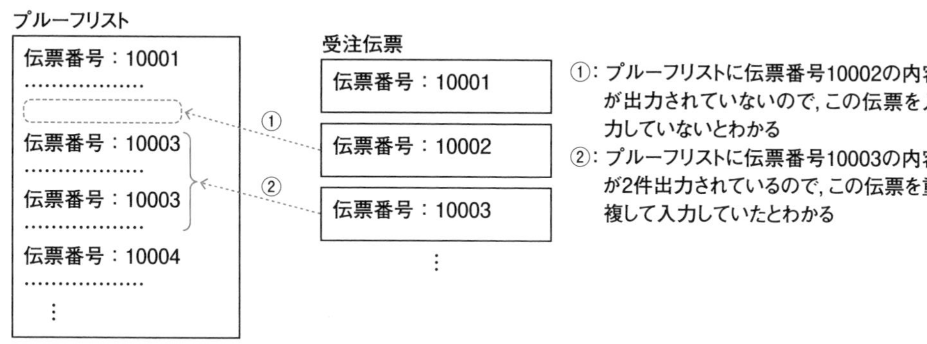

プルーフリストと受注伝票との照合が行われているかを，プルーフリストまたは受注伝票上の照合印を確かめることで検証します。ウが正解です。

×ア　例外取引データを出力しても，受注伝票の入力漏れや重複入力を検知することはできません。

×イ　論理チェックやフォーマットチェックでは，入力されたデータの正当性は確認できますが，受注伝票の入力漏れや重複入力を検知することはできません。

○ウ　正解です。

×エ　並行シミュレーション法とは，監査人が用意した検証用プログラムの実行結果と，監査対象の業務プログラムの実行結果を比較する方法で監査を行う監査技法のことです。この技法では，検証用プログラムと監査対象のプログラムに同一のデータを入力して，その実行結果を比較することで，監査対象のプログラムのロジックの正確性などを検証できますが，受注伝票の入力漏れや重複入力を検知することはできません。

問39 保守性のKPI

ITILの可用性管理プロセスでは，顧客との間で交わしたSLAに記載されている可用性を維持することを目的として，各種の活動を行います。これらの活動によりサービスの可用性，信頼性，保守性を実現することが可能となります。

また，KPI（Key Performance Indicator，重要業績評価指標）とは，目標を達成するための各種の活動（手段）が，どの程度まで実行されたか確認するための指標のことです。保守性（障害が発生したときに，どれだけ早く通常の状況に戻すことができるか）を実現することが可能となるのは，平均サービス回復時間（エ）です。サービスの中断回数を少なくし，かつ障害が発生してもできるだけ短い時間でサービスを回復できるようにすることで，システムの可用性がより高い状態になります。

×ア　可用性（業務でITサービスを必要とした時間内に，どれだけ利用できたか）に該当します。

×イ，ウ　信頼性（顧客などに提供されるITサービスが中断しないで稼動できるか）に該当します。

○エ　正解です。

問40 DAの役割

システム上のデータ（情報資源）及びデータベースの計画・設計・運用・管理などを行う技術者として，データ管理者（DA，Data Administrator）と，データベース管理者（DBA，Database Administrator）がいます。

データ管理者（DA）は，主に「情報システム全体にかかわるデータの論理的構造の設計や，情報システム全体に関する資源の管理」に関する業務を行い，データベース管理者（DBA）は「システム中の，個々のデータベースの運用・保守・管理」に関する業務を行います。イが正解です。

×ア，ウ，エ　データベース管理者の役割となります。

○イ　正解です。

解答

問38 ウ	問39 エ	問40 イ

□□□ **問41** JIS Q 21500:2018(プロジェクトマネジメントの手引)によれば，プロジェクトマネジメントの"実行のプロセス群"の説明はどれか。(H31春AP問51)

ア プロジェクトの計画に照らしてプロジェクトパフォーマンスを監視し，測定し，管理するために使用する。

イ プロジェクトフェーズ又はプロジェクトが完了したことを正式に確認するために使用し，必要に応じて考慮し，実行するように得た教訓を提供するために使用する。

ウ プロジェクトフェーズ又はプロジェクトを開始するために使用し，プロジェクトフェーズ又はプロジェクトの目標を定義し，プロジェクトマネージャがプロジェクト作業を進める許可を得るために使用する。

エ プロジェクトマネジメントの活動を遂行し，プロジェクトの全体計画に従ってプロジェクトの成果物の提示を支援するために使用する。

□□□ **問42** プロジェクトのスケジュールを短縮するために，アクティビティに割り当てる資源を増やして，アクティビティの所要期間を短縮する技法はどれか。(R4春AP問52)

ア クラッシング　　イ クリティカルチェーン法

ウ ファストトラッキング　　エ モンテカルロ法

□□□ **問43** システムの性能を向上させるための方法として，スケールアウトが適しているシステムはどれか。(R5秋AP問13)

ア 一連の大きな処理を一括して実行しなければならないので，並列処理が困難な処理が中心のシステム

イ 参照系のトランザクションが多いので，複数のサーバで分散処理を行っているシステム

ウ データを追加するトランザクションが多いので，データの整合性を取るためのオーバヘッドを小さくしなければならないシステム

エ 同一のマスターデータベースがシステム内に複数配置されているので，マスターを更新する際にはデータベース間で整合性を保持しなければならないシステム

解説

問41 実行プロセス群の説明

JIS Q 21500:2018(プロジェクトマネジメントの手引)は，プロジェクトの実施に重要で，影響を与えるプロジェクトマネジメントの概念とプロセスに関する包括的な手引のことです。以下のようにプロセス群が定義されています。

- **立ち上げのプロセス群**：プロジェクトを開始するために，プロジェクトの目標を定義し，プロジェクトマネージャがプロジェクト作業を進める許可を得るために使用します。
- **計画のプロセス群**：計画の詳細を作成するために使用します。
- **実行のプロセス群**：プロジェクトマネジメントの活動を遂行し，プロジェクトの全体計画に従ってプロジェクトの成果物の提示を支援するために使用します(エ)。

- **●管理のプロセス群**：プロジェクトの計画に合わせてプロジェクトパフォーマンスを監視，測定，管理するために使用します。
- **●終結のプロセス群**：プロジェクトが完了したことを正式に確定するために使用し，必要に応じて考慮し，実行するように得た教訓を提供するために使用する。

×ア　管理のプロセス群の説明です。
×イ　終結のプロセス群の説明です。
×ウ　立ち上げのプロセス群の説明です。
○エ　正解です。

問42 アクティビティの所要時間短縮

プロジェクト全体のスケジュールを短縮するためにメンバの時間外勤務を増やしたり，メンバを増員したりすることで，アクティビティ（作業）に割り当てる資源を増やす技法をクラッシング（ア）といいます。クラッシングを行う際に，優先的に資源を投入するスケジュールアクティビティ（作業）は，クリティカルパス上のスケジュールアクティビティです。クリティカルパス上のスケジュールアクティビティが早く完了すると，作業全体の完了を早めることができます。

<例> アローダイアグラムの太線で示された部分が，クリティカルパスです。作業B, C, Dのいずれかの作業の完了が遅れると，作業全体の完了が遅延します。

仮に作業Aの終了が数日遅れても，作業B, C全てが終了する8日目までに終了していれば，作業Dは問題なく開始可能である。よって，作業Aは「プロジェクト全体の遅れに直結する作業」ではない。

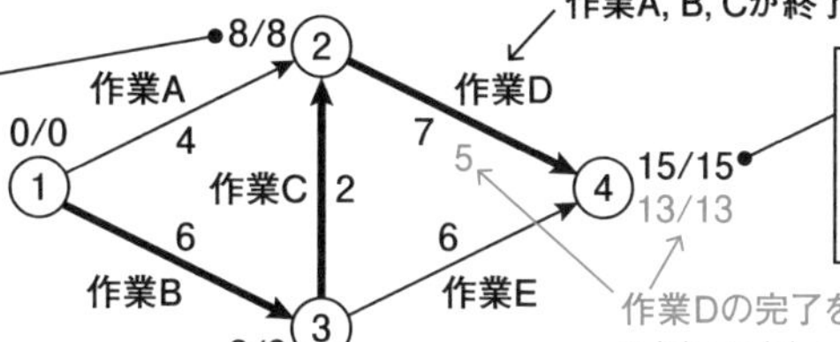

作業全体の終了日時は，B (6) +C (2) +D (7) =15日である … B,C,Dのいずれかが遅れれば，作業全体が遅れる。

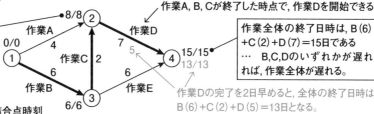

x/y:x=最早結合点時刻，y=最遅結合点時刻

○ア　正解です。
×イ　クリティカルチェーン法とは，作業の依存関係だけでなく，作業によって使用される資源（人員，機材など）の依存関係も考慮して，スケジュールを管理する手法のことです。
×ウ　ファストトラッキングとは，アローダイアグラム中の作業のうち，前倒しが可能なものを前倒ししたり，大きな作業を小さな複数の作業に分割して並行実行したりして，スケジュールの短縮を図ることです。
×エ　モンテカルロ法とは，乱数を用いたシミュレーションによって特定の計測値を推定することです。

問43 スケールアウト

スケールアウトとは，サーバの台数を増やして各サーバに負荷を分散することで，個別のサーバの能力を向上できない状況でも，サーバ群全体としての処理能力を向上させることです。複数のサーバで分散処理を行っているシステムは，スケールアウトに適しています。イが正解です。

×ア　スケールアウトを用いる場合，一つの処理を分割して複数のサーバに分散します。並列処理が困難な処理が中心のシステムは分散ができないので，スケールアウトに適しません。
○イ　正解です。
×ウ　データの整合性を取るためのオーバヘッドを小さくしなければならないシステムは，スケールアウトに適しません。
×エ　データベース間で整合性を保持しなければならないシステムでマスターを更新すると，オーバヘッドが大きくなり，処理能力が向上できないのでスケールアウトに適しません。

解答

問41 エ	問42 ア	問43 イ

問44

DBMSをシステム障害発生後に再立上げするとき，ロールフォワードすべきトランザクションとロールバックすべきトランザクションの組合せとして，適切なものはどれか。ここで，トランザクションの中で実行される処理内容は次のとおりとする。（R5秋AP問30）

トランザクション	データベースに対するRead回数 と Write回数
T1, T2	Read 10, Write 20
T3, T4	Read 100
T5, T6	Read 20, Write 10

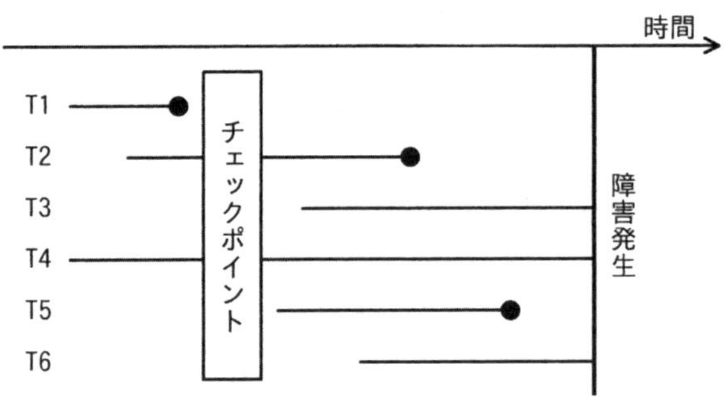

――― はコミットされていないトランザクションを示す。
―――● はコミットされたトランザクションを示す。

	ロールフォワード	ロールバック
ア	T2, T5	T6
イ	T2, T5	T3, T6
ウ	T1, T2, T5	T6
エ	T1, T2, T5	T3, T6

問45

TCP/IP環境において，pingによってホストの接続確認をするときに使用されるプロトコルはどれか。（H29春AP問32）

ア DHCP　　イ ICMP　　ウ SMTP　　エ SNMP

解説

問44 ロールフォワードとロールバック

データベースを更新するトランザクションを，障害などによってシステムが停止した際に更新途中の状態のままにすると，データの整合性が失われたりすることがあります。また，すでに更新が正しく終了していたトランザクションは，障害発生後の復旧作業において，データベースにその正しい更新状態を再現する必要があります。

よって，障害回復時に，前述のトランザクションは「まったく実行されていない」状態，あるいは「完全に実行された状態」のどちらかかになるように処理されます（これをオンライントランザクションの「**原子性**」（atomicity）といいます）。

データベースに対して，トランザクションの更新が「まったく実行されていない」状態に戻すことを**ロールバック（後退復帰）**といい，当該トランザクションが行っていた更新により変更されていたデータを全て更新前の状態に戻します。逆に，更新が「完全に実行された状態」にすることを**ロールフォワード（前進復帰）**といい，当該トランザクションが行っていた更新によって変更されていたデータを，全て更新後の状態に復元します。

ロールフォワードできるのは，障害発生よりも前にコミット（更新確定）されていたトランザクションに限られます。障害発生時に実行の途中であったトランザクションは，「更新途中の状態」にあるため，ロールバックによって更新を全て破棄し，処理をやり直します。

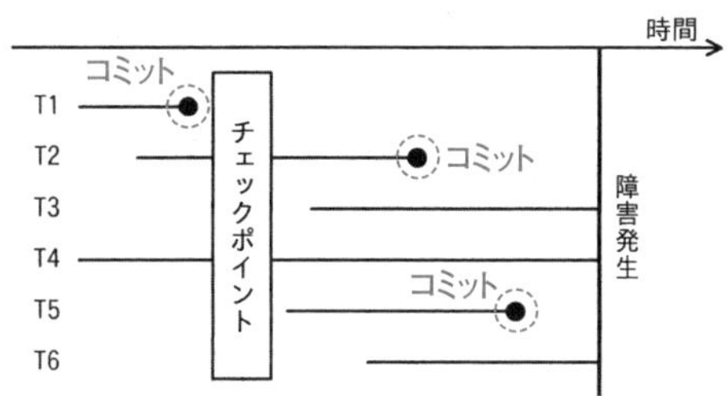

障害発生よりも前にコミット（更新確定）されているのはT1，T2，T5の3つです。このうちT1はチェックポイントの前にコミットされて既に更新確定しているので，特に対処する必要はありません。**T2**，**T5**はロールフォワード（前進復帰）で更新を確定した状態にする必要があります。

なお，残りのトランザクションのうち，T3とT4はデータベースを"Read"（参照）するだけで更新を行っていません。よって，後退復帰は不要です。後退復帰が必要なのは**T6**のみとなります。

以上から ア が正解です。

問45 pingのプロトコル

pingはネットワーク機器の接続状態を調べるためのコマンドです。pingは，ICMP（Internet Control Message Protocol）を使用します。イ が正解です。ICMPは，エラーメッセージや制御メッセージを送受信するために用意されたプロトコルです。

ICMPのメッセージの一つである「エコー要求メッセージ」は，他のコンピュータに対して応答を求めるために送信されるものです。エコー要求メッセージを受け取ったコンピュータは，エコー要求メッセージを送信してきたコンピュータに「エコー応答メッセージ」を返信します。

<pingによる到達確認>

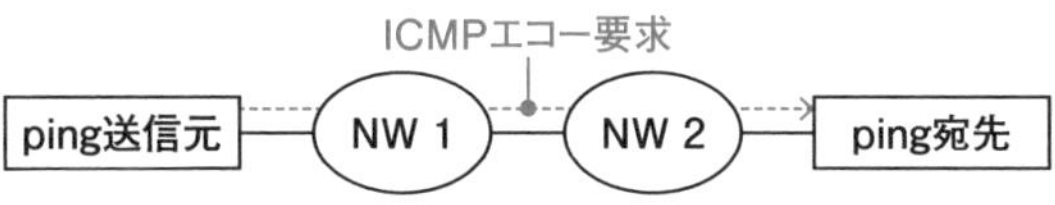

pingの送信元は，宛先のIPアドレスに対してICMPエコー要求を送る

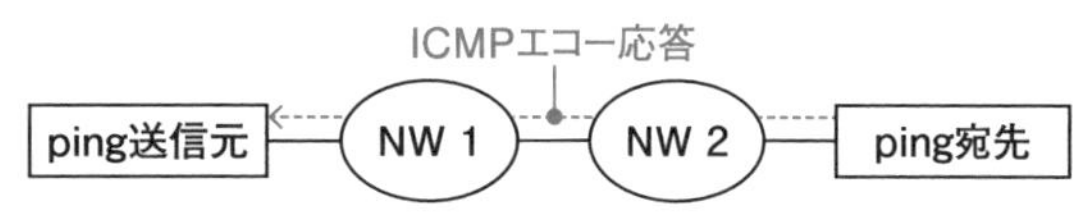

宛先にICMPエコー要求が届くと，送信元にICMPエコー応答が返される。送信元にICMPエコー応答が返ってくれば，送信元から宛先までの間の経路が全て正常に稼働している。

相手のコンピュータからエコー応答メッセージが戻ってくれば，その相手のコンピュータのOSが正常に起動していてネットワークにも接続しており，通信プロトコルとしてIPを正しく使用している状態であることが確認できます。pingではこの仕組みを利用しています。

× ア　DHCP（Dynamic Host Configuration Protocol）は，IPアドレスなどを動的に割り当てるプロトコルです。
○ イ　正解です。
× ウ　SMTP（Simple Mail Transfer Protocol）は，メールサーバ間のメール転送に用いるプロトコルです。
× エ　SNMP（Simple Network Management Protocol）は，ネットワーク管理プロトコルの一つであり，通信機器をネットワーク経由で管理するために使用されます。

解答

問44 ア　　**問45** イ

□□□ **問46** A社は，ソリューションプロバイダから，顧客に対するワントゥワンマーケティングを実現する統合的なソリューションの提案を受けた。この提案が該当するソリューションとして，最も適切なものはどれか。(R5秋AP問62)

ア CRMソリューション
イ HRMソリューション
ウ SCMソリューション
エ 財務管理ソリューション

□□□ **問47** SOAを説明したものはどれか。(R5秋AP問63)

ア 企業改革において既存の組織やビジネスルールを抜本的に見直し，業務フロー，管理機構，情報システムを再構築する手法のこと
イ 企業の経営資源を有効に活用して経営の効率を向上させるために，基幹業務を部門ごとではなく統合的に管理するための業務システムのこと
ウ 発注者とITアウトソーシングサービス提供者との間で，サービスの品質について合意した文書のこと
エ ビジネスプロセスの構成要素とそれを支援するIT基盤を，ソフトウェア部品であるサービスとして提供するシステムアーキテクチャのこと

□□□ **問48** 発生した故障について，発生要因ごとの件数の記録を基に，故障発生件数で上位を占める主な要因を明確に表現するのに適している図法はどれか。(R5秋AP問76)

ア 特性要因図　イ パレート図　ウ マトリックス図　エ 連関図

解説

問46 適切なソリューション

顧客に対するワントゥマンマーケティングは，購入履歴や購入頻度，金額など顧客情報を共有し，顧客満足度を高めることで，顧客との間に長期的な信頼関係を築く経営手法です。このことをCRM（Customer Relationship Management）ソリューションで実現します。アが正解です。

○ア 正解です。

×イ HRM（Human Resource Management）ソリューションとは。社員の人事情報（年齢，入社年数，過去の業務経歴，取得資格など）を一元化して人事管理に役立てることが可能です。

×ウ SCM（Supply Chain Management）ソリューションでは，製品の生産，受発注の管理，資材調達，在庫管理，物流などの「モノの流れ」と，それに関する情報の流れを管理することで，製造や在庫管理などの業務の効率性を向上させ，リードタイムの短縮や在庫コスト・流通コストの削減などを実現します。

×エ 財務管理ソリューションとは，財務管理の効率化や最適化を行う統合システムのことをいいます。

問47 SOA

SOA（サービス指向アーキテクチャ，Service-Oriented Architecture）は，業務において用いられる各種の機能を「ユーザへのサービス」とみなし，各サービスを実行するために構築されたサブシステム（ソフトウェア部品）を

集約する方法で，ビジネスプロセスの構成要素とそれを支援するIT基盤，すなわち情報システムを構築する考え方のことです。エが正解です。

×ア　BPR(Business Process Reengineering)の説明です。
×イ　ERP(Enterprise Resource Planning)の説明です。
×ウ　SLA(Service Level Agreement)の説明です。
○エ　正解です。

問48 パレート図

各項目の出現頻度の値を表現する棒グラフと，項目の値の累計和を表現する折れ線グラフを組み合わせた図法で，重要な項目を明確にするためにパレート図が用いられます。

×ア　特性要因図とは，ある結果に対して原因と考えられる要因を，類似しているものが近接するようにして分類・整理した図法のことで，不良原因の追究などに用いられます。形が魚の骨に似ていることから，フィッシュボーンとも呼ばれています。
○イ　正解です。
×ウ　マトリックス図は，行と列をもつ図で，PPM分析などで用いられています。
×エ　連関図は，分析対象とする問題の要因について，それらの原因と結果，目的と手段が複雑に絡み合っているときに，その関係を図示することで因果関係を明らかにし，理解の助けとするための図法です。

<パレート図の例>

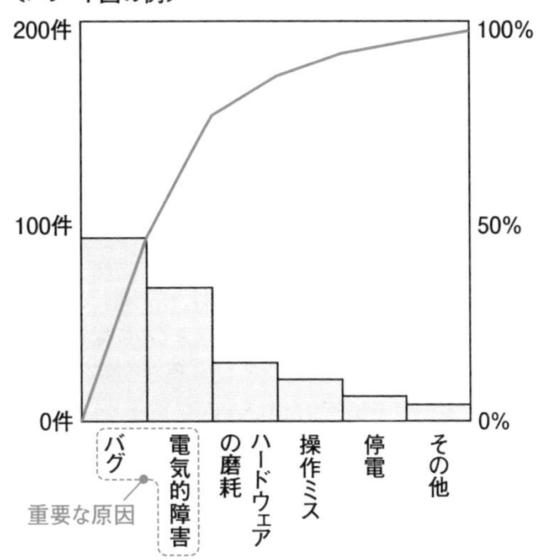

(原因ごとの障害の発生件数一覧)

模擬 第3回 科目A

解答		
問46 ア	問47 エ	問48 イ

問49

A社は，放送会社や運輸会社向けに広告制作ビジネスを展開している。A社は，人事業務の効率化を図るべく，人事業務の委託を検討することにした。A社が委託する業務（以下，B業務という）を**図1**に示す。

> ・採用予定者から郵送されてくる入社時の誓約書，前職の源泉徴収票などの書類をPDFファイルに変換し，ファイルサーバに格納する。
> （省略）

図1　B業務

委託先候補のC社は，B業務について，次のようにA社に提案した。

・B業務だけに従事する専任の従業員を割り当てる。
・B業務では，**図2**の複合機のスキャン機能を使用する。

> ・スキャン機能を使用する際は，従業員ごとに付与した利用者IDとパスワードをパネルに入力する。
> ・スキャンしたデータをPDFファイルに変換する。
> ・PDFファイルを従業員ごとに異なる鍵で暗号化して，電子メールに添付する。
> ・スキャンを実行した本人宛てに電子メールを送信する。
> ・PDFファイルが大きい場合は，PDFファイルを添付する代わりに，自社の社内ネットワーク上に設置したサーバ（以下，Bサーバという）[1]に自動的に保存し，保存先のURLを電子メールの本文に記載して送信する。

注[1]　Bサーバにアクセスする際は，従業員ごとの利用者IDとパスワードが必要になる。

図2　複合機のスキャン機能（抜粋）

A社は，C社と業務委託契約を締結する前に，秘密保持契約を締結した。その後，C社に質問表を送付し，回答を受けて，業務委託での情報セキュリティリスクの評価を実施した。その結果，**図3**の発見があった。

> ・複合機のスキャン機能では，電子メールの差出人アドレス，件名，本文及び添付ファイル名を初期設定[1]の状態で使用しており，誰がスキャンを実行しても同じである。
> ・複合機のスキャン機能の初期設定情報はベンダーのWebサイトで公開されており，誰でも閲覧できる。

注[1]　複合機の初期設定はC社の情報システム部だけが変更可能である。

図3　発見事項

そこで，A社では，初期設定の状態のままではA社にとって情報セキュリティリスクがあり，初期設定から変更するという対策が必要であると評価した。

設問　対策が必要であるとA社が評価した情報セキュリティリスクはどれか。解答群のうち，最も適切なものを選べ。

解答群

ア　B業務に従事する従業員が，攻撃者からの電子メールを複合機からのものと信じて本文中にあるURLをクリックし，フィッシングサイトに誘導される。その結果，A社の採用予定者の個人情報が漏えいする。

イ　B業務に従事する従業員が，複合機から送信される電子メールをスパムメールと誤認し，電子メールを削除する。その結果，再スキャンが必要となり，B 業務が遅延する。
ウ　攻撃者が，複合機から送信される電子メールを盗聴し，添付ファイルを暗号化して身代金を要求する。その結果，A社が復号鍵を受け取るために多額の身代金を支払うことになる。
エ　攻撃者が，複合機から送信される電子メールを盗聴し，本文に記載されているURLを使ってBサーバにアクセスする。その結果，A社の採用予定者の個人情報が漏えいする。

解説

問49　メールアドレスの設定のリスク
(基本情報技術者試験令和5年度公開問題問6)

解答 

問題文の**図1**より，B業務では「採用予定者から郵送されてくる入社時の誓約書，前職の源泉徴収票などの書類をPDFファイルに変換し，ファイルサーバに格納する。」となっています。個人情報をファイルサーバに格納していることがうかがえます。

スキャン機能を使用する際の流れは以下のようになっています

①IDとパスワードの入力⇒
②ODFファイルに変換（暗号化）⇒
③電子メールにて本人に送信。
この際大きなデータの場合はBサーバに保存して，URLを本人にメール送信

上記の状態で**図3**の発見事項では，

- **複合機のスキャン機能では，電子メールの差出人アドレス，件名，本文及び添付ファイル名を初期設定の状態で使用しており，誰がスキャンを実行しても同じである。**
- **複合機のスキャン機能の初期設定情報はベンダーのWebサイトで公開されており，誰でも閲覧できる。**

上記より，電子メールの差出人アドレス，件名，本文及び添付ファイル名が初期状態のままですと，メールが複合機からなのか，攻撃者からなのかの判別がつかずに，受信者がURLをクリックしてフィッシングサイトに誘導されたり，マルウェアに感染することで個人情報が漏えいしたりする脅威があります。よって，アが正解です。

問50

F社は，様々なシステム構築を受注する，従業員数500名のソフトウェア開発業者である。昨年，従業員数10,000名のG社から，公開鍵基盤（PKI）を利用した社内りん議システムの構築を受注した。その実績もあって，今回，G社が社内アンケートを実施するためのシステム（以下，Qシステムという）の構築を受注した。そこで，F社のシステム部主任のN氏とその部下のR君が，Qシステムを設計することになった。次は，そのときのN氏とR君のやり取りである。

〔Qシステムの要件確認〕

N氏：まず，G社から出されている要件を確認しよう。
R君：はい。アンケートは1か月に一度実施され，原則として，全従業員が回答することになっています。従来は，表計算ソフトを用いて作成したアンケート用紙を人数分印刷して，配布していました。人事担当者がアンケート内容を作成するので，今後とも，操作が容易な表計算ソフトを使いたいと考えているようです。また，全従業員を対象とするので，オンラインでアンケートを配布して，コスト削減を図り，さらに，1人1回答というルールを守りつつ匿名で回答できるようにしたいそうです。アンケートの回答内容は，限られた集計担当者が集計し，それ以外の従業員に回

答内容が漏れないようにしなければなりません。提出漏れをチェックできるように，各部門の担当者が，所属する従業員の回答を取りまとめ，集計担当者に提出する方式を考えているようです。また，回答後の内容変更は，認めないとのことです。

N氏：従業員対象のアンケートだから，総数は決まっているが，別の従業員になりすまして回答を提出したり，回答内容を途中で改ざんしたりするなどの不正をチェックできるようにする必要がある。G社の要望をよく考慮して設計を進めてくれ。また，各従業員の公開鍵は，以前に構築したG社PKIを利用して安全に取得できるから，これをうまく活用しよう。

R君は，G社の要望を考慮してQシステムの設計を行った。

〔Qシステムの設計〕

R君：G社の要望を考慮して設計したQシステムの処理フローを，図1に示します。アンケートの実施方法ですが，表計算ソフトを使用して作成されたアンケートファイルを，アンケート配布システムがアンケート回答者（以下，回答者という）に電子メールで送付して回答してもらう仕組みがよいと思います。回答者には，アンケートファイルに回答を記入し，マクロ処理によってアンケート提出ファイル（以下，提出ファイルという）を出力してもらいます。そして，出力された提出ファイルを，電子メールで各部門の担当者あてに送付してもらいます。部門の担当者は，送付された提出ファイルを基に回収プログラムで提出漏れのないことをチェックした後，アンケート集計用ファイル（以下，集計用ファイルという）にまとめて，集計担当者あてに電子メールで送付します。

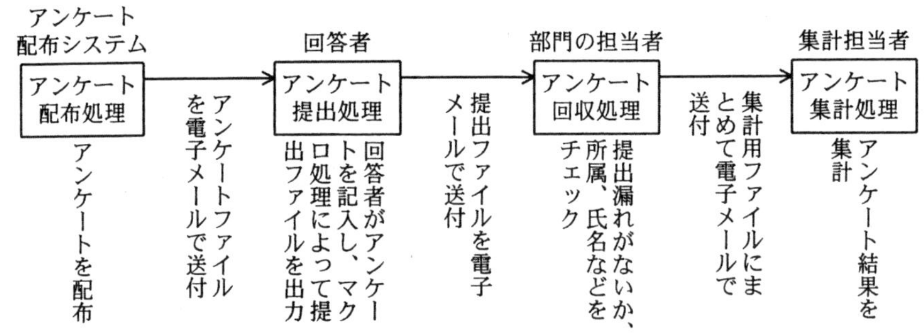

図1　Qシステムの処理フロー

N氏：処理フローは分かった。提出ファイルを作成する方法を説明してくれないか。

R君：はい。まず，アンケートの回答内容を［ a ］するため，マクロ処理によって集計担当者の公開鍵を使って暗号化します。公開鍵暗号アルゴリズムには，以前使用したことがあるアルゴリズムSを使おうと思います。回答者には，暗号化した回答内容を提出ファイルとして，各部門の担当者あてに電子メールで送付してもらいます。

N氏：その方法では，回答内容が漏えいするおそれがあるだろう。アルゴリズムSは，同じ平文に対して，同じ暗号文を出力するので，例えば，“はい”，“いいえ”のいずれか一方で答える質問が3問あるアンケートの場合，［ b ］種類の暗号文しか出力されない。同じ平文に対しても毎回異なる暗号文が出力されるアルゴリズムVを使用する方法もある。匿名で回答できるアンケートを実施したいというG社の要望も併せて考慮して，再度検討してみてくれ。

R君は，N氏からの指摘を考慮して設計の見直しを行った。

設問 本文中の［ a ］に入れる適切な字句と，［ b ］に入れる適切な数値の組合せを答えよ。

解答群

	a	b
ア	公開	3
イ	公開	6
ウ	共通	6
エ	共通	8
オ	秘密	3
カ	秘密	8

解説

問50 暗号化アルゴリズム

（平成19年度春テクニカルエンジニア（情報セキュリティ）午後I問4）

解答 カ

空欄a：本問のアンケート配布システムでは，回答者の回答が記載された提出ファイルなどを電子メールで送信しています。送信中の電子メールを盗聴されることで提出ファイルの内容が第三者に渡り，回答を知られてしまう危険性があります。したがって，提出ファイルを暗号化してその内容を"秘密"にする必要があります。

空欄b："はい"，"いいえ"のいずれか一方で答える質問が3問あるアンケートの場合，3問の回答の組合せは**表**に示すとおりとなります。

よって，回答の組合せが8個しかないため，アルゴリズムSで各組合せの提出ファイルを暗号化した暗号文も8種類となります。したがって，"8"になります。

したがって，カの組合せが正解です。

表

項番	1問目	2問目	3問目
①	はい	はい	はい
②	はい	はい	いいえ
③	はい	いいえ	はい
④	はい	いいえ	いいえ
⑤	いいえ	はい	はい
⑥	いいえ	はい	いいえ
⑦	いいえ	いいえ	はい
⑧	いいえ	いいえ	いいえ

□□□ 問51

P社は，従業員数800名の医薬品会社であり，医薬品の研究開発から製造，販売まで行っている。経営組織としては，事業部制を採用しており，大阪本社のほか，近県に研究センタをはじめ工場や事務所がある。

社内には，新薬研究データや医薬品情報などが電子文書として多数存在する。各事業部では情報の有効活用を図るために，検索対象となる電子文書をあらかじめ走査して索引を作っておく索引型の全文検索によって，高速な検索を可能にしている。

P社では，情報セキュリティ対策に早くから取り組んでおり，5年前にはセキュリティポリシを策定し，電子文書取扱規程を定めた。各事業部には，機密文書の指定権者を置いて，電子文書が機密扱いに該当するか否かの判定を行っている。また，ほかの研究機関との共同研究プロジェクトには特に留意し，共同研究過程で利用される機密文書に対しては，期間を限定したアクセスだけ許可することを規定している。

機密文書として指定された電子文書は，閲覧用のPDFファイルに変換される。閲覧用のPDFファイルは，印刷，変更，及びクリップボードへのコピーが一切できないように設定されて，ファイルサーバ上の閲覧用フォルダに格納される。一方，元のワープロ文書は，ファイルサーバ上で，特定の従業員だけがアクセスできるフォルダに格納される。従業員の認証情報は一元化されており，閲覧用フォルダ及び特定の従業員だけがアクセスできるフォルダに対しては，認証情報に基づいたアクセス制御を行っている。

〔セキュリティ対策の見直し〕

先月，ある医療機関のPCが盗難に遭って，大量の個人情報が漏えいし，新聞に大きく取り上げられた。これまでP社では，幸いにして大きな情報漏えい事故は起きていないが，この新聞報道もあって，情報システム部のB部長は，P社における機密文書の取扱いについて実態調査を行った。その結果，次の問題が浮上した。

(1) システム的な情報漏えい防止策が，フォルダのアクセス制御に依存しているので，フォルダから取り出したファイルを制御する手立てがなく，情報が第三者に流出するおそれがある。

(2) 設定誤りを検知する仕組みがないので，文書を作成した従業員が電子文書取扱規程に従わずに，変更可能なPDFファイルを閲覧用フォルダに格納していることが見過ごされ，機密情報の信憑（ぴょう）性の低下が懸念される。

(3) 共同研究過程で利用された機密文書がPCに保存され，許可された期間を過ぎても操作可能になっている状況が見られた。

そのほかに，印刷や変更などの操作権限の設定が画一的なので，業務遂行上で必要な操作に支障を来しており，業務効率の低下が見られるという指摘もあった。

B部長は，これらの問題を重く受け止め，情報セキュリティ管理者のN主任に，機密文書のセキュリティ対策を見直すよう命じた。

N主任は，直ちに検討を行い，PDFファイルに変換する必要がなく，しかも運用が容易な，表に示す電子文書管理システムの導入を提案した。B部長は，この提案を具体的に進めるよう指示した。

表　電子文書管理システム（骨子）

項目	説明
方式	操作権限管理方式
操作制限の方法	アクセスが許可された者の操作権限を，電子文書ごとにサーバで管理し，操作権限に応じて電子文書の操作を可能にする。電子文書は暗号化され，アクセスが許可されていない者は一切操作できない。
電子文書作成時の作業	[a] の原則にのっとって，アクセスが許可された者，操作権限，アクセス許可期間などを，電子文書ごとに登録する。
印刷やコピー	操作権限の範囲で，各自のPCで行う。

〔電子文書管理システムの導入検討〕

電子文書管理システムは，アクセスが許可された者のリストや操作権限などを管理するRMサーバ，RMサーバと連携して電子文書に対する操作を行うRMクライアント，及びファイルサーバから構成される。RMクライアントは，文書作成機能をもち，全従業員に配布される。電子文書管理システムに登録された電子文書は，RMクライアントを使用しない限り中身が読めないように制限されている。RMサーバとRMクライアントの間は，データを公開鍵暗号方式で暗号化して送受信する。このとき用いる公開鍵証明書は，人事データベースなどと連動して，従業員，派遣社員，共同研究プロジェクトの研究者などに一人1つずつ発行され，従業員の出向や退職，派遣契約の終了，共同研究プロジェクトの終了などによって [b] する。

設問 表中の[a]，及び本文中の[b]に入れる適切な字句の組合せを解答群の中から選び，記号で答えよ。

解答群

	a	b
ア	最小限	更新
イ	信頼	変更
ウ	必要	失効
エ	登録	終結
オ	変更	廃棄

解説

問51 アクセス権限の管理

（平成19年度秋情報セキュリティアドミニストレータ試験午後I問3）

空欄a：本問の電子文書のような機密性の高いデータの場合，そのデータにアクセスする必要がある利用者だけに最小限のアクセス権限のみを付与し，それ以外の利用者にはアクセスを許さないようにアクセス権限を設定することで，機密性を確保できます。この原則のことを"必要"の原則（need to know）といいます。必要の原則は情報セキュリティマネジメントにおける重要な要素です。

空欄b：〔**電子文書管理システムの導入検討**〕の記述から，RMサーバとRMクライアントとの間では，公開鍵暗号方式による暗号化を行ってからデータを送受信しています。電子文書管理システムを利用して，ファイルサーバに格納された暗号化ファイル（電子文書を共通鍵で暗号化したファイル）を利用者が操作する場合，その暗号化ファイルを復号するための共通鍵が含まれる利用許可証をRMサーバからダウンロードする必要があります。このとき，利用許可証を平文のままでRMサーバからRMクライアントに送信すると，盗聴によって内容が第三者に知られてしまう危険性があります。

よって，RMサーバは利用者の公開鍵で利用許可証を暗号化してから送信する必要があります。暗号化された利用許可証を受け取ったRMクライアントは，それを利用者の秘密鍵で復号することで，暗号化ファイルを復号するための共通鍵を安全に得ることができます。このようにすることで，RMサーバとRMクライアントとの間の通信が盗聴されても，利用者の秘密鍵を用いない限りは利用許可証を復号できません。よって，正当な利用者以外の第三者は利用許可証内の共通鍵を知ることはできないので，暗号化ファイルの内容を参照することも不可能になります。

公開鍵暗号方式を用いる場合，利用者が公開している公開鍵が正当なものであるかどうかを証明するために，公開鍵証明書を発行して利用者に渡しておく必要があります。また，従業員の出向，退職，派遣契約の終了などによって，利用者が電子文書管理システムにアクセスできる権限を失った場合は，その利用者が今後電子文書管理システムを利用できないようにするために，利用者の公開鍵証明書を無効にする（失効させる）必要があります。

以上から，空欄bには"失効"が入ります。

よって，ウが正解です。

□□□ **問 52** L社は，地方都市を中心に不動産管理業を営む，社員数100名ほどの企業である。都市部にある本社のほか，近郊の市町村にある10か所の営業所を拠点として事業を展開している。本社と営業所間及び営業所相互間では，取り扱う不動産物件に関する情報（以下，物件情報という）や，借主，貸主などの顧客に関する情報（以下，顧客情報という）を日常的にやり取りしている。

本社と営業所間及び営業所相互間での取扱いに慎重を要する物件情報や顧客情報の移送手段（以下，移送手段という）は，営業所の設備，物件情報や顧客情報のボリューム・形態，及び移送の距離や求められる迅速さに応じて，**図1**の中から選択することにしている。

1. 物件情報や顧客情報が記録されている電子ファイルは，社員に割り当てられたPCを用い，電子メール（以下，メールという）に添付して送受信する。
2. 電子化されていない，紙媒体の物件情報や顧客情報は，ファックスで送受信する。
3. 大量の電子ファイルを一括して運搬する場合には，USBメモリに電子ファイルを書き込み，宅配便や書留郵便で送付する。ただし，急ぎの場合には，社員がかばんに入れて直接届ける。

図1　移送手段

C主任は，上司であるD課長に，L社の現状を踏まえた上で，情報の取扱方法ごとに，想定されるリスクと，そのリスクを低減するための情報セキュリティ対策の検討をC主任に指示した。次は，検討の進め方に関するC主任とD課長の会話である。

C主任：情報セキュリティ対策を検討するには，どのような観点で整理するのがよいでしょうか。

D課長：そうだな。例えば，リスクを低減するための情報セキュリティ対策を，抑止，予防，検知，回復の四つの観点から検討するという考え方がある。

C主任：すみませんが，抑止，予防，検知，回復について，もう少し詳しく教えていただけないでしょうか。

D課長：抑止とは，リスクを［ a ］に発現させようとする者に対して，そうした行為を［ b ］し，思いとどまらせるために実施する対策をいう。予防とは，［ a ］であるか，［ c ］であるかにかかわらず，リスクが発現する原因を取り除くために実施する対策をいう。さらに，検知とは，発現したリスクを早期に発見するために実施する対策であり，回復は，損害を局所化し，原状への復帰を図るために実施する対策をいう。

設問 本文中の［ a ］～［ c ］に入れる字句の組合せはどれか。

解答群

	a	b	c
ア	a 意図的	b 看過	c 偶発的
イ	a 意図的	b けん制	c 偶発的
ウ	a 継続的	b けん制	c 偶発的
エ	a 意図的	b 看過	c 継続的
オ	a 偶発的	b けん制	c 意図的

解説

問52 リスクを低減するための対策

(平成19年度秋情報セキュリティアドミニストレータ試験午後問2)

解答 イ

情報セキュリティマネジメントシステムの構築などに関する規格である，JIS Q 27001：2019などにおける，情報システム上の「リスク」などの定義をまとめます。

脅威：システム又は組織に損害を与える可能性がある，望ましくないインシデントの潜在的な原因のこと。

脆弱性：1つ以上の脅威によって付け込まれる可能性のある，資産または管理策の弱点のこと

リスク：目的に対する不確かさの影響（期待されていることから，好ましいもの，好ましくないもの，又はその両方から，かい（乖）離すること）。

本問では，USBメモリ，電子メールまたはファックスを用いて情報を送受信する際に発生しうるリスクを低減するために，適切な情報セキュリティ対策について問われています。

リスクを低減するための情報セキュリティ対策を，抑止，予防，検知及び回復の四つの観点から検討する考え方があります。

抑止とは，リスクを故意に（意図的に）発現させせようとする者に対して，そのような行為をけん制し，思いとどまらせるための対策のことです。具体的には，情報セキュリティポリシに違反した行為を故意に実行した者には罰則を与えるようにして，その旨を社内に通知することなどが抑止の例です。よって，空欄aは“意図的”，空欄bは“けん制”となります。

予防とは，意図的であるか偶発的であるかにかかわらず，リスクが発現する原因を取り除くために実施する対策のことです。具体的には，ファックスの誤送信を防ぐために，送信前に電話番号を入念にチェックさせたり，短縮番号を用いて番号の入力ミスを減らしたりすることなどが挙げられます。よって，空欄cは“偶発的”となり，イの組合せが正解です。

検知とは，発現したリスクを早期に発見するための対策のことです。また，回復とは，リスクによってもたらされる損害を局所化し，原状への復帰を図るための対策のことです。

問53

J社は，社員数250名の市場調査会社である。J社では，以前は紙媒体を用いて街頭や郵送でのアンケート調査を実施していたが，4年前からインターネットを介するWebマーケットリサーチシステムを用いて，会員向けのアンケート表示・回答受付を開始した。Webマーケットリサーチシステムは，J社の情報システム係が開発し，運用も情報システム係が担当している。

〔セキュリティ強化の検討〕

J社では，アンケート調査のほかに，会員向けのWebショッピングサービス事業も開始することにした。このサービスを提供するためのWebショッピングシステムは，Webマーケットリサーチシステムを改良することとし，**図1**のシステム構成を検討した。

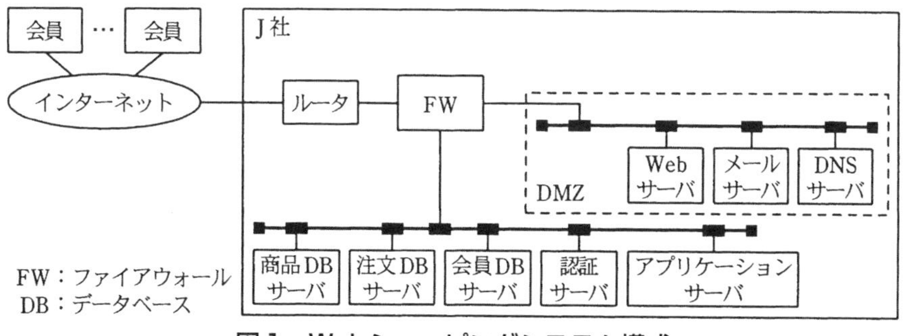

図1 Webショッピングシステム構成

模擬 第3回 科目B

これまで，会員の個人情報（以下，会員情報という）については，サービス内容の拡大時にはその都度会員の同意を得るなど，一定のレベルでの配慮を行ってきた。今後は，会員向けのWebショッピングサービスを提供するために，技術的なセキュリティ強化を進めることにした。このセキュリティ強化について，システムインテグレータのH社に相談することとし，窓口担当として，情報システム係の若手社員であるN君を指名した。

依頼を受けたH社では，Webサイトにおける一般的な情報セキュリティ問題と対策について説明を行うことにし，情報セキュリティに詳しいK氏が，次に示す表を用いてN君に説明をした。

表　Webサイトにおける一般的な情報セキュリティ問題と対策

情報セキュリティ問題	対策（例）
・外部から内部ネットワークへの不正侵入	・ネットワーク境界での不要な通信の遮断 ・適切なフィルタリングの設定
・Webサーバの不適切な設定をねらった不正アクセス	・見慣れないファイルやプログラムがないことの確認 ・対象となるサーバの［　a　］ ・推測可能なパスワードの禁止 ・適切なアクセス制御の設定
・Webアプリケーションの脆弱(ぜい)性をねらった不正アクセス	
（例1）SQLインジェクション攻撃	・悪意のある入力に起因する危険なSQL文の実行を防ぐための，変数や演算結果の［　b　］
（例2）ディレクトリトラバーサル攻撃	・Webアプリケーションで用いる外部パラメタから［　c　］する実装の回避
⋮	⋮
・業務運用及びシステム運用におけるオペレータの故意又は過失による情報漏えい	・業務運用及びシステム運用に伴うログの取得
（以下，省略）	（以下，省略）

設問　表中の［　a　］～［　c　］に入れる適切な字句の組合せを解答群の中から選べ。

	a	b	c
ア	環境対策	エスケープ	ブラウザに入力
イ	スキミング	仮想化	メールを送信
ウ	タイムスタンプ	再計算	ネットワークに接続
エ	電子署名	制限	バックアップを取得
オ	独立化	禁止	暗号化を出力
カ	ハードニング	サニタイジング	ファイル名を指定

問53 Webサイトのセキュリティ問題

(平成20年度秋情報セキュリティアドミニストレータ試験午後I問4)

解答 カ

【SQLインジェクション】

SQLインジェクションとは，Webページ上の入力フォームに不正な文字列を入力し，その文字列から生成された不正なSQL文を用いて，Webアプリケーションを誤動作させたり，データベースの内容を不正に閲覧または削除したりする攻撃方法のことです。

一般的なDBMSでは，「;」(セミコロン) で区切って複数のSQL文を一括して実行できます。したがって，SELECT文の後に「;」で区切ってDELETE文を実行させるSQL文を不正に作成すれば，特定のテーブルのレコードを全て削除することが可能になります。

例として，検索したい名前の文字列 (**文字列Xとする**) をWebページの入力フォームに入力させるWebアプリケーションシステムを考えます。このシステムのWebページから呼び出されるCGIの処理中では，

SELECT * FROM TABLE_A WHERE name like '**文字列X**'

のように，列nameの値が**文字列X**と等しい行のみを検索するSQL文を作成します。この入力フォームに，

攻撃者のブラウザ

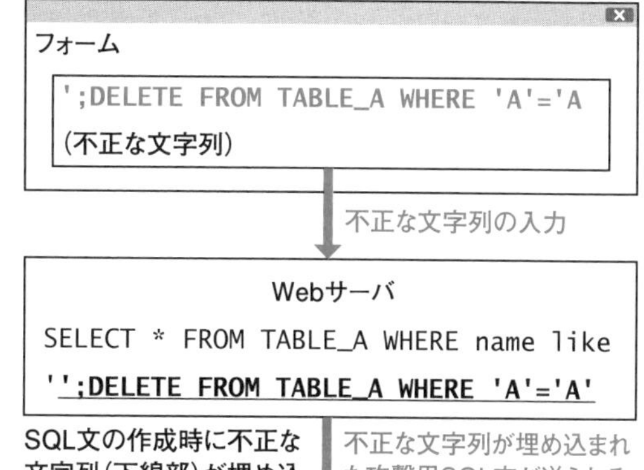
フォーム
';DELETE FROM TABLE_A WHERE 'A'='A
(不正な文字列)
不正な文字列の入力
Webサーバ
SELECT * FROM TABLE_A WHERE name like
'';DELETE FROM TABLE_A WHERE 'A'='A'
SQL文の作成時に不正な文字列(下線部)が埋め込まれる
不正な文字列が埋め込まれた攻撃用SQL文が送られる

データベースサーバ
データの不正な閲覧など

「';DELETE FROM TABLE_A WHERE 'A'='A」のような文字列が入力可能になっていると，以下のSQL文が作成されてしまいます。

SELECT * FROM TABLE_A WHERE name like '';DELETE FROM TABLE_A WHERE 'A'='A'

後半のDELETE文の条件 ('A'='A') は，TABLE_Aの内容にかかわらず常に成立します。よって，全ての行がWHERE以降の条件式に適合しているとみなされ，TABLE_Aの全部の行が削除されてしまいます。

この入力フォームでは，「'」や「;」のような，データベースの操作・問合せにおいて特別な意味をもつ文字が入力可能であったため，問題が発生しています。よって，入力値から「'」などの特別な文字 (特殊文字) を取り除いたり，データ入力時に最初から特殊文字が入力されないように保護したりすることで，SQLインジェクションを防止することができます。

空欄a：

<脆弱性があるサーバ>

Webサーバが公開するサービス(HTTP：80番)以外のサービスも利用可能(ポートスキャンなどの攻撃を受けやすい)

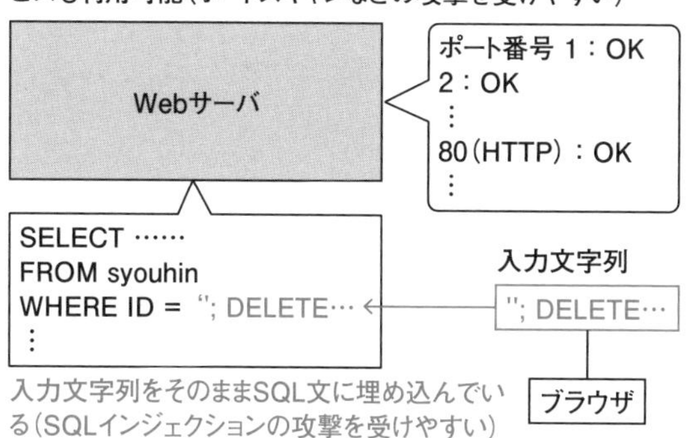
Webサーバ
ポート番号 1：OK
2：OK
⋮
80(HTTP)：OK
⋮
SELECT ……
FROM syouhin
WHERE ID = "; DELETE…
⋮
入力文字列
"; DELETE…
ブラウザ
入力文字列をそのままSQL文に埋め込んでいる(SQLインジェクションの攻撃を受けやすい)

<脆弱性をなくしたサーバ>

Webサーバが公開するサービス(HTTP：80番)以外のサービスを利用できないようにする

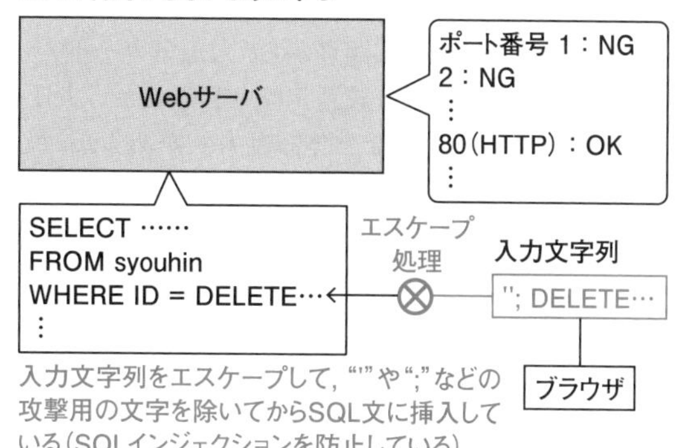
Webサーバ
ポート番号 1：NG
2：NG
⋮
80(HTTP)：OK
⋮
SELECT ……
FROM syouhin
WHERE ID = DELETE…
⋮
エスケープ処理
入力文字列
"; DELETE…
ブラウザ
入力文字列をエスケープして，"'"や";"などの攻撃用の文字を除いてからSQL文に挿入している(SQLインジェクションを防止している)

そこで実施するのが，**ハードニング**（hardening）です。外部に公開されているWebサーバのハードニングを行って堅固にすることで，Webサーバの不適切な設定をねらった不正アクセスに対処することができます。よって，"ハードニング"が正解です。

空欄b：SQLインジェクションを防止するために，入力文字列や演算結果から"'"などの特殊文字を取り除くことを，"エスケープ処理"または"サニタイジング"といいます。

空欄c：**ディレクトリトラバーサル攻撃**とは，ファイル名などを外部パラメタとして受け取るフォームの入力欄に，"../passwd"などといった不正なファイル名や相対パス名を入力することで，Webサーバに格納されている重要なファイルを表示させたり，削除させたりする攻撃手法のことです。この攻撃に対処するためには，入力値から"../"のような上位ディレクトリを指定する文字を取り除く措置や，パス名やファイル名を外部パラメタとして直接指定しないようにする措置などが適切です。すなわち，Webアプリケーションで用いる外部パラメタから"ファイル名を指定"する実装などを回避する必要があります。したがって，カの組合せが正解です。

□□□ **問54** A社は，社員数800名の中堅クレジットカード会社である。連結子会社を含めると社員数は3,000名を超える。本社，事務センタ及びコールセンタは東京にあり，営業所は全国に配置されている。また，データセンタは災害対策のために北関東と関西に分散配置されている。カード会員数は，現在1,500万人であるが，更にカード会員を獲得するために割引やボーナスポイントなどの様々な特典を用意するとともに，加盟店獲得にも積極的に取り組んでいる。

A社では，これまでにも，社内に情報セキュリティ委員会を設置して情報セキュリティポリシを策定し，個人情報の安全管理体制を整備してきた。事務室やコンピュータ室のドアは，テンキーによって解錠している。また，防犯のために，監視カメラで入退室画像を記録している。テンキーで入力する暗証番号は，部署ごとに管理している。最近は，3,000名を超える社員に加え，その2倍以上いる派遣要員やアルバイトなど，様々な勤務形態の従業員が入退室するようになった。暗証番号は，異動や退職があるたびに変える規則なので，毎月のように変更を関係者に通知しなければならず，また，入退室の状況を正確に把握することも困難なことから，入退室管理の在り方を見直す時期にきていた。

〔入退室管理の見直し〕

前回の情報セキュリティ委員会で，だれが，いつ入退室したかを記録し，必要に応じて後で調査できるような，個人認証による入退室管理システムを導入することが決まった。即日，システム導入担当として，総務部のB課長と，情報セキュリティ管理者のC主任が任命された。

B課長とC主任は，最初に，ICカードや生体認証などの個人認証方式について比較・検討を行った。A社では，従業員の入退室が頻繁なことから，行列を発生させないためには，高い処理性能が要求される。また，数日～数週間の派遣要員や短期雇用も多く，1か月間で各部署の要員が大きく入れ替わることから，そうした従業員に対する適用の容易さも必要となる。最終的に，これらの要件を満たす，非接触型ICカードを用いた入退室カードによる個人認証方式が全社的に導入されることになった。ただし，個人情報を扱う事務センタ及びデータセンタについては，入退室カードの不正使用やなりすましを防ぎ，安全性を高める観点から，入退室カードだけでなく，生体認証を導入することになった。

次は，生体認証方式選定時のB課長とC主任の会話である。

B課長：いろいろな生体認証方式があるが，最適なのは何かな。

C主任：安全性を高めるには，高い認証精度が要求されます。指紋，虹(こう)彩，静脈などがこの条件を満たしていますが，今回のシステムでは，技術とコストの面から，指紋認証を用いたシステムが適当であると思います。

B課長：了解した。ただし，指紋登録できる人の割合（対応率）を100％にすることが極めて難しいという問題への対策も忘れないように。ところで，人工模造の指によるなりすましの話も聞くが，実際はどうか。

C主任：なりすましや誤作動を誘発する攻撃には，人工模造物以外にも様々な手段が使われています。

それらの攻撃には，**図1**に示す対策が必要となります。また，対策済の機器を選定し，登録時や認証時の環境を整備するとともに，運用でのセキュリティ確保も行う必要があります。

B課長：そうなると，事務センタとデータセンタに指紋登録担当者や運用担当者を配置する必要があるな。

1. なりすまし攻撃への対策
   - ・指紋の登録に際し，登録者本人であることを社員証などで確認する。
   - ・センサの［ a ］検知機能によって，人工模造物による登録及び認証を防止する。
   - ・登録された指紋データから指紋を推測できないデータ登録方式を採用し，登録者の指紋データを保護する。
   - ・本人の登録操作に立会者を置き，本人以外の指紋登録を防止する。
2. センサの不正な設定や操作による攻撃への対策
   - ・温度や湿度などの異常を検知する機能によって，異常な環境下での不正認証を防止する。
   - ・センサの調整は，運用担当者自身が行うか，又は，作業に立ち会う。
3. 認証判定しきい値の変更による攻撃への対策
   - ・異常なしきい値の設定を禁止する機能を利用する。
   - ・しきい値変更は，運用担当者が行う。

（以下，省略）

注　指紋：指先の皮膚表面が形成する模様
　　指紋データ：指紋の照合に用いるデータ

図1　なりすましや誤作動誘発の防止対策

B課長：照合に用いる指紋データは，イメージ画像として指紋を読み取った後，どのような処理によって生成されるのか。

C主任：よく使われている方式では，分岐点などの特徴点を抽出して数値化することによって生成されます。

B課長：セキュリティレベルを高くすることも大切だが，操作性への配慮はどうなのか。

C主任：入退室カードを読ませて指をセンサに置くだけで認証できます。ただし，入退室管理システムは，勤怠管理システムなどと異なり，なりすまし防止が重要なことから，安全性要件としては［ b ］率を低くすることよりも，［ c ］率を低くすることを優先する必要があります。

設問　**図1中の［ a ］及び本文中の［ b ］，［ c ］に入れる適切な字句の組合せを解答群の中から選び，記号で答えよ。**

解答群

	a	b	c
ア	可用	稼働	利用
イ	攻撃	他人受入れ	本人拒否
ウ	差分	他人受入れ	本人拒否
エ	障害	本人拒否	他人受入れ
オ	生体	本人拒否	他人受入れ

問54 生体認証

(平成20年度秋情報セキュリティアドミニストレータ試験午後I問3)

生体認証とは，指紋や網膜などの身体的特徴を用いて本人の確認を行う認証システムのことです。生体認証では，認証を受ける人の指紋の形状などと，登録した本人の指紋の形状などとを比較し，両者の類似の度合いが一定以上であれば，本人と識別して認証を行います。この度合いのことを**判定しきい値**と呼びます。

空欄a：指紋を使用する生体認証では，シリコンなどの素材を用いて他人の指紋を偽造した人工模造の指を使って，その人になりすます攻撃が存在します。他にも，様々な手段で他人の指紋を偽造しようとする手口が使われます。これらの攻撃のうち，人工模造物による指紋の登録や認証には，指紋を読み取るセンサの生体検知機能（人体の電気的特性などから，人体か人工模造物かを区別する機能）を用いることで対応できます。よって，空欄aには"**生体**"が入ります。

空欄b，c：生体認証では，本人拒否率（FRR）と他人受入れ率（FAR）という2つのパラメタが重要となります。本人拒否率は，本人を他人と誤認識して拒否してしまう確率のことで，判定しきい値を厳しくするほど上昇します。他人受入れ率は，他人を本人と誤認識して受け入れてしまう確率のことで，判定しきい値を緩くするほど上昇します。

生体認証の判定しきい値を厳しくしすぎると本人拒否率が高くなり，正当な利用者がシステムの認証に何度も失敗してしまうため，認証システムが利用しにくくなります。逆に，判定しきい値を緩くしすぎると他人受入れ率が高くなり，なりすましなどの攻撃を受ける危険性が大きくなります。

〔入退室管理の見直し〕で，「入退室管理システムは，…… なりすまし防止が重要なことから」とC主任が説明しているため，本問の入退室管理システムでは正当な利用者が認証に失敗することより，なりすましを防止することの方を優先して，システムの判定しきい値を決定すべきです。よって，"**本人拒否**"率（空欄b）を低くすることよりも，"**他人受入れ**"率（空欄c）を低くすることを優先することが重要です。

オの組合せが正解です。

問55

X社は，携帯通信事業者から通信回線設備を借り受け，データ通信サービス及び通話サービス（以下，両サービスを併せてXサービスという）を提供している従業員数70名の企業である。X社には，法務部，サービスマーケティング部，情報システム部，利用者サポート部（以下，利用者サポート部をUS部という）などがある。X社では，最高情報セキュリティ責任者（CISO）を委員長とした情報セキュリティ委員会（以下，X社委員会という）を設置している。X社委員会では，情報セキュリティ管理規程の整備，情報セキュリティ対策の強化などが審議される。X社委員会の事務局長はUS部のS部長である。各部の部長は，X社委員会の委員及び自部における情報セキュリティ責任者を務め，自部の情報セキュリティに関わる実務を担当する情報セキュリティリーダを選任している。US部の情報セキュリティリーダはG課長である。

US部には，25名の従業員が所属している。主な業務は，Xサービスを利用している顧客，及びXサービスへの新規の申込みを検討している潜在顧客（以下，Xサービスを利用している顧客及び潜在顧客を併せてX顧客という）からの問合せへの対応業務（以下，X業務という）である。

〔US部が利用しているコールセンタ用サービスの概要〕

US部では，X業務を遂行するためにクラウドサービスプロバイダN社のSaaSのコールセンタ用サービス（以下，Nサービスという）を利用している。NサービスはISMS認証及びISMSクラウドセキュリティ認証を取得している。Nサービスには，会社から貸与されたPCのWebブラウザから，暗号化された通信プロトコルであるTLSを使ってアクセスする。Nサービスは，**図1**の基本機能及びセキュリティ機能を提供している。

1 基本機能
1.1 管理画面上で手動で実行できる機能（以下，手動実行機能という）
・顧客情報の検索，閲覧
・顧客との通話
（省略）
1.2 自動で実行される機能（以下，自動実行機能という）
・顧客との通話の録音
（省略）
2 セキュリティ機能
2.1 手動実行機能
2.1.1 アクセス制御の設定
・N サービスにアクセスできる IP アドレスの登録，更新，削除
2.1.2 アカウント管理
・N サービスのログイン用のアカウントの登録，更新，削除
2.1.3 顧客情報の操作権限の設定
・各アカウントに対する顧客情報の登録，更新，閲覧，削除の権限の設定
（省略）
2.2 自動実行機能
2.2.1 監査ログ収集
・N サービスへのログイン及び手動実行機能を実行した時刻，アカウント，アクセス元 IP アドレスなどのログの収集
（省略）

図１　Nサービスの基本機能及びセキュリティ機能

Nサービスのデータベース（以下，NDBという）に，氏名，年齢，住所，利用中のサービスプラン，問合せ対応記録その他のX顧客に関する情報（以下，X情報という）は暗号化されて，また，検索用キーは平文で保存されている。①X情報は，US部の従業員に貸与しているPCにだけ格納した暗号鍵を用いて，US部の従業員が復号できる仕組みになっている。PCへのログインには利用者IDとパスワードが必要である。

X社では，Nサービスのセキュリティ機能のうち手動実行機能は，管理者アカウントをもつUS部の特定の従業員だけが実行できる。X社利用分の監査ログは，X社の情報システム部が常時監視している。

US部では，業務効率化の一環として，2023年10月にX業務の3割を外部に委託し，残りの業務は継続してNサービスを利用しながらUS部内で遂行することにした。その委託先の第一候補がY社である。Y社を選んだ理由は，次の2点である。

・他の候補と比較してサービス内容に遜色がなく，しかも低価格であること
・秘密保持契約を締結した上で，業務委託に関わる範囲を対象とした，情報セキュリティ対策の評価に協力してくれること

設問　本文中の下線①について，情報セキュリティ上のどのような効果が期待できるか。次の(i)～(vi)のうち，期待できるものだけを全て挙げた組合せを，解答群の中から選べ。

(i) NDBのDBMSの脆弱性を修正し，インターネットからの不正なアクセスによる情報漏えいのリスクを低減する効果
(ii) NDBを格納している記憶媒体が不正に持ち出された場合にX情報が読まれるリスクを低減する効果
(iii) N社の従業員がNDBに不正にアクセスすることによってX情報が漏えいするリスクを低減する効果
(iv) X情報へのアクセスが許可されたUS部の従業員がNDBを誤って操作することによってX情報を変更するリスクを低減する効果

(v) 攻撃者によってNDBに仕込まれたマルウェアを駆除する効果
(vi) 攻撃者によってNDBに仕込まれたマルウェアを検知する効果

解答群

ア	(i), (ii)	イ	(i), (ii), (iii)	ウ	(i), (v)
エ	(ii), (iii)	オ	(ii), (v)	カ	(iii), (iv)
キ	(iii), (vi)	ク	(iv), (v)	ケ	(iv), (v), (vi)

解説

問55 データベースの暗号化
(令和1年度秋情報セキュリティマネジメント試験午後問3)

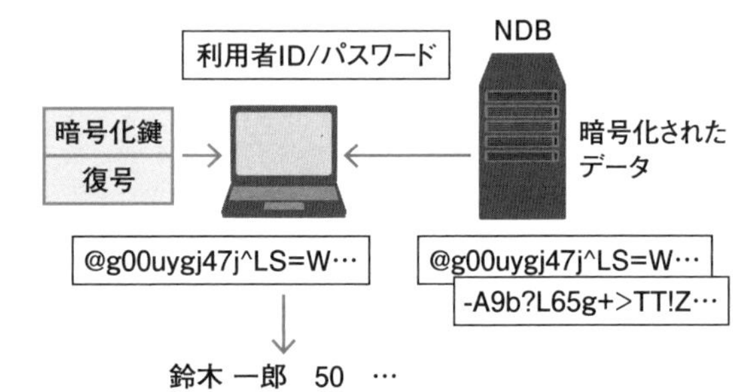

下線①の状況は右図のようになります。

X情報はNDBでは暗号化された状態で，格納されています。また，この暗号化されたデータは従業員に貸与しているPCにだけ格納した暗号鍵を用いて，US部の従業員が復号できます。

この状況から解答群の(i)～(vi)を順に確認します。

(i) NDBのDBMSの脆弱性を修正し，インターネットからの不正なアクセスによる情報漏えいのリスクを低減する効果⇒DBMSのセキュリティの脆弱性は，セキュリティ修正ソフトを使用することで不正アクセスなどが防げます。

(ii) NDBを格納している記憶媒体が不正に持ち出された場合にX情報が読まれるリスクを低減する効果 ⇒ NDBの暗号化の効果が期待できます。

(iii) N社の従業員がNDBに不正にアクセスすることによってX情報が漏えいするリスクを低減する効果 ⇒ NDBの暗号化の効果が期待できます。

(iv) X情報へのアクセスが許可されたUS部の従業員がNDBを誤って操作することによってX情報を変更するリスクを低減する効果 ⇒ NDBは暗号化されているので操作はできません。

(v) 攻撃者によってNDBに仕込まれたマルウェアを駆除する効果 ⇒暗号化とマルウェアは関連がありません。

(vi) 攻撃者によってNDBに仕込まれたマルウェアを検知する効果 ⇒暗号化とマルウェアは関連がありません。

よって，正解は エ ((ii), (iii))になります。

問56

A社は，ECサイトで旅行商品を販売している，資本金1億円，従業員数80名の会社である。もともとA社は旅行商品を店舗で販売していたが，2018年にECサイト(以下，A社ECサイトという)での販売を開始し，5年後の現在はA社ECサイトでの販売だけを行っている。A社ECサイトでの販売になってから旅行商品の販売のほとんどはクレジットカード決済である。A社には，総務部，人事部，旅行企画部，旅行営業部の四つの部がある。A社ECサイトは旅行営業部が管理，開発及び保守を行っており，A社ECサイトのシステム管理者も旅行営業部に所属している。A社ECサイトを除くA社の情報システムのシステム管理者は総務部に所属している。

A社全体の情報セキュリティ責任者は旅行営業部長である。旅行営業部に所属するEさんは，A社全体の情報セキュリティ推進を狙う情報セキュリティリーダに任命されている。A社には，社長，総務部長，人事部長，旅行企画部長，旅行営業部長及びEさんが参加する情報セキュリティ委員会があり，Eさんは事務局を務めている。

〔A社における情報セキュリティ対策〕

A社で最も情報セキュリティが必要とされる情報は，顧客のクレジットカード情報である。このクレジットカード情報には，クレジットカード番号，クレジットカード会員名などが含まれている。A社が保有するクレジットカード情報及び販売履歴は，A社ECサイトのデータベースサーバ1台とファイルサーバ1台に保存されている。データベースサーバとファイルサーバは，A社の社内LANに接続されている。ファイルサーバには，テープバックアップ装置が接続され，クレジットカード情報などを含む特定のフォルダにある全てのファイルを毎週バックアップするように設定されている。バックアップは2世代分保存されている。バックアップテープは，テープバックアップ装置の隣にあるキャビネットに保管されている。

A社は，業務マニュアルなどの有用な情報を大量に蓄積した掲示板システムを保有している。当該システムは社内LANだけからアクセスが可能であり，多くの従業員がほぼ毎日アクセスしている。当該システムが使用しているソフトウェアパッケージ（以下，現行パッケージという）は，最新バージョンのOSをサポートしていない。また，当該システムには，個人情報は保存されていない。

〔情報セキュリティ委員会の開催〕

A社では，情報セキュリティ委員会を毎月開催している。2017年12月に開催された情報セキュリティ委員会において，同業他社のECサイトでの大規模なクレジットカード情報の漏えい事件が報告された。そこで情報セキュリティ委員会では，情報セキュリティ点検と，その結果に基づく改善を行うことを決め，その評価基準と情報セキュリティ点検の外部委託先の選定をEさんに指示した。A社は10年前に情報セキュリティポリシ及び関連規程類（以下，A社規程類という）を策定しているが，これまでほとんど見直しを行っていない。Eさんは，A社規程類は情報セキュリティ点検の評価基準として適切ではないと考え，JIS Q 27002:2014の管理策を基に新たに評価基準を作成した。さらに，外部委託先として幾つかの候補を比較検討した。その結果は翌月の情報セキュリティ委員会で審議され，情報セキュリティ点検の実施，及びそこでの指摘事項についてA社が作成する対応方針のレビューを，情報セキュリティ専門会社U社に依頼することになった。U社では情報処理安全確保支援士（登録セキスペ）のP氏が担当することになった。

〔対応方針の検討〕

情報セキュリティ点検が完了し，P氏は，**図1**に示す指摘事項を報告した。

指摘事項1：	掲示板システムが使用しているバージョンのOSは，標準サポート契約期限が切れている。延長サポートサービスが提供されているが，A社は契約していないので，OSベンダからパッチが提供されない。そのため既知の脆弱性があり，対応が必要である。 （省略）

図1　指摘事項（抜粋）

Eさんは指摘事項1について，対応方針を検討することにした。最新バージョンのOSを導入すればOSの既知の脆弱性はなくなるが，現行パッケージの動作が保証されないこと，また，同等の機能をもつ他製品のソフトウェアパッケージであれば最新バージョンのOSでの動作が保証されるが，掲示板システムのデータは，手動で個別に再入力しなければならないことが分かった。Eさんは，掲示板システムの利用状況を踏まえて対応方針を検討し，P氏にその対応方針が適切かを聞いた。P氏からは，Eさんの対応方針は適切であるとの回答が得られた。Eさんは，①この対応方針について情報セキュリティ委員会の承認を得てから，総務部に提示し，対応を指示した。

設問 本文中の下線①について，対応方針として最も適切なものを解答群の中から選べ。

解答群

ア　OSの延長サポートサービスを契約してパッチを入手し，検証用のシステムにパッチを適用し，稼働を検証してから本番システムにパッチを適用する。

イ　速やかに情報システムを停止し，OSベンダからパッチが提供されるのを待って，提供されたら適用し，稼働を検証する。

ウ　速やかに情報システムを停止し，最新バージョンのOS，及び現行パッケージと同等の他製品のソフトウェアパッケージを導入し，データを移行する。

エ　速やかにデータをバックアップし，最新バージョンのOSを導入した上で現行パッケージを再インストールし，バックアップしたデータをリストアする。

解説

問56 情報セキュリティ点検

（平成30年度秋情報セキュリティマネジメント試験午後問2）

図1の指摘事項1では，「掲示板システムが使用しているバージョンのOSは，標準サポート契約期限が切れている。延長サポートサービスが提供されているが，A社は契約していないので，OSベンダからパッチが提供されていない。そのため，既知の脆弱性があり対応が必須である。」と記載があり，**〔対応方針の検討〕**では，「最新バージョンのOSを導入すればOSの既知の脆弱性はなくなるが，現行のパッケージの動作が保証されないこと，また，同等の機能をもつ他製品のソフトウェアパッケージであれば最新バージョンのOSでの操作が保証されるが，掲示板システムのデータは，手動で個別に再入力しなければならないことが分かった。」とあります。

ここでの優先的にしておかなければならない問題は，多くの従業員がほぼ毎日アクセスしている現行パッケージの動作保証をしなければいけないことです。そのためには，最新バージョンのOSを導入するよりも，現在使用しているOSをそのまま使用し，A社が契約していない延長サービスを契約することで，動作が保証されます。したがって，アが正解です。

問57

X社は，人材派遣及び転職を支援する会員制のサービス（以下，Xサービスという）を提供する従業員数150名の人材サービス会社であり，東京と大阪に営業拠点がある。X社には，営業部，人事総務部，情報システム部などがある。営業部には，100名の営業部員が所属しており，東京拠点及び大阪拠点にそれぞれ60名，40名に分かれて勤務している。情報システム部には，従業員からの情報セキュリティに関わる問合せに対応する者（以下，問合せ対応者という）が所属している。

X社では，最高情報セキュリティ責任者（CISO）を委員長とする情報セキュリティ委員会（以下，X社委員会という）を設置している。各部の部長は，X社委員会の委員及び自部における情報セキュリティ責任者を務め，自部の情報セキュリティに関わる業務を担当する情報セキュリティリーダを選任している。

Xサービスの会員情報は，会員情報管理システムに保存される。営業部員は，会社から貸与されたPC（以下，X-PCという）を使って会員情報管理システムにログインし，会員情報を閲覧する。また，会員から電子メール（以下，電子メールをメールという）に添付されて送られてきた連絡先の電話番号及びメールアドレスを含む履歴書や職務経歴書などを，会員情報管理システムに登録する。X社は，ドメイン名x-sha.co.jp（以下，X社ドメインという）をメールの送受信のために使用している。メールはX社の従業員にとって日常の業務に欠かせないコミュニケーションツールになっている。

X-PCには，パターンマッチング方式のマルウェア対策ソフトが導入され，マルウェア定義ファイルが常に最新版に更新されている。X-PCのハードディスクは暗号化されている。X-PCで使用するメールソフトは，外部から受信したメールがHTMLメールであった場合，自動的にテキストメールに変換するように設定されている。

3年前に情報システム部は，添付ファイルの開封やURLのクリックを促す不審なメール（以下，不審メールという）に備えて，**図1**の不審メール対応手順を定めた。

> メールを受信した従業員（以下，メール受信者という）及び問合せ対応者は，次の手順に従って対応すること。
>
> 【メール受信者の手順】
> 1. メールを受信した時は，差出人や宛先のメールアドレス，件名，本文などを確認する。
> 2. メールに少しでも不審な点がある場合は，問合せ対応者に次の項目を連絡する。
>   （省略）
>   その際は，添付ファイルを開封したり，本文中の URL をクリックしたりしないこと。
>   また，問合せ対応者の指示なしに不審メールを転送したりしないこと。
> 3. 不審メールの添付ファイルを開封したり，不審メールの本文中の URL をクリックしたりした場合は，速やかに X-PC から LAN ケーブルを抜き，さらに無線 LAN をオフにする。
>
> 【問合せ対応者の手順】
> 1. 不審メールを受信した従業員（以下，不審メール受信者という）から連絡を受けたときは，不審メール受信者に，添付ファイルを開封したり本文中の URL をクリックしたりしたかを確認する。
> 2. 不審メール受信者が添付ファイルを開封しておらず，本文中の URL もクリックしていない場合は，不審メールを指定のメールアドレス宛てに転送するように指示する。
> 3. 不審メール受信者が添付ファイルを開封したり本文中の URL をクリックしたりしていた場合は，まず，X-PC に不自然な挙動があったかどうかを確認する。次に，不審メール受信者に，X-PC に導入しているマルウェア対策ソフトでフルスキャンを実行し，その結果を報告するように指示する。
>
> （省略）

図1　不審メール対応手順

〔標的型メール攻撃対策の検討〕

ある日，同業他社のW社で，標的型メール攻撃によるマルウェア感染が原因で約3万件の個人情報が漏えいする事故が発生し，大きく報道された。報道によると，メールにマルウェアが添付されていたほか，メールの本文の言い回しが不自然であったり，日本では使用されていない漢字が使用されていたりした。

X社委員会ではW社の事例を受けて，標的型メール攻撃に対する情報セキュリティ対策について話し合った。営業部のK部長は，最近多くの企業で実施されているという<u>①標的型メール攻撃への対応訓練（以下，標的型攻撃訓練という）</u>を，自部を対象に実施することをCISOに提案した。CISOは，標的型攻撃訓練の計画をまとめて次回のX社委員会で報告するよう，K部長に指示した。K部長は，営業部の情報セキュリティリーダであるQ課長に標的型攻撃訓練の計画を策定するよう指示した。また，K部長が，情報システム部にシステム面での協力を依頼したところ，情報システム部のR主任が協力することになった。

設問　**本文中の下線①について，W社での事故を受けて，X社で標的型攻撃訓練を実施する目的は何か。次の(i)～(viii)のうち，該当するものだけを全て挙げた組合せを，解答群の中から選べ。**

(i)　X社を不審メールの宛先にされないようにすること
(ii)　会員が不審メールを受信した場合に備えて，問合せ窓口を設置すること

(iii)　会員に不審メールが送信されないようにすること
(iv)　会員に不審メールを見分けるポイントを周知すること
(v)　問合せ対応者が不審メール対応手順に従って対応できるようにすること
(vi)　不審メール受信者が不審メールの差出人を特定できるようにすること
(vii)　不審メール受信者が不審メールを見分けられるようにすること
(viii)　不審メール受信者が不審メール対応手順に従って対応できるようにすること

解答群

ア	(i), (ii), (iv)	イ	(i), (iv)	ウ	(ii), (iii), (v)
エ	(ii), (vii)	オ	(iii), (iv), (vi)	カ	(iii), (vi)
キ	(iv), (v)	ク	(v), (vi), (viii)	ケ	(v), (vii), (viii)
コ	(vi), (vii)				

解説

問57 標的型攻撃訓練の目的
(平成30年度秋情報セキュリティマネジメント試験午後問3)

解答 

本問は，標的型メール攻撃とその対応訓練の知識を問われています。組織の一人でも標的型攻撃メールに添付されているファイルを開いてしまうか，またはURLをクリックしてマルウェアに感染すると組織全体にそのマルウェアが感染する可能性があります。そのため，社員に注意喚起するだけでなく訓練を通して様々な標的型攻撃を理解してもらい，被害に遭わないようにすることが重要です。

設問の解説に入る前に【標的型攻撃】について解説します。

【標的型攻撃】

標的型攻撃では右図のようなメールを作成して，A社のXさんに送り付けます。**自社に関連した内容が含まれていたり，上司など関係者が送信元になっていたりすると，自分の業務に関連したメールだと誤解し，添付ファイルを不用意に開いてしまう可能性が高く**なります。

なお，この攻撃によってXさんが添付ファイルを開かせることに成功しても，マルウェアが新種のものでないと，XさんのPCにインストールされているウイルス対策ソフトによって検知・削除され，攻撃が失敗する。標的型攻撃では，新種のマルウェアを利用し，ウイルス対策ソフトによって検出されないようにすることが多いでしょう。

攻撃者は，いろいろな方法（Y部長の名刺を入手，P社Webサイトを閲覧，……）でY部長のメールアドレスを知ったり，Xさんの仕事の内容を突き止めたりする。それらの内容を盛り込んだメールを送る

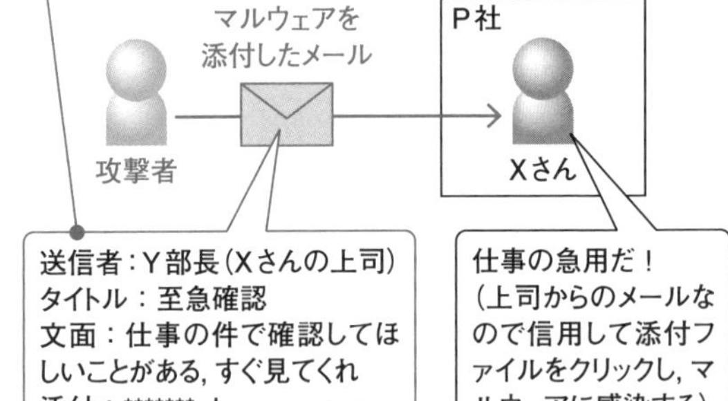
マルウェアを
添付したメール
P社
攻撃者
Xさん
送信者：Y部長（Xさんの上司）
タイトル：至急確認
文面：仕事の件で確認してほしいことがある，すぐ見てくれ
添付：*******.doc.……..exe
仕事の急用だ！
（上司からのメールなので信用して添付ファイルをクリックし，マルウェアに感染する）

攻撃者はP社，またはP社のXさんだけを対象としており，不特定多数をねらうことはない。

対策

- メールの添付ファイルを不用意に開かない。

※送信元が関係者であることや，タイトルや文面から騙されることが多いので，添付ファイルが安全かどうか判定できない場合には，**メール以外の手段（電話など）で送信者に連絡し，添付ファイル付きのメールを送信したかどうかを確認する**ことが有効

標的型メール訓練とは，企業などに偽の攻撃型メールを配信し，利用者が内容の不審な点に気づいて添付ファイルを開封したり，本文中に添えられているURLをクリックしたりなどをしないか確認することです。特に，X社では

図1にあるような不審メール対応手順が存在しますので，この手順に沿って従業員や問合せ担当者が手順どおり対応できるかを確認する必要があります。

(i)～(viii)を順に確認します。

(i) X社を不審メールの宛先にされないようにすることは，フィルタリングなどで実施することなので，標的型攻撃訓練を実施する目的ではありません。

(ii) 問合せ窓口を設置することは，運用上必要なことですが，標的型攻撃訓練を実施する目的ではありません。

(iii) 会員に不審なメールを送信されないようにすることは，X社のWebサイトなどで注意喚起することなどで，標的型攻撃訓練を実施する目的ではありません。

(iv) 会員に不審なメールを目分けるポイントを周知することは，X社のWebサイトなどで注意喚起することなどで，標的型攻撃訓練を実施する目的ではありません。

(v) 問合せ対応者が不審メールの対応手順に従って対応できるようにすることは，標的型攻撃訓練を実施する目的です。

(vi) 不審メール受信者（従業員）が不審メールの差出人の特定をする必要はありませんので，標的型攻撃訓練を実施する目的ではありません。

(vii) 不審メール受信者（従業員）が不審メールを見分けられるようにすることは，標的型攻撃訓練を実施する目的です。

(viii) 不審メール受信者（従業員）が不審メール対応手順に従って対応できるようにすることは，標的型攻撃訓練を実施する目的です。

したがって，解答は(v)，(vi)，(vii)の**ケ**です。

問58

W社は，自動車電装部品，ガス計測部品及びソーラシステム部品を製造する従業員数1,000名の企業である。経営企画部，人事総務部，情報システム部，調達購買部などのコストセンタ並びに自動車電装部，ガス計測部，及び昨年新規事業として立ち上げられたソーラシステム部の三つのプロフィットセンタから構成されている。ソーラシステム部は現在30名の組織であるが，事業を拡大させるために，毎月，3～4名の従業員を採用しており，組織が拡大している。

W社では，7年前に最高情報セキュリティ責任者（CISO）を委員長とする情報セキュリティ委員会を設置し，情報セキュリティポリシ及び情報セキュリティ関連規程を整備して，ISMS認証を全社で取得した。経営企画部が，情報セキュリティ委員会の事務局を担当している。また，各部の部長が，情報セキュリティ委員会の委員，及び自部における情報セキュリティ責任者を務めている。各情報セキュリティ責任者は，自部の情報セキュリティに関わる実務を担当する情報セキュリティリーダを選任している。

W社は，年に1回，人事総務部が主管となり，大規模な震災などを想定した事業継続計画の演習を実施している。サイバー攻撃を想定した演習は実施したことがないものの，サイバー攻撃などの情報セキュリティインシデント（以下，インシデントという）の対応手順はあり，これまで，事業に深刻な影響を与えるようなサイバー攻撃は受けていない。

〔ソーラシステム部の状況〕

ソーラシステム部の情報セキュリティ責任者はE部長で，情報セキュリティリーダはFさんである。Fさんは，最近，競合他社がサイバー攻撃を受け，その対応に手間取って大きな被害が発生したとのニュースを聞いた。そこで，Fさんは，ソーラシステム部内でサイバー攻撃を想定した演習を行うことを提案した。E部長は提案を承認し，Fさんに演習を計画するように指示した。

〔演習の計画〕

サイバー攻撃を想定した演習は，年1回行うことにした。演習は，一般的に**表1**に示すような机上演習と機能演習の2種類に大別される。機能演習の具体的な形式には，実際のサイバー攻撃に近い形で擬似的なサイバー攻撃を行うレッドチーム演習が含まれる。

表1　サイバー攻撃を想定した演習の種類

種類	説明	主な目的	具体的な形式
机上演習	議論主体の演習である。参加者の緊急時における役割，及び特定の緊急時の対応策について議論する。	参加者に気付きを与える。	・ワークショップ ・ゲーム
機能演習	作業主体の演習である。参加者の緊急時における役割及び責任を，シミュレーション環境で実践する。	作業手順，社内システム，代替施設などが適切に機能することを検証する。	・サイバーレンジトレーニング ・[a]

注記　本表は，NIST SP 800-84 や HSEEP（Homeland Security Exercise and Evaluation Program）などを基に，W 社が独自に作成した。

Fさんは，机上演習と機能演習を比較検討した結果，今回は，参加者に気付きを与えられる机上演習として，ワークショップを実施することにした。演習終了後には，参加者からの意見を集めて次回の演習に反映することにした。

Fさんは，机上演習のシナリオを検討するに当たり，サイバーキルチェーンを参考にすることにした。サイバーキルチェーンとは，サイバー攻撃の段階を説明した代表的なモデルの一つである。サイバー攻撃を7段階に区分して，攻撃者の考え方や行動を理解することを目的としている。サイバーキルチェーンのいずれかの段階でチェーンを断ち切ることができれば，被害の発生を防ぐことができる。サイバー攻撃のシナリオをサイバーキルチェーンに基づいて整理した例を**表2**に示す。

表2　サイバー攻撃のシナリオをサイバーキルチェーンに基づいて整理した例

段階	サイバー攻撃のシナリオ
1　偵察	<u>①インターネット上の情報を用いて組織や人物を調査し，攻撃対象の組織や人物に関する情報を取得する。</u>
2　武器化	攻撃対象の組織や人物に特化したエクスプロイトコード[1]やマルウェアを作成する。
3　配送	マルウェア設置サイトにアクセスさせるためになりすましの電子メール（以下，電子メールをメールという）を送付し，本文中の URL をクリックするように攻撃対象者を誘導する。
4　攻撃実行	攻撃対象者をマルウェア設置サイトにアクセスさせ，エクスプロイトコードを実行させる[2]。
5　インストール	攻撃実行の結果，攻撃対象者の PC がマルウェア感染する。
6　遠隔制御	（省略）
7　目的の実行	探し出した内部情報を圧縮や暗号化などの処理を行った後，もち出す。

注記　本表は，JPCERT コーディネーションセンター“高度サイバー攻撃への対処におけるログの活用と分析方法”などを基に，W 社が独自に作成した。

注[1]　脆弱性を悪用するソフトウェアのコードのことであり，攻撃コードとも呼ばれる。

[2]　この段階では，攻撃対象者の PC はマルウェア感染していない。

設問　**表2中の下線①について，次の(i)～(v)のうち，該当する行為だけを全て挙げた組合せを，解答群の中から選べ。**

(i)　攻撃者が，WHOISサイトから，W社の情報システム管理者名や連絡先などを入手する。

(ii)　攻撃者が，W社の公開Webサイトから，HTMLソースのコメント行に残ったシステムのログイン情報などを探す。

(iii) 攻撃者が，W社の役員が登録しているSNSサイトから，攻撃対象の人間関係や趣味などを推定する。
(iv) 攻撃者が，一般的なWebブラウザからはアクセスできないダークWebから，W社のうわさ，内部情報などを探す。
(v) 攻撃者が，インターネットに公開されていないW社の社内ポータルサイトから，会社の組織図や従業員情報，メールアドレスなどを入手する。

解答群

ア (i)，(ii)，(iii)
イ (i)，(ii)，(iii)，(iv)
ウ (i)，(ii)，(iii)，(v)
エ (i)，(ii)，(iv)
オ (i)，(ii)，(iv)，(v)
カ (i)，(iii)，(iv)，(v)
キ (i)，(iv)，(v)
ク (ii)，(iii)，(iv)，(v)
ケ (ii)，(iii)，(v)
コ (iii)，(iv)，(v)

解説

問58 演習の計画

（平成31年度春情報セキュリティマネジメント試験午後問1）

解答 イ

サイバーキルチェーンは，**表2**により「偵察→ 武器化→ 配送→攻撃実行→ インストール→ 遠隔制御 → 目的の実行」の7段階に区分しています。

このうち下線①は「偵察」なので，攻撃者が狙った準備の段階です。それに該当するものを(i)～(v)で確認します。

(i) WHOISサイトは，ドメイン名やシステム管理者名や連絡先（メールアドレス）を入手するサイトなので，攻撃準備の偵察にあたります。

(ii) 公開Webサイトは，HTMLソースコードがわかるので，そのコメント行に残ったシステムのログイン情報などを探すことで，不正ログイン可能準備の偵察にあたります。

(iii) SNSサイトから，その攻撃対象の人間関係や趣味などを推定することができ，そこからの攻撃が可能になるため，偵察になります。

(iv) 一般的なWebブラウザからはアクセスできない専用のダークWebから，うわさ，内部情報などを探すことも偵察になります。

(v) インターネットに公開されていないW社の社内ポータルサイトから，会社の組織図や従業員情報，メールアドレスなどを入手することは，不正アクセス後に行うことなので，偵察にはあたりません。

よって，(i)，(ii)，(iii)，(iv)の イ になります。

□□□ **問59** X社は，機械製品及び産業用資材の輸入及び国内販売業務を行う従業員数1,000名の商社であり，機械営業部，資材営業部，総務部，情報システム部などがある。

X社は，数年前に同業他社で発生した情報セキュリティ事故を機に，情報セキュリティ管理に力を入れるようになり，JIS Q 27001に基づく情報セキュリティマネジメントシステム（以下，X社ISMSという）を構築し，ISMS認証を取得している。

X社ISMSでは，副社長である最高情報セキュリティ責任者（CISO）を委員長とする情報セキュリティ委員会を設置し，各部の部長が情報セキュリティ委員会の委員を務めている。また，各部の部長は自部の情報セキュリティリーダを指名する。情報セキュリティ委員会はX社ISMSの年間活動計画を決定する。

X社ISMSの活動の実務は，各部の情報セキュリティリーダから構成されるISMSワーキンググループ（以下，ISMS-WGという）が行っている。ISMS-WGのリーダは，情報システム部のS課長である。ISMS-WGは，年間活動計画に基づき活動するほか，X社ISMS規程などの文書（以下，X社ISMS文書という）の改定案の検討を行う。

〔X社ISMSの年間活動計画〕

4月のある日，今年度初めてのISMS-WG会合が開催され，その席上で，**表1**に示すX社ISMSの年間活動計画が提示された。また，6月に実施される情報資産目録の見直しについてS課長から説明があった。X社ISMSでは各部において情報資産の名称，管理責任者，重要度，保管場所，保管期間を記した情報資産目録を作成し，毎年見直すことになっている。しかし，毎年見直し後に幾つかの記載の過不足が見つかっていることから，見直し後の記載に過不足がないことをよく確認するよう，改めてS課長がISMS-WGのメンバに対して注意を促した。

表1　X社ISMSの年間活動計画（抜粋）

時期	内容
5月	ISMS-WGメンバ向け情報セキュリティ教育の実施
6月	各部における①情報資産目録の見直し
8月	全社を対象にした情報セキュリティリスクアセスメントの実施及びリスク対応計画の策定
12月	従業員向け情報セキュリティ教育の実施
1月	X社ISMS規程の順守状況に関する内部監査の実施
3月	情報セキュリティ委員会への年間活動報告及び情報セキュリティ委員会の審議事項の取りまとめ
随時[1]	情報セキュリティリスクアセスメントの実施及びリスク対応

注[1]　業務若しくは情報資産の大きな変更，又は情報セキュリティインシデントが発生した場合。

設問　表1中の下線①について，該当する作業を三つ，解答群の中から選べ。

解答群

ア　新たに追加された情報資産の名称と管理責任者を記載する。
イ　記載された情報資産の重要度が適切であるか確認する。
ウ　記載された情報資産のリスクを低減する。
エ　情報資産目録に対するアクセス権を設定する。
オ　情報資産目録の情報セキュリティパフォーマンス及びX社ISMSの有効性を評価する。
カ　廃棄された情報資産を情報資産目録から削除する。

問59 ISMSの年間活動計画

(平成31年度春情報セキュリティマネジメント試験午後問2)

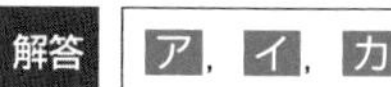
解答 ア，イ，カ

設問の解説に入る前に【ISMS（情報セキュリティマネジメントシステム）】について解説します。

【ISMS（情報セキュリティマネジメントシステム）】

「マネジメントシステム全体の中で，事業リスクに対するアプローチに基づいて情報セキュリティの確立，導入，運用，監視，見直し，維持，改善を担う部分」と定義されています（ISMS認証基準より）。情報セキュリティを確立し維持するために社内を管理する仕組み（システム）のことです。

ISMSにおけるリスク分析とは，情報システムに内在するリスクの発生頻度・被害額などを判定し，現実に発生すれば損失をもたらすリスクがシステムのどこにどのように潜在しているかを識別し，重要なリスクとそうでないリスクを見極め，各リスクについて対処するか否かを決定することです。

本文中の〔**X社ISMSの年間活動計画**〕では，「X社ISMSでは各部において情報資産の名称，管理責任者，重要度，保管場所，保管期間を記した情報資産目録を作成し，毎年見直すことになっている。」ことから上記の項目を解答群から確認します。

○ア　新たに追加された情報資産の名称と管理責任者を記載する。⇒情報資産の名称と管理責任者があるので，見直し対象になります。

○イ　記載された情報資産の重要度が適切であるか確認する。⇒情報資産の重要度があるので見直し対象になります。

×ウ　記載された情報資産のリスクを低減する。⇒情報資産のリスクはないので対象にはなりません。

×エ　情報資産目録に対するアクセス権を設定する。⇒アクセス権はないので対象にはなりません。

×オ　情報資産目録の情報セキュリティパフォーマンス及びX社ISMSの有効性を評価する。⇒セキュリティパフォーマンス及びX社の有効性はないので対象になりません。

○カ　廃棄された情報資産を情報資産目録から削除する。⇒目録自体の追加／削除は見直し対象になります。

よって，ア，イ，カが正解です。

問60

V社は，社員数150名の企業で，主に各地の名産品や各国から輸入した食料品の通信販売を行っている。従来，V社は，雑誌に広告を掲載し，電話やファックスによる注文受付を行っていた。V社には，商品企画や営業活動，顧客からの注文受付を行う営業部，商品の仕入れや在庫管理，営業部で受け付けた商品の発送などを行う商品管理部，一般事務を行う総務部，及び情報システムの管理を行う情報システム部がある。

今年，V社では，ビジネスの拡大を目指して，インターネットによる注文受付を開始した。また，継続的に顧客を確保するために，キャンペーン商品や各地の名産品の情報，各国から輸入した食料品に関するコラムなどを掲載した無料のメールマガジン（以下，メルマガという）を毎週提供することにした。

〔V社のシステム概要〕

V社では，インターネットによる注文受付を開始する以前から，商品の管理に関して商品管理サーバを構築し，利用していた。社員は，商品管理サーバにアクセスすることによって，商品の在庫状況を確認できる。今回，注文受付Webサーバ，注文受付サーバ及びメルマガサーバを構築した。構築後のV社のシステム（以下，Qシステムという）の概要を**図1**に，Qシステムで使用するID種別を表に示す。

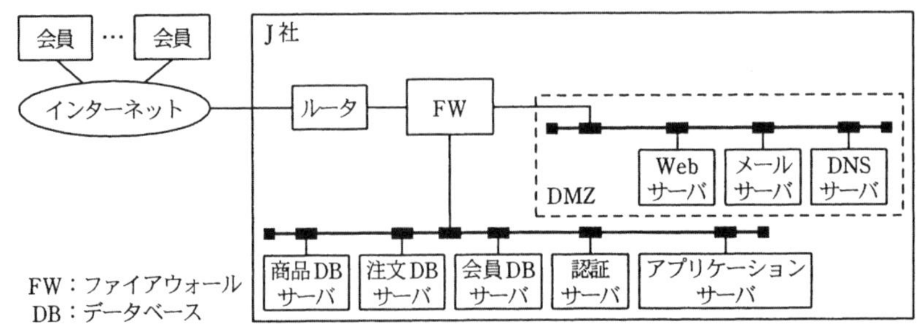

図1　Qシステムの概要

表　Qシステムで使用するID種別

情報セキュリティ問題	対策（例）
・外部から内部ネットワークへの不正侵入	・ネットワーク境界での不要な通信の遮断 ・適切なフィルタリングの設定
・Webサーバの不適切な設定をねらった不正アクセス	・見慣れないファイルやプログラムがないことの確認 ・対象となるサーバの［ a ］ ・推測可能なパスワードの禁止 ・適切なアクセス制御の設定
・Webアプリケーションの脆弱性をねらった不正アクセス	
（例1）SQLインジェクション攻撃	・悪意のある入力に起因する危険なSQL文の実行を防ぐための，変数や演算結果の［ b ］
（例2）ディレクトリトラバーサル攻撃	・Webアプリケーションで用いる外部パラメタから［ c ］する実装の回避
⋮	⋮
・業務運用及びシステム運用におけるオペレータの故意又は過失による情報漏えい	・業務運用及びシステム運用に伴うログの取得
（以下，省略）	（以下，省略）

上記のID管理において，会員IDのパスワードがそのままの状態で注文受付サーバに保存されていることが問題あると指摘を受けた。そこで，会員が最後に登録したパスワードのハッシュ化後のデータとログオン時に入力したパスワードのハッシュ化後のデータを照合することによって，顧客が入力したままのパスワード，つまりハッシュ化前のパスワードを削除してもパスワード認証ができるように設定を変更した。

設問　**ハッシュ化前のパスワードを削除する場合は，パスワードを忘れた顧客への対応方法を変更する必要があるため，表中の下線①のパスワードリマインド機能に代わって，どのようにする必要がありますか。**

解答群

ア　新しいパスワードを生成し，会員登録時に設定された電子メールアドレスに送付する。
イ　ハッシュ化後のパスワードから再度ハッシュ関数を使って，元のパスワードを計算する。
ウ　ハッシュ化後のパスワードを知らせて，その値でログインしてもらう。
エ　パスワードを会員に作成してもらい，注文受付Webサーバ経由でアクセスする。

解説

問60 パスワード忘れへの対応

(平成18年度秋情報セキュリティアドミニストレータ試験午後I問1)

設問の解説に入る前に【ハッシュ関数】について解説します。

【ハッシュ関数】

ハッシュ関数は，元のデータから一定の大きさのデータ（ハッシュ値）を生成するために用いられる関数です。元のデータをKとすると，ハッシュ関数hの引数にKを与えて，h(K)という形式で当該関数を呼び出して得た戻り値が，ハッシュ値となります。

ハッシュ関数の特徴として，以下の性質が挙げられます。

(1) 元のデータからハッシュ値を求めることは容易に実行できるが，ハッシュ値から元のデータを復元することは困難である。
(2) 内容が異なるデータは，それらのハッシュ値も異なる値になる（あるデータのハッシュ値と同じ値のハッシュ値となる，別のデータを推測することが困難である）。
(3) 内容が同一のデータから求めたハッシュ値は，毎回必ず同じ値になる。

情報セキュリティ監査の指摘により，ハッシュ化前のパスワードを削除し，今後はシステムに保存しない体制をとることになります。この状況では，顧客が最後に登録したパスワードそのものはシステムに残らないため，顧客がパスワードを忘れた場合，元のパスワードは完全に失われます。この場合は元のパスワードを復元できないため，新しいパスワードを生成して顧客のメールアドレスに送付し，今後は新しいパスワードを使ってもらうようにする必要があります。よって，ア（新しいパスワードを生成し，会員登録時に設定された電子メールアドレスに送付する。）が正解です。

○ア　正解です。
×イ　ハッシュ化後のパスワードから，元のパスワードを計算することはできません。
×ウ　ハッシュ化後のパスワードを知らせてしまうと盗聴などでログインが可能になります。
×エ　初期パスワードはサーバ側で作成後，会員にそれでログインしてもらい新パスワードを設定する必要があります。

■問題文中で共通に使用される表記ルール

各問題文中に注記がない限り，次の表記ルールが適用されているものとする。

試験問題での表記	規格・標準の名称
JIS Q 9001	JIS Q 9001:2015
JIS Q 14001	JIS Q 14001:2015
JIS Q 15001	JIS Q 15001:2006
JIS Q 20000-1	JIS Q 20000-1:2012
JIS Q 20000-2	JIS Q 20000-2:2013
JIS Q 27000	JIS Q 27000:2014
JIS Q 27001	JIS Q 27001:2014
JIS Q 27002	JIS Q 27002:2014
JIS X 0160	JIS X 0160:2012
ISO 21500	ISO 21500:2012
ITIL	ITIL 2011 edition
PMBOK	PMBOK ガイド 第5版
共通フレーム	共通フレーム 2013

解答一覧

採点方式：IRT 方式／基準点：総合評価点：600 点（1,000 点満点）

令和５年度公開問題

●科目A

問1 イ	問2 イ	問3 ウ	問4 エ	問5 エ	問6 ア	問7 イ	問8 イ
問9 ウ	問10 ア	問11 イ	問12 イ				

●科目B

問13 エ	問14 オ	問15 ウ

サンプル問題

●科目A

問1 ア	問2 エ	問3 ウ	問4 ア	問5 イ	問6 エ	問7 ウ	問8 ア
問9 ア	問10 ウ	問11 ウ	問12 ア	問13 ア	問14 エ	問15 ウ	問16 ア
問17 イ	問18 ア	問19 ア	問20 ア	問21 イ	問22 エ	問23 ウ	問24 ウ
問25 ア	問26 エ	問27 エ	問28 エ	問29 イ	問30 ア	問31 イ	問32 ア
問33 エ	問34 エ	問35 ア	問36 イ	問37 エ	問38 ア	問39 ウ	問40 エ
問41 ア	問42 イ	問43 エ	問44 ア	問45 イ	問46 ア	問47 ウ	問48 ア

●科目B

問49 イ	問50 エ	問51 ク	問52 エ	問53 オ	問54 ア	問55 ウ	問56 オ
問57 ア	問58 ク	問59 ア	問60 カ				

模擬試験問題 第１回

●科目A

問1 エ	問2 ウ	問3 ウ	問4 エ	問5 ア	問6 ウ	問7 ウ	問8 ウ
問9 エ	問10 イ	問11 イ	問12 エ	問13 イ	問14 エ	問15 エ	問16 イ
問17 イ	問18 ア	問19 エ	問20 ア	問21 ア	問22 ウ	問23 ア	問24 イ
問25 ウ	問26 イ	問27 ウ	問28 ウ	問29 エ	問30 ア	問31 ア	問32 エ
問33 ウ	問34 イ	問35 ウ	問36 イ	問37 ウ	問38 エ	問39 ウ	問40 イ
問41 ウ	問42 イ	問43 エ	問44 ウ	問45 エ	問46 イ	問47 エ	問48 エ

●科目B

問49 カ	問50 オ	問51 ア	問52 コ	問53 キ	問54 ケ	問55 オ	問56 イ
問57 エ	問58 イ	問59 イ	問60 エ				

模擬試験問題 第2回

●科目A

問1 ウ	問2 エ	問3 エ	問4 ア	問5 ウ	問6 エ	問7 ア	問8 ア
問9 ア	問10 エ	問11 エ	問12 ア	問13 エ	問14 ア	問15 ウ	問16 ア
問17 エ	問18 エ	問19 エ	問20 エ	問21 イ	問22 イ	問23 イ	問24 ウ
問25 ウ	問26 エ	問27 ウ	問28 ウ	問29 イ	問30 エ	問31 ア	問32 エ
問33 ウ	問34 ア	問35 ウ	問36 ウ	問37 ア	問38 エ	問39 ウ	問40 ウ
問41 エ	問42 エ	問43 ウ	問44 ウ	問45 エ	問46 エ	問47 ア	問48 ア

●科目B

問49 カ	問50 エ	問51 オ	問52 ア	問53 エ	問54 オ	問55 キ	問56 イ
問57 オ	問58 エ	問59 コ	問60 カ				

模擬試験問題 第3回

●科目A

問1 ア	問2 イ	問3 エ	問4 ア	問5 エ	問6 ウ	問7 ア	問8 ア
問9 ア	問10 ウ	問11 ウ	問12 ウ	問13 エ	問14 エ	問15 ウ	問16 ウ
問17 ア	問18 ウ	問19 イ	問20 ウ	問21 イ	問22 エ	問23 イ	問24 ア
問25 ア	問26 ウ	問27 ア	問28 エ	問29 エ	問30 ウ	問31 エ	問32 エ
問33 ア	問34 エ	問35 イ	問36 ア	問37 ア	問38 ウ	問39 エ	問40 イ
問41 エ	問42 ア	問43 イ	問44 ア	問45 イ	問46 ア	問47 エ	問48 イ

●科目B

問49 ア	問50 カ	問51 ウ	問52 イ	問53 カ	問54 オ	問55 エ	問56 ア
問57 ケ	問58 イ	問59 ア, イ, カ	問60 ア				

答案用紙

※本ページをコピー，または PDF を【ダウンロード→印刷】してご利用ください。ダウンロードについては 2 ページをご確認ください。

マークの記入方法	●	悪いマーク例					

●科目A（共通）

解答欄																			
問1	㋐	㋑	㋒	㋓	問13	㋐	㋑	㋒	㋓	問25	㋐	㋑	㋒	㋓	問37	㋐	㋑	㋒	㋓
問2	㋐	㋑	㋒	㋓	問14	㋐	㋑	㋒	㋓	問26	㋐	㋑	㋒	㋓	問38	㋐	㋑	㋒	㋓
問3	㋐	㋑	㋒	㋓	問15	㋐	㋑	㋒	㋓	問27	㋐	㋑	㋒	㋓	問39	㋐	㋑	㋒	㋓
問4	㋐	㋑	㋒	㋓	問16	㋐	㋑	㋒	㋓	問28	㋐	㋑	㋒	㋓	問40	㋐	㋑	㋒	㋓
問5	㋐	㋑	㋒	㋓	問17	㋐	㋑	㋒	㋓	問29	㋐	㋑	㋒	㋓	問41	㋐	㋑	㋒	㋓
問6	㋐	㋑	㋒	㋓	問18	㋐	㋑	㋒	㋓	問30	㋐	㋑	㋒	㋓	問42	㋐	㋑	㋒	㋓
問7	㋐	㋑	㋒	㋓	問19	㋐	㋑	㋒	㋓	問31	㋐	㋑	㋒	㋓	問43	㋐	㋑	㋒	㋓
問8	㋐	㋑	㋒	㋓	問20	㋐	㋑	㋒	㋓	問32	㋐	㋑	㋒	㋓	問44	㋐	㋑	㋒	㋓
問9	㋐	㋑	㋒	㋓	問21	㋐	㋑	㋒	㋓	問33	㋐	㋑	㋒	㋓	問45	㋐	㋑	㋒	㋓
問10	㋐	㋑	㋒	㋓	問22	㋐	㋑	㋒	㋓	問34	㋐	㋑	㋒	㋓	問46	㋐	㋑	㋒	㋓
問11	㋐	㋑	㋒	㋓	問23	㋐	㋑	㋒	㋓	問35	㋐	㋑	㋒	㋓	問47	㋐	㋑	㋒	㋓
問12	㋐	㋑	㋒	㋓	問24	㋐	㋑	㋒	㋓	問36	㋐	㋑	㋒	㋓	問48	㋐	㋑	㋒	㋓

令和５年度公開問題

●科目B

問13	㋐	㋑	㋒	㋓	㋔	㋕	㋖	㋗	㋘	㋙
問14	㋐	㋑	㋒	㋓	㋔	㋕	㋖	㋗	㋘	㋙
問15	㋐	㋑	㋒	㋓	㋔					

サンプル問題

●科目B

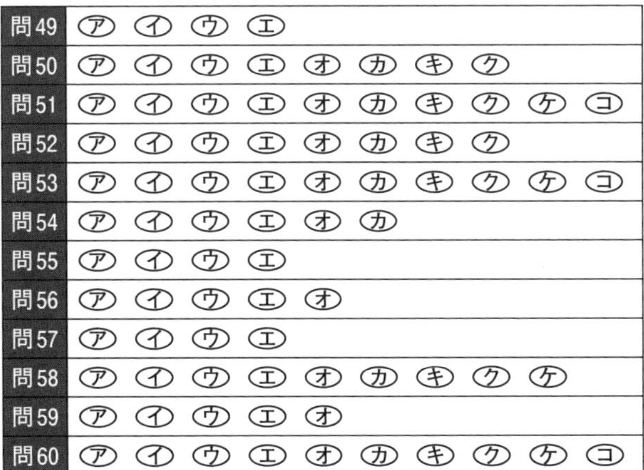

問49	㋐	㋑	㋒	㋓						
問50	㋐	㋑	㋒	㋓	㋔	㋕	㋖	㋗		
問51	㋐	㋑	㋒	㋓	㋔	㋕	㋖	㋗	㋘	㋙
問52	㋐	㋑	㋒	㋓	㋔	㋕	㋖	㋗		
問53	㋐	㋑	㋒	㋓	㋔	㋕	㋖	㋗	㋘	㋙
問54	㋐	㋑	㋒	㋓	㋔	㋕				
問55	㋐	㋑	㋒	㋓						
問56	㋐	㋑	㋒	㋓	㋔					
問57	㋐	㋑	㋒	㋓						
問58	㋐	㋑	㋒	㋓	㋔	㋕	㋖	㋗	㋘	
問59	㋐	㋑	㋒	㋓	㋔					
問60	㋐	㋑	㋒	㋓	㋔	㋕	㋖	㋗	㋘	㋙

模擬試験問題 第1回

●科目B

問49	㋐ ㋑ ㋒ ㋓ ㋔ ㋕ ㋖
問50	㋐ ㋑ ㋒ ㋓ ㋔ ㋕
問51	㋐ ㋑ ㋒ ㋓ ㋔ ㋕ ㋖ ㋗ ㋘ ㋙
問52	㋐ ㋑ ㋒ ㋓ ㋔ ㋕ ㋖ ㋗ ㋘ ㋙
問53	㋐ ㋑ ㋒ ㋓ ㋔ ㋕ ㋖ ㋗
問54	㋐ ㋑ ㋒ ㋓ ㋔ ㋕ ㋖ ㋗ ㋘ ㋙
問55	㋐ ㋑ ㋒ ㋓ ㋔ ㋕
問56	㋐ ㋑ ㋒ ㋓ ㋔
問57	㋐ ㋑ ㋒ ㋓ ㋔ ㋕
問58	㋐ ㋑ ㋒ ㋓ ㋔ ㋕
問59	㋐ ㋑ ㋒ ㋓ ㋔ ㋕
問60	㋐ ㋑ ㋒ ㋓ ㋔ ㋕

模擬試験問題 第2回

●科目B

問49	㋐ ㋑ ㋒ ㋓ ㋔ ㋕ ㋖ ㋗ ㋘ ㋙
問50	㋐ ㋑ ㋒ ㋓ ㋔ ㋕ ㋖ ㋗ ㋘ ㋙
問51	㋐ ㋑ ㋒ ㋓ ㋔ ㋕ ㋖ ㋗ ㋘ ㋙
問52	㋐ ㋑ ㋒ ㋓ ㋔
問53	㋐ ㋑ ㋒ ㋓ ㋔ ㋕
問54	㋐ ㋑ ㋒ ㋓ ㋔ ㋕ ㋖ ㋗
問55	㋐ ㋑ ㋒ ㋓ ㋔ ㋕ ㋖ ㋗ ㋘ ㋙
問56	㋐ ㋑ ㋒ ㋓ ㋔ ㋕ ㋖ ㋗
問57	㋐ ㋑ ㋒ ㋓ ㋔ ㋕
問58	㋐ ㋑ ㋒ ㋓ ㋔ ㋕
問59	㋐ ㋑ ㋒ ㋓ ㋔ ㋕ ㋖ ㋗ ㋘ ㋙
問60	㋐ ㋑ ㋒ ㋓ ㋔ ㋕ ㋖ ㋗

模擬試験問題 第3回

●科目B

問49	㋐ ㋑ ㋒ ㋓
問50	㋐ ㋑ ㋒ ㋓ ㋔ ㋕
問51	㋐ ㋑ ㋒ ㋓ ㋔
問52	㋐ ㋑ ㋒ ㋓ ㋔
問53	㋐ ㋑ ㋒ ㋓ ㋔ ㋕
問54	㋐ ㋑ ㋒ ㋓ ㋔
問55	㋐ ㋑ ㋒ ㋓ ㋔ ㋕ ㋖ ㋗ ㋘
問56	㋐ ㋑ ㋒ ㋓
問57	㋐ ㋑ ㋒ ㋓ ㋔ ㋕ ㋖ ㋗ ㋘ ㋙
問58	㋐ ㋑ ㋒ ㋓ ㋔ ㋕ ㋖ ㋗ ㋘ ㋙
問59	㋐ ㋑ ㋒ ㋓ ㋔ ㋕
問60	㋐ ㋑ ㋒ ㋓

索引

数字

あ行

か行

さ行

た行

な行

は行

ま行

ら行

わ行

● 著者紹介

五十嵐　聡（いがらし　さとし）

1964年横浜市生まれ。60社を超えるIT系メーカやソフトウェア企業などですべての区分をこなせる情報処理技術者試験対策などの講師として25,000名以上の指導実績がある。各研修先では，その指導力とキャラクタから常に高合格率を誇っている。
「情報処理試験用語集（インプレス）」「ITパスポートパーフェクトラーニング過去問題集（技術評論社）」など著書は70冊を超える。

● STAFF

編集／片元　諭　DTP／株式会社トップスタジオ　表紙デザイン／馬見塚意匠室
編集長／玉巻秀雄

■ 商品に関する問い合わせ先

このたびは弊社商品をご購入いただきありがとうございます。 本書の内容などに関するお問い合わせは、下記のURLまたは二次元バーコードにある問い合わせフォームからお送りください。

https://book.impress.co.jp/info/

上記フォームがご利用頂けない場合のメールでの問い合わせ先

info@impress.co.jp

※ お問い合わせの際は、書名、ISBN、お名前、お電話番号、メールアドレスに加えて、「該当するページ」と「具体的なご質問内容」「お使いの動作環境」を必ずご明記ください。なお、本書の範囲を超えるご質問にはお答えできないのでご了承ください。

- 電話やFAX等でのご質問には対応しておりません。また、封書でのお問い合わせは回答までに日数をいただく場合があります。あらかじめご了承ください。
- インプレスブックスの本書情報ページ https://book.impress.co.jp/books/1123101140では、本書のサポート情報や正誤表・訂正情報などを提供しています。あわせてご確認ください。
- 本書の奥付に記載されている初版発行日から1年が経過した場合、もしくは本書で紹介している製品やサービスについて提供会社によるサポートが終了した場合はご質問にお答えできない場合があります。

■ 落丁・乱丁本などの問い合わせ先

FAX　03-6837-5023　service@impress.co.jp

※ 古書店で購入されたものについてはお取り替えできません。

徹底攻略 情報セキュリティマネジメント 予想問題集　令和6年度

2024年4月1日　初版発行

著　者　五十嵐 聡
発行人　高橋隆志
発行所　株式会社インプレス
　　　　〒101-0051　東京都千代田区神田神保町一丁目105番地
　　　　ホームページ　https://book.impress.co.jp/

印刷所　日経印刷株式会社

ISBN978-4-295-01880-3 C3055

Printed in Japan

徹底攻略

情報セキュリティマネジメント

予想問題集

令和6年度［2024年］

五十嵐 聡［著］

インプレス

目次

購入者限定特典のご案内

●スマホで学べるWebアプリ「でる語句単語帳」のご利用

いつでもどこでも暗記できる単語帳アプリ「でる語句単語帳」をご利用いただけます。手順については，下記「本書のご案内ページURL」にアクセスして「特典」コーナーをご参照ください。

●電子版の無料ダウンロード

- 本文全文の電子版（PDF。印刷不可）をダウンロード提供します。
- 答案用紙のPDF（印刷可能）をダウンロード提供します。
- 科目Ａトレーニングコンテンツとして，令和元年秋期試験までの過去問題のうち，午前問題７回分のPDF（印刷可）をダウンロード提供します。
- PDFのダウンロードについては，下記のURLにアクセスして「特典」コーナーをご確認ください。

●本書のご案内ページURL

https://book.impress.co.jp/books/1123101140

※読者限定特典の提供期間は，本書発売より１年間を予定しています。
※特典のご利用時に無料の読者会員システム「CLUB Impress」への登録が必要となります。
※特典のご利用は，本書の新刊購入者に限ります。